22年春　新2号館完成
23年春　新1号館完成
23年入学生より制服・体操服リニューアル

学校説明会	本校 九里学園教育会館　2階　スチューデントホール他	
	第1回 7月28日(日)　10:00〜	第2回 9月23日(月・祝)　10:00〜
	第3回 10月26日(土)　10:00〜	第4回 11月14日(木・県民の日)　10:00〜

※要予約。WEBサイトより
　お申し込みください。
　上履きは不要です。
※内容、時間等変更する場
　合があります。
　事前にホームページ等で
　ご確認ください。

入試問題学習会	12月14日(土)　午前の部 9:30〜12:00　　午後の部 13:30〜15:00
	※学校説明会を同時進行　　※午前・午後とも同じ内容

文化祭	9月8日(日)　9:00〜14:00	公開授業	6月26日(水)〜28日(金)　11月6日(水)〜8日(金)　両期間ともに9:00〜15:00
			※ミニ説明会

〈中高一貫部〉
浦和実業学園中学校
http://www.urajitsu.ed.jp/jh
〒336-0025 埼玉県さいたま市南区文蔵3-9-1　Tel.048-861-6131(代表)　Fax.048-861-6132

KYOEI

この国で、世界のリーダーを育てたい
DEVELOPING FUTURE LEADERS

── 「5つの育む力を活用する、2つのコース」──

| 世界 | 英語 | 政治 | 経済 |

プログレッシブ政経 コース

| プログラミング | 数学 | 医学 | 実験研究 |

IT医学サイエンス コース

授業見学会	7月21日(日) 10:00〜12:00
ナイト説明会 (越谷コミュニティセンター)	9月18日(水) 18:30〜19:30
学校見学会・部活見学会	9月28日(土) 10:00〜12:00

学校説明会 10:00〜12:00

10月19日(土)	体験授業
11月16日(土)	入試問題解説
11月30日(土)	入試問題解説
3月15日(土)	体験授業 (新6年生以下対象)

全回、本校ホームページにてお申し込みの上お越しください。
春日部駅西口より無料スクールバスを開始1時間前より運行します。(ナイト説明会を除く)

春日部共栄中学校

〒344-0037　春日部市上大増新田213　TEL 048-737-7611(代)
https://www.k-kyoei.ed.jp

SAITAMA SAKAE

JUNIOR HIGH SCHOOL 2025

学校説明会

5/18 (土)
6/15 (土)
7/15 (月・祝)
9/ 7 (土)
10/12 (土)

2025年
3/ 1 (土)

入試問題学習会

［入試リハーサルテスト］
11/10 (日)

［入試問題分析会］
11/23 (土・祝)

埼玉栄中学校

〒331-0078 埼玉県さいたま市西区西大宮3丁目11番地1
TEL: 048-621-2121　FAX: 048-621-2123
https://www.saitamasakae-h.ed.jp/jh/

JR川越線
西大宮駅から
徒歩4分

東京大学ほか国公立難関大学
医学部医学科・海外大学 多数合格

◆中3全員必須の海外研修〈3ヶ月希望制〉
◆高校時には1年留学コースあり〈休学なしで抜群の進路実績〉

〈HP〉
学校説明会の日程などを掲載!

本校HP

〈インスタグラム〉
普段の生徒の様子を随時更新!

SHUKUTOKU_SCHOOL
公式インスタグラム

Kamakura Gakuen Junior & Senior High School

鎌倉学園 中学校 高等学校

最高の自然・文化環境の中で「文武両道」を目指します。

中学校説明会
10月　1日（火）10:00〜
10月　12日（土）13:00〜
11月　2日（土）13:00〜
11月　26日（火）10:00〜
11月　30日（土）13:00〜

HP 学校説明会申込フォームから
ご予約の上、ご来校ください。
※各説明会の内容はすべて同じです。
（予約は各実施日の1か月前より）

中学体育デー
10月 19日（土）
9:00〜

入試相談コーナー設置
（予約は不要の予定）

生徒による学校説明会
11月 17日（日）
9:00〜10:45
13:30〜15:15

HP より事前予約必要（定員あり）
（予約は実施日の1か月前より）

中学ミニ説明会
（5月〜11月）

月曜日 10:00〜・15:00〜

（15:00〜はクラブ見学中心）

HP で実施日を確認して頂いてから電話で
ご予約の上、ご来校ください。
水曜、木曜に実施可能な場合もありますので、
お問い合わせください。

キーワード▷ 鎌学　検索

※最新の情報は学校HPでご確認ください

〒247-0062 神奈川県鎌倉市山ノ内 110 番地 TEL.0467-22-0994 FAX.0467-24-4352
https://www.kamagaku.ac.jp/　　　JR 横須賀線　北鎌倉駅より徒歩約 13 分

高く 大きく 豊かに 深く

TAKANAWA
JUNIOR & SENIOR HIGH SCHOOL

入試説明会 ［保護者・受験生対象］   要予約

第1回	**2024年10月 6日（日）** 10:00～12:00・14:00～16:00	第3回	**2024年12月 7日（土）** 14:00～16:00
第2回	**2024年11月 3日（日・祝）** 10:00～12:00・14:00～16:00	第4回	**2025年 1月 8日（水）** 14:00～16:00

●Web申し込みとなっています。申し込み方法は、本校ホームページでお知らせします。
※入試説明会では、各教科の『出題傾向と対策』を実施します。説明内容・配布資料は各回とも同じです。
　説明会終了後に校内見学・個別相談を予定しております。
※10月21日（月）より動画配信します。

帰国生入試説明会
［保護者・受験生対象］   要予約

第2回	**2024年 9月 7日（土）** 10:30～12:00

●Web申し込みとなっています。申し込み方法は、
　本校ホームページでお知らせします。
※説明会終了後に校内見学・授業見学・個別相談を
　予定しております。

高学祭 文化祭 ［一般公開］

2024年 9月28日（土）・9月29日（日）
10:00～16:00

◆入試相談コーナーを設置します。

学校法人 高輪学園
高輪中学校・高等学校

〒108-0074 東京都港区高輪2-1-32
TEL 03-3441-7201（代）
URL https://www.takanawa.ed.jp
E-mail nyushi@takanawa.ed.jp

神奈川学園中学・高等学校

〒221-0844　横浜市神奈川区沢渡18　TEL.045-311-2961（代）FAX.045-311-2474　詳しい情報は本校のウェブサイトをチェック！
URL.https://www.kanagawa-kgs.ac.jp　E-mail:kanagawa@kanagawa-kgs.ac.jp　神奈川学園　（検索）

2025年度入試 学校説明会

第1回	4/13 ⊕ 11:00～12:00	第2回	5/11 ⊕ 11:00～12:00	第3回	6/8 ⊕ 11:00～12:00
第4回	8/23 ⊕金 19:00～20:00	第5回	9/7 ⊕ 11:00～12:00	第6回	11/16 ⊕ 午前中
第7回	12/5 ⊕木 19:00～20:00	第8回	1/18 ⊕ 11:00～12:00		

帰国子女入試説明会				文化祭
第1回	6/1 ⊕ 11:00～12:00	第2回	10/19 ⊕ 11:00～12:00	9/21・22 ⊕⊕ 9:00～16:00

オープンキャンパス				入試問題体験会（6年生対象）
第1回	6/22 ⊕ 10:00～12:30	第2回	11/16 ⊕ 10:00～12:30	12/14 ⊕ 8:30～12:00

入試説明会（6年生対象）				
第1回	10/12 ⊕ 11:00～12:00	第2回	11/30 ⊕ 11:00～12:00	●本校の「学校説明会」「帰国子女入試説明会」「オープンキャンパス」「入試説明会」「入試問題体験会」は、すべて事前予約制となります。参加ご希望の方はお手数をお掛けいたしますが、本校ウェブサイトよりお申込みください。 ●最新情報は本校ウェブサイトをご確認ください。

共立女子中学高等学校

2025年度入試

日程	12 / 1 帰国生	2 / 1	2 / 2	2 / 3 午後	
試験科目	国語+算数	4科型	4科型	英語＋算数	合科型＋算数

〒101-8433 東京都千代田区一ツ橋 2-2-1　TEL：03-3237-2744　FAX：03-3237-2782

中学受験 進学レ～ダ～

中学受験情報誌

中学受験

わが子にぴったりの中高一貫校を見つける！

紙版：定価1,430円（税込）
電子版：価格1,200円（税込）

わが子にぴったりの中高一貫校を見つける！

中学受験

進学レ～ダ～

大学につながる私学の学び。

2024年 6&7月号 VOL.3

進学校の
**高大
連携と
大学付属校**

特別とじこみ
大学付属校
早見表

大学付属校
早見表

🐻 高大連携インタビュー 吉祥女子

🐻 難関大、理系大、医大などとの高大連携校

🐻 大学付属校紹介 🐻 併設大への内進率ランキング

私立中高一貫校レポート▶成蹊　1クラス1日密着ルポ▶文京学院大学女子・西武台新座

その他の紹介校▶湘南白百合学園・聖園女学院・山手学院・横須賀学院・横浜雙葉 ほか

MIKUNI

©2013 MIKUNI Publishing Co.,Ltd.

その時期にあった特集テーマについて、先輩受験生親子の体験談や私学の先生のインタビュー、日能研からの学習アドバイスなど、リアルな声を毎号掲載！
「私学の教育内容や学校生活」のほか、「学習」「生活」「学校選び」「入試直前の行動」など、志望校合格のための多面的かつタイムリーな情報をお届けします！

2024年度『進学レーダー』年間発売予定

月号	VOL.	発売日	特集内容
2024年3&4月号	2024年vol.1	3月15日	入門 中学入試！
2024年5月号	2024年vol.2	4月15日	私学の選び方
2024年6&7月号	2024年vol.3	5月15日	進学校の高大連携と大学付属校
2024年8月号	2024年vol.4	7月 1日	夏こそ弱点克服！
2024年9月号	2024年vol.5	8月15日	秋からのやる気アップ！
2024年10月号	2024年vol.6	9月15日	併願2025
2024年11月号	2024年vol.7	10月15日	私学の通学
2024年12月号	2024年vol.8	11月15日	入試直前特集（学習法）
2025年1&2月号	2024年vol.9	12月15日	入試直前特集（実践編）

※特集・連載の内容は、編集の都合上変更になる場合もあります。

●入試直前特別号

11月1日発売予定

紙 版：定価1,540円（税込）
電子版：価格1,200円（税込）

発行：株式会社みくに出版

TEL.03-3770-6930　http://www.mikuni-webshop.com/

みくに出版　検索

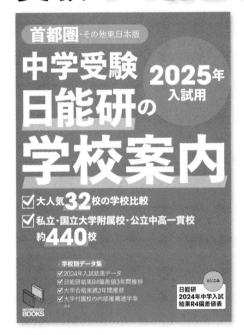

私学へつながる模試。

日能研 全国公開模試

2024年度 実施日程
日程は変更になる場合があります。

実力判定テスト・志望校選定テスト・志望校判定テスト

【受験料(税込)】4科 ¥4,400 ／2科 ¥3,300 【時間】国・算 各50分／社・理 各30分

実力判定	実力判定	実力判定	志望校選定	志望校選定	志望校判定
2/11 (祝・日)	3/3 (日)	4/7 (日)	5/6 (月・休)	6/2 (日)	6/30 (日) 私学フェア同時開催
電話受付期間	Web受付期間				
1/15(月)〜2/2(金)	2/13(火)〜2/25(日)	3/4(月)〜3/31(日)	4/8(月)〜4/28(日)	5/7(火)〜5/26(日)	6/3(月)〜6/23(日)

合格判定テスト

【受験料(税込)】4科 ¥6,050 ／2科 ¥4,950 【時間】国・算 各50分／社・理 各35分

合格判定	合格判定	合格判定	合格判定	合格判定
9/1 (日)	10/6 (日)	11/3 (祝・日)	12/1 (日)	12/21 (土)
Web受付期間				
7/30(火)〜8/25(日)	9/2(月)〜9/29(日)	10/7(月)〜10/27(日)	11/5(火)〜11/24(日)	11/18(月)〜12/15(日)

〈日能研 全国公開模試〉の"私学へつながる"情報提供サービス！

受験生だけに、もれなく配布！すぐに役立つ情報が満載！

情報エクスプレス

学校や入試に関する最新情報に加え、模試データを徹底分析。充実の資料として「志望校判定テスト」から配布。入試に向けた情報収集に役立つ資料です。

入試志望者動向

「志望校判定テスト」では志望校調査を実施。調査に基づいて各校の志望者人数や動向を掲載します。「合格判定テスト」からは志望校の登録情報を分析。志望校選択と受験校決定のために、役立つデータ。

予想R4一覧表 〈9月以降〉

来年度入試の試験日・定員・入試科目の動きと合格判定テスト結果から合格可能性（R4）を予想し、まとめた一覧表。合格判定のベースとなる資料です。

栄冠 **2025** 年度受験用

中学入学試験問題集

算数編

みくに出版

栄冠獲得を目指す皆さんへ

　来春の栄冠獲得を目指して、日々努力をしている皆さん。

　100％の学習効果を上げるには、他力本願ではなく自力で解決しようとする勇気を持つことが大切です。そして、自分自身を信じることです。多くの先輩がファイトを燃やして突破した入試の壁。皆さんも必ず乗り越えられるに違いありません。

　本書は、本年度入試で実際に出題された入試問題を集めたものです。したがって、実践問題集としてこれほど確かなものはありません。また、入試問題には受験生の思考力や応用力を引き出す良問が数多くあるので、勉強を進める上での確かな指針にもなります。

　ただ、やみくもに問題を解くだけでなく、志望校の出題傾向を知る、出題傾向の似ている学校の問題を数多くやってみる、一度だけでなく、二度、三度と問題に向かい、より正確に、速く解答できるようにするという気持ちで本書を手にとることこそが、合格への第一歩になるのです。

　以上のことをふまえて、本書を効果的に利用して下さい。努力が実を結び、皆さん全員が志望校に合格されることをかたく信じています。

　なお、編集にあたり多くの国立、私立の中学校から多大なるご援助をいただきましたことを厚くお礼申し上げます。

みくに出版編集部

‖本書の特色‖

最多、充実の収録校数
首都圏の国・私立中学校の入試問題を、
共学校、男子校、女子校にまとめました。

問題は省略なしの完全版
出題されたすべての問題を掲載してあるので、出題傾向や難度を知る上で万全です。
（複数回入試実施校は原則として１回目試験を掲載。）
一部の実技・放送問題を除く。

実際の試験時間を明記
学校ごとの実際の試験時間を掲載してあるので、
問題を解いていくときのめやすとなります。
模擬テストや実力テストとしても最適です。

も く じ

共学校

青山学院中等部 …………………… 6
青山学院横浜英和中学校 ………… 9
市川中学校 ………………………… 14
◆浦和実業学園中学校 …………… 18
穎明館中学校 ……………………… 21
江戸川学園取手中学校 …………… 23
桜美林中学校 ……………………… 26
大宮開成中学校 …………………… 29
開智中学校 ………………………… 31
開智日本橋学園中学校 …………… 33
◆かえつ有明中学校 ……………… 36
◆春日部共栄中学校 ……………… 39
神奈川大学附属中学校 …………… 43
関東学院中学校 …………………… 46
公文国際学園中等部 ……………… 48
慶應義塾湘南藤沢中等部 ………… 51
慶應義塾中等部 …………………… 54
国学院大学久我山中学校 ………… 57
◆栄東中学校 ……………………… 60
自修館中等教育学校 ……………… 63
芝浦工業大学柏中学校 …………… 65
芝浦工業大学附属中学校 ………… 68
渋谷教育学園渋谷中学校 ………… 71
渋谷教育学園幕張中学校 ………… 75
湘南学園中学校 …………………… 79
昭和学院秀英中学校 ……………… 82
成蹊中学校 ………………………… 85
成城学園中学校 …………………… 89
西武学園文理中学校 ……………… 92
青稜中学校 ………………………… 95
専修大学松戸中学校 ……………… 98
千葉日本大学第一中学校 ………… 101
中央大学附属中学校 ……………… 104

中央大学附属横浜中学校 ………… 106
筑波大学附属中学校 ……………… 108
帝京大学中学校 …………………… 114
桐蔭学園中等教育学校 …………… 117
東京学芸大学附属世田谷中学校 … 121
東京都市大学等々力中学校 ……… 126
東京農業大学第一高等学校中等部 … 130
桐光学園中学校 …………………… 134
東邦大学付属東邦中学校 ………… 137
東洋大学京北中学校 ……………… 141
獨協埼玉中学校 …………………… 143
日本大学中学校 …………………… 145
日本大学藤沢中学校 ……………… 148
広尾学園中学校 …………………… 150
法政大学中学校 …………………… 153
法政大学第二中学校 ……………… 155
星野学園中学校 …………………… 158
三田国際学園中学校 ……………… 161
茗溪学園中学校 …………………… 164
明治大学付属八王子中学校 ……… 167
明治大学付属明治中学校 ………… 169
森村学園中等部 …………………… 171
山手学院中学校 …………………… 175
麗澤中学校 ………………………… 177
早稲田実業学校中等部 …………… 179

男子校

浅野中学校 ………………………… 184
麻布中学校 ………………………… 190
栄光学園中学校 …………………… 193
海城中学校 ………………………… 196
開成中学校 ………………………… 199
学習院中等科 ……………………… 204
◆鎌倉学園中学校 ………………… 207
暁星中学校 ………………………… 210

慶應義塾普通部 ……………… 212
攻玉社中学校 ……………… 214
◆佼成学園中学校 ……………… 216
駒場東邦中学校 ……………… 219
サレジオ学院中学校 ……………… 222
芝中学校 ……………… 226
城西川越中学校 ……………… 229
城北中学校 ……………… 232
城北埼玉中学校 ……………… 236
巣鴨中学校 ……………… 239
逗子開成中学校 ……………… 242
聖光学院中学校 ……………… 245
成城中学校 ……………… 250
世田谷学園中学校 ……………… 253
◆高輪中学校 ……………… 256
筑波大学附属駒場中学校 ……………… 258
東京都市大学付属中学校 ……………… 261
桐朋中学校 ……………… 264
藤嶺学園藤沢中学校 ……………… 266
獨協中学校 ……………… 268
灘中学校 ……………… 271
日本大学豊山中学校 ……………… 276
本郷中学校 ……………… 279
武蔵中学校 ……………… 283
明治大学付属中野中学校 ……………… 285
ラ・サール中学校 ……………… 288
立教池袋中学校 ……………… 290
立教新座中学校 ……………… 293
早稲田中学校 ……………… 296

女子校

跡見学園中学校 ……………… 299
浦和明の星女子中学校 ……………… 301
江戸川女子中学校 ……………… 304
桜蔭中学校 ……………… 307
鴎友学園女子中学校 ……………… 311
大妻中学校 ……………… 315

大妻多摩中学校 ……………… 317
大妻中野中学校 ……………… 319
学習院女子中等科 ……………… 321
◆神奈川学園中学校 ……………… 323
鎌倉女学院中学校 ……………… 326
カリタス女子中学校 ……………… 328
吉祥女子中学校 ……………… 331
◆共立女子中学校 ……………… 335
恵泉女学園中学校 ……………… 338
光塩女子学院中等科 ……………… 342
晃華学園中学校 ……………… 345
国府台女子学院中学部 ……………… 347
香蘭女学校中等科 ……………… 350
実践女子学園中学校 ……………… 353
品川女子学院中等部 ……………… 355
十文字中学校 ……………… 359
◆淑徳与野中学校 ……………… 362
頌栄女子学院中学校 ……………… 365
湘南白百合学園中学校 ……………… 368
昭和女子大学附属昭和中学校 ……………… 371
女子学院中学校 ……………… 374
女子聖学院中学校 ……………… 377
女子美術大学付属中学校 ……………… 379
白百合学園中学校 ……………… 382
清泉女学院中学校 ……………… 384
洗足学園中学校 ……………… 386
捜真女学校中学部 ……………… 389
田園調布学園中等部 ……………… 392
東京女学館中学校 ……………… 396
東洋英和女学院中学部 ……………… 399
豊島岡女子学園中学校 ……………… 402
日本女子大学附属中学校 ……………… 406
日本大学豊山女子中学校 ……………… 410
フェリス女学院中学校 ……………… 413
富士見中学校 ……………… 417
雙葉中学校 ……………… 421
普連土学園中学校 ……………… 423

聖園女学院中学校 ……………………… 426

三輪田学園中学校 ……………………… 428

山脇学園中学校 ………………………… 431

横浜共立学園中学校 …………………… 434

横浜女学院中学校 ……………………… 436

横浜雙葉中学校 ………………………… 439

立教女学院中学校 ……………………… 441

青 山 学 院 中 等 部

—50分—

　　　□にあてはまる数を入れなさい。円周率を使う場合は3.14とします。

[1]　$28 - 3 \times (65 - 52 \div 13 \times 14) + 2 = $ □

[2]　$\left(1.05 \div 1\frac{2}{5} - 0.11 \times \boxed{}\right) \div \frac{2}{7} = 0.7$

[3]　袋にお菓子がいくつか入っています。この袋から兄は全体の20％分の個数を取りました。次に、弟と妹がその残りからそれぞれ25％分と30％分の個数を取りました。袋に残っているお菓子の個数は、はじめの個数の□％です。

[4]　ラグビー部の昨年の部員数は30人でした。今年の1年生は昨年の1年生の2倍の人数が入部し、今年の3年生の人数は昨年の3年生の$\frac{6}{5}$倍の人数なので、今年の部員数は36人になりました。今年入部した1年生の人数は□人です。ただし、学年の途中で退部した生徒はいないものとします。

[5]　花子さんは1個80円のりんご、1個120円の梨、1個160円の柿を合わせて46個買ったところ、代金は6160円でした。花子さんが買ったりんごと柿の個数の比が1：3のとき、梨の個数は□個です。

[6]　太郎くんは、毎月1日に同じ金額のお小遣いをもらっています。ただし、1月だけは毎月の2倍の金額をもらいます。今年の1月末、太郎くんはいくらかお金を持っていましたが、翌月から毎月1800円ずつ使うと10か月で、毎月1720円ずつ使うと15か月でお金を使い切ります。
　　太郎くんが、今年の1月末からお小遣いを使わずにすべて貯金した場合、50000円を超えるのは□か月後です。

[7]　英語の検定試験が行われ、受験者全員の平均点が53点でした。受験者の40％が合格し、合格者の平均点は合格基準点より10点高く、不合格者の平均点は合格基準点より20点低かったです。
　　合格基準点は□点です。

[8]　AさんとBさんは高速道路を利用して目的地まで同じ道をそれぞれの車で向かうことにしました。高速道路をAさんは時速98km、Bさんは時速70kmで運転して行きましたが、途中に工事区間があったため、この区間は二人とも同じ速さで運転しました。そのため、予定していた到着時間よりもAさんは19分、Bさんは11分遅れました。工事区間の距離は□kmです。

[9]　20人のクラスで、1問5点の30点満点のテストを実施しました。次の表は最初にテストを受けた17人の生徒の結果をまとめたものです。後日欠席した3人がこのテストを受けたので、こ

の3人の結果も加えたところ、平均値が0.5点下がり、中央値が20点、最頻値が25点となりました。この3人のテストの結果は点数の低い方から　　　　点、　　　　点、　　　　点です。

点数(点)	0	5	10	15	20	25	30
人数(人)	0	0	3	5	1	5	3

⑩　円柱の形をした2つの容器A、Bがあります。

　A、Bともに同じ一定の割合で水を入れると、入れ始めてからAは28分で、Bは36分でいっぱいになります。今、両方の容器をいっぱいにしてから、入れるときと同じ水量で底から同時に水を出したところ12分後に2つの容器の水面の高さは等しくなりました。

　AとBの底面の面積の比は　　　　：　　　　で、高さの比は　　　　：　　　　です。

⑪　次の図1の三角形ABCを図2のように折りました。次に、図2の三角形BDCをBCで折り返すと図3のようになりました。最後に、図3の三角形BCDをBDで折り返すと図4のようになりました。色のついた部分の角度が8度のとき㋐の角の大きさは　　　　度です。

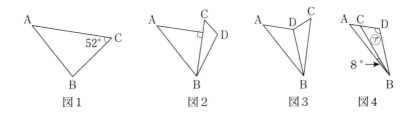

図1　　　　図2　　　　図3　　　　図4

⑫　図のように、大きさがすべて異なる4つの正方形を並べ、正方形の頂点のいくつかを線で結びました。色のついた部分の面積は　　　　㎠です。

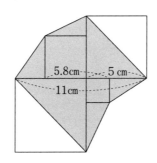

⑬　1から15までの整数を1つずつ書いた15枚のカードを、次のようにA〜Dの4人に配りました。

　・Aは5枚もらい、すべて奇数のカードでした。
　・Bは4枚もらい、そのうちの1枚は ① のカードで、4枚のカードの数の和は30でした。
　・Cは3枚もらい、そのうちの1枚は 15 のカードで、3枚のカードの数の和は39でした。
　・Dは3枚もらい、3枚のカードの数の和は偶数になりました。

(1)　Cの3枚のカードは、15 と　　　　と　　　　です。
(2)　Bは 1 の他に必ず　　　　のカードを持っています。

(3)　4人の持っているカードの数がすべて決定できるような条件として正しいものを以下のア〜エの中からすべて選びなさい。

ア　Aが $\boxed{9}$ のカードを持ち、Bが $\boxed{6}$ のカードを持つ。

イ　Aの持つカードの最大の数と最小の数の差が8になる。

ウ　Dの持つカードの数の和が14以下になる。

エ　Dの3枚のカードのうち一番小さい数と真ん中の数の積が一番大きな数になる。

14　図のような空の水そうに、一定の割合で水が入る蛇口Aと一定の割合で水が出る蛇口Bを使って、次の2つの操作をしました。

【操作1】

はじめに蛇口Aを開き、水そうの $\frac{7}{12}$ の高さまで水が入ったところで蛇口Bを開きました。その後、水そうが満水になったところで蛇口Aを閉じると、水を入れ始めてから80分後に水そうは空になりました。

【操作2】

はじめに蛇口Aを開き、水そうの $\frac{3}{4}$ の高さまで水が入ったところで蛇口Bを開きました。その後、水そうが満水になったところで蛇口Aを閉じると、水を入れ始めてから72分後に水そうは空になりました。

(1)　操作1と操作2で蛇口Aだけを開く時間の差が4分のとき、1分間に蛇口Aから入れる水量と蛇口Bから出す水量の比は $\boxed{}$: $\boxed{}$ である。

(2)　操作1において、水そうの $\frac{7}{12}$ の高さまで水が入ったところで、たて40cm、横40cm、高さ50cmの直方体のおもりを完全に沈めて、蛇口Bを開けました。その後、操作を続けて、空になるまでにかかる時間を調べたところ、おもりを入れなかったときと比べて15分短縮されました。この水そうの容量は $\boxed{}$ Lです。

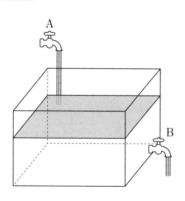

青山学院横浜英和中学校（A）

—50分—

注意　円周率は3.14として計算してください。

1　次の[　　]をうめなさい。

(1)　$\left\{\dfrac{4}{7} \times 2.94 \div \left(\dfrac{5}{3} - \dfrac{7}{15}\right) - \dfrac{7}{9}\right\} \div \dfrac{7}{15} = $ [　　]

(2)　$\dfrac{6}{7} \times ($ [　　] $- 0.7) \div 1\dfrac{5}{18} = \dfrac{18}{23}$

(3)　5 ％の食塩水と9 ％の食塩水を3：5の割合で混ぜて、新しい食塩水1000 g を作ろうとしました。ところが、あやまって9 ％の食塩水を[　　] g こぼしてしまったため、できあがった食塩水の濃度（のうど）は6 ％になりました。

(4)　青山さんはA地点から、蒔田さんはB地点から出発し、A地点とB地点の間を同じ道を通って往復しました。

歩く速さは青山さんが毎分80 m、蒔田さんが毎分65 m です。

2 人が同時に出発してからC地点で最初にすれ違（ちが）い、さらにその1時間40分後にA地点から[　　]km離（はな）れたD地点ですれ違いました。

(5)　ある商品を完成させるのに、青山さん1 人では30日、英和さん1 人では20日かかります。この商品を2 人で分担して完成させます。

はじめに青山さんが12日、次に英和さんが5 日作業しました。その後、青山さんと英和さんがこの順に1 日交代で作業をしたとすると、はじめに青山さんが作業を始めてから[　　]日目に[　　]さんが作業をして商品が完成します。

(6)　次の図において、斜線（しゃせん）部分の面積は[　　]cm²です。

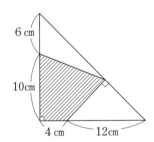

(7)　ある学校の全校生徒に好きな給食のメニューを聞いたところ、次の表のような結果になりました。

メニュー	人数（人）
からあげ	98
ドライカレー	132
あげパン	
フルーツポンチ	108
野菜スープ	89

この表を円グラフで表したところ、あげパンの中心角は80度でした。

このとき、全校生徒の数は[　　]人です。

(8)　ある川で、30km離れた2つの地点の間を船が往復したところ、上るときには2時間、下るときには1時間30分かかりました。

　　　この船を使って、ある湖のP地点から84km離れたQ地点まで行くとき、□□□時間□□□分かかります。

　　　ただし、静水時の船の速さは一定で、湖には流れがないものとします。

② 次の□□□をうめなさい。

(1)　ある携帯電話会社が、以下のような料金プランを用意しました。

> プランA：基本料金は1000円で、無料通話分が15分ついている。
> 　　　　　15分を超えた分は30秒につき20円の通話料がかかる。
> プランB：基本料金は3500円で、無料通話分が75分ついている。
> 　　　　　75分を超えた分は30秒につき10円の通話料がかかる。
> プランC：基本料金はなし。30秒につき30円の通話料がかかる。

　①　プランAとプランCの料金が等しくなるのは、通話時間が□□□分のときです。

　②　プランBが最も安くなるのは、通話時間が□□□分を超えたときからです。

(2)　赤、白、青の3色の球がたくさんあります。

　　　このうち、赤球と白球をいくつか1つの箱に入れ、赤球と白球を5個ずつ取り出したあと、取り出した球と同じ数の青球を入れたところ、箱の中の赤球と白球と青球の個数の比が5：3：2となりました。

　　　箱の中にはじめに入れていた赤球は□□□個です。

(3)　あとの図は同じ大きさの立方体を4つ組み合わせたものです。辺上を通って、PからQまで遠回りせずに行きます。

　①　道順は全部で□□□通りあります。

　②　Xを通る道順は□□□通りあります。

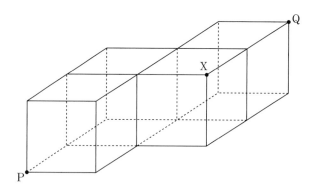

(4)　次の図のように1辺が6cmの正六角形の内側を、1辺が6cmの正三角形ABCをすべることなく矢印の方向に転がします。

　　　このとき、頂点Aが最初の位置にもどるまでに動く長さは□□□cmです。

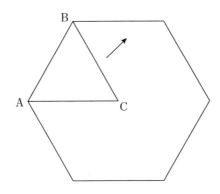

3 ある規則にしたがって、分数が次のように並んでいます。

この数の列で、分母が同じ分数を1つのグループとして考え、しきりを入れます。

$$\frac{1}{1}、\left|\frac{1}{4}、\frac{3}{4}、\right|\frac{1}{7}、\frac{3}{7}、\frac{5}{7}、\left|\frac{1}{10}、\frac{3}{10}、\frac{5}{10}、\frac{7}{10}、\right|\frac{1}{13}、\frac{3}{13}、\cdots\cdots$$

例えば、はじめから数えて4番目の数 $\frac{1}{7}$ は、3個目のグループの1番目の数です。

(1) はじめから数えて100番目の数はいくつですか。

(2) 　$\frac{39}{70}$ は、 ［　ア　］個目のグループの ［　イ　］番目の数です。

　　　ア、イにあてはまる数はいくつですか。

(3) 　分子にはじめて77が出てくるのは、はじめから数えて ［　ウ　］番目の数です。

　　　ウにあてはまる数はいくつですか。

(4) 44個目のグループに含まれる数の和はいくつですか。

4 次の図のような排水口のついた直方体の水そうAと、大きな直方体から小さな直方体をくりぬいた水そうBがあります。それぞれの水そうの上にあるじゃ口から同時に水を入れ始め、以下のような操作を行い、満水になったら給水を止めることにします。水そうAと水そうBへの給水の割合は同じで、常に一定です。また、水そうAからの排水の割合も常に一定です。

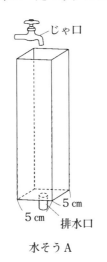

5cm
5cm 排水口

水そうA

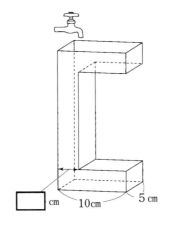

［　］cm　10cm　5cm

水そうB

操作

---

① 水を入れ始めてから11分後に、水そうBへの給水をいったん止める。

② 一定の時間が経過した後、水そうAへの給水を止め、排水を始める。

③ はじめに水を入れ始めてから21分後に、水そうAからの排水を止め、水そうAへの給水を再開する。

④ 水そうBへの給水を再開する。

　次のグラフは、水そうAと水そうBへ水を入れ始めてからの時間（分）と、水面の高さの差（cm）との関係を表したものです。ただし、高さの差は常に高い方から低い方をひいたものとします。

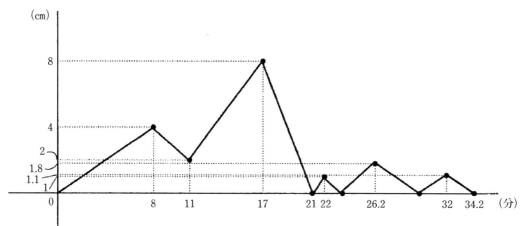

　　　　　　　　　　　　　　　※学校注：実際の入試問題ではグラフの目盛りの値に誤りがあり、
　　　　　　　　　　　　　　　　　　　　(4)は解答できない設問となっていたため全員正解としました。

(1) 水そうAのじゃ口からは毎分何cm³給水されますか。

(2) 水そうBの□□□□□にあてはまる数はいくつですか。

(3) 水そうAの高さは何cmですか。

(4) 水そうBの容積は何cm³ですか。

5 次の図のような平行四辺形ＡＢＣＤがあります。

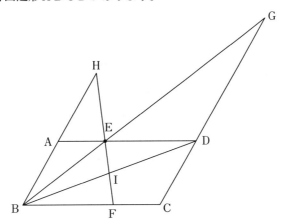

平行四辺形ＡＢＣＤの辺ＡＤを１：２、辺ＢＣを２：１に分ける点をそれぞれＥ、Ｆとします。
　ＢＥとＣＤの延長の交わった点をＧ、ＦＥとＢＡの延長の交わった点をＨとし、平行四辺形の対角線ＢＤとＦＥの交わった点をＩとします。

(1) ＢＨとＣＧの長さの比を最も簡単な整数の比で表しなさい。

(2) 三角形ＧＥＤの面積は、平行四辺形ＡＢＣＤの面積の何倍ですか。

(3) 三角形ＧＥＤの面積が48㎠であるとき、四角形ＣＤＩＦの面積は何㎠ですか。

市 川 中 学 校(第1回)

—50分—

【注意事項】　1　コンパス・直線定規を利用してもよい。

　　　　　　　2　円周率は3.14とする。

　　　　　　　3　比を答える場合には、最も簡単な整数の比で答えること。

1　次の問いに答えなさい。

(1)　$2-\left(\dfrac{7}{2}\times0.8-1\right)\div6+\dfrac{4}{15}-\dfrac{1}{20}$ を計算しなさい。

(2)　4%の食塩水110gに食塩を10g加えてよくかき混ぜたあと、できた食塩水を10g捨てます。その後、水を何gか加えてよくかき混ぜたところ、4%の食塩水ができました。このとき、水を何g加えたか求めなさい。

(3)　1組から4組まである学校に通っているA、B、C、Dの4人が次のように話しています。このとき、Aの今年の組を答えなさい。ただし、昨年、今年ともにA、B、C、Dの4人のうち、どの2人も同じ組にはいないものとします。

　　　A「4人中3人は昨年と今年で違う組になったね。」

　　　B「ぼくは昨年も今年も偶数組だった。」

　　　C「私は昨年も今年も同じ組だったわ。」

　　　D「私は昨年4組だった。」

(4)　右の図のような、1列目と2列目は2人がけ、3列目は3人がけの7人乗りの車に、大人3人、子ども4人が乗るときの座り方を考えます。運転席には大人が座り、各列とも子どもが座る隣に最低1人の大人が座るとき、座り方は何通りあるか答えなさい。

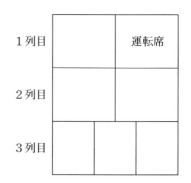

(5)　右の図は半径2cmの円で、円周上の点は円周を12等分する点です。1辺が1cmの正方形をA、1辺が1cmの正三角形をBとするとき、灰色部分の面積は、Aが［　あ　］枚分の面積とBが［　い　］枚分の面積の合計になります。［　あ　］と［　い　］にあてはまる数をそれぞれ答えなさい。

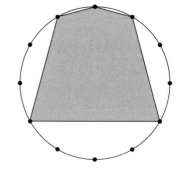

② 次の図において、以下の操作を考えます。

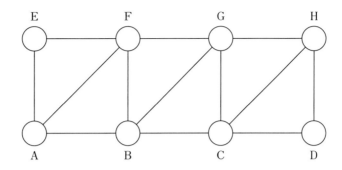

操作：○の中に書き入れた整数を3で割ったとき

　　　・余りが0であれば右に1つ進み、進んだ先の○に商を書き入れる。

　　　・余りが1であれば右ななめ上に1つ進み、進んだ先の○に商を書き入れる。

　　　・余りが2であれば上に1つ進み、進んだ先の○に商を書き入れる。

　最初、Aに整数を書き入れて操作を繰り返し、D、E、F、G、Hのいずれかに整数を書き入れると終了します。例えば、Aに15を書き入れたとき、15は3で割ると余りが0なのでBに進み、Bに商の5を書き入れます。次に、5は3で割ると余りが2なのでFに進み、Fに商の1を書き入れて終了します。このとき、次の問いに答えなさい。

(1)　Aに111を書き入れたとき、最後にD、E、F、G、Hのどこの場所にどんな整数が書き入れられて終了するか答えなさい。

(2)　Aに書き入れたとき、最後にDに進んで終了する整数は、1から2024までに何個あるか求めなさい。

(3)　Aに書き入れたとき、最後にGに進んで終了する整数は、1から2024までに何個あるか求めなさい。

③ 円に対して、次の図のような規則で円をかき加えていく操作を繰り返していきます。操作を1回行ったあとの図を1番目の図、操作を2回行ったあとの図を2番目の図としていくとき、次の問いに答えなさい。

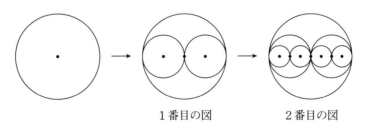

1番目の図　　　　2番目の図

(1)　次の図に、コンパスと定規を用いて円をかき加えて1番目の図を完成させなさい。ただし、作図に用いた線は消さないこと。

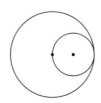

白く塗られている半径2cmの円に対して、奇数回目の操作でかき加える円は灰色で塗り、偶数回目の操作でかき加える円は白色で塗ることを繰り返します。

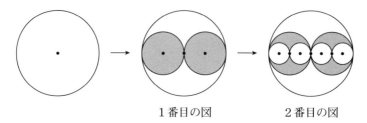

1番目の図　　　　2番目の図

(2)　3番目の図の灰色の部分の面積を求めなさい。

(3)　5番目の図の白色の部分と灰色の部分の面積の比を求めなさい。

4　次の図のように、長針をL、短針をS、6を指す動かない針をAとする時計があります。この時計の短針は時計回りに動きますが、長針は壊れており、反時計回りに動きます。ここで、SとLが作る角をAが二等分する状態をXとします。状態Xとなる例は次のような場合です。

　状態Xの例

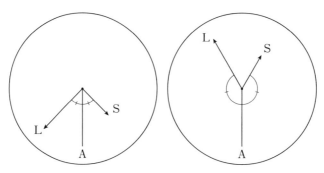

同様にLとAが作る角をSが二等分する状態をY、AとSが作る角をLが二等分する状態をZとします。このとき、次の問いに答えなさい。

(1)　8時から時計を動かしたとき、はじめて状態Xになるのは何分後か答えなさい。

(2)　8時から90分間時計を動かしたとき、状態X、Y、Zはどのような順で起こるか次の例のように答えなさい。

　　　例　X、Y、Z、Xの順で起こるとき。

　　　　　　X→Y→Z→X

(3)　8時から時計を動かしたとき、2回目の状態Zになるのは何分後か答えなさい。

5　牧草地に100kgの草が生えています。この牧草地に牛1頭を放つとちょうど25日後に、豚2頭ではちょうど100日後に、牛1頭と豚3頭ではちょうど10日後に食べ終えます。草は1日に決まった量だけ生え、すべての草を食べ終えると生えてこないものとします。また、牛と豚は毎日決まった量の草を食べるものとします。このとき、次の問いに答えなさい。

(1)　牛1頭と豚1頭が1日に食べる草の量はそれぞれ何kgか求めなさい。

牛と豚が1頭ずついるとします。毎日最低1頭を選んでこの牧草地に放ったところ、ちょうど22日後に草を食べ終えました。

(2)　牛が放たれた日数として考えられる日数をすべて求めなさい。

(3)　牛が放たれた日数として考えられる日数のうち、最も少ない日数における牛、豚の放ち方の例を次のルールにしたがって1つ答えなさい。

ルール

・牛と豚1頭ずつを放つ日はA、牛1頭のみを放つ日はB、豚1頭のみを放つ日はCで表す。

・牛と豚1頭ずつを放つ日が2日連続するときはA×2、3日連続するときはA×3と表し、B、Cについても同様に表す。

例えば、牛1頭のみを2日連続で放った後、牛と豚1頭ずつを1日放ち、その後、豚1頭のみを5日連続で放つ場合は

　　　B×2→A→C×5

と表す。

浦和実業学園中学校（第1回午前）

—50分—

【受験上の注意】　1　定規は使用してもかまいませんが、三角定規、分度器、コンパス、電卓は使用できません。

2　途中の計算式や考え方も書くように指示されている問題については、途中の計算式や考え方も記入してください。特に指示のない問題については解答だけ記入してください。

① 次の計算をしなさい。

(1) $\dfrac{7}{5} \div (20 \times 5 \div 4 - 4)$

(2) $183 \div 3\dfrac{1}{3} + 549 \times \dfrac{7}{30}$

(3) $\{32 + (12 \div 2 - 3)\} \times 4 + 80 \div (32 + 9 - 1)$

(4) $(5.6 + 5.14 - 0.24) \times \dfrac{7}{3}$

(5) $\dfrac{24}{5} \div 2\dfrac{1}{2} + 1\dfrac{1}{25} \div 13$

(6) $9.1 + 5.4 + 21.5 - 6.1 + 3.6 - 9.5$

② 次の各問いの□□□にあてはまる数を答えなさい。

(1) だんごを焼く仕事をしました。うまく焼けると50円もらえますが、失敗すると50円はもらえず、しかも100円で買い取らなければなりません。60本焼いて1500円もらいました。成功したのは□□□本です。

(2) 1周5.2kmの池の周りを兄は毎分80m、妹は毎分□□□mの速さで同じ場所から同時に出発し、同じ方向に進みます。兄が妹にはじめて追い付くのは出発してから1時間44分後です。

(3) 長さ□□□cmのテープを、のりしろの長さをどこも3cmにして20本つなげました。このとき、全体の長さは183cmです。

(4) いま、Aさんは12才で、Aさんの父は42才です。Aさんの年れいと父の年れいの比が2：5になるのは、いまから□□□年後です。

(5) ある仕事をAさんが1人ですると2時間かかり、Bさんが1人ですると3時間かかります。この仕事を2人ですると□□□分かかります。

(6) 4800人の5割2分は□□□人です。

③　A駅とB駅の間は73.5km離れています。貨物列車は毎時72km、普通列車は長さ200mで毎時96kmの速さでそれぞれ走ります。このとき、次の各問いに答えなさい。

(1)　A駅とB駅の間にトンネルがあり、普通列車がトンネルに入ってからトンネルを抜けるまでに150秒かかりました。トンネルの長さは何mですか。

(2)　普通列車と貨物列車がすれ違いはじめてから終わるまでに10.5秒かかりました。貨物列車の長さは何mですか。

(3)　A駅からB駅に普通列車が向かい、B駅からA駅に貨物列車が向かいます。それぞれの列車がA駅とB駅を同時に出発したとき、列車どうしが出会うのは出発してから何分何秒後ですか。また、A駅から何km離れた場所で出会いますか。

(4)　A駅からB駅方向に42km離れた場所にC駅があります。A駅から普通列車が出発した後、A駅から毎時120kmで特急列車が出発します。普通列車と特急列車が同時にC駅に着くためには、特急列車は普通列車がA駅を出発してから何分何秒後にA駅を出発すればよいですか。

④　次の各問いに答えなさい。

(1)　0より大きい整数Aは約数の個数が3個あります。すべての約数の和が13のとき、整数Aを求めなさい。

(2)　0より大きい整数Bは約数の個数が4個あります。すべての約数の和が80のとき、整数Bを求めなさい。

(3)　0より大きい整数Cは約数の個数が10個あります。その約数には1、2、3、16がふくまれます。このとき、整数Cを求めなさい。

⑤　次の図の斜線部分の面積を求めなさい。ただし、円周率は3.14とします。

(1)

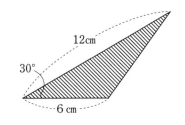

(2)

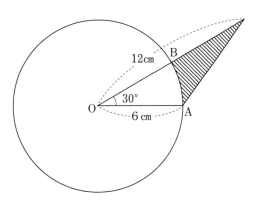

(3)

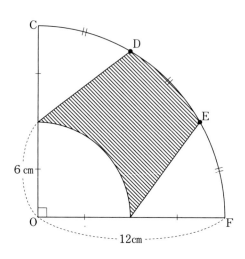

6 次の各問いに答えなさい。

(1) 以下の図の角DACの大きさを求めなさい。また、辺ACと辺CDの長さの比を最も簡単な整数の比で表しなさい。

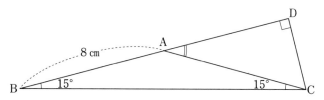

(2) 以下の図のような、辺ADと辺BCが平行な台形において、AB=CD=4cm、AC=BD=12cm、角DBC=角ACB=15°のとき、この台形の面積を求めなさい。

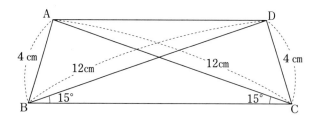

穎 明 館 中 学 校(第1回)

—50分—

注意　定規・コンパス・分度器の使用は認めません。

1　次の計算をしなさい。

(1)　$7 + 7 \times 7 - 7 \div 7 =$ ☐

(2)　$4 \div 0.2 \div 0.01 \times 0.003 =$ ☐

(3)　$314 \times 0.73 - 31.4 \times 3.2 + 3.14 \times 59 =$ ☐

(4)　$2\frac{1}{4} - \left(1\frac{1}{6} + \frac{2}{3}\right) \times \frac{9}{11} - \frac{1}{2} =$ ☐

2　次の☐にあてはまる数を求めなさい。

(1)　$\frac{3}{7}$ を小数に直したとき、小数第100位の数は☐です。

(2)　ダムにたまっている水を放水管A、Bを使って空にします。放水管Aのみで放水すると30時間で空になり、放水管AとBの両方で放水すると20時間で空になります。放水管Bのみで放水すると☐時間で空になります。

(3)　右の図のように、正方形の中に円がぴったり入っています。円の周の長さは、正方形の周の長さの☐倍です。ただし、円周率は3.14とします。

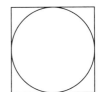

(4)　右の図のような、1辺が4cmの立方体ABCD−EFGHがあり、辺AB、ADのまん中の点をそれぞれM、Nとします。このとき、6点A、M、N、E、F、Hを結んだ立体AMN−EFHの体積は☐cm³です。

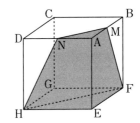

③　太郎さんは9時にA地点を出発し、B地点、C地点、D地点を通って、E地点まで歩きました。A地点からB地点、C地点からD地点は上り坂、B地点からC地点、D地点からE地点は下り坂です。ここで、上り坂の傾きと下り坂の傾きは等しく、常に一定であるとします。太郎さんの上り坂と下り坂での歩く速さの比は2：3で、それぞれ一定の速さで歩き続けたところ、D地点に11時6分、E地点に12

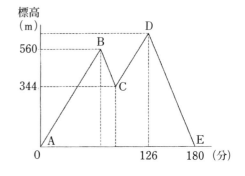

時に到着しました。右のグラフは、太郎さんが歩いた時間と標高の関係を表したものです。このとき、次の問いに答えなさい。
⑴　太郎さんが上っていた時間は全部で何分間ですか。
⑵　D地点の標高は何mですか。
⑶　太郎さんがB地点に到着したのは何時何分ですか。

④　右の図のような図形について、次の問いに答えなさい。

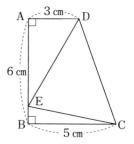

⑴　四角形ABCDの面積は何cm²ですか。
⑵　三角形AEDの面積と三角形EBCの面積が等しいとき、三角形ECDの面積は何cm²ですか。
⑶　三角形ECDの面積が14cm²のとき、AEとEBの長さの比をもっとも簡単な整数の比で表しなさい。

⑤　⑶は途中の式や計算、図、考え方などを書きなさい。

　1から9までの数から2つの数を選び、それらを使って同じけた数の整数を作り、その中の2つの数を組み合わせて足したり引いたりします。例えば、4と5の2つの数を選んだとき、作れる2けたの整数は44、45、54、55の4つです。このうち、［44と55］、［45と54］の2組は足すと99になります。次の問いに答えなさい。
⑴　足すと99になる2けたの整数の組は全部で何組できますか。
⑵　足すと999になる3けたの整数の組は全部で何組できますか。
⑶　引くと99になる3けたの整数の組は全部で何組できますか。

江戸川学園取手中学校（第1回）

—50分—

（注意）　・円周率は3.14としなさい。

　　　　　・比を答える問題はもっとも簡単な整数の比で答えなさい。

　　　　　・5の(3)は途中の計算や思考過程も書きなさい。その他の問題は答えのみを記入しなさい。

1　(1)　次の計算をしなさい。

①　$(4.2 \times 1.2 - 4.2 \times 0.7) \div (1.5 + 2.7)$

②　$2.75 \times \left(1\frac{2}{5} - 0.8\right) + 0.6 \div \left(\frac{1}{3} + 0.25\right)$

③　$\dfrac{1}{12 \times 13} + \dfrac{1}{13 \times 14} + \dfrac{1}{14 \times 15} + \dfrac{1}{15 \times 16}$

(2)　1から9までの数字を1個ずつ書いた9枚のカードが箱の中に入っています。この箱の中からカードを1枚取り出したところ、そのカードに書いてある数と箱の中に残ったカードに書いてある数の合計との差が29になりました。取り出したカードに書いてある数はいくつですか。

(3)　次の図1は正方形とおうぎ形を組み合わせたものです。2つのおうぎ形が交わる点をPとし、PとC、PとDをそれぞれ結びます。このとき、斜線部分の面積を求めなさい。

図1
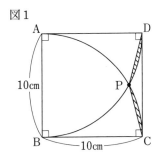

図2
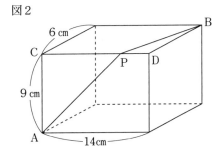

(4)　上の図2は、たて6cm、横14cm、高さ9cmの直方体です。辺CD上に点Pをとり、AP＋PBが最短になるとき、PDの長さを求めなさい。

2　ある仕事を仕上げるのに、Aさん、Bさんの2人では24日、Aさん1人では40日、Cさん1人では50日かかります。

(1)　この仕事を仕上げるのに、Bさん1人では何日かかりますか。

(2)　この仕事を始めてから仕上がるまで、Aさん→Bさん→Cさん→Aさん→……の順に5日ずつ交代で作業するとき、全部で何日かかりますか。

③　次の図のように直線の上に２つの図形ア、イがあります。図形アは直角二等辺三角形で、図形
　イは台形です。はじめ、図形ア、イは次の図のような状態にあり、この状態から図形アが毎分１cm
　の速さで直線上を矢印の向きに進みます。動き始めてから６分後には図形ア、イの重なっている
　部分の面積が９cm²となります。このとき、あとの問いに答えなさい。

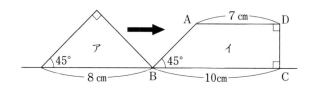

(1)　図形イのＣＤの長さを求めなさい。

(2)　動きはじめてから12分後に図形アと図形イの重なっている部分の面積を求めなさい。

(3)　図形アと図形イの重なっている部分の面積が９cm²となるときは２回あります。１回目は動き
　はじめてから６分後です。２回目は動きはじめてから何分何秒後か求めなさい。

④　E中学校１年生320人が体育祭に参加します。生徒は全員１から320までの整数のうち１つが
　書かれたゼッケンを付けて競技に出場します。２人以上の生徒が同じ番号のゼッケンを付けるこ
　とはありません。
　　　１年生が競技①～③に出場します。出場する生徒は次のように指定されています。
　　　競技①：ゼッケンの番号が２の倍数の生徒が全員出場する。
　　　競技②：ゼッケンの番号が３の倍数の生徒が全員出場する。
　　　競技③：ゼッケンの番号が５の倍数の生徒が全員出場する。
　　これについて、次の問いに答えなさい。

(1)　競技①に出場しなかった生徒は何人いますか。

(2)　競技①、②のどちらにも出場しなかった生徒は何人いますか。

(3)　競技①、②、③のどれにも出場しなかった生徒は何人いますか。

(4)　体育祭当日に競技④が追加され、１年生の次の生徒が出場することになりました。
　　　競技④：競技①～③のどれにも出場しなかった生徒のうち、ゼッケンの番号が７の倍数の
　　　　　　　生徒が全員出場する。
　　このとき、競技④に出場した生徒は何人いますか。

⑤　今日はAさんの誕生日です。BさんとCさんの２人でケーキを６個買い、Aさんの家で誕生日
　パーティーをすることになりました。このケーキを３人で分けるとき、次の問いに答えなさい。
　ただし、誕生日のAさんは必ずケーキを１個以上もらえるものとします。

(1)　ケーキの種類がすべて異なるとき、６個のケーキを２個ずつ３人に分ける分け方は何通りあ
　りますか。

(2)　ケーキの種類がすべて同じとき、６個のケーキを３人に分ける分け方は何通りありますか。
　ただし、BさんとCさんは１個ももらえなくても良いものとします。

(3)　ケーキの種類がすべて異なるとき、６個のケーキを３人に分ける分け方は何通りありますか。
　ただし、１個ももらえない人がいてはいけないものとします。答えだけでなく、途中の計算や
　考え方も書きなさい。

6　右の図のように1辺の長さが6cmの立方体ABCD－EFGH

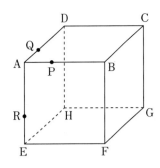

があります。

　　辺AB、AD、AE上に

　　　　AP：PB＝AQ：QD＝ER：RA＝1：2

となるように、3点P、Q、Rをそれぞれとります。

このとき、次の問いに答えなさい。

(1)　三角形PQRの面積を求めなさい。

(2)　三角形PQRと対角線AGの交わる点をXとするとき、AX：
　　XGを求めなさい。

(3)　三角すいA－PQXの体積を求めなさい。

桜美林中学校（2月1日午前）

―50分―

※　円周率は、3.14で計算してください。

1　次の□□□にあてはまる数を求めなさい。

(1)　$1 - \left(2\dfrac{1}{2} - 0.25 \div \dfrac{5}{8} \right) \div (5.63 - 3.23) = $ □□□

(2)　$\left(2 + \dfrac{1}{3} \div \boxed{} \right) \times 1\dfrac{1}{5} = 2.5$

2　次の問いに答えなさい。

(1)　ある本を75ページ読みました。読んだページ数と残りのページ数の比は5：8です。この本は全部で何ページありますか。

(2)　35人のクラスで、社会が好きな生徒が14人、理科が好きな生徒が20人、社会も理科も好きな生徒が6人いました。どちらも好きではない生徒は何人いますか。

(3)　あるクラスでボールを買うことになりました。1人150円ずつ集めると600円不足し、1人180円ずつ集めると480円余ります。ボールの代金はいくらですか。

(4)　時計の針が7時20分をさすとき、長針と短針がつくる小さい角の大きさは何度ですか。

(5)　3で割ると2余り、7で割ると6余る3けたの整数のうち、最も小さい整数はいくつですか。

(6)　A、B、C、Dの4人が100点満点の算数のテストを受けました。AとBとCの平均点は73点、BとCとDの平均点は69点、Dの得点は72点でした。Aの得点は何点ですか。

(7)　家から学校まで行くのに、分速200mの速さで行くよりも、時速30kmの速さで行く方が6分早く着きます。家から学校までの道のりは何kmですか。

(8)　次の図において、三角形ＡＢＣは正三角形であり、頂点Ａは半円の円周上にあります。この頂点Ａが半円の円周の長さを2等分するとき、㋐の角度は何度ですか。

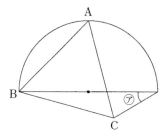

(9)　ある品物に、原価の3割の利益を見込んで定価をつけました。しかし、売れなかったので定価の3割引きで売ったところ、360円の損をしました。この品物の原価はいくらでしたか。

⑽　長さの比が4：3である2本のろうそくがあります。次のグラフは2本のろうそくに、同時に火をつけてからの燃える時間とろうそくの長さの関係を表したものです。このとき、　　　　　にあてはまる数を求めなさい。

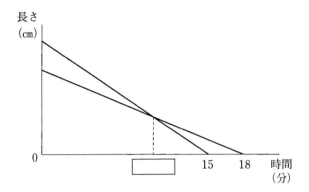

③　1、2、2、4の4枚のカードを並べて、4けたの整数をつくります。このとき、次の問いに答えなさい。

⑴　4けたの整数は何個できますか。

⑵　4の倍数は何個できますか。

④　A銀行では、円をドルに両替するときには1ドルが140円、ドルを円に両替するときには1ドルが135円という割合で両替を行っています。

このとき、次の問いに答えなさい。

⑴　A銀行で　　ア　　円をドルに両替すると、250ドルになりました。　　ア　　にあてはまる数を求めなさい。

⑵　A銀行で　　イ　　円をドルに両替し、170ドルを使ったあと、残金をA銀行で円に両替したところ4050円になりました。　　イ　　にあてはまる数を求めなさい。

5　次の図1のように直角三角形と長方形があります。この直角三角形を図1の位置から、毎秒2cm
の速さで、直線ℓにそって矢印の方向に動かします。
　　このとき、あとの問いに答えなさい。

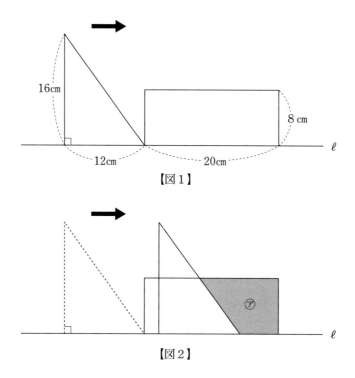

【図1】

【図2】

(1)　3秒後に2つの図形が重なっている部分の面積は何㎠ですか。

(2)　図2の㋐の部分の面積と、2つの図形が重なっている部分の面積が等しくなるのは何秒後で
すか。

6　A、B、Cの3人がそれぞれ何枚かのカードを持っています。3人のカードの枚数の合計は
120枚です。Aは持っているカードの $\frac{1}{4}$ の枚数をBに渡し、Bは18枚のカードをCに渡しました。
その結果、AとBのカードの枚数の合計はCのカードの枚数と同じになり、AとBのカードの枚
数の比は3：2になりました。
　　このとき、次の問いに答えなさい。

(1)　はじめにCが持っていたカードの枚数は何枚ですか。

(2)　はじめにBが持っていたカードの枚数は何枚ですか。

大宮開成中学校(第1回)

—50分—

※ 円周率は3.14とします。

1 次の□□□にあてはまる数を求めなさい。

(1) $11×12+12×13+13×24-14×36=$□□□

(2) $1\frac{2}{3}×2.25÷3\frac{1}{6}-\frac{7}{12}×\frac{6}{19}=$□□□

2 次の各問いに答えなさい。

(1) 80個のももをAさん、Bさん、Cさんで分けます。AさんはBさんより3個多く、CさんはAさんより7個少なく分けました。Bさんのももの個数は何個ですか。

(2) 100点満点の国語と算数、50点満点の社会と理科のテストを受けました。国語と算数の得点の比は13:16で、社会と理科の得点の比は5:6でした。これら4科目の合計得点は211点でした。算数の得点は何点ですか。

(3) Aは仕事全体の$\frac{1}{3}$を4日で終わらせ、Bは仕事全体の$\frac{1}{2}$を5日で終わらせます。Aが何日か1人で仕事をした後、Bが1人で残りの仕事をしたところ、11日間でちょうど仕事が終わりました。Aが働いたのは何日間ですか。

(4) 牧場に草がいくらか生えています。50頭の牛を放すと20日で草を食べつくします。65頭の牛を放すと15日で草を食べつくします。牛を30頭放すとき、何日で草を食べつくしますか。

3 次の各問いに答えなさい。

(1) 図のように、1辺の長さが6cmの正方形とおうぎ形が重なっています。アとイの斜線部分の面積の差は何cm²ですか。

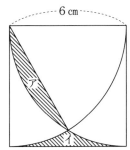

(2) 図のような三角柱ABC−DEFがあります。AGとGDの長さの比が1:5、BHとHEの長さの比が1:4、CIとIFの長さの比が1:3となるような3点G、H、Iを通る平面で三角柱を切りました。点Bを含む方の立体の体積は何cm³ですか。

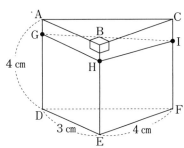

4　砂糖と食塩が溶けているAとBの溶液があります。Aは砂糖の濃度が12%、食塩の濃度が8%です。Bは砂糖の濃度が18%、食塩の濃度が6%です。次の各問いに答えなさい。

(1)　Aの溶液とBの溶液を2:3の割合で混ぜたとき、食塩の濃度は何%になりますか。

(2)　Aの溶液とBの溶液をある割合で混ぜたとき、食塩の量は砂糖の量のちょうど半分になりました。Aの溶液とBの溶液をどのような比で混ぜましたか。最も簡単な整数の比で答えなさい。

5　数学の面白い規則性の1つにフィボナッチ数列というものがあります。フィボナッチ数列とは、直前の2つの数字を足した数字の列であり、以下のような数字の列です。

$$1,\ 1,\ 2,\ 3,\ 5,\ 8,\ 13,\ 21,\ \cdots$$

この数字の列について、次の各問いに答えなさい。

(1)　14番目の数字はいくつですか。

(2)　2024番目までの数字の中で、8で割り切れる数字は全部で何個ですか。

6　内側と外側の2本の環状線に電車が反対方向に走っています。内側の電車が5周する間に、外側の電車は3周します。内側の線路と外側の線路の長さの比は2:3です。次の各問いに答えなさい。

(1)　内側の電車と外側の電車の速さの比はいくつですか。最も簡単な整数の比で答えなさい。

(2)　内側の電車と外側の電車が1周するのにかかる時間の差は18分です。外側の電車が1周するのにかかる時間は何分ですか。

7　次の図のように1目盛りが1cmの方眼紙上にO(大宮)K(開成)のマークが描かれています。点Pを図の位置で固定して、点QはKのマークの外側の周上を動かします。次の各問いに答えなさい。

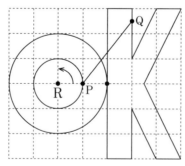

(1)　PQが通過する部分の図形の面積は何cm²ですか。

(2)　(1)でできた図形を点Rを中心に1回転させます。回転してできた図形の面積は何cm²ですか。

開 智 中 学 校(第1回)

—60分—

注意　コンパス、分度器、その他の**定規類は使用しないでください。**

① 次の□□□にあてはまる数を求めなさい。

(1) $\left(\dfrac{1}{\boxed{}}+\dfrac{1}{8}\right)\times 2\dfrac{2}{3}=\dfrac{2}{5}$

(2) ある年の開智中学校の1年生は男女合わせて279人で、男子の人数の$\dfrac{5}{8}$と女子の人数の$\dfrac{2}{3}$が等しくなっています。女子は□□□人です。

(3) A:B=3:4、B:C=5:6、C:D=7:8のとき、A:D=□□□:□□□です。

(4) 濃度が9%の食塩水をA、4%の食塩水をB、AとBを3:2で混ぜた食塩水をCとするとき、BとCを3:2で混ぜた食塩水の濃度は□□□%です。

(5) 6枚のカードには、それぞれ0、1、2、3、4、5と数字が書かれています。これらから3枚のカードを選んで3けたの整数を作るとき、5の倍数は全部で□□□通りです。

(6) 200個より少ないりんごを3人で分けると1個余り、5人で分けると3個余り、7人で分けると5個余りました。りんごは□□□個あります。

(7) あるスーパーでは、130個の商品を仕入れて、30%の利益を見こんで定価をつけました。1日目は定価で□□□個売り、2日目は定価の3割引で残りをすべて売ったところ利益も損失も出ませんでした。

(8) 三角形ABCを、右のようにすべて同じ面積の7つの三角形に分けます。
　　このとき、BD:EC=□□□:□□□です。

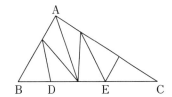

② ある池があり、2つの地点A、Bを結ぶ橋がかけられています。橋の長さは1200mです。兄と弟が図1のように同時にA地点を出発して橋を渡り、兄が先にB地点に着き、すぐに折り返すと、兄と弟はB地点から80mはなれたところですれ違いました。ただし、兄と弟はそれぞれ一定の速さで移動し続けるものとします。

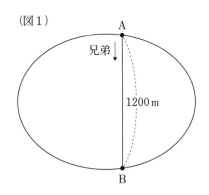

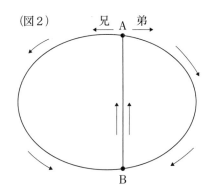

(1) 兄と弟の速さの比は何対何ですか。

　図2のように、池の周りを兄はA地点から反時計回り、弟はA地点から時計回りで同時に出発します。兄と弟はB地点に着くとすぐに橋を渡り、A地点に着くと再び同じように移動します。このとき、兄が2回目にB地点に着いたのと同時に、弟も2回目にB地点に着きました。弟がA地点を出発して、B地点を通過するまでにかかる時間は、弟が橋を渡るのにかかる時間の1.6倍です。

(2)　弟がA地点から出発して、池を回ってB地点まで進む道のりは何mですか。

(3)　池の周りの道のりは何mですか。

(4)　初めて兄が弟を追いぬくとき、2人はB地点から何mはなれたところにいましたか。

3　図のような正方形ABCDにおいて、辺BC上の点をMとし、辺CD上の点をNとすると、BM：MC＝1：3、CN：ND＝1：3になりました。また、点Aと点Nを結ぶ線と、点Dと点Mを結ぶ線が交わる点をPとします。

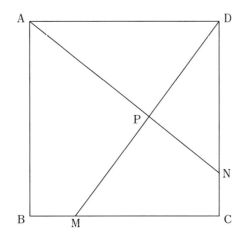

(1)　DPとPMの長さの比は何対何ですか。

(2)　APとPNの長さの比は何対何ですか。

(3)　三角形DPNの面積が6㎠のとき、ABの長さは何cmですか。

(4)　四角形ABMPの面積が154㎠のとき、ABの長さは何cmですか。

4　次のように、それぞれの位に2が2個以上ある数を小さい順に22から2024まで並べます。
　　　　　22，122，202，212，220，221，222，…，2024

(1)　20番目の数は282です。15番目の数と30番目の数はそれぞれ何ですか。

(2)　2024は何番目の数ですか。

(3)　この中に3の倍数は何個ありますか。

(4)　この中で一番多く使われている数字は2ですが、二番目に多く使われている数字は何ですか。また、その数字は何回使われていますか。

開智日本橋学園中学校（第1回）

—50分—

注意事項　円周率が必要な場合、特に問題文に指示がない限り、3.14を用いてください。

1　次の□にあてはまる数を求めなさい。

(1)　$397 \times 2024 + 593 \times 276 + 372 \times 593 + 216 \times 2149 + 251 \times 2024 = \boxed{}$

(2)　$\left(\dfrac{7}{12} + 0.625\right) \div \boxed{} - \left(2\dfrac{2}{3} + \dfrac{1}{12}\right) = \dfrac{5}{72}$

(3)　$8\dfrac{3}{5} - 2\dfrac{2}{9} \times \left(3.75 - 1\dfrac{3}{8} \div 3\dfrac{2}{3}\right) = \boxed{}$

2　次の問いに答えなさい。

(1)　12で割っても15で割っても余りが7になる3桁の数は何個ありますか。

(2)　ある規則にしたがって数が次のように並んでいます。

$$1、4、4、9、9、9、16、16、16、16、25、\cdots$$

①　左から数えて、100番目の数はいくつですか。

②　これらの数を左から順に足した合計が初めて5000を超えるのは最初から数えて何番目の数までを足したときですか。

(3)　AさんとBさんがそれぞれ一定の速さで1周1680mの池のまわりを同じ地点から出発して、同じ方向に進むと、10分30秒後にAさんはBさんに追いつきます。また、この池のまわりを同じ地点から出発して、互いが逆の方向に進むと、5分15秒後に2人は出会います。このとき、次の問いに答えなさい。

①　Aさんの速さは毎分何mですか。

②　この池の周りを同じ地点から出発して、互いが逆の方向に進むとき、Aさんの1分間に進む距離がBさんと出会うごとに20mずつ短くなるとします。このとき、AさんとBさんが3回目に出会うのは、2人が出発してから何分何秒後ですか。

(4)　2つの数A、Bがあります。AとBの比は3：2、Aに5を加えた数とBから6を引いた数の比は8：3です。Aはいくつですか。

(5)　アイス2個、シュークリーム5個、エクレア3個を買うと1780円です。アイス3個、シュークリーム1個、エクレア4個を買うと1280円です。アイス5個、シュークリーム3個、エクレア7個を買うと2460円です。このとき、アイス1個の値段は何円ですか。

③　図1のように、1辺が6cmの正三角形PQRの各頂点を中心に、半径が1辺の長さである円を3つかきます。その3つの円で囲まれた図形をAとします。次の問いに答えなさい。

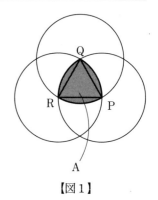

【図1】

(1)　図形Aの周の長さは何cmですか。

(2)　図2のように、点Pを直線①と重ね、辺PRが直線①と垂直になるように図形Aを置き、矢印の方向にすべらないように回転させます。点Pが次に直線①と重なり、辺PQが直線①と垂直になるまでに、図形Aが通る部分の周の長さは何cmですか。

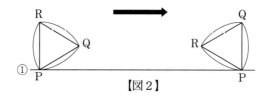

【図2】

(3)　図形Aが半径3cmの円の外側に接しながら、すべらないように回転します。図形Aが一周してもとの位置に戻ったとき、図形Aが通過した部分の面積は何cmですか。

④　直線ℓ_1の上には異なる5つの点が、直線ℓ_2の上には異なる4つの点があります。

(1)　図1のように直線ℓ_1と直線ℓ_2が平行に並んでいます。このとき、ℓ_1から2点、ℓ_2から1点を選んで三角形を作る方法は何通りありますか。

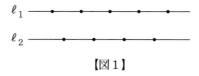

【図1】

(2)　図2のように直線ℓ_1と直線ℓ_2の点を重ね合わせ、その点をPとします。4点を選んで四角形を作る方法は何通りありますか。

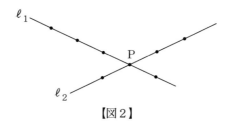

【図2】

(3) 図3のような立方体について、面ABCDの各辺の中点を点I、J、K、Lとし、面EFG
Hの各辺の中点を点M、N、O、Pとします。また、IKとJLの交点を点Q、MOとNPの
交点を点Rとします。10個の点I、J、K、L、M、N、O、P、Q、Rから4点を選んで、
立体を作る方法は何通りありますか。

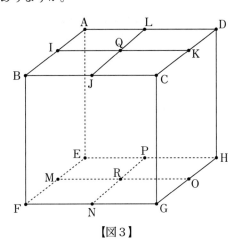

【図3】

かえつ有明中学校（2月1日午後　特待入試）

—50分—

注意　1　⑥(2)(3)は考え方や途中の式も書きなさい。

　　　2　円周率は3.14とします。

① 次の□□□にあてはまる数を求めなさい。

(1)　$30 - 18 \div 6 \times 3 - 2 = $□□□

(2)　$\dfrac{3}{4} \div 4 \times 2.5 \times 3\dfrac{1}{2} \div 2.1 \times 0.8 = $□□□

(3)　3.14、$\dfrac{22}{7}$、$\dfrac{335}{113}$ のうち、最も大きい数は□□□です。

(4)　$(45 \times 45 - 1) \times \left(\dfrac{6}{11} - \dfrac{11}{22} - \dfrac{1}{23} \right) = $□□□

(5)　$\dfrac{512}{5 \times \boxed{} - 16} = 128$

② 次の問いに答えなさい。

(1)　次の図の四角形ＡＢＣＤは１辺の長さが４cmの正方形で、点Ｅは辺ＡＤを５：３に分ける点、点Ｆは辺ＤＣを１：３に分ける点です。また、三角形ＥＧＨは辺ＥＧと辺ＥＨの長さが等しい二等辺三角形です。このとき、影をつけた部分の面積は何cm²ですか。

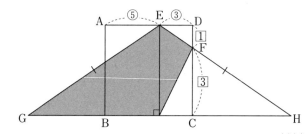

(2)　何本かの木があります。この木を円形の池の周りに植えます。木の間隔を２ｍになるように植えると２本足りず、木の間隔を３ｍになるように植えると２本余ります。

　　このとき、池の周りの長さは何ｍですか。

(3)　５で割ると３余り、11で割ると７余る整数のうち、2024に最も近い数は何ですか。

(4)　かえつ有明中学校の１年生204人に電車、バス、自転車のうちどの交通手段で通学しているかのアンケートをとったところ、電車を利用している人が134人、バスを利用している人が44人、自転車だけを利用している人が33人、自転車を利用せず電車とバスの２つを利用している人が10人、３つとも利用している人が３人でした。電車、バス、自転車のいずれも利用せずに登校している人は何人ですか。

(5)　Ａさんが１人でやると30日、Ｂさんが１人でやると75日、Ｃさんが１人でやると100日かかる仕事があります。この仕事をＡさん、Ｂさん、Ｃさんの３人で始めましたが、途中Ａさんが１日、Ｂさんが５日、Ｃさんが９日休みました。また、３人全員が同時に休むことはありませんでした。この仕事が終わるまで全部で何日かかりましたか。

3 Aさんとお兄さんが一緒に駅に向かいます。家から駅までの道のりは次の図のようになっています。

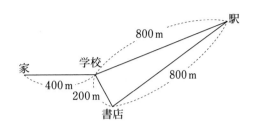

　一緒に家を出て、学校の目の前に着いたときにAさんは忘れ物があることに気が付きました。Aさんは忘れ物を取りに家まで走って戻ることにして、お兄さんは書店に寄り道をしてから駅に向かうことにしました。

　2人の歩く速さはともに分速80mで、走る速さはその2倍とします。また、Aさんが家に戻って忘れ物を取ってから再び家を出るまでの時間を1分間とします。このとき、次の問いに答えなさい。

(1)　Aさんは家で忘れ物を取ってから駅まで寄り道をせずに走って向かいました。
　　　Aさんが駅に着くのは学校から家に戻り始めたときの何分後ですか。

(2)　Aさんが(1)のように走っている間、お兄さんは歩いて書店に向かい、書店で3分間買い物をしました。書店から駅に向かう道の途中から走って駅に向かったところ、Aさんとお兄さんは同時に駅に着きました。お兄さんが走り始めたのは駅の何m手前ですか。

4 容器A、Bにそれぞれ400g、200gの食塩水が入っています。この2つの食塩水に次の操作をすることを考えます。

　　操作：Aから食塩水を200g取り出し、Bに移してよくかき混ぜます。
　　　　　その後、Bから食塩水を200g取り出し、Aに移してよくかき混ぜます。

　このとき、次の問いに答えなさい。

(1)　はじめのA、Bに入っている食塩水の濃度がそれぞれ8％、12％であるとき、この操作を1回した後のAに入っている食塩水の濃度は何％ですか。

(2)　この操作を2回繰り返します。1回目の操作の後のAに入っている食塩水の濃度が16％、2回目の操作をした後のAに入っている食塩水の濃度が15％でした。はじめにA、Bに入っていた食塩水の濃度はそれぞれ何％ですか。

5　次の図の五角形ＡＢＣＤＥは正五角形です。五角形ＡＢＣＤＥの中にある図形は、この五角形の各頂点から円の中心Ｏに引いた直線すべてについて、その直線を軸として線対称な図形です。このとき、次の問いに答えなさい。ただし、図の＞が書かれている３本の直線はたがいに平行です。

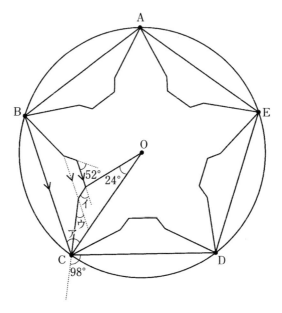

(1)　角アの大きさは何度ですか。

(2)　角イの大きさは何度ですか。

(3)　角ウの大きさは何度ですか。

6　次の図のように、円周上に12個の点が等間隔にあります。はじめ、点Ｐ、Ｑは点Ｏ上にあり、点Ｐは時計回りに、点Ｑは反時計回りに、円周上を点から点へと移動します。大小２つのサイコロを同時に１回振り、点Ｐは大きいサイコロの出た目の数だけ、点Ｑは小さいサイコロの出た目の数だけ隣の点に移動するとき、あとの問いに答えなさい。

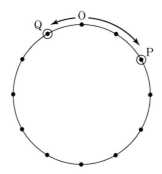

(1)　大きいサイコロの出る目が３、小さいサイコロの出る目が５のとき、三角形ＯＰＱの辺のうち、最も長い辺はどれですか。

(2)　角ＰＯＱの大きさが90度になるような目の出方は全部で何通りありますか。(式も書くこと。)

(3)　三角形ＯＰＱが二等辺三角形になるような目の出方は全部で何通りありますか。(式も書くこと。)

春日部共栄中学校(第1回午前)

—50分—

注意　1　定規、分度器、コンパス、計算機は使用してはいけません。

　　　2　問題文中にある図は必ずしも正確ではありません。

　　　3　円周率は3.14として計算しなさい。

1　次の各問いに答えなさい。

(1)　次の計算をしなさい。

　　①　20.24×2.24

　　②　37−21+45−27+31−15

　　③　$1.25 \div \frac{3}{4} - \left(0.75 + 2\frac{1}{6}\right) \times \frac{4}{15}$

(2)　次の□□□に適当な数を入れなさい。

　　①　$\frac{2}{5} + \left(\frac{\boxed{}}{7} - \frac{5}{21}\right) \times 1.5 = \frac{9}{10}$

　　②　2024時間＝□□□日□□□時間

2　次の□□□に適当な数を入れなさい。

(1)　0、1、2、3、4の5つの数字が書かれたカードが1枚ずつあります。この中から3枚を選んで3桁(けた)の整数を作るとき、偶数は全部で□□□通りできます。

(2)　Aさん、Bさん、Cさんの3人が100点満点の算数のテストを受けました。
　Aさんとさんの平均点は77点、BさんとCさんの平均点は69点、CさんとAさんの平均点は88点でした。3人全員の平均点は□□□点です。

(3)　図のように、1辺の長さが4cmの正方形の中に円がぴったりと入っており、さらにその中に正方形がぴったりと入っています。
斜線(しゃせん)部分の面積は□□□cm²です。
ただし、円周率は3.14とします。

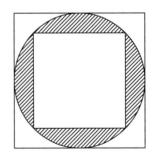

3　次の各問いに答えなさい。ただし、円周率は3.14とします。

(1)　底面が半径4cmの円すいから、底面が半径2cmの円すいを切り取った立体があります。図のように、この立体の側面を地面に置き、地面の上をすべらないように元の位置に戻るまで転がします。
　次の問いに答えなさい。

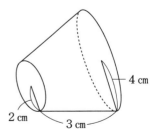

① この立体が通過した地面の部分を斜線で図示しなさい。

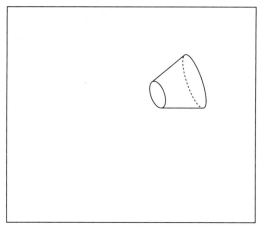

② この立体が通過した地面の部分の面積を求めなさい。

(2) 右の図のような、対角線の長さが12cmの正方形があります。次の問いに答えなさい。

① 正方形を軸(ア)で1回転させてできる立体の体積を求めなさい。

② 正方形を軸(イ)で1回転させてできる立体の体積を求めなさい。

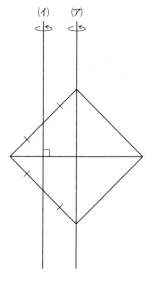

4 奇数を小さい順に並べ、次のようにある規則にしたがってグループに分けていきます。

｛1｝、｛3、5｝、｛7、9、11｝、｛13、15、17、19｝、｛21、…｝、…

それぞれのグループを、左から順に第1グループ、第2グループ、…と呼ぶことにします。

次の────────に適当な数を入れなさい。

(1) はじめから数えて30番目の数は────────です。

(2) 第10グループの最初の数は────────です。

(3) 第10グループのすべての数の和は────────です。

5　次の図は底面積が600㎠の直方体の水そうです。水そうの中は高さ10cmと15cmのしきりで仕切られています。なお、しきりは底面ＥＦＧＨ、側面ＡＥＦＢ、側面ＤＨＧＣに垂直で、すき間なく接しています。いま、図のように、ＥＩＪＨの部分に毎分200㎤で水を注ぐとき、あとの問いに答えなさい。

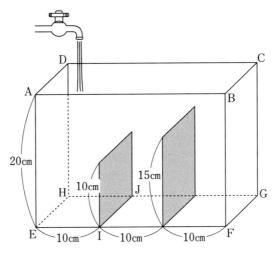

(1)　ＦＧの長さを求めなさい。

(2)　水そうの中の１番高い水面の高さと時間の関係を表しているグラフとしてもっとも適当なものを、次の(ア)〜(エ)より１つ選びなさい。

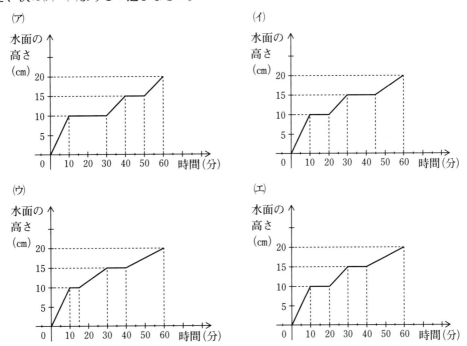

(3)　水面の高さが18cmになるのは、水を注ぎ始めてから何分後ですか。

6　整数 a の約数の個数を $[a]$ と表します。

例えば、$[2] = 2$、$[6] = 4$

次の [＿＿＿] に適当な数を入れなさい。

(1)　$[60]$ ＝ [＿＿＿]

(2)　$[[10] + [20] + [30] + [40] + [50]]$ ＝ [＿＿＿]

(3)　$[n]$ ＝ 3 となる 2 桁の整数 n は [＿＿＿]、[＿＿＿] です。

神奈川大学附属中学校(第2回)

—50分—

1　次の□□□にあてはまる数を求めなさい。

(1)　$18 \times 12 - (2024 \div 23 + 24) = $ □□□

(2)　$16.9 \div (9 - 7.7) + (9.6 + 7.9) \times 4.6 = $ □□□

(3)　$\left\{ 9\frac{3}{5} \times \left(\frac{5}{6} - \frac{1}{16}\right) - \boxed{} \right\} \div \left(\frac{3}{5} - \frac{2}{15}\right) = 13$

(4)　$0.12 \times 150 \times 5 - 1.2 \times 30 + 12 \div 10 \times 55 = $ □□□

2　次の問いに答えなさい。

(1)　23で割ったときの商と余りが等しくなる0より大きい整数を考えます。

①　余りとして考えられる、最も大きい整数はいくつですか。

②　300以上の整数は何個ありますか。

(2)　太郎さんは、父と母と弟の4人家族です。父は母よりも2歳年上で、10年前の太郎さんと父と母の年齢の和は60歳です。現在、太郎さんと父の年齢の和は、弟と母の年齢の和よりも8大きいです。現在の弟の年齢は8歳です。

①　現在の太郎さんは何歳ですか。

②　母の年齢が太郎さんの年齢の2倍になるのは、現在から何年後ですか。

(3)　4%の食塩水Aと9%の食塩水Bがあります。この2つの食塩水をAとBの重さの比が2：3、合計が300gとなるようによくかき混ぜて食塩水Cを作りました。その後、食塩水Cを □ア□ gこぼし、同じ量の水を加えると5.6%の食塩水ができました。

①　食塩水Cの濃度は何%ですか。

②　□ア□にあてはまる数はいくつですか。

(4)　まっすぐにのびた道路のA地点からB地点まで等しい間隔で街路樹を植えます。間隔を5mにすると9本不足し、7mにすると9本余ります。ただし、A地点とB地点にも街路樹は植えるものとします。

①　街路樹は何本ですか。

②　A地点からB地点までの距離は何mですか。

(5)　ある商品を何個か注文したところ、注文した数より60個足りない個数の商品が届きました。届いた商品のうち$\frac{1}{40}$が不良品でした。届いた商品のうち不良品でなかった商品の数は、注文した数の91%でした。

①　注文した商品の個数と、実際に届いた商品の個数の比を、最も簡単な整数の比で表すといくらですか。

②　注文した商品は何個ですか。

(6)　右の図のように、長方形ABCDをEFを折り目として、頂
　　点Cが頂点Aに重なるように折り曲げました。

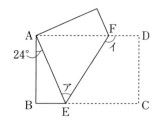

　　①　角アの大きさは何度ですか。
　　②　角イの大きさは何度ですか。

③　次の図のようにある規則にしたがって、同じ長さの棒と、棒同士をつなぐボールを使って図形
　を作り、それらを、1番目、2番目、3番目、……　の図形と呼びます。

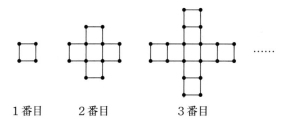

1番目　　2番目　　　3番目

(1)　4番目の図形で使われている棒は何本ですか。
(2)　ボールが68個使われている図形は何番目の図形ですか。
(3)　1番目から50番目までの図形で使われているボールは、合計で何個ですか。

④　半径が等しい2つの円と長方形ABCDが右の図のように重なっ
　ています。長方形ABCDの縦の長さと横の長さの比は1：2で、
　面積は72㎠です。

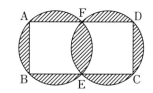

　　4点A、B、C、Dは円上にあり、2点E、Fは2つの円と長方
　形の辺の3つが交わっている点です。
　　ただし、円周率は3.14とします。

(1)　辺ABの長さは何㎝ですか。
(2)　斜線部分の面積の合計は何㎠ですか。

⑤　あるクラスの生徒15人が算数のテストをしました。問題数は3問で、配点は問題①と②がそ
　れぞれ2点、問題③が4点で、15人の得点と人数は次の表の通りです。また、15人の得点の平
　均は5.2点で、問題③を正解した生徒は9人でした。

得点(点)	0	2	4	6	8	計
人数(人)	0	1	ア	イ	3	15

(1)　表のア、イにあてはまる数はいくつですか。
(2)　問題②だけを正解した生徒は1人でした。得点が6点の生徒は、問題②よりも問題①を正解
　　した生徒の方が多かったです。問題①を正解した生徒数は何人ですか。考えられるものをすべ
　　て答えなさい。

⑥ 図1のように、1辺の長さが24cmの立方体の水そう内に、立方体の側面と平行で、高さの異なる長方形の仕切りがついています。この水そうは、仕切りによって、3つの部分に分けられ、それらを左からA、B、Cとします。Aの部分の底面積は144cm²です。

また、Cの部分の底面には、排水管があり、この部分に水が入っているときは、1秒あたり48cm³の水が排水されます。この水そうが満水になるまで、Aの部分に一定の割合で水を入れていきます。

図2は水そうに水を入れ始めてから水そうが満水になるまでの時間とAの部分の底面から水面までの高さの関係を表したグラフです。ただし、水そうや仕切りの厚さは考えないものとします。

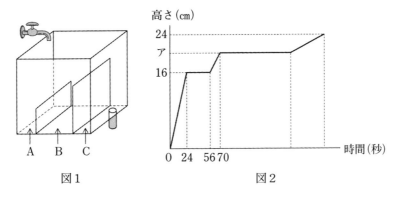

図1   図2

(1) 水そうに入れる水の量は、1秒あたり何cm³ですか。

(2) 図2のアはいくつですか。

(3) この水そうが満水になったときに、水を入れるのをやめました。それと同時に、排水管がつまってしまい、1秒あたり24cm³の水が排水されるようになりました。

　　水を入れるのをやめた後に、水そうの中の水の量が変化しなくなるのは、最初に水を入れ始めてから何分何秒後ですか。

関東学院中学校（一期Ａ）

—50分—

1　次の□にあてはまる数を求めなさい。

(1)　$8-24\div\{18-3\times(9-6)\}=$□

(2)　$\left\{3-\left(2-\dfrac{1}{8}\right)\times\boxed{}\right\}\div3\dfrac{1}{2}\times0.4=0.3$

(3)　$6.3\times3.4-0.63\times1.7+63\times0.227=$□

(4)　16、40、96の最小公倍数は最大公約数の□倍です。

2　けんたさんの自転車には２つの歯車がついています。ペダルの所の歯車には歯が30個、後輪の所の歯車には歯が14個あり、２つはチェーンでつながっています。けんたさんが自転車のペダルを49回転し終わったとき、後輪はそれまでに何回転しますか。

3　2024円をすべて硬貨で支払います。４番目に枚数の少ない支払い方をしたとき、全部で何枚の硬貨が必要ですか。ただし、硬貨の種類は１円玉、５円玉、10円玉、50円玉、100円玉、500円玉の６種類あり、枚数は十分にあるものとします。

4　１周が1600mで右回りに走るジョギングコースがあります。さほさんとゆりさんがＡ地点から同時にスタートすると、さほさんが１周を走り終えたときにゆりさんは1200m走っていて、ゆりさんとさなえさんがＡ地点から同時にスタートすると、ゆりさんが１周を走り終えたときにさなえさんは1200m走っています。さほさんとさなえさんがＡ地点から同時にスタートすると、さほさんが１周を走り終えたときに、さなえさんは何m走っていますか。

5　９％の食塩水が600gあります。ここに食塩を加えたところ、16％の食塩水ができました。何gの食塩を加えましたか。

6　あるスーパーマーケットでは、じゃがいもが１個50円、たまねぎが１個40円、にんじんが１本42円で売られています。ちさとさんは３種類を全部で15個買い、その代金は672円でした。じゃがいもの個数がたまねぎの個数よりも多いとき、買ったにんじんの本数は何本ですか。

7　右の図のおうぎ形ＯＡＥで、ＡＢとＣＤは平行です。斜線部の面積は何cm²ですか。ただし、円周率は3.14とします。

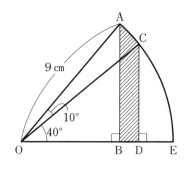

8　水平な床の上に［図1］のような2つの直方体を組み合わせた容器が置いてあります。次の各問いに答えなさい。

(1)　この容器の容積は何cm³ですか。

(2)　この容器に［図2］のように底から1.5cmの高さまで水を入れました。そして、ふたをして［図3］の向きに容器を置きました。このとき、容器の水の高さは底から何cmのところにありますか。

(3)　次に［図4］のように辺ＡＢを床につけたままで45°傾けました。このとき、㋐の長さは何cmですか。

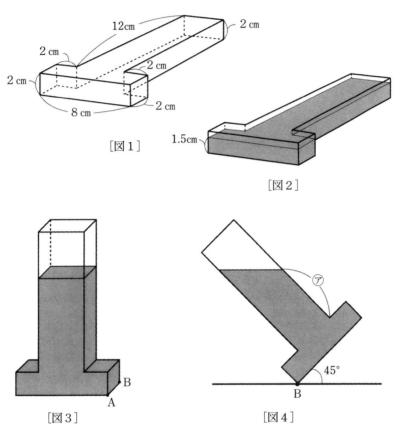

［図1］

［図2］

［図3］

［図4］

公文国際学園中等部（B）

—50分—

《注意》　解答で図をかくときは、定規やコンパスを使う必要はありません。

① 次の □ にあてはまる数を求めなさい。

(1) $3 + 8 \div (8 - 4) \div 2 =$ □

(2) $20 \div \{24 - (6 \times 2 - 1) \times 2\} \times 3 =$ □

(3) $4 \times 39 \times 1012 + 5 \times 6 \times 2024 - 3 \times 24 \times 3036 =$ □

(4) $\left\{\left(1.625 + \dfrac{9}{16}\right) \div 0.75 - 1\dfrac{5}{6}\right\} \times 1\dfrac{11}{13} =$ □

(5) $0.2 + \dfrac{1}{4} \div \left(\dfrac{4}{3} - \boxed{}\right) = 0.5$

② 次の □ にあてはまる数を求めなさい。

(1) Aさんの5回の算数のテスト結果は89点、76点、91点、82点、□点で、5回の平均は86点です。

(2) ある服を3割の利益を見込んで定価をつけましたが、売れなかったため定価の20％引きで売ったところ200円の利益が出ました。この服の原価は □ 円です。

(3) 現在の父の年令は子の年令の4倍で、16年後には父の年令は子の年令の2倍になります。現在の父の年令は □ 才です。

(4) 全校生徒が160人の学校に、男子生徒が82人、運動部に所属する生徒が102人います。このとき、運動部に所属しない女子生徒が最も多い場合は □ 人です。

(5) $\dfrac{8}{27}$ を小数で表したとき、小数第20位の数は □ です。

(6) 右の図の角アの大きさは □ 度です。ただし、同じ印の角は大きさが等しいものとします。

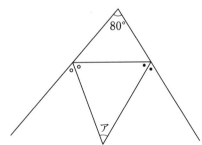

③ 次の □ にあてはまる数をそれぞれ答えなさい。

(1) 右の図のように、大小2つの正方形と円が組み合わされてできた図形があります。小さい正方形の1辺の長さが10cmのとき、大きい正方形の面積は ① cm²です。また、斜線部分の面積は ② cm²です。ただし、円周率は3.14とします。

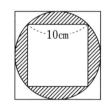

(2) 1g、5g、10gのおもりが合わせて15個あり、合計の重さは108gです。このとき、10gのおもりの個数は ① 個です。また、これらのおもりの一部または全部を使ってちょうど量ることのできる重さは ② 通りです。

(3)　水そうに水道から水が一定の割合で流れ込み、水そうの上から水があふれ出ています。この状態からポンプＡを使って毎分８Ｌで排水すると24分で水がなくなり、ポンプＢを使って毎分12Ｌで排水すると12分で水がなくなります。このとき、水道から流れ込む水は毎分 ① Ｌです。また、最初の状態から両方のポンプを使って排水すると、水そうの水は ② 分でなくなります。

(4)　１両の長さが同じ車両を10両つなげた普通列車と15両つなげた急行列車があります。普通列車、急行列車はある地点を通過するのにどちらも10秒かかります。急行列車が普通列車に追いついてから追い越すまでにかかる時間は ① 秒です。普通列車が1080ｍのトンネルに入り始めてから出終わるまでに１分40秒かかるとき、急行列車の長さは ② ｍです。ただし、連結部分の長さは考えないものとします。

④　点Ｐが右の図のような正六角形ＡＢＣＤＥＦの各頂点をサイコロの出た目の数だけ反時計回りに動きます。点Ｐは最初、頂点Ａにあり、１回目のサイコロの出た目の数だけ移動【移動①】し、その場所から２回目のサイコロの出た目の数だけ移動【移動②】し、…のように、さいころを何回か投げて、出た目の数だけ移動していきます。このとき、次の問いに答えなさい。

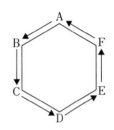

(1)　サイコロを３回投げて、それぞれ４、５、６の目が出ました。すべての移動をした後に、点Ｐは正六角形ＡＢＣＤＥＦのどの頂点にあるか答えなさい。

(2)　サイコロを２回投げて、すべての移動をした後に、点Ｐが頂点Ａにあるようなサイコロの目の出方を次のように考えました。以下の空欄ア〜ウにあてはまる数をそれぞれ答えなさい。

　　　　例えば点Ｐが移動①の後に頂点Ｂにある場合、移動②の後に点Ｐが頂点Ａにあるような２回目のサイコロの目の出方は ア 通りです。これは移動①の後に頂点Ｃにある場合や頂点Ｄにある場合なども同様に考えることができます。
　　　　つまり、１回目のサイコロの目の出方は イ 通りですが、１回目にどの目が出た場合でも、移動②の後に点Ｐが頂点Ａにあるような２回目のサイコロの目の出方は ア 通りなので、サイコロを２回投げて、点Ｐが頂点Ａにあるようなサイコロの目の出方は ウ 通りと求めることができます。

(3)　サイコロを３回投げて、すべての移動をした後に、点Ｐが頂点Ａにあるようなサイコロの目の出方は何通りありますか。

次に同じルールで右の図のような正三角形ＡＢＣの各頂点を点Ｐが反時計回りに動きます。点Ｐは最初に頂点Ａにあることにします。

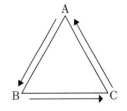

(4)　サイコロを３回投げて、点Ｐが移動①の後、移動②の後、移動③の後のいずれか１回だけ頂点Ａに止まるようなサイコロの目の出方は何通りありますか。途中の式や考え方も書きなさい。

5　公文さんは物の影のでき方に興味を持ち、家でいくつか実際に影を作ってみることにしました。このとき、次の問いに答えなさい。

図1のように点Aから30cm離れた点Bに10cmの棒を真っすぐに立て、点Aの真上30cmのところからライトで棒を照らすと後ろに影ができました。

(1)　棒の影の長さは何cmですか。

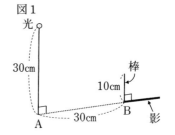

図1

次に、図2のように壁が近い場所で同じように棒の影を作りました。壁から棒を立てた点Bまでの距離は10cmでした。すると、棒の影の一部が壁に映りました。ただし、ABを延長した直線と壁は90度で交わっており、壁は真っすぐに立っているものとします。

(2)　壁に映った部分の棒の影の長さは何cmですか。

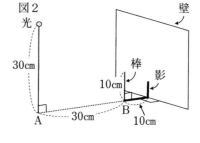

図2

次に、図3のように点Bの位置に1辺が20cmの正方形の厚紙を設置しました。正方形の1辺をCDとするとき、CDとABは90度に交わっており、BCとBDの長さは等しく、正方形の紙は真っすぐ立っています。この厚紙をライトで照らすと後ろに台形の影ができました。

(3)　できた厚紙の影の面積は何cm²ですか。

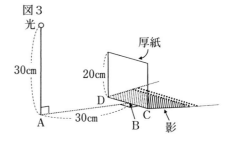

図3

最後に、図4のように壁が近い場所で同じように厚紙の影を作りました。壁から厚紙を立てた点Bまでの距離は10cmでした。すると、厚紙の影の一部が壁に長方形の形として映りました。壁の立ち方は図2と同様、紙の立て方は図3と同様とし、厚紙の影は壁の横からはみ出さないものとします。

(4)　壁に映っている部分の厚紙の影の面積は何cm²ですか。途中の式や考え方も書きなさい。

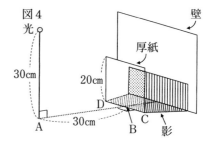

図4

慶應義塾湘南藤沢中等部

—45分—

1　　ア　、　イ　、　ウ　にあてはまる数を求めなさい。

(1)　$10 - \left(20.24 + 17\dfrac{\boxed{\text{ア}}}{25}\right) \div 9 = 5\dfrac{4}{5}$

(2)　$\dfrac{1}{3\times6} + \dfrac{1}{6\times9} + \dfrac{1}{9\times12} + \dfrac{1}{12\times15} + \dfrac{1}{15\times18} = \boxed{\text{イ}}$

(3)　1から100までの数から4の倍数と6の倍数を除いた数は全部で　ウ　個である。

2

(1)　1周672mの池のまわりを、K君、O君の2人が同じ地点から同時に出発し、それぞれ一定の速さで歩く。2人が反対方向に歩く場合は6分後に初めて出会い、2人が同じ方向に歩く場合は42分後にK君がO君を初めて追いこす。K君の歩く速さは毎分何mですか。

(2)　毎日決まった数だけ売れる1個150円の品物がある。今、売価を20円値上げしたところ、1日の売り上げ個数は1割減少したが、売上高は180円増加した。この品物の、値上げ前の1日の売り上げ個数は何個ですか。

(3)　図のような長方形において、角⑦の大きさを求めなさい。

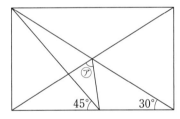

3 図のようにマス目の中には、「たての番号」×10＋「横の番号」を計算した数が書かれている。
そして、「たての番号」と「横の番号」の和をマス目の「**番号和**」と呼ぶこととする。

［例］　①　「たての番号」が11、「横の番号」が3のマス目には113が書かれ、
　　　　　　このマスの「**番号和**」は14である。

　　　　②　「たての番号」が3、「横の番号」が11のマス目には41が書かれ、
　　　　　　このマスの「**番号和**」は14である。

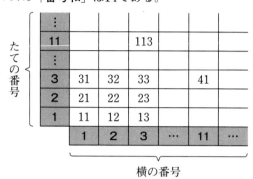

(1) 「**番号和**」が13になるマス目すべてに書かれている数のうち、最も大きいものと最も小さいものの和はいくつですか。

(2) 「**番号和**」が8になるマス目すべてに書かれている数の合計はいくつですか。

(3) 「**番号和**」が ア になるマス目すべてに書かれている数の合計は1320である。 ア に入る数を求めなさい。

4 図1、図2は、1辺の長さが6cmの正方形を1枚または2枚使った図形である。これらの図形の周りを半径1cmの円が転がりながら1周する。円周率は3.14として、以下の問いに答えなさい。

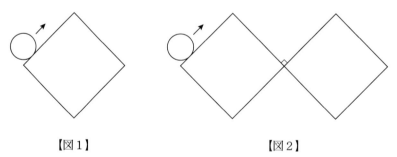

【図1】　　　　　　　　　　　　【図2】

(1) 図1において、円の中心が動く道のりを求めなさい。

(2) 図2において、円の中心が動く道のりを求めなさい。

(3) 図2において、円が通ったあとにできる部分の面積を求めなさい。

5　大きい直方体から小さい直方体を切り取った形をしている水そうがある。図のように水を入れる
　管Aと水を出す管Bがあり、始めはどちらの管も閉じている。管Aを開けて水を入れ始めてから、
　しばらくして管Bを開けたところ水面の高さはあとのグラフのようになった。

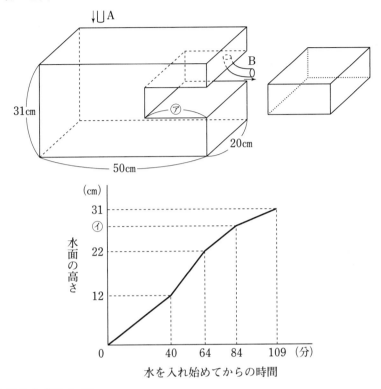

(1)　図の⑦の長さを求めなさい。

(2)　グラフの④に当てはまる数を求めなさい。

(3)　管Bを開けたときに出る水の量は毎分何㎤ですか。

6　あるアイスクリーム工場は、アイスクリームの最大容量が1200個である冷凍庫を持っている。
　工場では毎分一定数のアイスクリームが生産され、冷凍庫にそのまま運びこまれる。また、アイス
　クリームの生産中は、ロボットを何台か使用して冷凍庫からアイスクリームを運び出す。それぞれの
　ロボットが運び出せるアイスクリームの数は同じとする。
　　生産開始前の冷凍庫にすでに630個のアイスクリームが入っているとき、3台のロボットで運
　び出すと45分後に冷凍庫は空になり、1台のロボットで運び出すと、95分後に冷凍庫はいっぱいに
　なる。

(1)　毎分何個のアイスクリームが生産されていますか。

(2)　ある日、生産開始前の冷凍庫に630個のアイスクリームが入っていた。この日は(1)の生産数
　　から毎分5個増やし、3台のロボットで運び出した。何分後に冷凍庫が空になりますか。

(3)　別のある日も、生産開始前の冷凍庫に630個のアイスクリームが入っていた。この日は(1)の
　　生産数のまま3台のロボットで運び出したが、途中で2台のロボットが同時に故障した。
　　1台のロボットで110分間運び出し続けたところで、ロボット1台だけが直った。それ以降は
　　ロボット2台で運び出したところ、合計370分で冷凍庫が空になった。ロボット3台で運び
　　出していた時間は何分間ですか。ただし、途中で冷凍庫がいっぱいになることはなかった。

慶 應 義 塾 中 等 部

—45分—

〔注意事項〕　解答は、次の例にならって　　　　　の中に0から9までの数字を1字ずつ記入しなさい。

〔例〕

(1)　333mから303mをひくと　　　　　mになります。

解答　| 3 | 0 |

(2)　2.34に6をかけると　ア　.　イ　になります。

解答

ア	イ		
1	4	0	4

(3)　$\frac{5}{2}$に$\frac{1}{3}$をたすと　ア　$\frac{イ}{ウ}$　になります。

解答

ア	イ	ウ
2	5	6

---

①　次の　　　　　に適当な数を入れなさい。

(1)　$3\frac{17}{24} - 2\frac{2}{63} \div \left(1\frac{5}{9} \div 2\frac{1}{12} \div 0.7\right) =$ ア $\frac{イ}{ウ}$

(2)　$(2.88 \times 7.43 + 2.57 \times 1.44 \div 0.5) \div \dfrac{ア}{イ} = 1.2 \times 56$

(3)　6で割っても14で割っても5余る整数のうち、620にもっとも近い数は　　　　　です。

(4)　0、1、2、3、4の5個の数字の中から、異なる3個の数字を選んでつくることができる3桁（けた）の奇数（きすう）は、全部で　　　　　通りです。

(5)　縮尺が1：25000の地図上で18㎠の畑があります。この畑の実際の面積は　ア　.　イ　㎢です。

---

②　次の　　　　　に適当な数を入れなさい。

(1)　2％の食塩水150gと10％の食塩水　　　　　gを混ぜると、5％の食塩水になります。

(2)　A、B、Cの3人で行うと、9日間で終わる仕事があります。この仕事を、A、Bの2人で行うと18日間で終わり、Aだけで行うと45日間で終わります。この仕事を、まずCだけで9日間行い、次にBだけで7日間行い、残りをAだけで行うと、Cが仕事を始めてから　　　　　日目にこの仕事は終わります。

(3)　1辺が5㎝の正方形を底面とする直方体の容器に水を入れ、鉄球を完全に沈（しず）めたところ、水があふれ出ることはなく、水位が2㎝上昇（じょうしょう）しました。1㎤あたりの鉄の重さを7.9gとすると、この鉄球の重さは　　　　　gです。

(4)　長さ320mの列車Aが時速75kmの速さで走っています。列車Aが長さ400mの列車Bとすれ違（ちが）うのに15秒かかったとき、列車Bの速さは時速　ア　.　イ　kmです。

(5)　父が2歩であるく距離（きょり）を子は3歩であるきます。また、父が4歩あるく間に子は5歩あるきます。いま、子が先に家を出発して20歩あるいたところで、父が家を出発して子を追いかけると、父は　　　　　歩で子に追いつきます。

③　次の　　　　に適当な数を入れなさい。ただし、円周率は3.14とします。

(1)　［図1］のように、正方形の内側と外側に正三角形を2つ
　　組み合わせました。このとき、角 x の大きさは　　　　度で
　　す。

［図1］

(2)　［図2］のように、平行四辺形に対角線をひき、さらに底
　　辺を三等分する点のうちの1つと平行四辺形の頂点を結んで、
　　平行四辺形を4つの部分あ〜えに分けました。いの部分とう
　　の部分の面積の和が26cm²であるとき、この平行四辺形の面
　　積は　ア　イ／ウ　cm²です。

［図2］

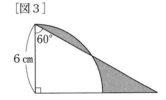

(3)　［図3］のように、おうぎの形と直角三角形を組み合わせ
　　ました。色のついた部分の面積の和は　ア　.　イ　cm²
　　です。

［図3］

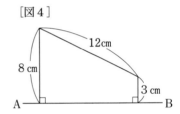

(4)　［図4］のような台形を、直線ＡＢを軸(じく)として1回転させ
　　てできる立体の表面の面積は　ア　.　イ　cm²です。

［図4］

8 cm
12cm
3 cm
A　　　　　　　　B

④　ある規則に従って、以下のように分数を並べました。

$$\frac{1}{2} 、 \frac{1}{4} 、 \frac{3}{4} 、 \frac{1}{8} 、 \frac{3}{8} 、 \frac{5}{8} 、 \frac{7}{8} 、 \frac{1}{16} \cdots$$

次の　　　　に適当な数を入れなさい。

(1)　$\frac{31}{64}$ ははじめから数えて　　　　番目の分数です。

(2)　はじめから数えて50番目から60番目までの分数をすべて加えると　ア　イ／ウ　になり
　　ます。

5　2つの貯水槽A、Bにはそれぞれ水が320L、710L入っています。これから、2つの貯水槽からそれぞれ一定の割合で、常に水を排出していきます。また、それぞれの貯水槽には、貯水槽内の水量が200Lになると6時間続けて水が補給されますが、貯水槽A、Bに毎時補給される水量は等しいものとします。[図1] は現在の時刻からの経過時間と、各貯水槽内の貯水量の関係を表したものです。このとき、次の◯◯◯に適当な数を入れなさい。

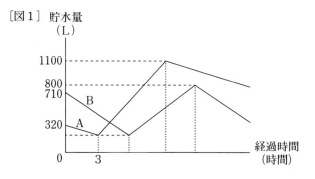

[図1]　貯水量
（L）

(1)　貯水槽A、Bに水が補給されているとき、それぞれに毎時◯◯◯Lの水が補給されます。

(2)　貯水槽Bにはじめて水が補給されるのは、現在の時刻から ア 時間 イ 分後です。

(3)　貯水槽A、Bの貯水量が2回目に等しくなるのは、現在の時刻から ア ＋ イ/ウ 時間後です。

6　同じ大きさの白色の正方形のタイルがたくさんあります。また、白色のタイルと同じ大きさの黒色の正方形のタイルもたくさんあります。これらのタイルの辺と辺をはり合わせて平面上に並べて図形をつくります。例えば、正方形のタイルを5枚はり合わせるとき、[図1] の図形と [図2] の図形は、平面上で回転させると同じ図形になるので、1種類の図形とみなしますが、[図1] の図形と [図3] の図形は、平面上で回転させても同じ図形にならないので、異なる図形とみなします。また、[図1] の図形と [図4] の図形は、色の配置が違うので、異なる図形とみなします。このとき、次の◯◯◯に適当な数を入れなさい。

[図1]　[図2]　[図3]　[図4]

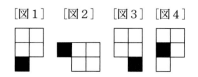

(1)　白色の正方形のタイルを4枚はり合せると、異なる図形は全部で◯◯◯種類できます。

(2)　白色の正方形のタイルと黒色の正方形のタイルの両方を使って、4枚のタイルをはり合せると、異なる図形は全部で◯◯◯種類できます。

国学院大学久我山中学校（第1回）

—50分—

〔注意事項〕　1　分度器・コンパスは使用しないでください。

　　　　　　　2　円周率は3.14とします。

① 次の計算をしなさい。

(1)　$121 \div 11 + 7 \times (4 + 8)$

(2)　$2.25 \times \left(\dfrac{1}{4} - \dfrac{1}{6} \right) + 0.5$

(3)　$1\dfrac{2}{3} \times \dfrac{4}{11} \times 2\dfrac{1}{5} - \dfrac{27}{28} \div 1\dfrac{2}{7}$

(4)　$3\dfrac{1}{4} + \left\{ \dfrac{3}{8} \div \dfrac{4}{9} + \left(\dfrac{1}{4} - 0.125 \right) \right\} \times 8$

② 次の問いに答えなさい。

(1)　同じ大きさの円形の石を正方形の周上にすき間なく並べたところ、正方形の1辺にある石の数は21個でした。並べられた石は全部で何個ですか。

(2)　スープAの量を10％減らしたスープをBとし、Bの量を11％増やしたスープをCとします。Cの量はAの量の何％ですか。

(3)　6時から7時の間で、時計の長針と短針が重なることが1回あります。その時刻は、6時20分から何分後ですか。

(4)　あるケーキを1日目は全体の$\dfrac{1}{7}$を食べ、2日目は残りから68g食べたところ、全体の$\dfrac{1}{4}$が残りました。ケーキは残り何gありますか。

(5)　原価600円の品物を仕入れ、それに10％の利益を見込んで定価をつけて売ったところ、40個余りました。余った40個を定価の1割引ですべて売ったところ、9360円の利益を得ました。品物は全部で何個仕入れましたか。

(6)　1辺の長さが1cmの正方形を25個、右の図のようにすき間なく並べました。

斜線部分の面積は何cm²ですか。

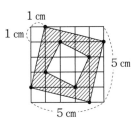

(7)　右の図は、底面の半径が5cmの円柱をある平面で
切った立体Aと、底面の半径が10cmの円柱を、底
面の中心を通り底面に垂直な平面で切った立体Bで
す。

　　　立体Bの体積は、立体Aの体積の何倍ですか。

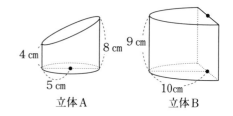

立体A　　　　　立体B

3　1とその数以外に約数をもたない数を素数といいます。

　例えば、3の約数は1と3なので、3は素数です。

　　　　　4の約数は1と2と4なので、4は素数ではありません。

　また、1は素数ではありません。次の問いに答えなさい。

(1)　2けたの素数で、一番小さい数はいくつですか。

　　　1番目の数を4として、その数の約数のうち一番大きい素数をその数に加えて次の数をつくっ
て並べていきます。

　　　4の約数は1と2と4で、その中で一番大きい素数は2なので、2番目の数は4+2=6で6
となります。

　　　6の約数は1と2と3と6で、その中で一番大きい素数は3なので、3番目の数は6+3=9
で9となります。

　　　このようにして次々と数をつくって並べていくと次のようになります。

　　　　　　　　　　　4、6、9、12、15、20、…………

この数の並びをAとします。次の問いに答えなさい。

(2)　Aの10番目の数はいくつですか。

(3)　Aにある数で、2つの素数をかけてできる一番大きい2けたの数はいくつですか。

(4)　Aにある数で、一番小さい23の倍数はいくつですか。

(5)　Aにある数で、2500に一番近い数はいくつですか。

4　右の図のように、直方体を組み合わせた形の空の
水そうがあります。

　　給水管Aは、栓を開くとアの部分の上から一定の
割合で水を入れることができます。

　　また、イの部分には排水管Bがあり、毎秒2cm³の
割合で排水されます。

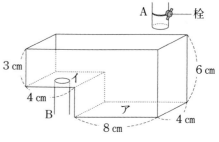

　　はじめにAの栓を開いて水を入れ始めたところ、
水を入れ始めてから16秒後にアの部分の水面の高さが3cmとなりました。

　　このとき、次の問いに答えなさい。ただし、(2)、(3)、(4)は途中の考え方も書きなさい。

(1)　Aから入れることのできる水の量は毎秒何cm³ですか。

(2)　水そうが満水になるのは、水を入れ始めてから何秒後ですか。

　水そうが満水になってから、Aの栓を閉じて水を入れるのをやめ、アの部分に穴を開けました。穴からは一定の割合で排水され、水そうが空になるまでにBから排水された水の量と穴から排水された水の量の比が1：7でした。

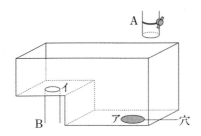

(3)　Bから排水されなくなるのは、水そうが満水になってから何秒後ですか。

(4)　穴から排水される水の量は毎秒何㎤ですか。

(5)　水そうが空になるのは、水そうが満水になってから何秒後ですか。

栄　東　中　学　校　（A）

—50分—

注意事項　1　コンパス・定規・分度器は使わずに答えてください。
　　　　　2　円周率は3.14とします。
　　　　　3　比を答えるときには、最も簡単な整数の比で答えてください。

$\boxed{1}$　次の$\boxed{}$に入る数を答えなさい。

(1)　$\left(2\dfrac{1}{2}-1.75\right)\times 3.4 \div \left\{\left(1\dfrac{1}{4}-\dfrac{1}{5}\right)\times\dfrac{5}{7}\right\}+\dfrac{3}{5}=\boxed{}$

(2)　$202.4 \div \left(50-\boxed{}\div\dfrac{2}{81}\right)+1.2=10$

(3)　$\dfrac{1}{2\times 3}=\dfrac{1}{2}-\dfrac{1}{3}$、$\dfrac{1}{3\times 4}=\dfrac{1}{3}-\dfrac{1}{4}$、……を利用すると、

$\dfrac{\boxed{}}{440\times 441}+\dfrac{\boxed{}}{441\times 442}+\cdots+\dfrac{\boxed{}}{458\times 459}+\dfrac{\boxed{}}{459\times 460}=\dfrac{1}{2024}$

ただし、$\boxed{}$にはすべて同じ数が入ります。

(4)　いくらかの量の10%の食塩水に8%の食塩水200gを入れてよく混ぜて9.2%にする予定でしたが、8%の食塩水$\boxed{}$gを入れたため8.4%になりました。

(5)　ある仕事をするのに、赤いロボット1体では24時間かかります。また、紫（むらさき）のロボットは赤いロボットの10倍の仕事ができます。合わせて18体のロボットがこの仕事をしたところ、20分で終わりました。このとき、赤いロボットは$\boxed{}$体でした。

(6)　右の図のように三角形ABCの辺AC上に点Dがあり、ABとADの長さは等しく、イの角度はアの角度の2倍で、ウの角度はアの角度の6倍です。
このとき、エの角度は$\boxed{}$度です。

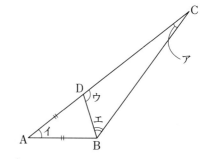

(7)　右の図のように直角三角形ABCの紙をADを折り目として折り返したところ、点BがAC上の点Eに重なりました。このとき、三角形ABCの面積は$\boxed{}$cm²です。

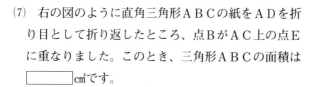
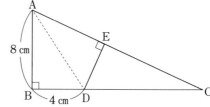

(8)　右の図のようにAB＝BC＝3cmの直角二等辺三角形ABCを直線DEを軸に1回転させたときにできる立体の体積は$\boxed{}$cm³です。ただし円周率は3.14とします。必要であれば円すいの体積は「（底面積）×（高さ）÷3」で求められることを使ってもかまいません。

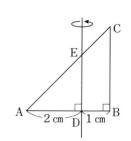

2　マラソン大会で栄くん、東さん、中さんの3人が同時にスタートして走り出し、栄くん、東さん、中さんの順にゴールしました。図1は3人がスタートしてからの時間と栄くんと東さんの道のりの差、東さんと中さんの道のりの差を表したものです。このとき、次の問いに答えなさい。ただし、3人は一定の速さで走るものとします。

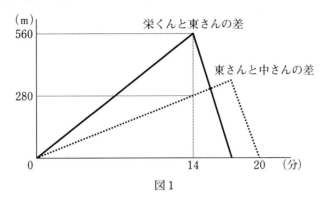

図1

(1)　栄くんと中さんの走る速さの比を最も簡単な整数の比で表しなさい。
(2)　マラソン大会のコースは全長何mありますか。
(3)　東さんがゴールするのはスタートしてから何分何秒後になりますか。

3　1つの整数に対し、ある規則にしたがって約数を配置した図形をつくります。約数を配置した点を頂点と呼ぶことにします。例えば、4に対しては4＝2×2だから、図1のような頂点の個数が3個の直線がつくれます。18に対しては18＝2×3×3だから、図2のような頂点の個数が6個の長方形がつくれます。90に対しては90＝2×3×3×5だから、図3のような頂点の個数が12個の直方体がつくれます。このとき、次の問いに答えなさい。

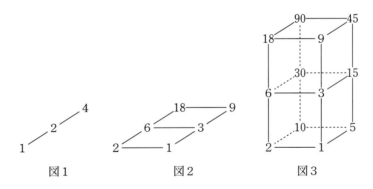

図1　　　　　図2　　　　　図3

(1)　図4の　ア　に入る数を答えなさい。
(2)　2024に対してつくれる図形の頂点の個数は全部で何個になりますか。
(3)　ある整数に対し頂点の個数が8個になる図形がつくれるとき、その整数として考えられる150以下の数は全部で何通りありますか。

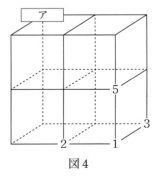

図4

4　次の図のように、角Bが直角で辺BCと辺ADが平行な台形ABCDがあり、辺BC、辺AD
上にBE＝DF＝FG＝3㎝となるような点E、F、Gをとります。また、DEとACが交わる
点をH、DEとCFが交わる点をIとすると、三角形ECIは角ECIが直角となる直角二等辺
三角形で、三角形AHIの面積は40㎠です。このとき、あとの問いに答えなさい。

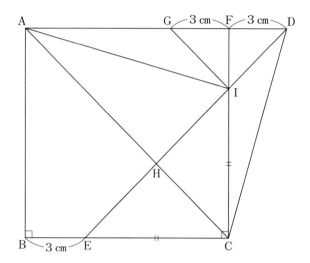

(1)　三角形DFIの面積を求めなさい。

(2)　三角形ACFの面積を求めなさい。

(3)　台形ABCDの面積を求めなさい。

5　2以上の整数Nに対して、以下の操作を行います。

（操作）　Nが7の倍数のときは、7で割り、7の倍数でないときは1を足す。

この操作を1になるまで続けます。例えば、Nが24のときは、
24→25→26→27→28→4→5→6→7→1となります。
また、1になるまで行った操作の回数を「N」と表すことにします。
この例は、操作を9回行っているので、「24」＝9となります。

(1)　「2024」はいくつですか。

(2)　「N」＝6となる2以上の整数Nは何個ありますか。

(3)　「2」＋「3」＋「4」＋「5」＋…＋「49」はいくつですか。

自修館中等教育学校（A1）

—50分—

［注意事項］　1　問題①・②は、答えのみを書きなさい。
　　　　　　　　2　問題③・④は、答えだけでなく途中式や求め方なども書きなさい。

① 次の□□□□にあてはまる数を答えなさい。

(1) $28 - 4 \times \{12 - (33 - 5) \div 4\} =$ □□□□

(2) $\dfrac{1}{2} + 0.75 \times 8 - 4.5 \div 1\dfrac{1}{2} =$ □□□□

(3) $45678 \div 246 - 12345 \div 246 + 87654 \div 246 - 54321 \div 246 =$ □□□□

(4) $\dfrac{3}{8} \times$ □□□□ $+ 5 \div 2 \times (6 - 3) = 9$

(5) a ※ b を　a を b 回かけた数の10の位の数　と約束します。
このとき、（2 ※ 5）※ 4 ＝ □□□□

② 次の各問いに答えなさい。

(1) 1個120円のプリンと1個150円のアイスクリームを合わせて25個買いたい。支はらう代金を3500円以内にして、できるだけ多くのアイスクリームを買うとするとアイスクリームは何個買うことができるか答えなさい。

(2) 1円玉、5円玉、10円玉のこう貨を使って合計30円を作る方法は全部で何通りあるか答えなさい。ただし、使わないこう貨があってもよいものとします。

(3) 川にそって30kmはなれたA市とB市があります。下流にあるA市と上流にあるB市を船で往復するのに、上りは3時間、下りは1時間40分かかりました。このとき川の流れの速さは時速何kmか答えなさい。

(4) 右の図はおうぎ形と長方形を重ねたものです。しゃ線のついた部分の㋐と㋑の面積が同じであるとき、DFの長さを求めなさい。ただし、円周率は3.14とします。

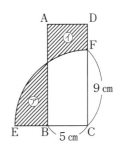

(5) 展開図が右の図のようになる立体の体積を答えなさい。

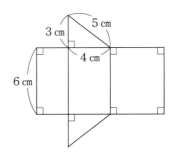

3　白修館のある伊勢原市には「大山こま」という江戸時代から伝わる伝統工芸品があります。ある店では、大小2種類の大山こまを製造販売していて、こま1個あたりに必要な材料の量、職人さんの作業時間、得られる利益は以下の表のようになっています。使うことのできる材料は42kgまで、職人さんの作業時間は480時間までとするとき、以下の問いに答えなさい。ただし、製造した大山こまはすべて販売されるものとします。

表　大山こま作りに必要な材料、作業時間、得られる利益

	必要な材料	職人さんの作業時間	得られる利益
大山こま(小)	100 g	2時間	600円
大山こま(大)	300 g	3時間	1000円

(1)　大山こま(大)だけを製造販売した場合、得られる利益を求めなさい。

(2)　大山こま(小)だけを製造販売した場合、得られる利益を求めなさい。

(3)　大山こま(小)と大山こま(大)を製造販売するとき、利益を最も大きくするためには何個ずつ製造販売すればよいか答えなさい。

(4)　あるとき、材料の値上げにより得られる利益が大山こま(小)は490円、大山こま(大)は700円になってしまいました。この場合、利益を最も大きくするためには何個ずつ製造販売すればよいか答えなさい。

4　赤、青、緑の3種類に体の色が変わるカメレオンが何匹かいます。このカメレオンは特殊なカメレオンのため、次のような法則で色が変わります。このとき、次の各問いに答えなさい。

法則　・違う色の1匹ずつが出会うと、残りの色に変わる
（例：赤1匹と青1匹が出会うと、2匹とも緑に変わる）
・1回に出会うのは、違う色が1匹ずつ出会うだけである

(1)　最初に赤1匹、青3匹がいるとします。何回かカメレオンが出会うことで、全てのカメレオンが同じ色に変わりました。それは何色であるか答えなさい。

(2)　最初に赤1匹、青4匹がいるとします。何回かカメレオンが出会うことで、全てのカメレオンが同じ色に変わりました。それは何色であるか答えなさい。

(3)　最初に赤、青、緑のカメレオンがそれぞれ何匹かいます。何回かカメレオンが出会うことで全てのカメレオンが同じ色になるとき、そろう色を赤にも青にも緑にもできる場合があります。このとき、最初にいるカメレオンはそれぞれ何匹か、最も少ない匹数の場合を答えなさい。

(4)　最初に赤1匹、青2匹、緑10匹がいるとします。何回かカメレオンが出会うことで、全てのカメレオンが同じ色に変わりました。それは何色であるか答えなさい。また最低何回出会えば全てが同じ色にそろうか、その回数を答えなさい。ただし、その手順が最低回数である理由も説明すること。

芝浦工業大学柏中学校(第1回)

—45分—

1　次の各問いに答えなさい。

(1) 次の計算をしなさい。

$$\left(\frac{12}{19}+0.64\times\frac{5}{4}\div0.8\right)-\frac{1}{2}\div0.5$$

(2) あるスーパーでは、ペットボトルのお茶が1本108円(税込み)で売られています。このお茶のキャップを4個集めると、もう1本同じお茶が貰えます。お茶を22本飲むには、いくら払えばよいですか。

ただし、貰ったお茶のキャップも使用する事ができ、払う金額をできるだけ少なくするものとします。

2　1辺が6cmの立方体ABCDEFGHの辺AB、BC、CD、DAのちょうど真ん中の点をそれぞれ点I、J、K、Lとします。

(1) この立方体を3点L、I、Eを通る平面で切断するとき、頂点Aを含む立体の体積は何cm³ですか。

(2) この立方体を(1)のように切断した後、頂点Aを含まない立体をさらに3点K、J、Fを通る平面で切断するとき、頂点Cを含まない立体の体積は何cm³ですか。

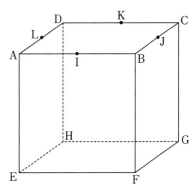

3　ある整数が偶数であればその数を2で割り、奇数であればその数を3倍して1を加えるという操作を繰り返し行い、1になれば操作を終了します。

例えば、10から始めると、10→5→16→8→4→2→1となり、6回の操作で1になります。

(1) 12から始めると、何回の操作で1になりますか。

(2) 128から始めると128→64→32→16→8→4→2→1となり、7回の操作で1になります。
このように、7回の操作で1になる整数の中で128以外のものをすべて答えなさい。

4　イチローさんは、1ドル120円のときに、絵画をドルで購入しました。

(1) 1ドル150円になったとき、絵画を円で売ったところ90万円になりました。絵画を購入した金額は円でいくらでしたか。

(2) 絵画の価値(値段)が購入時の1.2倍になり、また、1ドル150円に変化しました。その結果、絵画は購入時より円で48万円高くなりました。このとき、絵画を購入した金額は円でいくらでしたか。

5 　表が白色、裏が黒色の3枚のカード「ア」、「イ」、「ウ」があります。すべてのカードは白色を
上にして机に並べてあり、次のルールで操作をします。

> 「ア」のカードは、1ターン目に初めて裏返し、その後は毎ターン裏返す。
> 「イ」のカードは、2ターン目に初めて裏返し、その後は2ターンごとに裏返す。
> 「ウ」のカードは、3ターン目に初めて裏返し、その後は3ターンごとに裏返す。

　すなわち、3枚のカードを次のように操作します。

	1ターン目	2ターン目	3ターン目	4ターン目	…
ア	裏返す	裏返す	裏返す	裏返す	…
イ	裏返さない	裏返す	裏返さない	裏返す	…
ウ	裏返さない	裏返さない	裏返す	裏返さない	…

⑴　すべてのカードで黒色が上になるのが2回目となるのは、操作を開始してから何ターン目が
終わったときですか。

⑵　すべてのカードで黒色が上になるのが10回目となるのは、操作を開始してから何ターン目
が終わったときですか。

⑶　すべてのカードで同じ色が上になるのが50回目となるのは、操作を開始してから何ターン
目が終わったときですか。ただし、操作を開始するときの状態は数えないこととします。

6 　半径3cmの大きな円Pと半径1cmの小さな円Qがあり、図1のように円Q上の点Aが円P上の
点Bに1点で重なるように置きます。いま、図2のように円Qは円Pの内側をすべることなく回
転します。

　また、2つの円が1点で重なる点をRとすると、この点は、中心Pと中心Qを結んだ延長上に
あります。このとき、中心角BPRをあ、中心角AQRをいとします。

　ただし、円周率は3.14とします。

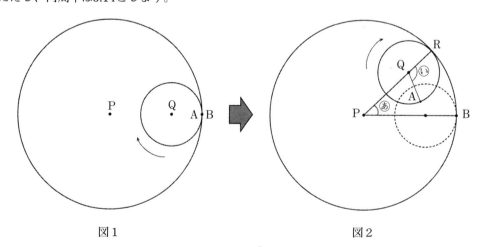

図1　　　　　　　　　　　　　　　　　　図2

⑴　角あの大きさが45°であるとき、角いに対する弧ARの長さは何cmになりますか。

⑵　⑴のとき、角いの大きさは何度になりますか。
　　また、その角度になる理由を「弧」と「中心角」という言葉を用いて説明しなさい。

⑶　円Qが回転して点Aが再び点Bと重なるとき円Qは何回転しますか。ただし、この場合の円
Qの1回転とは円Qが円Pに沿って回転し、点Aが再び円Pの周上に戻ることをいいます。

7　**（注意：この問題の(2)(3)は、解き方を式や言葉などを使って書きなさい。）**

　　Aくんは、家から1.6km離れた学校に通っています。

　　普段は午前7時42分に家を出て、午前8時7分に学校に到着します。

(1)　普段、学校に向かう速さは毎分何mですか。

　　今日も普段と同じ時刻に家を出て、普段と同じ速さで学校に向かいました。

　　しかし、学校に向かう途中で忘れ物に気がついたので、急いで家に戻りそのままの速さで学校に向かったところ、学校には普段と同じ時刻に着きました。

　　ただし、家に戻ってから忘れ物を探す時間は考えないものとします。

(2)　家を出てから5分後に忘れ物に気がついたとすると、Aくんが家に戻るときの速さは普段の速さの何倍ですか。

(3)　Aくんは普段の速さの2倍まで、急いで移動することができます。忘れ物をして家に戻っても同じ時刻に学校に到着できるのは、家を出て何分何秒以内に忘れ物に気がついたときですか。

芝浦工業大学附属中学校（第1回）

—60分—

注意　1　③以降は、答えだけではなく式や考え方を書いてください。式や考え方にも得点があります。
　　　2　定規とコンパスを使用してもかまいませんが、三角定規と分度器を使用してはいけません。
　　　3　作図に用いた線は消さないでください。
　　　4　円周率が必要な場合は、すべて3.14で計算してください。

① この問題は聞いて解く問題です。

　聞いて解く問題は全部で(1)と(2)の2題です。(1)は1問、(2)は①と②の2問あります。問題文の放送は1回のみです。問題文が流れているときはメモを取ってもかまいません。ひとつの問題文が放送された後、計算したり、解答用紙に記入したりする時間はそれぞれ1分です。聞いて解く問題の解答は答えのみを書いてください。ただし、答えに単位が必要な場合は必ず単位をつけてください。

(2)
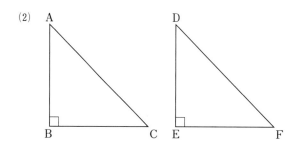

※以下のQRコード、URLよりHPにアクセスすると音声を聞くことができます。
https://sites.google.com/shibaurafzk.com/sitjuniorhigh

② 次の各問いに答えなさい。ただし、答えのみでよい。

(1)　$0.64 \times \dfrac{2}{7} \times \left(3 - 1\dfrac{1}{4}\right) + 0.42 \div \left(0.75 + \dfrac{3}{4}\right)$ を計算しなさい。

(2)　□ にあてはまる数を求めなさい。

　　　$\left(9 \div \boxed{} + 1.8 \div 6\right) \times \dfrac{10}{11} = 3$

(3)　1から9までの数字が書かれた9枚のカードから同時に3枚のカードを取り出します。このとき、3枚のカードに書かれた数の和が2の倍数となるような取り出し方は何通りありますか。

(4)　右の図のように、長方形ABCDの中に半径1cmの円があります。円が長方形の内側の辺上をすべることなく転がるとき、円が通過することができる部分の面積を求めなさい。

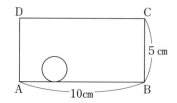

③　次の各問いに答えなさい。

(1)　120円の商品Aと80円の商品Bを合計420個売りました。商品Aの売上金の合計と商品Bの売上金の合計の比が2：1のとき、商品Aの売れた個数を求めなさい。

(2)　芝田くんと田浦さんは、家を出発し、家から36km離れた体育館まで車で向かっています。途中で忘れ物に気づいたため、芝田くんはその地点から車で家まで戻り、田浦さんはその地点から徒歩で体育館に向かいました。芝田くんが家に着いてから再び車で体育館に向かったところ、芝田くんは田浦さんよりも10分遅れて体育館に着きました。車の速さが時速40km、歩く速さが時速4.8kmのとき、田浦さんが歩き始めたのは家から何kmのところですか。ただし、芝田くんが家についてから、忘れ物をとって再び家を出るまでの時間は考えないものとします。

(3)　1から50までの整数をすべてかけた数1×2×3×4×5×…×50は、一の位から0が何個連続して並ぶか求めなさい。

(4)　図のような2つの円すいがあります。2つの円すいの表面積が等しいとき、▢▢▢▢▢にあてはまる数を求めなさい。

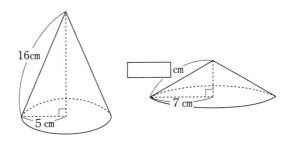

(5)　図のような四角形ABCDについて、頂点Dが点Eと重なるように折ります。このときにできる折り目を作図しなさい。(この問題は答えのみでよい)

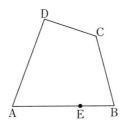

④　右の表のように整数を規則的に並べ、4つの数を四角
で $\boxed{\begin{array}{cc} A & B \\ C & D \end{array}}$ のように囲みます。四角で囲んだ4つの数の和
を《A》とします。

	1列目	2列目	3列目	4列目	…
1段目	1	4	9	16	…
2段目	2	3	8	15	…
3段目	5	6	7	14	…
4段目	10	11	12	13	…
⋮	⋮	⋮	⋮	⋮	⋱

　例えば、《9》は $\boxed{\begin{array}{cc} 9 & 16 \\ 8 & 15 \end{array}}$ なので、

　《9》＝9＋16＋8＋15＝48です。

　次の各問いに答えなさい。

⑴　《49》を求めなさい。

⑵　$\boxed{\begin{array}{cc} A & B \\ C & D \end{array}}$ において、A＋D＝B＋Cとならないような数Aを2つあげなさい。（この問題は答え
のみでよい）

⑶　《○》が4の倍数とならないような2けたの数○のうち、最も小さいものを求めなさい。

⑷　《□》＝2024になるような数□を求めなさい。

⑤　次の各問いに答えなさい。

⑴　図1は立方体を4個重ねた立体Xです。ABの長さが6cmのとき、立体
　　Xの表面積を求めなさい。

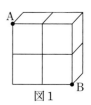

図1

⑵　図2は⑴と異なる大きさの立方体を16個積み上げたものです。この立体をYとするとき、次
　　の①、②に答えなさい。

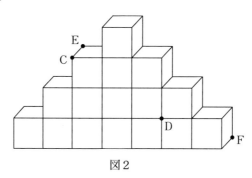

図2

①　CDの長さが10cmのとき、立体Yの表面積を求めなさい。

②　立体Yを3点C、E、Fを通る平面で切断したとき、切断後の2つの立体の体積の比をも
　　っとも簡単な整数の比で答えなさい。

渋谷教育学園渋谷中学校(第1回)

—50分—

注・定規、コンパスは使用できません。

・仮分数は帯分数になおす必要はありません。

・円周率は特に指示のない限り3.14とします。

・すい体の体積は「(底面積)×(高さ)÷3」で求められます。

1　次の問いに答えなさい。ただし、(6)は答えを求めるのに必要な式、考え方なども順序よくかきなさい。

(1)　$1 - 0.625 \div \left(20\frac{1}{24} \div 20\right) \times \left(\frac{1}{12} - 0.04\right)$ を計算しなさい。

(2)　1から100までの100個の整数のうち、3でも7でも割り切れない偶数は何個ありますか。

(3)　【A】は、整数Aを2で割り、その商を2で割っていき、商が1になるまで続けたときの、2で割った回数を表します。

例えば、

$13 \div 2 = 6$　余り1

$6 \div 2 = 3$

$3 \div 2 = 1$　余り1

となるので、【13】＝3です。

このとき、【【2024】＋7】×【33】を求めなさい。

(4)　右の図は2つの直角三角形からできています。影のついた部分を直線Lを軸として1回転させてできる立体の体積は何㎤ですか。

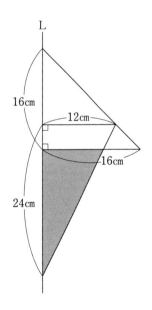

(5)　次の図は、円と正六角形と正十角形からできています。点Oは、円の中心です。このとき、あの角の大きさは何度ですか。

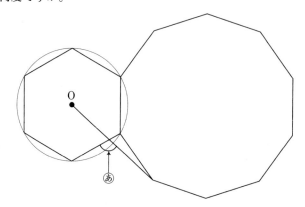

(6)　容器Aには3％の食塩水が600ｇ、容器Bには5％の食塩水が300ｇ、容器Cには4％の食塩水が入っています。A、B、Cから重さの比が1：2：2となるように食塩水を取り出し、空の容器Dに入れてよく混ぜ合わせました。Dの食塩水を3等分してA、B、Cにそれぞれ戻すと、Aの食塩水に溶けている食塩が22ｇになりました。このとき、Bの食塩水の濃さは何％になりましたか。(式・考え方も書くこと。)

2　図1は18個の立方体を積み上げて作った直方体です。図1の直方体を平面で切り、その後、すべてバラバラにしたときの立体の個数を考えます。

　　例えば図1の直方体を3点ア、イ、ウを通る平面で切り、その後、すべてバラバラにすると、9個の立方体と18個の切られた立体に分かれ、立体は合計で27個となります。

　　次の問いに答えなさい。

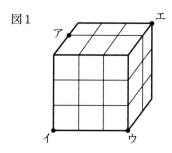

図1

(1)　図1の直方体を3点イ、ウ、エを通る平面で切り、その後、すべてバラバラにすると、立体は合計で何個になりますか。

図2は36個の立方体を積み上げて、直方体を作ったものです。

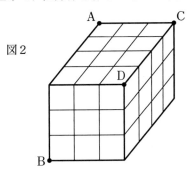

図2

(2)　図2の直方体を3点A、B、Cを通る平面で切り、その後、すべてバラバラにすると、立体は合計で何個になりますか。

(3)　図2の直方体を3点A、B、Dを通る平面で切り、その後、すべてバラバラにすると、立体は合計で何個になりますか。

③　図のように、ご石を並べて図形を作っていきます。表1は、図形のご石の個数を1番目からかいたものです。

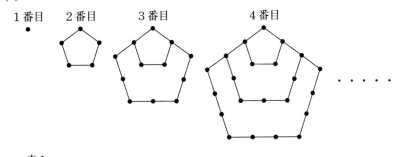

表1

1番目	2番目	3番目	4番目	……
1個	5個	12個	22個	……

次の問いに答えなさい。

(1)　6番目の図形のご石の個数は、5番目の図形のご石の個数より何個多いですか。

(2)　10番目の図形のご石の個数は何個ですか。

次に、表1のご石の個数の平均を次のように求め、表2を作成します。

①番目は、表1の1番目(1個)の平均である1個とします。

②番目は、表1の1番目(1個)と2番目(5個)の平均である3個とします。

③番目は、表1の1番目(1個)と2番目(5個)と3番目(12個)の平均である6個とします。

・
・
・
・
・

表2

①番目	②番目	③番目	④番目	……
1個	3個	6個	10個	……

(3)　表2の⑳番目は何個ですか。

(4)　次の □ に当てはまる整数を答えなさい。

　　　表1の □ 番目の個数は、表2の⑳番目の個数と同じです。

4　点Pは、図1の円周上を点Aから反時計まわりに一定の速さで動き続けます。点Oは円の中心で、ＯＡとＯＰで作られる角のうち180度以下の角を⑥とします。また、ＯＡとＯＰと円によって囲まれた図形のうち、⑥の角を含む方をおうぎ形ＯＡＰとします。図2のグラフは、⑥の角の大きさと時間の関係を、Ｐが出発してから5分間だけ表したものです。

　　次の問いに答えなさい。ただし、(2)、(3)は答えを求めるのに必要な式、考え方なども順序よくかきなさい。

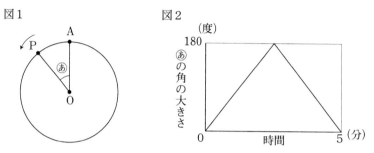

(1)　おうぎ形ＯＡＰの面積と時間の関係を表したグラフと、三角形ＯＡＰの面積と時間の関係を表したグラフの形に最も近いものを、次のア～カの中から1つずつ選び記号で答えなさい。ただし、おうぎ形や三角形を作ることができないとき、その面積は0とします。

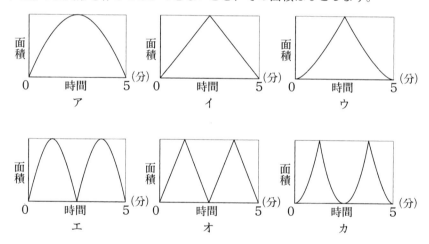

　　点QはPと同時にAから出発し、円周上をPと同じ向きに一定の速さで動き続けます。Qは8分20秒で円周を1周します。

(2)　2点が同時に出発してから、3点A、P、Qを結んでできる三角形がはじめて二等辺三角形になるのは、出発してから何分後ですか。(式・考え方も書くこと。)

(3)　2点が同時に出発してから、3点A、P、Qを結んでできる三角形が2回目に二等辺三角形になるのは、出発してから何分後ですか。(式・考え方も書くこと。)

渋谷教育学園幕張中学校(第1回)

—50分—

注意　コンパス、三角定規を使用できます。

① 1から9までの数字が書かれたカードがそれぞれ1枚ずつ、全部で9枚あり、2つの空の袋A、Bがあります。次の各問いに答えなさい。

(1) はじめに、9枚のカードから1枚のカードを選び、袋Aに入れます。次に、残ったカードから3枚のカードを選び、袋Bに入れます。袋A、Bからカードをそれぞれ1枚ずつ取り出すとき、どのカードを取り出しても、取り出した2枚のカードに書かれている数の積が10の倍数となるような、袋A、Bに入れるカードの入れ方は、何通り考えられますか。

(2) はじめに、9枚のカードから1枚以上4枚以下の好きな枚数のカードを選び、袋Aに入れます。次に、残ったカードから1枚以上4枚以下の好きな枚数のカードを選び、袋Bに入れます。袋A、Bからカードをそれぞれ1枚ずつ取り出すとき、どのカードを取り出しても、取り出した2枚のカードに書かれている数の積が10の倍数となるような、袋A、Bに入れるカードの入れ方は、何通り考えられますか。

(3) はじめに、9枚のカードから1枚以上3枚以下の好きな枚数のカードを選び、袋Aに入れます。次に、残ったカードから1枚以上3枚以下の好きな枚数のカードを選び、袋Bに入れます。袋A、Bからカードをそれぞれ1枚ずつ取り出すとき、どのカードを取り出しても、袋Aから取り出したカードに書かれている数が、袋Bから取り出したカードに書かれている数より6以上大きくなるような、袋A、Bに入れるカードの入れ方は、何通り考えられますか。

② 次の各問いに答えなさい。

(1) 縦の長さも横の長さも、それぞれ2cm、3cm、4cm、…、99cm、100cmのいずれかとなるような、長方形や正方形のタイルを考えます。このようなタイルとして考えられるものをすべて、面積が小さい順に左から一列に並べます。ただし、同じ面積のタイルは、縦の長さが最も短いタイルのみを並べます。次に、あるタイルXが、並べられている他のタイルのうちいずれか1種類を、何枚かつなげて作ることができる場合は、タイルXを列から取り除きます。例えば、縦の長さが2cm、横の長さが4cmのタイルは、縦の長さが2cm、横の長さが2cmのタイルを2枚つなげて作ることができるので、列から取り除きます。このようにして取り除けるタイルをすべて取り除いたところ、次のようなタイルの列ができました。

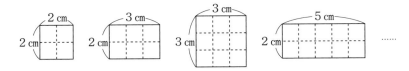

① 左から7番目にあるタイルの面積は何cm²ですか。
② タイルの列に、面積が60cm²以下のタイルは何枚ありますか。

(2)　どの面の形も(1)の列にあるタイルのいずれかと同じ形であるような、直方体や立方体を考えます。ただし、体積が同じ立体がいくつか考えられるときは、向きが違うものは区別しないで、そのうち一つだけ考えるようにします。こうして考えられる立体をすべて、体積が小さい順に左から一列に並べます。左から10番目にある立体の体積は何㎤ですか。

③　【図1】のように、2つの円柱の形をしたおもりA、Bがあります。AとBの体積は等しく、Aの高さはBの高さの3倍です。

　　【図2】のように、四角柱の形をした空の容器Cの中に、おもりA、Bを置きます。

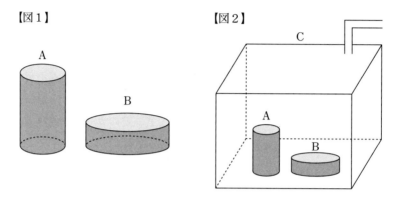

【図1】　　　　　　　　　　　【図2】

　　容器Cの中に、1秒あたり同じ量の水を静かに入れ続けたとき、水を入れ始めてからの時間と、容器Cの底面から水面までの高さの関係は、次のグラフのようになりました。

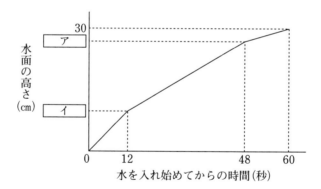

　　次の各問いに答えなさい。

(1)　Cの底面積は、Aの底面積の何倍ですか。

(2)　グラフの　ア　、　イ　にあてはまる数を答えなさい。

④ 図のように、円周を5つの点A、B、C、D、Eで区切ったとき、△をつけた3つの曲線部分AB、CD、AEの長さは等しく、○をつけた2つの曲線部分BC、DEの長さは等しくなりました。また、直線AGの長さは1cm、直線ADの長さは4cm、直線FEの長さは2cmです。次の各問いに答えなさい。

(1) 直線FGの長さは何cmですか。

(2) 直線HIと直線ICの長さの比(HIの長さ):(ICの長さ)を、最も簡単な整数の比で答えなさい。

(3) 五角形FGHIJの面積は、三角形AFGの面積の何倍ですか。

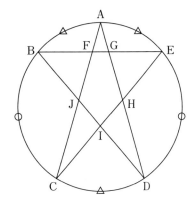

⑤ 次の各問いに答えなさい。
ただし、角すいの体積は、(底面積)×(高さ)÷3で求められるものとします。

(1) 【図1】のように、立方体の展開図に点線をひきます。もとの折り目に加え、点線部分も折り目とし、すべての折り目が立体の辺になるようにして、この展開図を組み立てると、【図2】のような立体ができました。この立体の体積は何cm³ですか。

【図1】   【図2】

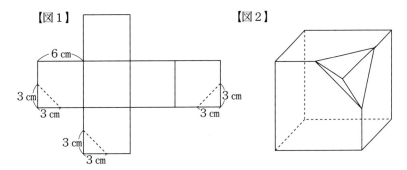

(2) 【図3】のように、正方形BECDの対角線を一辺とする正三角形ABCを考えます。【図4】の展開図において、あ～えは合同な二等辺三角形で、お～くは【図3】の正三角形ABCと合同です。この展開図を組み立てて立体を作ると、二種類の立体が作れます。そのうち、体積が大きい方の立体を立体A、体積が小さい方の立体を立体Bとします。立体Aの体積は、立体Bの体積より何cm³大きいですか。

【図3】   【図4】

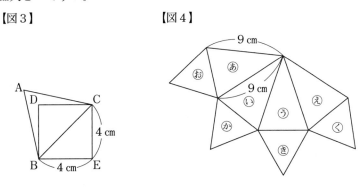

(3) 【図5】の展開図において、㋐〜㋓は合同な台形で、㋔〜㋗は合同な正三角形です。この展開図を組み立てて立体を作ると、二種類の立体が作れます。そのうち、体積が大きい方の立体を立体C、体積が小さい方の立体を立体Dとします。2つの立体C、Dの体積の比(立体Cの体積):(立体Dの体積)を、最も簡単な整数の比で答えなさい。

【図5】

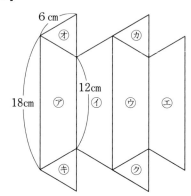

湘南学園中学校（B）

—50分—

① 次の計算をしなさい。ただし、(4)は ☐ にあてはまる数を答えなさい。

(1) $16 \times 5 - 176 \div 16$

(2) $8.5 + 6.4 \times 4.5 \div 2.5$

(3) $\dfrac{5}{12} - \left(\dfrac{5}{6} + \dfrac{5}{8}\right) \div 8\dfrac{3}{4}$

(4) $6 - 3\dfrac{1}{7} \div (0.25 + \boxed{}) \div \dfrac{9}{14} = \dfrac{2}{3}$

② 次の各問いに答えなさい。

(1) 濃度が10％の食塩水200 g を濃度が12.5％の食塩水にしたいとき、水を何 g 蒸発させればよいですか。

(2) 10点満点のテストで10人の平均は7.2点でした。10人のうち、10点、9点、4点の人がそれぞれ1人、あとは8点が2人、7点が3人でした。残りの2人は同じ点数でした。その2人の点数は何点ですか。

(3) 長さ200 m の駅のホームがあります。時速75 km で走っている急行列車がこの駅のホームに入り始めてから出るまでに15秒かかりました。この急行列車の全長は何 m ですか。

(4) 右の図は正五角形とひし形を組み合わせたものです。図のアの角の大きさは何度ですか。

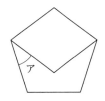

(5) 5枚のカードに1、2、3、4、5の数字がそれぞれ書かれています。この5枚のカードから3枚選び並べて3桁の整数を作るとき、そのうち偶数は何通りできますか。

(6) ある家族は、父、母と子ども3人で、現在の年齢はそれぞれ42歳、40歳、9歳、5歳、4歳です。父、母の年齢の和が子ども3人の年齢の和の3倍になるのは何年後ですか。

(7) 兄と弟の所持金の比は7：2でしたが、母が弟に1500円渡したので、2人の所持金の比は2：1になりました。兄はいくら持っていますか。

(8) 1個180円のフレンチトーストと1個120円のクロワッサンを合わせて20個買ったところ、合計が2820円でした。クロワッサンは何個買ったかを次のように求めました。 ☐ア☐ ～ ☐オ☐ の空らんにあてはまる数を答えなさい。

もしフレンチトーストを20個買ったとしたら、代金は ☐ア☐ 円になる。次に、20個のうちの1個だけをクロワッサンに替えたときの代金は ☐イ☐ 円になる。つまり、フレンチトーストをクロワッサンに1個替えるごとに ☐ウ☐ 円ずつ安くなることがわかる。よって、代金が2820円となるときのクロワッサンの個数は、次の式で求められる。

$$(\boxed{\text{ア}} - \boxed{\text{エ}}) \div \boxed{\text{ウ}} = \boxed{\text{オ}}$$

したがって、クロワッサンは ☐オ☐ 個買ったとわかる。

3　右の図は辺ＢＣを半径とする中心角45°のおうぎ形を２つ組み合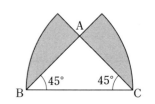
　　わせた図形です。ＢＣ＝４㎝とします。次の各問いに答えなさい。
　　ただし、円周率は3.14とします。
　(1)　影をつけた部分の周りの長さの和を求めなさい。
　(2)　影をつけた部分の面積の和を求めなさい。

4　次の図は直方体を重ねて階段状にした立体です。
　　後の各問いに答えなさい。

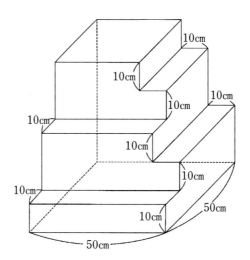

　(1)　この立体の体積を求めなさい。
　(2)　この立体を底面に平行に切って体積を２等分するには、底面から何㎝のところで切ればよい
　　　ですか。

5　A、B、Cの３つの円柱の形の容器があり、容器の高さはそれぞれ60㎝、40㎝、20㎝です。これらを図のように重ねて、Aの容器に毎分５Lの水を入れました。Aの容器が水でいっぱいになるとBの容器に、Bの容器が水でいっぱいになるとCの容器に水が入ります。グラフは水を入れ始めてからの時間とそれぞれの容器に入った水の水位の関係を表したものです。次の各問いに答えなさい。

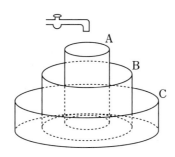

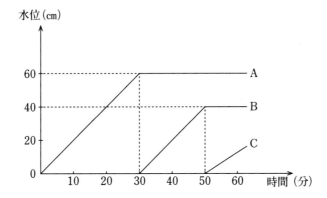

(1)　Aの容器の底面積を求めなさい。

(2)　Bの容器の底面積を求めなさい。

(3)　Cの容器の底面積がAの容器の3.5倍のとき、Cの容器が水でいっぱいになるのは、水を入れ始めてから何分かかりますか。

6　図のように１から５までの数字が書かれたマスがあり、１番のマスに石が置いてあります。サイコロを１回投げるごとに、石は出た目の数だけマスを進むこととし、５番のマスの次は１番のマスに戻ります。ただし、５番のマスにちょうど止まった場合、それ以降はサイコロを投げても動かずに止まります。例えば、サイコロを２回投げて⚃→⚀と目が出た場合、石は４番→１番とマスを移動します。次の各問いに答えなさい。

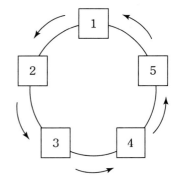

(1)　サイコロを３回投げて⚀→⚃→⚄と目が出た場合、石は何番のマスにありますか。

(2)　サイコロを３回投げて、３回目に初めて５番のマスに止まりました。サイコロの目の出方は何通りありますか。

(3)　サイコロを３回投げたら２番のマスに石がありました。サイコロの目の出方は何通りありますか。

昭和学院秀英中学校（第1回）

—50分—

※　円周率は3.14とし，角すいや円すいの体積はそれぞれ角柱や円柱の体積の$\frac{1}{3}$とします。

※　1、2、4(1)、(2)、5(1)①、②は答えのみ記入しなさい。

　　それ以外の問題に対しては答えのみでも良いが，途中式によっては部分点を与えます。

1　次の　　　　　の中に適当な数を入れなさい。

(1)　$0.26 \times 2\frac{7}{13} - \left(1\frac{3}{4} - 0.125\right) \div 3\frac{1}{4} = \boxed{ア}$

(2)　$100 \div 17 - (\boxed{イ} - 91 \div 7) \div (91 - 74) = 3$

(3)　50円のアメと30円のチョコレートを1000円分買いました。個数の合計が最も多いとき、50円のアメの個数は$\boxed{ウ}$個です。

(4)　2つの分数$\frac{260}{21}$、$\frac{182}{15}$のいずれにかけても積が整数になるような分数のうち最小のものは$\boxed{エ}$です。

2　次の　　　　　の中に適当な数を入れなさい。

(1)　右の図のような2辺BCとCDの長さが等しい四角形ABCDがあります。辺ADに対して頂点Dの方を延ばした線と辺BCに対して頂点Cの方を延ばした線の交わる点をEとします。このとき、ABとDEの長さが等しくなりました。角xの大きさは$\boxed{ア}$度です。

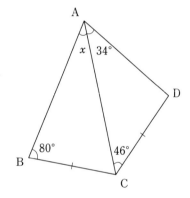

(2)　正方形の紙を右の図のように折ったときBG＝3cm、BE＝4cm、EG＝5cmとなりました。このとき、三角形IHFの面積は$\boxed{イ}$cm²です。

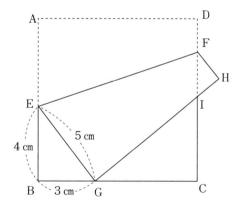

(3)　右の図のように、1辺が12cmの立方体の中に高さが
24cmの正四角すいの一部が入っています。正四角すい
の一部と立方体が重なっている部分の体積は[　ウ　]cm³
です。

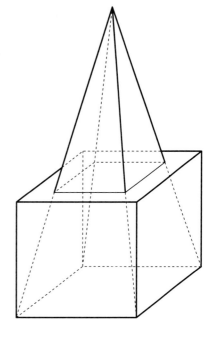

③　子供部屋の掃除を太郎君1人ですると45分かかります。太郎君が掃除を始めてから全体の$\frac{2}{3}$
を終えたところで、弟の次郎君が手伝ってくれたため、全体は40分で終えることができました。
(1)　次郎君が1人で子供部屋を掃除すると何分かかりますか。
(2)　太郎君と次郎君が一緒に掃除を始めました。ちょうど半分を終えたところで次郎君が休憩し
ました。
　①　2人で半分の掃除を終わらせるのに何分かかりましたか。
　②　次郎君は少し休んだ後、また一緒に掃除してくれました。結局、太郎君が開始してから
　　35分経ったところで部屋の掃除が終わりました。次郎君は何分休んでいましたか。

④　次の図のような点Oを中心とした半径6cmの円に、BC=12cm、AB＝6cmの直角三角形A
BCが内側で接しています。辺ACの真ん中の点をDとして2直線BD、AOの交わる点をGと
します。また角BAOの大きさを二等分する直線が辺BCと交わる点をE、円と交わる点をFと
します。

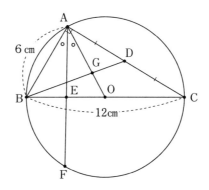

(1)　AGの長さを求めなさい。
(2)　ECの長さを求めなさい。

(3) ＡＥとＥＦの長さの積を求めなさい。

(4) ＡＣとＡＦの長さの積を求めなさい。

5 図1のように1辺が30cmの立方体の容器に深さ15cmまで水を入れました。このとき、水面は底面と平行です。以下、水面を[　　　]部分で表します。

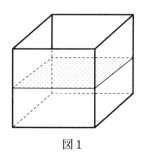

図1

(1) ゆっくりと容器を一定の方向に傾けていきます。

① 図2のように傾けたとき、x の値を求めなさい。

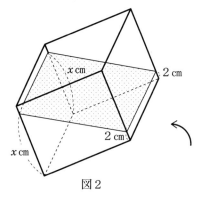

図2

② 図1の状態から図3になるまでさらに容器を傾けました。水が通過した部分の体積を求めなさい。

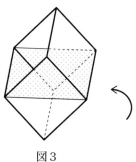

図3

(2) 立方体の容器に穴のあいたふたをかぶせました。そのあと、ゆっくりと容器を図4のように傾けました。残っている水の体積を求めなさい。ただし、ふたの穴は図5のように面の対角線を4等分する点を結んで得られる正方形とします。

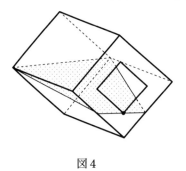

図4

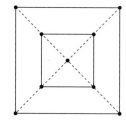

図5

成 蹊 中 学 校(第1回)

—50分—

【注意】　円周率を使う場合は、3.14として計算しなさい。

1　次の計算をしなさい。

(1)　$\{2024 \div 11 - (36 \div 2 \times 6 + 25)\} \div 3$

(2)　$1\frac{1}{15} \times \left(\frac{1}{6} + \frac{7}{8}\right) - 1.5 \div 6\frac{3}{4} \times 1.75 + \frac{1}{9}$

2　次の問いに答えなさい。

(1)　濃度18％の食塩水が500ｇあります。ここに水を毎分120ｇの割合で入れて混ぜていきます。食塩水の濃度が４％になるのは、水を入れ始めてから何分何秒後ですか。

(2)　170人が大型バス３台と中型バス２台に乗ると、席が２席分余りました。大型バス１台には中型バス１台より14人多く乗れます。中型バス１台には何人乗れますか。

(3)　図1は、正方形ＡＢＣＤと正五角形ＥＢＦＧＣを組み合わせたものです。角㋐の大きさを求めなさい。

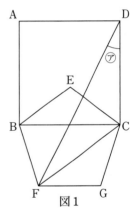

図1

(4)　ある品物を原価の２割の利益を見込んで定価をつけましたが、売れなかったので定価の600円引きで売ったところ、利益は原価の８％でした。この品物はいくらで売れましたか。

(5)　Ａ、Ｂ、Ｃの３人は36個のアメ玉を３人で分けました。その後、Ａはもらったアメ玉の個数の$\frac{1}{5}$をＢに渡しました。次に、Ｂは、Ａからもらったアメ玉を加えた個数の$\frac{3}{7}$をＣに渡したところ、３人のアメ玉の個数は等しくなりました。はじめにアメ玉を３人で分けたとき、Ｂは何個のアメ玉をもらいましたか。

(6) 図2は、1辺が4cmの立方体から、底面が1辺2cmの正方形である直方体を切り取ってできる立体です。4点B、C、E、Hを通る平面でこの立体を切ってできる2つの立体のうち、点Aを含む立体の体積を求めなさい。

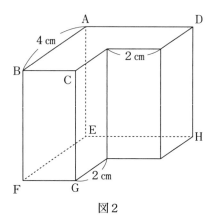

図2

③ はじめにある量の水が入っている水そうがあります。この水そうに毎秒6mLずつ水を入れながら、同じポンプを何台か使って排水します。ポンプを3台使用したときは35秒で水がなくなり、ポンプを5台使用したときは15秒で水がなくなります。ただし、どのポンプも1秒間で排水する水の量は等しいものとします。

(1) 1台のポンプで1秒あたりに排水する水の量は何mLですか。

(2) ポンプを9台使用すると、何秒で水そうの水がなくなりますか。

④ 次の問いに答えなさい。

(1) 2けたの整数について次の操作をくり返し行います。

─操作─
各位の数を並べかえてできる一番大きい数から一番小さい数を引く。ただし、この操作で
1けたの整数になった場合には十の位に0を補って2けたの整数として考える。

[例] 67に対してこの操作をくり返し行っていくと、1回目の操作で76−67＝9となり、
2回目の操作で90−09＝81となります。

67 ⟶ 9 ⟶ 81 ⟶ ···
　　1回目　2回目　3回目

① 整数17に対して、この操作を6回行って得られる数を求めなさい。

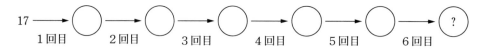

② 整数17に対して、この操作を2024回行って得られる数を求めなさい。

(2)　3けたの整数について(1)と同じように、各位の数を並べかえてできる一番大きい数から一番
　　小さい数を引く操作をくり返し行います。ただし、操作で1けたまたは2けたの数になった場
　　合には数のない位に0を補って3けたの整数として考えます。

　　整数634に対して、この操作を2024回行って得られる整数を求めなさい。

[5]　図3のように、直角三角形ＡＢＣに点Ｏを中心とする半径6㎝の円がぴったり入っています。
●と×はそれぞれ同じ印の角が等しいことを表しています。また、　　　　　の部分の面積の和は
47.61㎠でした。

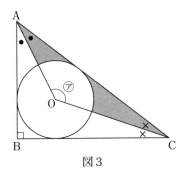

図3

(1)　角㋐の大きさを求めなさい。
(2)　三角形ＡＢＣの面積を求めなさい。
(3)　三角形ＡＢＣの周の長さを求めなさい。

6　図4のように、横の長さが12cmの長方形があります。点Pは点Bを出発して、毎秒2cmの速さで長方形の辺上をB→C→D→Aの順に点Aまで進みます。点Qは点Bを出発し、一定の速さでBA間を1往復します。

　図5は点Pと点Qが同時に点Bを出発してからの時間と、三角形PABと三角形QADの面積の合計の関係を表したグラフです。

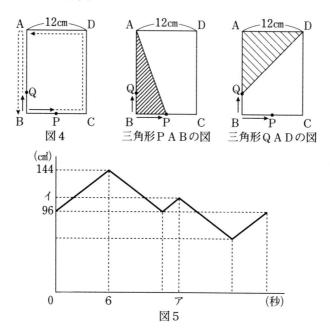

図4　　三角形PABの図　　三角形QADの図

図5

(1)　長方形の縦の長さを求めなさい。

(2)　点Qの速さは毎秒何cmですか。

(3)　図5のア、イにあてはまる数をそれぞれ求めなさい。

(4)　三角形PABと三角形QADの面積が等しくなるのは全部で2回あります。2回目は点Pが出発してから何秒後ですか。

成城学園中学校(第1回)

—50分—

1　次の□にあてはまる数を求めなさい。

(1)　$(498-98\div14-14\times4)\div15=$□

(2)　$0.625-0.25\times\dfrac{2}{3}\div\dfrac{5}{12}=$□

(3)　$55\times57-66\times38-22\times(22-3)=$□

(4)　$\dfrac{1}{3\times4}+\dfrac{1}{4\times5}+\dfrac{1}{5\times6}+\dfrac{1}{6\times7}+\dfrac{1}{7\times8}=$□

(5)　$6\times4+(2024-$□$)\times16=88\times23$

2　次の□にあてはまる数を求めなさい。

(1)　3で割っても、4で割っても1余る5の倍数のうち、小さい方から2番目の数は□です。

(2)　7を3回かけると$7\times7\times7=343$です。このとき、一の位の数字は3です。7を50回かけたときの一の位の数字は□です。

(3)　7クラスでドッジボールの試合を行います。どのクラスも他のすべてのクラスと1回ずつ対戦するとき、全部で□試合となります。

(4)　5回目までの平均点が71点だった算数のテストにおいて、平均点を75点以上にするためには6回目のテストで少なくとも□点を取らなくてはいけません。

(5)　0.8㎢は625㎡の□倍です。

(6)　時計が7時24分を示しているとき、長針と短針のつくる小さい方の角の大きさは□度です。

(7)　15人で8日かかる仕事があります。はじめの2日間は6人で仕事をし、次の6日間は□人で仕事をしたので、全体の35%の仕事ができました。

(8)　4.1%の食塩水300gと9.6%の食塩水200gを混ぜると□%の食塩水になります。

(9)　ある電車が1900mのトンネルに入り始めてから出終わるまでに54秒かかります。同じ速さで1700mのトンネルに入り始めてから出終わるまでに49秒かかります。この電車の長さは□mです。

(10)　ある品物に原価の15%の利益を見込んで3450円の定価をつけましたが、売れなかったので定価の8%引きで売ることにしました。
　このとき利益は□円です。

③ 次の問いに答えなさい。

(1) 次の図は、円の中に正五角形と正六角形がぴったりと入っているものです。アとイの角度を求めなさい。

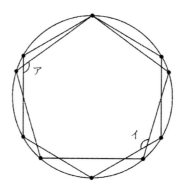

(2) 次の図は、長方形と半円を組み合わせたものです。

点Aは曲線の真ん中の点とするとき、斜線部分の面積を求めなさい。ただし、円周率は3.14とします。

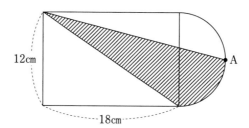

④ 図1のような縦24cm、横40cmの直方体の水そうの中に、2つの仕切りを側面に平行におき、水そうをA、B、Cの3つに分けます。

Aに毎秒48cm³の割合で水を入れたところ、水を入れ始めてから500秒後に水が水そういっぱいになりました。水を入れ始めてからの時間とAの部分の水面の高さの関係をグラフにすると、図2のようになりました。

次の問いに答えなさい。

ただし、水そうや仕切りの厚さは考えないものとします。

図1

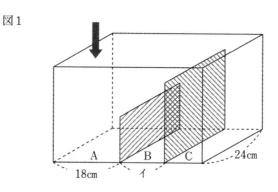

図2

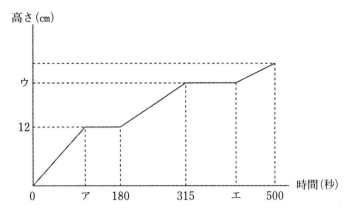

(1)　この水そうの高さを求めなさい。

(2)　図2のグラフのアにあてはまる数を求めなさい。

(3)　図1の2つの仕切りの間の長さイを求めなさい。

(4)　図2のグラフのウにあてはまる数を求めなさい。
　　（式または考え方を書きなさい）

(5)　図2のグラフのエにあてはまる数を求めなさい。
　　（式または考え方を書きなさい）

5　右の図のような1辺の長さが84cmの正三角形ABCがあります。

　点P、Qはそれぞれ点A、Cを同時に出発し、正三角形の辺の上を反時計回りに動き続けます。

　点PはA→B→C→A→B→C→…の順に毎秒5cmの速さで進み、

　点QはC→A→B→C→A→B→…の順に毎秒7cmの速さで進みます。

　次の問いに答えなさい。

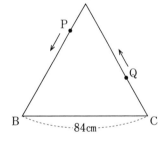

(1)　点Pと点Qが初めて重なるのは、出発してから何秒後ですか。

(2)　直線PQが辺BCと初めて平行になるのは、出発してから何秒後ですか。

(3)　直線PQが辺ACと初めて平行になるのは、出発してから何秒後ですか。

(4)　直線PQが辺ABと初めて平行になるのは、出発してから何秒後ですか。

6　4けたの整数からある位の数を1つ消して、その位をつめて3けたの整数を作ったところ110になりました。

　例えば、1310の百の位の3を消しても、4110の千の位の4を消しても110になります。

　次の問いに答えなさい。

(1)　110になるような4けたの整数のうち、最大の数を求めなさい。

(2)　110になるような4けたの整数のうち、最小の数を求めなさい。

(3)　110になるような4けたの整数は全部でいくつあるか求めなさい。

(4)　110になるような4けたの整数をすべて足すといくつになるか求めなさい。

西武学園文理中学校(第1回)

—50分—

注意　定規(じょうぎ)、分度器、コンパスなどを使用してはいけません。

1　次の□□□にあてはまる数を求めなさい。

(1)　$7 + 7 \times 7 - 7 \div 7 =$ □□□

(2)　$2024 \times 18 - 1974 \times 18 =$ □□□

(3)　$0.5 \times \dfrac{1}{7} \times \left\{ 3\dfrac{2}{3} - 1\dfrac{8}{9} \div \left(0.75 + \dfrac{2}{3} \right) \right\} =$ □□□

(4)　$6 \times \left\{ \left(\dfrac{3}{5} + \dfrac{5}{3} \right) \times \boxed{} - \dfrac{7}{5} \right\} - 3 = 51$

(5)　濃度3%の食塩水が150gあります。この食塩水の中に溶けている食塩の量は□□□gです。

2　次の各問いに答えなさい。

(1)　鉛筆を1人4本ずつ配ると23本余り、1人5本ずつ配ると2本足りません。鉛筆の本数と人数をそれぞれ求めなさい。

(2)　十円玉と五十円玉のみが何枚か入っている財布があります。財布に入っている十円玉と五十円玉の合計額が420円で、財布の分を除いた重さが96.5gのとき、十円玉と五十円玉はそれぞれ何枚入っているか求めなさい。ただし、十円玉1枚の重さを4.5g、五十円玉1枚の重さを4gとします。

(3)　現在の日本の消費税は店内で食事をするときは10%、持ち帰るときは8%となっています。A君とB君が2人で食事に行きました。A君もB君も税抜きで3000円と2400円の食事を選びましたが、A君は3000円の食事を店内で、2400円の食事を持ち帰ることにしました。B君は反対に2400円の食事を店内で、3000円の食事を持ち帰ることにしました。A君とB君の税込みの料金の差は何円ですか。

(4)　あるアイスクリーム屋では、バニラ、いちご、チョコレート、まっ茶、ぶどう、みかんの6種類の味から2種類を選んでセットにして販売しています。ただし「バニラとバニラ」のように同じ味の組み合わせは除きます。このとき、販売されるアイスクリームのセットは何種類あるか答えなさい。

(5)　右の図の三角形ABCの面積を求めなさい。

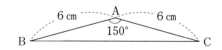

③　9月にラグビーW杯フランス大会が行われ、大変盛り上がりました。

ラグビーの得点は以下の4種類で、GはTの後にしか機会が発生しないため、Gの回数はTの回数以下となります。

　　　　　T（トライ）…5点

　　　　　G（ゴール）…2点

　　　　　PG（ペナルティーゴール）…3点

　　　　　DG（ドロップゴール）…3点

2015年9月19日に行われた「日本対南アフリカ」の試合では、29対32で日本が負けていたものの、後半ロスタイムにTを決めて5点が入り34対32で日本が逆転勝利を収めました。その試合での得点はT、G、PGの3種類のみを、それぞれのチームが1回以上記録しています。次の問いに答えなさい。

(1)　今日、2024年1月10日は水曜日です。2015年9月19日は何日前で、何曜日でしたか。

(2)　南アフリカのTの回数は4回でした。南アフリカのGの回数を答えなさい。

(3)　日本のTの回数は、南アフリカのTの回数より少なかったことが分かっています。日本のT、G、PGの回数をすべて答えなさい。

④　AさんからHさんまでの8つの家庭がそれぞれの家からS地に向かって同時刻に出発しました。次の表は、すべての家庭が車で時速60kmでS地に向かったときにかかった時間をまとめたものです。

かかった時間(時間)	A	B	C	D	E	F	G	H
	4	3	5	6	6	4	4	6

(1)　上の表をもとに、8つの家からS地までの距離の平均を求めなさい。

(2)　Bさんのかかった時間が間違えていることがわかりました。間違いを直したところ、距離の平均が15km多くなりました。次の①②に答えなさい。

　　①　Bさんのかかった正しい時間は何時間ですか。求める過程も書いて答えなさい。

　　②　2つの家庭だけ時速80kmでS地に向かうことにしました。このとき、かかった時間の平均が最も小さくなるようにしたときの平均時間を求めなさい。求める過程も書いて答えなさい。

5　図のように1辺が4cmの正方形ABCDのまわりに糸を1周巻きます。糸の太さは考えないものとします。糸の端をAにとめ、図1のようにBAPが一直線になるように糸APをピンと張り、張ったまま図2のように時計回りに巻いていったところ糸の先端Pは点Aに重なりました。円周率を3.14として、次の問いに答えなさい。

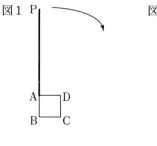
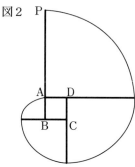

(1)　糸の長さは何cmですか。

(2)　点Pの動いた距離は何cmですか。求める過程も書いて答えなさい。

(3)　同じように、1辺が3cmの正三角形ABCの周りに糸を巻いたところ、ちょうど2周巻くことができました。点Pの動いた距離は何cmですか。求める過程も書いて答えなさい。

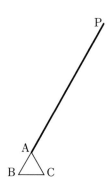

青 稜 中 学 校(第1回B)

—50分—

① 次の◯◯◯の中にあてはまる数を入れなさい。

(1) $4 \times 24 \div (2+4) = $ ◯◯◯

(2) $\left(1\frac{1}{2} \times \frac{8}{15} - \frac{4}{11}\right) \div \left(\frac{2}{11} + 0.6 \div 1.65\right) = $ ◯◯◯

(3) $30 - (\boxed{} + 7) \div (81 - 78) = 9$

(4) $\left\{\boxed{} \div \left(\frac{1}{6} - \frac{1}{10}\right) - 8.4 \times 7\frac{1}{3} \times 1.25\right\} \times 23 = 2024$

(5) $5.25 \times 2.1 + 1.75 \times 3.4 - 1.7 \times 5 \times 0.35 = $ ◯◯◯

② 次の◯◯◯の中にあてはまる数を入れなさい。

(1) 食塩と水の重さの比が7：33の食塩水800gに、◯◯◯kgの水を加えて混ぜると4％の食塩水になります。

(2) 家とS中学校の間の1本道を往復するのに、行きは時速4.2kmで、帰りは時速◯◯◯kmで歩くと、平均の速さは時速3.5kmです。

(3) 縮尺$\frac{1}{50000}$の地図上に1円玉を置いたとき、1円玉の下にかくれている部分の実際の面積は◯◯◯haです。ただし、1円玉の直径は20mmで、円周率は3.14とします。

(4) 右の図は、あるクラスで行った10点満点の算数のテストの結果をドットプロットで表したものです。このテストの平均点は◯◯◯点です。

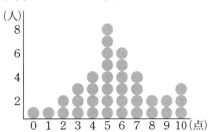

(5) 6500円をAがBの3倍、BがCの4割になるようにA、B、Cの3人で分けると、Aは◯◯◯円もらえます。

(6) 横の長さが縦の長さよりも長い長方形の土地があり、面積は1540㎡です。この土地の4すみと、土地の周に沿って、横は5m間隔、縦は4m間隔で木を植えると、植えた木の本数は全部で36本でした。この土地の横の長さは◯◯◯mです。ただし、木の太さは考えないものとします。

③ 次の【ルール】にしたがって、6枚のカード 1 、2 、3 、4 、5 、6 を横1列に並べます。

【ルール】
・6 のカードを両端には並べない。
・6 のカードから順に左へ向かって数字が小さくなるように並べる。
・6 のカードから順に右へ向かって数字が小さくなるように並べる。

このようなカードの並べ方は全部で何通りありますか。

4 太郎君は、P地点からQ地点、R地点を通ってS地点まで、次の表のように進みました。

	P地点からQ地点	Q地点からR地点	R地点からS地点
時速	4 km	6 km	12km
道のりの違い		P地点からQ地点より1km長い	Q地点からR地点より5km長い

P地点からS地点まで1時間58分かかったとき、P地点からQ地点まで何分かかりましたか。

5 右の図のように、正三角形と直角三角形を重ねました。AB＝AC、DE＝DFのとき、角xの大きさを求めなさい。

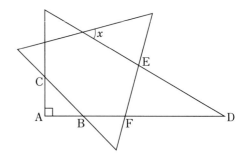

6 右の図は、面積が1㎠の正三角形を104個並べたものです。このとき、三角形ABCの面積を求めなさい。

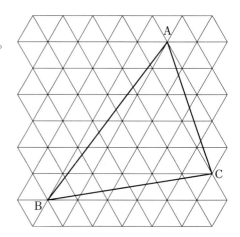

7 右の図のような、数字の書かれていない時計があります。

ある日の午後、この時計を見たところ、右の図のように長針がちょうど目盛りの1つをさしていました。

このとき、次の問いに答えなさい。

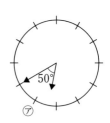

(1) この時計は午後何時何分をさしていますか。

(2) (1)の時刻から、この時計は1時間につき3分進んでしまいました。(1)の時刻の後、短針がはじめて⑦の目盛りをさしたときの正しい時刻は午後何時何分ですか。

8　A、B、Cの3人で、次のようにある仕事をします。

　・Aは、3日働いたら1日休むことを繰り返します。

　・Bは、2日働いたら1日休むことを繰り返します。

　・Cは、1日働いたら1日休むことを繰り返します。

　・3人の1日当たりの仕事量の比は、

　(Aの仕事量)：(Bの仕事量)：(Cの仕事量)＝2：3：5です。

　この仕事に3人が同時に取りかかりました。この仕事を終えたとき、AはBより9日多く働き、BはCより20日多く働いていました。

　このとき、次の問いに答えなさい。

(1)　Aの働いた日数が、Bの働いた日数よりはじめて9日多くなったのは、この仕事に3人が同時に取りかかってから何日目ですか。

(2)　この仕事を終えたのは、仕事に3人が同時に取りかかってから何日目ですか。

(3)　この仕事を終えたとき、3人の仕事量の合計に対するCの仕事量の割合は何％ですか。小数第1位を四捨五入して答えなさい。

専修大学松戸中学校(第1回)

—50分—

① 次の____にあてはまる数を求めなさい。

(1) $\left(\dfrac{5}{6} + 2\dfrac{2}{9}\right) \times \dfrac{15}{22} = $ ____

(2) $(3.9 + 1.9 \times 3) \div 1.5 = $ ____

(3) $\left(\dfrac{5}{7} - \boxed{} \times \dfrac{2}{3}\right) \times \dfrac{7}{12} = \dfrac{1}{15}$

(4) $\dfrac{1}{2} + \dfrac{1}{6} + \dfrac{1}{12} + \dfrac{1}{20} + \dfrac{1}{30} + \cdots\cdots + \dfrac{1}{\boxed{}} = \dfrac{9}{10}$

② 次の____にあてはまる数を求めなさい。

(1) $(80\text{cm} + 0.4\,\text{m}) \div 4 = $ ____cm

(2) 持っているお金の$\dfrac{1}{3}$より40円多いお金を使ったところ、80円残りました。はじめに持っていたお金は____円です。

(3) 3で割ると1あまり、4で割ると2あまる整数があります。このような整数のうち、最も大きい2けたの整数は____です。

(4) 100gあたり250円のぶた肉と100gあたり400円の牛肉を合わせて500g買ったところ、100gあたりの値段が316円になりました。このとき、買ったぶた肉の重さは____gです。

(5) 右の図は、正九角形の中に直線を1本引いたものです。この図で、角アの大きさは____度です。

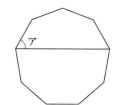

③ 右の図のように、1辺の長さが12cmの立方体があります。この立方体の頂点Aから3つの点P、Q、Rが同時に出発し、点Pは毎秒1cmの速さで辺AB上を、点Qは毎秒2cmの速さで辺AD上を、点Rは毎秒3cmの速さで辺AE上を往復します。

このとき、次の各問いに答えなさい。

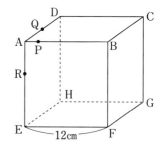

(1) 出発してから3秒後に、3つの点P、Q、Rを通る平面で立方体を切断します。このとき、頂点Aをふくむ方の立体の体積は何cm³ですか。

(2) 出発してから6秒後に、3つの点P、Q、Rを通る平面で立方体を切断します。このとき、頂点Aをふくむ方の立体の表面積は何cm³ですか。

4　右の図のように、たての長さが6cm、横の長さが8cmの長方形
ABCDがあります。この長方形の内側に、3つの頂点A、B、
Cを中心とするおうぎ形をかきました。それぞれのおうぎ形は、
3つの点P、Q、Rで接しています。

　このとき、次の各問いに答えなさい。ただし、円周率は3.14と
します。

(1)　ACを直径とする円をかいたとき、その円の面積は何cm²ですか。

(2)　かげをつけた部分の面積の合計は何cm²ですか。

5　ある条件にしたがって、1から9までの整数をすべて使って、たてと横に3個ずつ並べた9個
のマスに1つずつ入れます。

　このとき、次の各問いに答えなさい。

(1)　1と5と9の位置が右のように決まっているとき、たて、横、ななめに
並ぶ3個のマスの和がすべて等しくなるような整数の入れ方は、全部で何
通りありますか。

(2)　1と5と9の位置が右のように決まっているとき、横に並んだ数は右の
方が大きく、たてに並んだ数は下の方が大きくなるような整数の入れ方は、
全部で何通りありますか。

6　ある電車が一定の速さで走っていて、太郎君はこの電車の先頭に乗っています。この電車が、
電車の長さの14倍の長さのトンネルを通過するとき、電車がトンネルの中に完全にかくれてい
る時間は1分5秒でした。また、太郎君は、自分の体がトンネルに入るのと同時に電車の後方に
向かって一定の速さで歩き始め、それから2分25秒後に、電車の最後尾に着きました。このと
きの電車の最後尾はトンネルの出口から1680mはなれていました。

　このとき、次の各問いに答えなさい。

(1)　電車の速さは、太郎君が歩く速さの何倍ですか。

(2)　電車の速さは毎秒何mですか。

(3)　太郎君の体がトンネルから出たとき、太郎君は電車の先頭から何mのところを歩いていまし
たか。

7　右の図は、あるきまりにしたがって整数を並べ、奇数
段目の整数を○で囲んだものです。この図を見て、T先
生とMさんが会話をしています。

1段目　①
2段目　2　3　4
3段目　⑤⑥⑦⑧⑨
4段目　10　11　12　13　14　15　16
5段目　⑰⑱⑲⑳㉑㉒㉓㉔㉕
　　　　　　　　　　　　　　　　　⋮

T先生：Mさん、この図を見て気がつくことはありませんか？

Mさん：どの段も、最後の数は同じ数を2個かけた整数になっています。

T先生：そうですね。そのような数のことを「平方数」といいますが、「各段の和」と「平方数」の関係について、気がつくことはありませんか？　はじめは、○で囲んだ段だけに注目してください。

Mさん：1段目の和は(　　)、3段目の和は(　　)、5段目の和は(　　)です。1段目と3段目の合計は　ア　、1段目と3段目と5段目の合計は　イ　で、どちらも平方数です。

T先生：その通りです。そのようになる理由を説明します。
　　　　各段には奇数個の整数が並んでいますから、各段の和は、
　　　　　(真ん中の数)×(個数)
　　　　で求めることができます。すると、1段目の和と3段目の和の合計は、右の図の太線で囲んだ正方形と長方形の面積の合計になります。この図で★の部分は合同ですから、太線で囲んだ部分の面積は、1辺の長さが6の正方形の面積と等しくなります。この6というのは、1段目と3段目の個数の合計と同じです。
　　　　続いて、1辺の長さが6の正方形に、5段目の和を表す長方形を並べると、……。

Mさん：面白そうですね。続きは自分でやってみることにします。

T先生：偶数段目についても、同じような性質がありますよ。

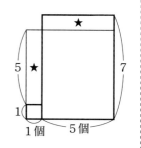

このとき、次の各問いに答えなさい。

(1)　　ア　、　イ　にあてはまる数の組み合わせとして正しいものを次のA〜Iの中から選び、記号で答えなさい。

記号	A	B	C	D	E	F	G	H	I
ア	1	1	1	9	9	9	36	36	36
イ	9	36	225	36	225	289	169	225	361

(2)　10段目まで並べたとき、**○で囲まれていない**整数をすべて加えると、和はいくつになりますか。

千葉日本大学第一中学校（第1期）

—50分—

注意　1　①、②、④(1)の問題は答えのみ記入し、③、④(2)(3)の問題は途中の計算や説明も書いて下さい。
　　　2　円周率を使用する場合は3.14とします。
　　　3　定規、コンパスは使用してもかまいません。
　　　4　計算器、分度器は使用してはいけません。
　　　5　図やグラフは必ずしも正確とは限りません。

① 次の計算をしなさい。［※答えのみでよい］
(1)　$18 \div (70 \div 7 - 7) + 3 \times (2 + 28 \div 7)$
(2)　$15 \div \left(\frac{7}{10} \times 1.25 \div \frac{7}{2} + 0.35 \right)$
(3)　$2024 \times 2025 \times \left(\frac{2027}{2024} - \frac{2026}{2025} \right)$
(4)　$2.8 \times 17.3 + 10.8 \times 16.8 - 1.4 \times 33.7 - 3.6 \times 49.5$

② 次の＿＿＿にあてはまる数や記号を答えなさい。［※答えのみでよい］
(1)　$\left(3\frac{1}{2} \times \boxed{} - 1\frac{1}{4} \right) \div 4\frac{4}{5} = \frac{5}{6}$
(2)　短針と長針のある時計が午前10時38分を指しています。短針と長針のつくる角度のうち、小さい方の角度は＿＿＿度です。
(3)　長さ85mで時速54kmの電車Aと、長さ125mで時速72kmの電車Bがあります。Aが出発した少し後にBが同じ方向に進んでいるとき、BがAに追いついてから追いこすまでにかかる時間は＿＿＿秒です。
(4)　算数の問題集があります。K君は、まずこの問題集の全問題のうち$\frac{5}{8}$の問題を解きました。次に、残りの$\frac{1}{3}$の問題を解いたところ、残りは108問でした。この問題集は全部で＿＿＿問の問題があります。
(5)　［A］はAの約数の個数を表すものとします。たとえば、［2］＝2、［6］＝4となります。このとき、［36］＝　①　、［28］×［［8］－1］＝　②　です。
(6)　6人の生徒が体育祭のメンバー決めをしています。
　①　この6人の中から4人のリレー出場者を選び、走る順番も決めます。決め方は全部で＿＿＿通りです。
　②　この6人の中から3人の玉入れ出場者を選びます。決め方は全部で＿＿＿通りです。
(7)　公式　●×●－△×△＝（●＋△）×（●－△）があります。
　①　$1324.2 \times 1324.2 - 324.2 \times 324.2 = \boxed{}$
　②　A＝2023×1977、B＝2024×1976、C＝2025×1975、D＝2026×1974のとき、A～Dの記号を小さい順に並べると＿＿＿→＿＿＿→＿＿＿→＿＿＿になります。

(8) 図のひっ算のA〜Eは、1、2、3、4、5のいずれかの数字です。

二か所のDには同じ数字が入り、A〜Eはすべて異なる数字です。

このとき、A =〔   〕、B =〔   〕、C =〔   〕、D =〔   〕、

E =〔   〕になります。

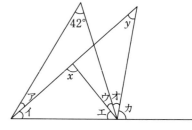

$$\begin{array}{r} A\,B \\ \times \quad C \\ \hline D\,E\,D \end{array}$$

(9) 図において、角アと角イの大きさの比、角ウと角エの

大きさの比、角オと角カの大きさの比は全て1：2です。

このとき、角 x =〔   〕度、角 y =〔   〕度になり

ます。

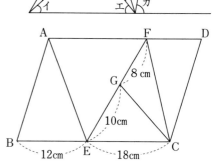

(10) 図において、平行四辺形ABCDの面積は300㎠

です。

このとき、三角形ABEと三角形FECの面積の

和は〔 ① 〕㎠です。

また、三角形FGCと平行四辺形ABCDの面積

の比を最も簡単な整数の比で表すと〔 ② 〕：

〔 ③ 〕です。

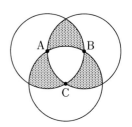

(11) 図は、半径4㎝の3つの円を組み合わせた図形で、点A、B、Cは

円の中心です。このとき、色がついた部分の面積の合計は〔   〕㎠

です。

(12) 5、6、10、11、15、16、20、21、……

これらはある規則に従って数が並んでいます。

① 71は〔   〕番目の数です。

② 81番目の数は〔 ア 〕なので、1番目から81番目までの数をすべて加えると〔 イ 〕に

なります。

③ ある仕事を仕上げるのにAだけでは24日、Bだけでは40日、Cだけでは20日かかります。こ

のとき、以下の問いに答えなさい。[※式や考え方を書いて下さい。]

(1) AとBの2人でこの仕事をすると、仕上げるのに何日かかりますか。

(2) この仕事を仕上げるのに、はじめはAだけで3日間働き、次にBと交代してBだけが何日間

か働き、最後にCと交代してCだけが何日間か働いたところ、Aが仕事を始めてから30日で

終わりました。このとき、Cは何日間働きましたか。

(3) A、B、Cの3人でこの仕事を仕上げます。途中でAとBは3日、Cは4日休みました。こ

の仕事が仕上がるまでに、はじめから何日かかりましたか。

④　平行四辺形ＡＢＣＤがあり、点ＤとＥは直線 ℓ の上にあります。また、ＣＥとＤＥは垂直に交わっています。このとき、次の問いに答えなさい。

[※(2)(3)は式や考え方を書いて下さい。]

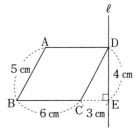

(1)　平行四辺形ＡＢＣＤの面積を求めなさい。[※(1)は答えのみでよい。]

(2)　三角形ＣＤＥを直線 ℓ の周りに1回転させたときにできる立体の表面積を求めなさい。

(3)　平行四辺形ＡＢＣＤを直線 ℓ の周りに1回転させたときにできる立体の体積を求めなさい。

中央大学附属中学校(第1回)

—50分—

<注意>　1　定規、コンパス、分度器を使ってはいけません。
　　　　　2　円周率は、3.14を用いなさい。

$\boxed{1}$　次の問いに答えなさい。

(1)　$7-6\div(9-2\times3)+5\times(8-1\div4)$　を計算しなさい。

(2)　次の $\boxed{}$ にあてはまる数を答えなさい。

$$2.1-\left\{8-\left(\frac{1}{5}+\boxed{}\times\frac{2}{3}\right)\right\}=\frac{3}{10}$$

(3)　A、Bの2チームで試合を行い、先に3回勝った方を優勝とします。優勝が決まればそのあとの試合は行わず、引き分けもないとき、優勝の決まり方は何通りありますか。

(4)　容器A、B、Cにそれぞれ食塩水が入っています。Aの食塩水100gとBの食塩水200gをよくかき混ぜると15%の食塩水が、Bの食塩水100gとCの食塩水50gをよくかき混ぜると12%の食塩水が、Aの食塩水200gとCの食塩水250gをよくかき混ぜると16%の食塩水ができあがります。容器Aの食塩水の濃度は何%ですか。

(5)　図のように、長方形と正六角形を重ねました。角 x は何度ですか。

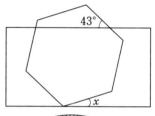

(6)　図のように、半径3cmの円の周を6等分しました。斜線部分の面積は何cm²ですか。ただし、円周率は3.14を用いなさい。

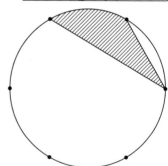

(7)　右の図は、1辺1cmの立方体を60個積み重ねた直方体です。色のついている部分を表面に垂直な方向に反対側までくりぬいてできる立体の体積は何cm³ですか。

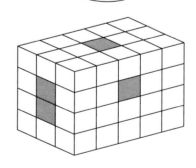

[2]　整数をある規則にしたがって、次のように並べます。

　　1、2、3、3、4、5、4、5、6、7、5、6、7、8、9、6、7、……

(1)　はじめから数えて50番目の数はいくつですか。

(2)　51は全部で何個ありますか。

(3)　52個ある数はいくつですか。すべて答えなさい。

[3]　ある遊園地の前に客が405人並んでいます。毎分一定の割合でこの列に客が並びます。4つの入場ゲートから入場すると45分で行列がなくなり、7つの入場ゲートから入場すると15分で行列がなくなります。

(1)　1つの入場ゲートから毎分何人入場できますか。

(2)　5つの入場ゲートから入場すると、何分で行列がなくなりますか。

(3)　はじめ3つの入場ゲートから入場して、途中から入場ゲートの数を6つに増やしたところ、入場を始めてから39分で行列がなくなりました。入場ゲートの数を6つに増やしたのは、入場を始めてから何分後ですか。

[4]　C中学校・高校には、中学校から高校へ向かう動く歩道①と、そのとなりに並行して高校から中学校へ向かう動く歩道②があります。光さんは中学校から動く歩道①に、あゆみさんは高校から動く歩道②に同時に乗りました。光さんはあゆみさんとすれ違うと同時に動く歩道①の上を一定の速さで歩き始め、高校へ着くとすぐに動く歩道②に乗り、これまでと同じ速さで歩きながらあゆみさんを追いました。あゆみさんが中学校に着いてからしばらくして光さんも中学校に着きました。次の図は、2人が動く歩道に乗ってから光さんが中学校に戻るまでの時間と2人の間の距離の関係を表したものです。

　　ただし、光さんはあゆみさんとすれ違うまでは動く歩道の上は歩きません。あゆみさんは動く歩道の上は歩かず、中学校に着いてからは動きません。動く歩道の速さは①も②も同じで、光さんの乗り換え時間は考えないものとします。

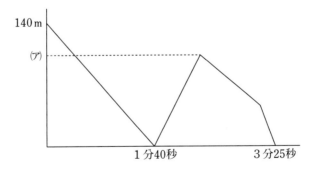

(1)　動く歩道の速さは毎分何mですか。

(2)　光さんが動く歩道の上を歩いた速さは毎分何mですか。

(3)　図の(ア)は何mですか。

中央大学附属横浜中学校(第1回)

—50分—

注意事項　計算機、定規、分度器、コンパス等は一切使用してはいけません。

① 次の◯◯◯にあてはまる数を求めなさい。解答には答えだけを記入しなさい。

(1) $(0.5+0.25+0.125)×(0.2+0.04+0.008)=$◯◯◯

(2) $\left(1-\dfrac{1}{30}\right)×\left(3\dfrac{1}{2}-2.3\right)÷\left(1.2+2\dfrac{2}{3}\right)=$◯◯◯

(3) $1÷\{1-1÷(1+1÷$◯◯◯$)\}=2024$

(4) 兄は◯◯◯個のあめを買い、そのうちの5分の1を弟にあげたところ、兄のあめは弟のあめより12個だけ多くなりました。

(5) 100円玉と50円玉と10円玉が合わせて260円分あります。このうち、100円玉だけをすべて10円玉に両替すると、硬貨の合計枚数がはじめの2倍になりました。はじめの硬貨は全部で◯◯◯枚です。

(6) 花子さんは家から一定の速さで学校まで向かう予定でしたが、道のりの$\dfrac{2}{5}$を進んだところで、速さをそれまでの$1\dfrac{1}{4}$倍に変えたところ、予定よりも3分早く学校に着きました。実際に花子さんが家から学校までかかった時間は◯◯◯分です。

(7) 1分ごとに1回分裂する2種類の細胞AとBがあります。細胞Aは1個のAと1個のBに分裂し、細胞Bは3個のAに分裂します。はじめ、細胞Aが1個あるとき、5分後にAは◯◯◯個になります。

(8) 次の式のように99から始めて1ずつ小さくなる数を順に足していきます。その和が初めて2024になるのは最後の数が◯◯◯のときです。
$$99+98+97+\cdots+\boxed{}=2024$$

(9) 右の図で、AB＝ACであり、三角形DEFが正三角形であるとき、角xの大きさは◯◯◯度です。

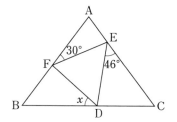

(10) 図のように直角三角形の板に、それぞれの頂点を中心とする半径7cmの円板が取りつけられています。この3つの円板のまわりに、たるまないようにひもをかけるとき、かげのついた部分の面積は◯◯◯cm²です。ただし、円周率は$\dfrac{22}{7}$とします。

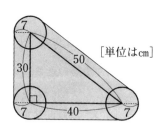

[単位はcm]

② 重さがちがう2つの容器A、Bがあり、AとBにはそれぞれ水が入っています。水をふくめた容器A、Bの重さの比は2：3です。
このとき、次の問いに答えなさい。

⑴　容器Bから水を50gだけ容器Aに移すと、水をふくめた2つの容器の重さが同じになりました。水をふくめた容器A、Bの重さは合わせて何gですか。

⑵　⑴のあと、容器Aの水を全て容器Bに移すと、水をふくめた容器Bと容器Aの重さの差は460gになりました。容器Aの重さは何gですか。

⑶　⑵のあと、容器Bの水を全て容器Aに移すと、水をふくめた容器Aと容器Bの重さの差は450gになりました。はじめに容器A、Bに入っていた水の重さの比を、もっとも簡単な整数の比で答えなさい。

③　1辺の長さが1cmの立方体の6つの面に同じ大きさの立方体をはりつけて図のような立体を作りました。
　このとき、次の問いに答えなさい。

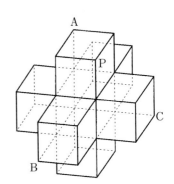

⑴　この立体の表面積は何cm²ですか。

⑵　3つの頂点A、B、Cを通る平面でこの立体を2つに切ります。頂点Pをふくむ方の立体について、次の問いに答えなさい。

　①　立体の表面積から切り口の面積を引くと何cm²ですか。

　②　体積は何cm³ですか。

④　1、2、3、4、…が表のように並んでいます。たとえば、1行3列目の数は5で、3行1列目の数は9です。このとき、次の問いに答えなさい。

	1列目	2列目	3列目	4列目	5列目	6列目	7列目	…
1行目	1	4	5	16	17	・	・	
2行目	2	3	6	15	18	・	・	
3行目	9	8	7	14	19	・	・	
4行目	10	11	12	13	20	33	・	
5行目	25	24	23	22	21	32	・	
6行目	26	27	28	29	30	31	・	
7行目	・	・	・	・	・	・	・	
︙								

⑴　1行8列目の数は何ですか。

⑵　9行1列目の数は何ですか。

⑶　450は何行何列目の数ですか。

⑷　2行目の1列目から20列目までの20個の数のうち、3の倍数は何個ですか。（考え方や式も書くこと。）

筑波大学附属中学校

—40分—

1　次の各問いに答えなさい。

(1)　$4\frac{3}{16}+\frac{13}{16}\div3\frac{1}{4}-3$ を計算しなさい。

(2)　整数Aを5でわり、その商の小数第一位を四捨五入すると27になります。また、整数Aを8でわり、その商の小数第一位を切り捨てると16になります。このとき、Aにあてはまる整数は全部でいくつありますか。

(3)　えんぴつ136本、消しゴム187個、ノート343冊があります。これらを何人かの子どもにそれぞれ同じ数ずつ分けると、えんぴつは8本不足し、消しゴムは7個あまり、ノートは19冊あまりました。分けるときは、子どもの人数よりも多くあまりがでないように分けています。このとき、子どもの人数は何人ですか。

(4)　次の図は、正方形ＡＢＣＤの紙をＡＥを折り目として折ったものです。直線ＢＤとＢＣによってできる角の大きさが12°のとき、図の㋐の角度を求めなさい。

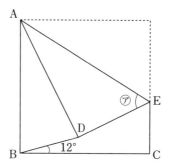

(5)　縦の長さが200㎜、横の長さが300㎜の用紙があり、その重さは3.6ｇです。この用紙1㎡の重さは何ｇですか。

(6)　次の図のように、半径3㎝の円を規則的にならべて、そのまわりの長さがもっとも短くなるように囲んだ図形を考えます。図形のまわりの長さ（図の太線部分）が初めて5ｍより大きくなるのは、何番目の図形ですか。ただし、円周率は3.14とします。

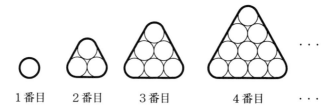

1番目　　2番目　　3番目　　　4番目　　・・・

(7)　1から1000までの整数のうち、数字の4を使っていない整数は全部でいくつありますか。

2　次の図1のように、長方形ＡＢＣＤの辺上を点Ｐ、Ｑが一定の速さで動きます。点Ｐは点Ａを出発してＡＤ上を、点Ｑは点Ｃを出発してＣＢ上を、それぞれ1回だけ往復します。このとき、点Ｑの方が、点Ｐよりも速く動きます。2つの点Ｐ、Ｑは、点Ａ、Ｃを同時に出発し、もとの点に戻るまで動きました。

図2は、2つの点Ｐ、Ｑが出発してからの時間と図形ＡＢＱＰの面積の関係を途中まで表したものです。

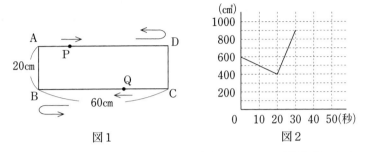

図1　　　　　図2

(1)　図形ＡＢＱＰが2回目の長方形になるとき、図形ＡＢＱＰの面積を求めなさい。

(2)　次のア～カのグラフの中に、2つの点Ｐ、Ｑが出発してからの時間と図形ＡＢＱＰの面積の関係を表したものがあります。正しいものを選びなさい。

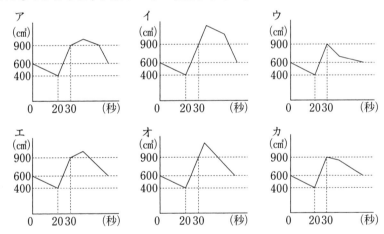

3 次の各問いに答えなさい。

(1) サッカーボールは、正五角形と正六角形の2種類の正多角形でつくられていると考えることができます。右の図のように、サッカーボールのどこを見ても、正五角形の周りは正六角形で囲まれています。図のサッカーボールには正五角形が12面あります。このとき、正六角形は何面ありますか。計算の過程や考え方も書きなさい。

(2) 図1のように、立方体の表面に「ツ」、「ク」、「バ」の文字がかかれています。この立方体は、図2の展開図からつくることができます。図2の展開図に「ツ」と「ク」を向きも考えて正しくかきなさい。

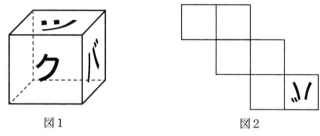

図1　　　　　　　図2

(3) 直方体の水そうに入っている一匹の魚の動きを観察しました。正面BFGCから見ると、図1の太線（——）のように点Bから点Gまで動いているように見えました。また、上面ABCDから見ると、図2の太線（——）のように点Bから点Dまで動いているように見えました。このとき、右側面CGHDから見ると、魚の動きはどのように見えますか。魚の動きを表す線を解答用の図にかきなさい。

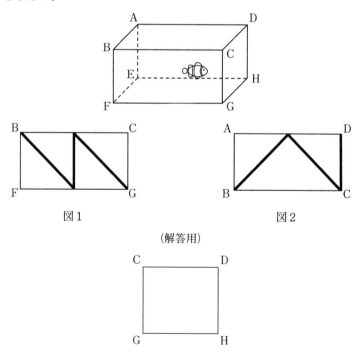

図1　　　　　　　図2

（解答用）

4　たろうさんは、算数の授業で３つの辺の長さが決まると三角形が１つに決まることを学習しました。そこで、いろいろな辺の長さで三角形をかいてみることにしました。

> たろう：３つの辺の長さがすべて同じ長さだったら、正三角形がかけるね。
>
> けんた：３つの辺の長さがすべて「１cm」の場合で考えてみよう。
>
> みさき：図１のような順番でかくことができたよ。

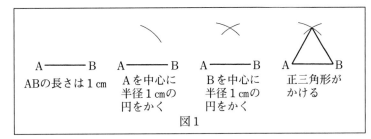

> AB の長さは１cm　　Aを中心に半径１cmの円をかく　　Bを中心に半径１cmの円をかく　　正三角形がかける
>
> 図１
>
> たろう：３つの辺の長さがすべて同じ長さではない場合はどうかな。
>
> けんた：３つの辺の長さが「１cm、１cm、２cm」の場合で考えてみよう。
>
> みさき：図２のような順番でかいたよ。

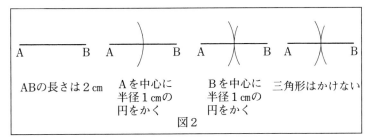

> AB の長さは２cm　　Aを中心に半径１cmの円をかく　　Bを中心に半径１cmの円をかく　　三角形はかけない
>
> 図２
>
> けんた：図２だと、Aから１cm、Bから１cmだから、コンパスを使って円をかいても三角形がかけないね。
>
> みさき：３つの辺の長さがわかっていても三角形がかけないときもあるんだね。

(1)　３つの辺の長さがア、イ、ウのとき、三角形をかくことはできますか。かくことができる場合は○、できない場合は×をかきなさい。

　　ア　１cm、２cm、２cm　　　イ　１cm、２cm、３cm　　　ウ　２cm、２cm、３cm

(2)　三角形をかくことができるのは、３つの辺の長さがどのような関係になっているときであると考えることができますか。その関係を説明しなさい。

(3)　長さが１cm、２cm、３cm、４cmの棒がたくさんあります。この中から棒を３本選んで三角形を作ります。作ることができる三角形の種類は全部で何種類ですか。ただし、合同な三角形は同じものとします。

5　さくら小学校のたろうさんとみさきさんは、ひまわり小学校の図書委員会との交流会に出席しました。交流会では、さくら小学校とひまわり小学校が、次の図のように、それぞれの図書館の1年間の月別来館者数を棒グラフにまとめて、発表し合いました。

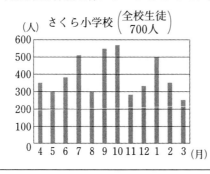
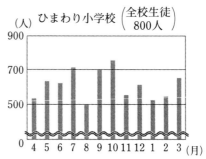

> たろう：さくら小学校、ひまわり小学校のそれぞれの①グラフの特徴を見てみようよ。
> みさき：来館者数が月別で棒グラフを使って表されていると、簡単に月別来館者数を把握することができるね。
> たろう：2つの小学校のグラフの特徴を比べてみることもできそうだよ。
> みさき：8月に比べて9月の来館者数はどちらの学校も大きく増加していそうだね。
> たろう：2つの小学校の来館者数は、このグラフのままだと比べにくいね。
> みさき：そうだね。ひまわり小学校の人と協力して②グラフを作りかえてみるのはどうかな。

(1)　下線部①について、さくら小学校とひまわり小学校の棒グラフから読み取れることとして正しいものを次のア～オの中からすべて選びなさい。
　　ア　さくら小学校は、1年のうち4つの月で来館者数が400名をこえている。
　　イ　さくら小学校は、前の月よりも来館者数が少なくなった月が5回ある。
　　ウ　ひまわり小学校の9月の来館者数は8月の来館者数の2倍である。
　　エ　ひまわり小学校は、年間の来館者数が6500人をこえている。
　　オ　どちらの小学校も10月の来館者数が1年の中で1番多いが、さくら小学校とひまわり小学校を比べると、さくら小学校の方が10月の来館者数が多い。

(2)　下線部②について、みさきさんは、ひまわり小学校の図書委員と協力して棒グラフを作りかえようと提案しています。さくら小学校とひまわり小学校の月別来館者数のそれぞれの変化の様子を比べやすくするために、2つの棒グラフをどのように作りかえるとよいかを説明しなさい。なお、グラフのおおよその形をかいて説明してもかまいません。

6　さくら小学校の体育の授業で、上体起こしとソフトボール投げの記録をとりました。

(1)　次の上体起こしの記録は、ある学級の生徒16人が上体起こしを30秒間行ったときの結果を、回数の少ない方から順に並べたものです。上体起こしの記録をもとに、中央値と最頻値を求めなさい。

上体起こしの記録

| 7 | 8 | 9 | 10 | 12 | 15 | 17 | 18 | 19 | 19 | 21 | 22 | 22 | 22 | 25 | 26 |

(2)　(1)の上体起こしの記録を次の度数分布表に整理します。このとき、人数が最も多い階級の度数を答えなさい。

記録(回)		人数(人)
7以上　～　11未満		
11　　～　15		
15　　～　19		
19　　～　23		
23　　～　27		
合　計		16

(3)　はるかさんとみさきさんは、授業で行ったソフトボール投げの結果を記録しました。その記録をもとに次のようなヒストグラムをつくりました。例えば、これらのヒストグラムから、二人とも15m以上17m未満の距離を1回投げたことがわかります。

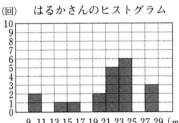

もし、この二人がもう1回ずつ記録をとったら、どちらの方がより遠くへボールを投げられそうかを、二人のヒストグラムをもとに考えます。

二人のヒストグラムを比較して、そこからわかる特徴をもとに、次の1回でより遠くへボールを投げられそうな方を選ぶとすると、あなたはどちらを選びますか。次のア、イの中からどちらか一方を選びなさい。また、それを選んだ理由を、二人のヒストグラムの特徴を比較して説明しなさい。

ア　はるかさん　　イ　みさきさん

帝京大学中学校（第1回）

―50分―

① 次の◻︎◻︎◻︎にあてはまる数を求めなさい。

(1) $35 - 7 \div 14 + (28 + 52 \div 4) \div 2 = $ ◻︎◻︎◻︎

(2) $8\dfrac{1}{4} \div \left\{ \left(\dfrac{1}{5} - \dfrac{1}{7} \right) \div \dfrac{4}{7} + 1\dfrac{1}{4} \right\} = $ ◻︎◻︎◻︎

(3) $3.75 \div \left\{ 4\dfrac{4}{9} - \left(\dfrac{2}{3} - 0.25 \right) \div 0.375 \right\} = $ ◻︎◻︎◻︎

(4) $2\dfrac{5}{9} - \left\{ 5 - \left(\boxed{} - 2\dfrac{6}{7} \right) \times \dfrac{7}{9} \right\} \times 7 = 1$

② 次の各問いに答えなさい。

(1) トキオくんは1冊の本を3日間かけて読みました。1日目は全体の$\dfrac{3}{5}$を読みました。2日目は1日目に読んだ内容を思い出すために1日目に読み終えたところから4ページ戻って読み、3日目は2日目に読み終えたところから読みました。2日目と3日目に読んだ量が2：3であり、1日目は3日目より84ページ多く読みました。この本は何ページありますか。

(2) ある仕事が終わるまでに、B君1人では40日かかり、B君とC君の2人でいっしょにすると8日かかります。また、この仕事をA君とB君とC君の3人でいっしょにすると6日かかります。この仕事が終わるまでに、A君とB君の2人でいっしょにすると何日かかりますか。

(3) 3％の食塩水と7％の食塩水を4：7の比で混ぜ、48gの水を加えたところ、5％の食塩水になりました。3％の食塩水は何gでしたか。

(4) 1からある整数Aまでのすべての整数をかけ合わせてできる数を《A》と表します。例えば、《5》＝$1 \times 2 \times 3 \times 4 \times 5 = 120$となります。《A》は一の位から百万の位まで0が連続していて千万の位は0でないとき、このような整数Aのうち最も大きいものを求めなさい。

(5) ABを直径とする半円があり、この円を図のように点Aを中心として点Bが点Cに来るように動かしました。2つの斜線部分の面積が等しいとき、角㋐の大きさを求めなさい。ただし、図形ABCはおうぎ形であり、円周率は3.14とします。

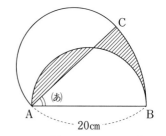

(6) 図のように正方形の紙ABCDを、辺BC、CDがACに重なるように折り、そのあと点Cが点Eに重なるように折りました。角㋐の大きさを求めなさい。

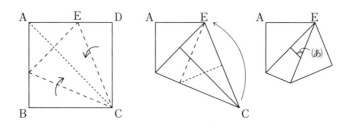

(7)　図のように１辺が３cmである正三角形２つと１辺が６cmの正三角形を並べた図形があります。この図形の周りを半径３cmの円がすべらないように１周するとき、円の中心が動いた部分の長さを求めなさい。ただし、円周率は3.14とします。

(8)　図１は同じ大きさの正方形を底面にもつ５つの直方体をつなげた立体です。図２はこの立体を真上から見た図で、図３は真横から見た図です。この立体の体積を求めなさい。ただし、ＡＢの長さは２cmとします。

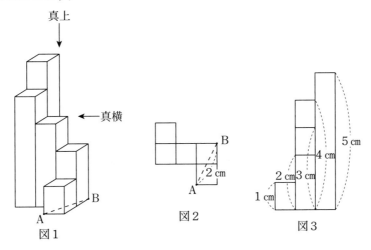

図１　　　図２　　　図３

3　図のように１辺の長さが４cmの正方形ＡＢＣＤがあります。点Ｆは辺ＢＣの真ん中の点で、点Ｇは辺ＣＤの真ん中の点です。ＢＥの長さとＤＨの長さがともに１cmになるように点Ｅ、点Ｈをそれぞれ辺ＡＢ、辺ＡＤの上にとり、四角形ＥＦＧＨをかきます。ＧＨとＤＦが交わる点をＰ、ＥＦとＢＨが交わる点をＱとします。次の各問いに答えなさい。

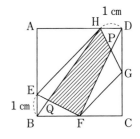

(1)　ＤＰとＰＦの長さの比を、最も簡単な整数で表しなさい。

(2)　四角形ＨＱＦＰの面積を求めなさい。

4　図のような正十二角形ＡＢＣＤＥＦＧＨＩＪＫＬがあります。点Ｐは
　時計回りに正十二角形上の点Ａ～Ｌを移動します。はじめに、点Ｐは点
　Ａのところにあり、この点Ｐを次のように2024回移動させます。

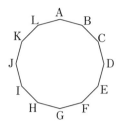

　　1回目はＡの1個隣りの点に移動します。
　　2回目は1回目に移動した点の2個隣りの点に移動します。
　　3回目は2回目に移動した点の3個隣りの点に移動します。
　　4回目は3回目に移動した点の4個隣りの点に移動します。
　　　　　　⋮
　　2024回目は2023回目に移動した点の2024個隣りの点に移動します。

　この規則にしたがって移動すると、1回目は点Ｐは点Ｂのところに来ます。2回目は点Ｐは点
　Ｄのところに来ます。3回目は点Ｐは点Ｇのところへ、4回目は点Ｋのところへ来ます。このと
　き、次の各問いに答えなさい。

⑴　点Ｐが止まらない点がいくつかあります。止まらない点をすべて答えなさい。

⑵　すべての移動を終えたとき、点Ｐはどの点に止まっているか答えなさい。

⑶　2024回移動する間に、点Ｐは全部で何回点Ｇに止まりますか。

5　トキオ君とコシノさんは3960ｍ離れたＡ地点とＢ地点を往復します。コシノさんは常に一定
　の速さで移動します。トキオ君とコシノさんは同時にＡ地点を出発し、トキオ君はＢ地点でおり
　返しＡ地点に移動する途中、Ｃ地点でコシノさんに出会いました。トキオ君ははじめ分速72ｍ
　で移動していましたが、Ｃ地点でコシノさんに出会ってからは分速36ｍで移動しました。トキ
　オ君はＡ地点を出発してから160分後にＡ地点に戻りました。次のグラフは、トキオ君とコシノ
　さんが出発してからの、時間と2人の位置との関係を表したものです。このとき、あとの各問い
　に答えなさい。ただし、トキオ君とコシノさんはＢ地点に着いたらすぐにＡ地点におり返すもの
　とします。

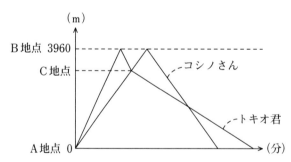

⑴　トキオ君とコシノさんがＣ地点で出会うのは、Ａ地点を出発してから何分後ですか。

⑵　コシノさんは分速何ｍで移動していますか。

⑶　コシノさんがＡ地点に到着したとき、トキオ君はＡ地点から何ｍ離れた場所にいますか。

桐蔭学園中等教育学校（第1回午前）

—50分—

〈注意〉　(1)　図は必ずしも正確ではありません。
　　　　　(2)　コンパスや定規、分度器などは使用できません。
　　　　　(3)　分数は約分して答えなさい。

1　次の各問いに答えなさい。

(1)　$3.14 \times 7 + 3.14 \times 6 - 3.14 \times 3$ を計算しなさい。

(2)　$2.4 \times \left(2\dfrac{1}{3} - \dfrac{5}{6}\right) \times \dfrac{4}{3}$ を計算しなさい。

(3)　次の空らんにあてはまる数はいくつですか。

$$16 \div \dfrac{4}{5} - \left(31 - \boxed{}\right) = 7$$

(4)　ある仕事を終えるのに、大人1人なら10日、子ども1人なら15日かかります。この仕事を大人1人と子ども1人の2人で行うとき、仕事を終えるのにかかる日数は何日ですか。

(5)　420ページある本を読みます。1日目に全体のページ数の $\dfrac{1}{3}$ を、2日目に残りのページ数の $\dfrac{1}{5}$ を読みました。4日目に全体のページ数の $\dfrac{1}{4}$ を読んでちょうど読み終わったとすると、3日目に読んだページ数はいくつですか。

(6)　AさんとBさんの所持金の比は3：5、BさんとCさんの所持金の比は7：8です。3人の所持金の平均が9600円であるとき、Bさんの所持金は何円ですか。

(7)　濃度8％の食塩水が300gあります。この食塩水を火にかけて、水を蒸発させると、160gの食塩水が残りました。残った食塩水の濃度は何％ですか。

(8)　バスAが3時間で走る道のりを、バスBは1時間50分で走ります。バスAとバスBの速さの比を求めなさい。

2　次の各問いに答えなさい。

(1)　【図1】は、3つの半円を組み合わせた図形です。斜線部分の面積は何c㎡ですか。ただし、円周率は3.14とします。

どのように考えて求めたのか、式や考え方も答えなさい。

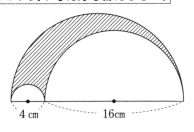

4cm　　　16cm

【図1】

(2)　【図2】は、面積が30cm²の平行四辺形で、対角線は5等分されています。斜線部分の面積の合計は何cm²ですか。

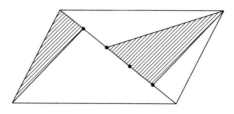

【図2】

(3)　【図3】は、2つの直角三角形と正方形を組み合わせた図形です。角(あ)、角(い)、角(う)の大きさはそれぞれ何度ですか。

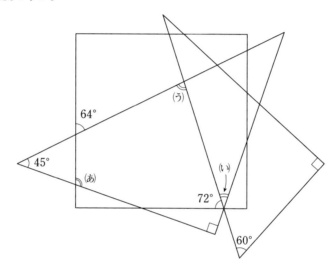

【図3】

3　次の各問いに答えなさい。

(1)　ある規則にしたがって、次のように数がならんでいます。

　　1、2、　1、3、3、　1、4、4、4、　1、5、5、……

　　次の問いに答えなさい。

①　5は全部で何個並びますか。

②　6回目にでてくる1は、先頭から数えて何番目にありますか。

③　先頭から数えて50番目の数はいくつですか。

どのように考えて求めたのか、式や考え方も答えなさい。

(2)　【図4】のような、縦の長さが20cm、横の長さが36cmの長方形ＡＢＣＤがあります。辺ＡＤ上を動く点Ｐは、Ａから出発し、Ｄに着いたらＡまでもどって止まります。辺ＢＣ上を動く点Ｑは、Ｃを出発し、Ｂに着いたらＣまでもどって止まります。点Ｐは毎秒４cm、点Ｑは毎秒２cmで動きます。

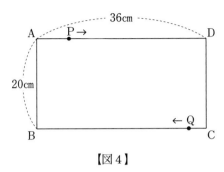

【図4】

　　　次の問いに答えなさい。

①　点Ｑが辺ＢＣを往復するのにかかる時間は何秒ですか。

②　2点Ｐ、Ｑがそれぞれ A、C から同時に出発します。ＰとＱをまっすぐ結んだ線が辺ＡＤとはじめて垂直になるのは、出発してから何秒後ですか。

③　②のとき、四角形ＡＢＱＰの面積は何cm²ですか。

⑶　【図5】のような直方体の形をした水そうがあり、底面は、底面に垂直なしきりで2つの部分に分かれています。また、底面積が140㎠である、直方体の形をしたおもりが置いてあります。おもりのない側から、1分間に720㎤の割合で水を入れます。【図6】のグラフは、水を入れはじめてからの時間と、辺PSで測った水面の高さの関係を表したものです。ただし、しきりの厚さは考えないものとします。

　　次の問いに答えなさい。

①　しきりの高さは、何cmですか。

②　QRの長さは、何cmですか。

③　おもりの高さは、何cmですか。

④　水面の高さが30cmになるのは、水を入れ始めてから何分何秒後ですか。

どのように考えて求めたのか、式や考え方も答えなさい。

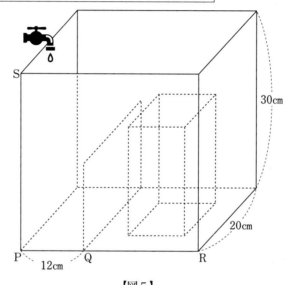

【図5】

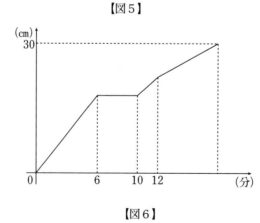

【図6】

東京学芸大学附属世田谷中学校

—40分—

1　以下の各問いに答えなさい。

(1)　次の計算をしなさい。

　　$3.14 × 2.3 − 1.1 × 3.14 + 3.14 × 0.8$

(2)　次の□にあてはまる数を求めなさい。

　　$\{9 − (7 − □)\} × (2 + 8 ÷ 2) = 24$

(3)　次のグラフは、ある小学校の6年生のソフトボール投げの結果を表したものです。中央値はどの階級に入っているか「〜m以上〜m未満」の形に合うように答えなさい。

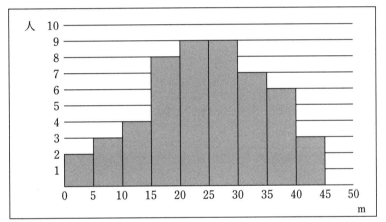

(4)　ひき肉が $3\frac{1}{3}$ kg あります。1個ハンバーグを作るのに $\frac{1}{5}$ kg のひき肉が必要です。ハンバーグは何個できて、ひき肉は何kg余りますか。

(5)　縦、横、斜めの3つの数の和が等しくなるように、空いているわくに数を入れなさい。

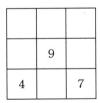

2　次の文章を読み、後の各問いに答えなさい。

　　山折りは折り目の線が外側になるように折る折り方です。折った紙の部分が山のように盛り上がって見えるので山折りといいます。

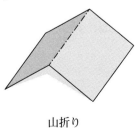

山折り

正方形の折り紙を図1のようにBDを折り目として山折りし、図2のように三角形が半分になるようにAEで山折りをします。次に図3のようにDAに平行に、EDとEAのちょうど真ん中を通るようにはさみを入れ、色をつけた部分を切り取ります。

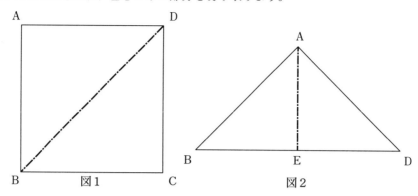

図1　　　　　　　　　　　　　　図2

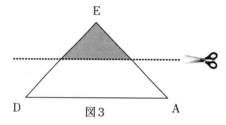

図3

⑴　色をつけた部分を切り取った後の残った部分を開くと、どのような図形になりますか。右の正方形に書きなさい。定規を使わなくてもかまいません。

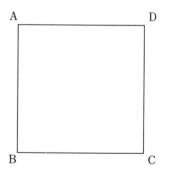

⑵　元の正方形の折り紙の面積が200㎠であるとき、色をつけた部分を切り取った後の残った部分を広げた図形の面積は何㎠ですか。

③　次の文章を読み、後の各問いに答えなさい。

　　小学校の保健委員会では、腰痛を訴えている児童が多いことが問題として挙がりました。保健委員の太郎さんと花子さんは、腰痛の原因として、登下校のランドセルが重いからではないかと考えました。そこで、4年生から6年生の全員に、「腰痛があるかどうか」と「（ランドセルを）重く感じるかどうか」のアンケートを取りました。太郎さんは、調べた結果を次のように表にまとめました。

表　「腰痛があるかどうか」、「重く感じるかどうか」に回答した人数（人）

学年	「腰痛がある」に回答	「重く感じる」に回答	「腰痛がない」「重く感じない」の両方に回答	学年の人数
4年	50	56	19	84
5年	46	52	13	70
6年	61	76	10	102

⑴　5年生の「腰痛がある」と「重く感じる」の両方に回答した人数を求めなさい。

⑵　太郎さん、花子さんは調べた結果からほけんだよりを作ろうとしています。以下は、その時の二人の会話です。

> 太郎：「腰痛がある」と「重く感じる」の両方に回答したのは、4年生と6年生のどちらが多いかな。
> 花子：表を見ると、「腰痛がある」の人数、「重く感じる」の人数がどちらも6年生が多いことから、6年生ではないかな。
> 太郎：学年の人数が違うので、人数で比べてはいけないのではないかな。
> 花子：たしかにそうだね。それでは、腰痛があり、ランドセルを重く感じている学年を比べることができるグラフを作ってみよう。

　4年生、6年生のどちらが「腰痛があり、ランドセルを重いと感じているか」を比べるのに、最も適したグラフを次のア～エの中から選び記号で答えなさい。

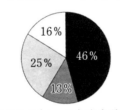

ア　円グラフ（4・6年を合計したもの）

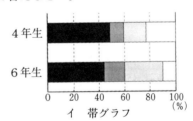

イ　帯グラフ

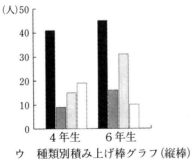

ウ　種類別積み上げ棒グラフ（縦棒）

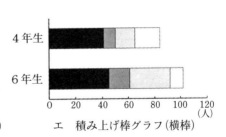

エ　積み上げ棒グラフ（横棒）

■　腰痛がある、重く感じる
■　腰痛がある、重く感じない
▢　腰痛がない、重く感じる
□　腰痛がない、重く感じない

④ 次の文章を読み、後の各問いに答えなさい。

太郎さんは、あるお店で使うことのできる図1のような2種類のクーポンを持っています。そのお店では、消費税は商品の値段に対して10%かかります。以下はそのお店で買い物をしようとしている太郎さんと花子さんの会話です。

太郎：クーポンを使って安く買い物をしようと思っているんだ。
花子：いいね。2枚とも同時に使うことはできないみたいだね。
太郎：それで気になっていることがあるんだけど、これらのクーポンの裏には「商品の値段に対してクーポンを用いた金額に、消費税をかける」って書いてあるんだ。逆に、「商品の値段に対して消費税をかけた金額に、クーポンを用いる」場合とでは、値段が変わってしまうのかな。
花子：うーん、どうなのかな。
　　　例えば1000円のものを買うときとか、具体的に考えてみたらいいんじゃない？

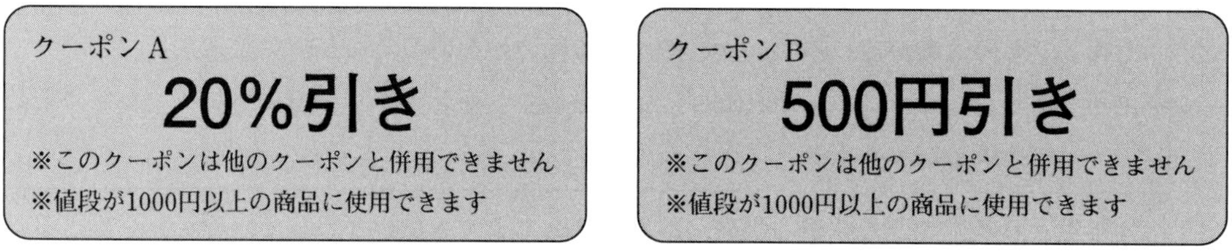

クーポンA
20%引き
※このクーポンは他のクーポンと併用できません
※値段が1000円以上の商品に使用できます

クーポンB
500円引き
※このクーポンは他のクーポンと併用できません
※値段が1000円以上の商品に使用できます

図1

⑴　太郎さんが1000円の商品を買うとき、①・②のそれぞれについて、ア〜ウの中から最も適切なものを1つ選び記号で答えなさい。

ただし、「商品の値段に対してクーポンを用いた金額に、消費税をかける」方法を「方法1」とし、「商品の値段に対して消費税をかけた金額に、クーポンを用いる」方法を「方法2」とする。

①　クーポンAを用いるにあたり、
　ア　方法1で用いる方が、方法2よりも安い
　イ　方法2で用いる方が、方法1よりも安い
　ウ　値段はどちらも変わらない

②　クーポンBを用いるにあたり、
　ア　方法1で用いる方が、方法2よりも安い
　イ　方法2で用いる方が、方法1よりも安い
　ウ　値段はどちらも変わらない

⑵　太郎さんが1000円より高い値段の商品を買うとする。クーポンBを用いるにあたり、ア〜エの中から最も適切なものを1つ選び記号で答えなさい。また、そのように考える理由を説明しなさい。
　ア　商品の値段によって方法1と方法2のどちらで用いる方が安いかは変わる
　イ　商品の値段に関わらず、方法1と方法2のどちらで用いても代金は変わらない
　ウ　方法1で用いる方が、いつでも方法2よりも安い
　エ　方法2で用いる方が、いつでも方法1よりも安い

5　次の文章を読み、後の各問いに答えなさい。

課題①
次の式が成り立つように、ア～エに１～６の数字が書かれたカードを１枚ずつあてはめましょう。
ただし、同じカードは２回使えません。

$$\frac{ア}{イ} \times \frac{ウ}{エ} = \frac{1}{15}$$

(1)　課題①を解き、次の空いているわくに数を入れなさい。

$$\frac{\square}{\square} \times \frac{\square}{\square} = \frac{1}{15}$$

　　　この課題①を解き終えた太郎さんは以下のような振り返りを書きました。

１が書かれたカードが１枚しか使えないから分子を１にすることはできないと最初は思った
けど、うまく数を組み合わせることで成り立つときがあった。
答えの分母が他の数のときはどうなるのかな？　と思って、
$\frac{ア}{イ} \times \frac{ウ}{エ} = \frac{1}{14}$ の場合を考えてみたが、成り立つときがなかった。

　　　この振り返りをもとに太郎さんは次の課題②を作り、解くことにしました。

課題②
次の式の、ア～エに１～６の数字が書かれたカードを１枚ずつあてはめたとき、□に入らない２以上13以下の整数をすべて答えなさい。
ただし、同じカードは２回使えません。

$$\frac{ア}{イ} \times \frac{ウ}{エ} = \frac{1}{\square}$$

(2)　課題②を解き、□に入らない数を小さい順にすべて答えなさい。

東京都市大学等々力中学校(第1回S特)

—50分—

① 次の□□□に当てはまる数を答えなさい。

(1) $\left\{0.1+2\dfrac{3}{10}+\left(\dfrac{3}{4}-1.1\times0.5\right)\right\}\times\dfrac{1}{5}=$□□□

(2) $1.4\times2.3+1.6\times1.7+1.7\times1.4+2.3\times1.6=$□□□

(3) $\dfrac{1}{92}-\dfrac{\boxed{}}{2024}=\dfrac{1}{1012}+0.625\times\dfrac{1}{23}\times\left(2.5-\dfrac{53}{22}\right)$

② 次の□□□に当てはまる数を答えなさい。

(1) 三角形ABCの面積は1cm²です。辺AB上、辺AC上にそれぞれ点D、Eがあり、AD：DB＝4：3、AE：EC＝1：1です。このとき三角形BDEの面積は□□□cm²です。

(2) A君、B君、C君の3人の体重の比について、A君とB君は12：11、A君とC君は6：7で3人の体重の和は185kgです。このときB君の体重は□□□kgです。

(3) 右の展開図を組み立てた立体の体積は□□□cm³です。

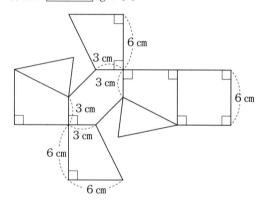

(4) 2つの整数aとbについて、次の条件が成り立ちます。

　　【1】　aとbの最小公倍数は240

　　【2】　aとbをかけると1440

　　aよりbが大きいとき、aとbの組み合わせは全部で□□□通りあります。

(5) A、B、C、Dの4人が1500mの徒競走をし、そのときの結果について次のように話しています。

　　A「Cがゴールしたとき、私はゴールまで375mの地点にいた」

　　B「私がゴールまで半分の地点で、Dより30m先を走っていた」

　　C「私はBより50秒早くゴールした」

　　D「私は秒速4.8mで走った」

　　このとき、Aの走る速さは秒速□□□mです。

　　ただし、4人はスタートからゴールまでそれぞれが一定の速さで走ったものとします。

③ 整数Aと、1以上9以下の整数Bについて、

① AをBで割った商と余りのうち、余りを書く。

② ①の商をBで割った商と余りのうち、余りを①で書いた数の左に書く。

③ ②の商をBで割った商と余りのうち、余りを②で書いた数の左に書く。

.
.
.

この作業を商が0になるまで繰り返し、最終的に書かれた数の列を(A, B)で表すことにします。

(例1) A＝125、B＝7のとき、

$125 \div 7 = 17$ あまり 6、$17 \div 7 = 2$ あまり 3、$2 \div 7 = 0$ あまり 2

であるから、(125, 7)は236

(例2) A＝135、B＝5のとき、

$135 \div 5 = 27$ あまり 0、$27 \div 5 = 5$ あまり 2、$5 \div 5 = 1$ あまり 0、$1 \div 5 = 0$ あまり

1 であるから、(135, 5)は1020

次の問いに答えなさい。

(1) (2024, 9)はいくつですか。

(2) (A, 7)が3561となるとき、整数Aはいくつですか。

(3) (A, 5)が5文字となるとき、Aのとり得る最大の数はいくつですか。

④ 15人をA、B、Cの3つの班に分け、ある製品を作ります。製品1つ作るのにAは10時間、Bは12時間、Cは15時間かかります。ただし、1人あたりの製品を作る速さは同じとします。次の問いに答えなさい。

(1) 3つの班で1つの製品を作るのにかかる時間は何時間ですか。

(2) 製品5つをAが3つ、Bが2つ、受け持って同時に作り始めました。CははじめAの手伝いをし、途中からBの手伝いをしたので、AとBは同時に製品を作り終えました。CがAを手伝った時間は何時間ですか。

(3) A、B、Cで100個の製品を作っていました。作り始めてから200時間がすぎたとき、製品が20個追加され、さらにあと100時間で作り終えなければならなくなりました。そこで新たに人数を増やしてD班をつくり、A、B、C、Dの4つの班で作ることにしました。D班の人数は少なくとも何人必要ですか。

5　次のグラフは、太郎くんが自転車に乗って家から公園まで行く様子を表したものです。太郎くんは途中で坂を上るときに速度を落としますが、それ以外の場所では常に一定の速度で進みます。次の問いに答えなさい。

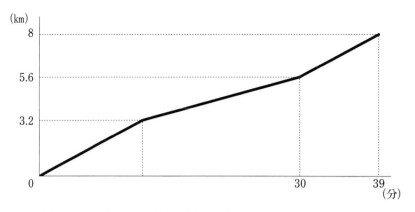

(1)　太郎くんが自転車で坂を上る速度は時速何kmですか。

(2)　太郎くんの姉である花子さんは、家から公園に行くときにバイクを使います。

　　太郎くんが家を出発した18分後に花子さんが家を出発するとき、太郎くんを追い越すのは太郎くんが家を出発してから何分後ですか。ただし、バイクの速度は坂であるかどうかにかかわらず時速48kmであるとします。

(3)　太郎くんは自転車の代わりに電動アシスト自転車を使えば、坂を上るのが速くなる分だけ、追い越される場所がより家から遠くなるのではないかと考えました。

　　(2)において太郎くんが家から電動アシスト自転車に乗った場合、太郎くんが花子さんに追い越されるのは、太郎くんが家を出てから何分何秒後になりますか。ただし、電動アシスト自転車は坂を上るときは自転車で坂を上る速度の1.5倍の速度が出ますが、それ以外の場所では自転車と同じ速度しか出ないものとします。

⑥　次の図のようにAからFのマスがあります。

Ａ|Ｂ|Ｃ|Ｄ|Ｅ|Ｆ

───【ルール】───

はじめコマはAにあります。

サイコロを1つ投げ、出た目の数だけFに向かって進みます。

ただし、サイコロの出た目の数が、Fまでのマス目の数より大きいときには、その差の分だけAの方に戻ります。

ちょうどFに止まったときゲームを終了し、それ以外のときは再びサイコロを投げ、Fに向かって進みます。

　例えば、サイコロの目が、3→5→2の順に出たときはコマはD→C→Eの順に移動します。次の問いに答えなさい。

(1)　2回サイコロを投げてゲームが終了するとき、目の出方は何通りありますか。

　(2)、(3)では、次のように一部ルールを変更します。

───【ルール変更】───

　一度Fを経由しAの方に戻った場合、その次からは、サイコロの出た目の数の半分だけ移動します。(ただし、小数点以下は切り上げます)

(2)　2回サイコロを投げてゲームが終了するとき、目の出方は何通りありますか。

(3)　3回サイコロを投げてゲームが終了するとき、目の出方は何通りありますか。

東京農業大学第一高等学校中等部(第3回)

—40分—

① 次の各問いに答えなさい。

(1) $\dfrac{10}{21} \div \left\{ \dfrac{50}{21} \times \left(\dfrac{13}{3} \div 6\dfrac{4}{21} - 0.6 \right) - \dfrac{3}{14} \right\}$ を計算しなさい。

(2) $4.3\text{ha} - 5000000\text{cm}^2 + 75\,\text{a} = \boxed{}\ \text{m}^2$ のとき、$\boxed{}$ にあてはまる数を答えなさい。

(3) $\left(\dfrac{1}{2} + \dfrac{2}{3} + \dfrac{3}{4} + \dfrac{4}{5} + \dfrac{5}{6} \right) \div \left(\boxed{} - \dfrac{1}{2} - \dfrac{1}{3} - \dfrac{1}{4} - \dfrac{1}{5} - \dfrac{1}{6} \right) = 1$ のとき、$\boxed{}$ にあてはまる数を答えなさい。

② 次の各問いに答えなさい。

(1) 図のように正三角形ＡＢＣの各辺の真ん中の点をＤ、Ｅ、Ｆ、正三角形ＤＥＦの各辺の真ん中の点をＧ、Ｈ、Ｉ、正三角形ＧＨＩの各辺の真ん中の点をＪ、Ｋ、Ｌとおく。

四角形ＪＫＩＧの面積は、正三角形ＡＢＣの面積の何倍か答えなさい。

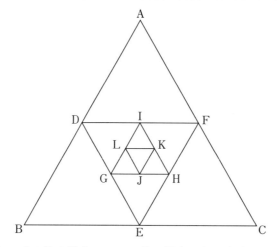

(2) ２けたの整数があり、十の位の数をＡ、一の位の数をＢとします。３けたの整数のうち、どこか１か所の位の数を消して、順番を変えずに２けたの整数として見たとき、十の位がＡ、一の位がＢとなるような３けたの整数は全部で何個ありますか。

(3) 次のように、ある規則にしたがって分数が並んでいます。

$\dfrac{1}{2}$、$\dfrac{1}{4}$、$\dfrac{3}{4}$、$\dfrac{1}{6}$、$\dfrac{3}{6}$、$\dfrac{5}{6}$、$\dfrac{1}{8}$、$\dfrac{3}{8}$、$\dfrac{5}{8}$、$\dfrac{7}{8}$、$\dfrac{1}{10}$、$\dfrac{3}{10}$ ……

このとき、最初から24番目までの分数をすべて足すといくつですか。

(4) ある店では、支払い金額200円ごとに１ポイントがたまり、50ポイントごとに商品券100円分と交換することができます。消費税抜きの金額が680円の商品の全額を商品券で購入するためには、このお店で最低いくら支払えばよいですか。ただし、消費税は８％とします。

(5)　図のような立方体の展開図があります。これを組み立てるとできる立体について、間違っているものを次の(ア)～(カ)からすべて選び、記号で答えなさい。ただし、見えない面は考えないものとします。

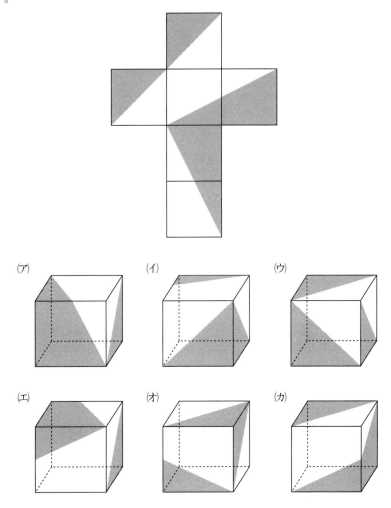

③　実、学、桜、桃、花の5人が図の座席表について、会話をしています。会話を読んで、5人の座席として考えられるものをすべて解答欄の座席表に名前で答えなさい。ただし、使わない解答欄があってもよいものとします。

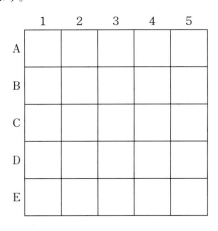

実「ぼくは2の列に座席があった。3の列には誰も座っていなかった。」

学「ぼくはDの列に座ったけど、自分と同じアルファベット列、数字列の人はいなかった。」

桜「私は実と同じ数字列に座ったけど、実とは前後ではなかった。」

桃「私はBの列に座った。斜め隣には実が座っていた。」

花「私は角の座席だった。私の列も、自分と同じアルファベット列、数字列の人はいなかった。」

(解答欄)

	1	2	3	4	5
A					
B					
C					
D					
E					

	1	2	3	4	5
A					
B					
C					
D					
E					

	1	2	3	4	5
A					
B					
C					
D					
E					

	1	2	3	4	5
A					
B					
C					
D					
E					

4　図のような図形の内側の辺上を、半径1cmの円がすべることなく転がり、もとの位置に戻るように移動させます。このとき、次の各問いに答えなさい。

ただし、図形の角はすべて直角であるとし、円周率は3.14とします。

(1)　円の中心が通過する長さは何cmですか。

(2)　円が通過する部分の面積は何cm²ですか。

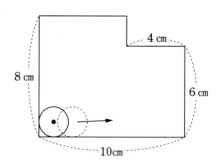

5　ひろし君は学校から2000m離れた家に住んでいます。ひろし君は、いつも8時ちょうどに家を出て、8時25分に学校に到着します。この日は、8時ちょうどに家を出ましたが、8分後に忘れ物をしたことに気づき、2倍の速さで戻りました。忘れ物をすぐに取り、そのまま2倍の速さで学校に向かいました。しかし、途中で疲れてしまったため地点Pからは、始めの1.5倍の速さで行くことにしたので、いつもと同じ時刻に学校に到着しました。このとき、次の各問いに答えなさい。

(1)　ひろし君は、いつも分速何mで学校に行きますか。

(2)　この日のひろし君の家から学校までの時刻と位置の関係を、後のグラフにかきこみなさい。

(3)　地点Pは、家から何m離れていますか。考え方もかきなさい。

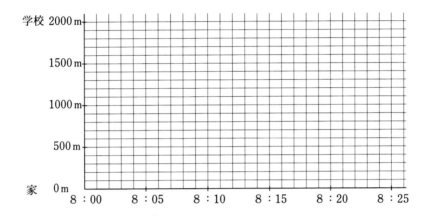

桐光学園中学校(第1回)

—50分—

注意　1　定規・コンパスは使用できません。

　　　2　円周率は3.14とします。

　　　3　比はできるだけ簡単な整数の比で表しなさい。

1　次の□□□□にあてはまる数を求めなさい。

(1)　$202.3 \times 2.3 = $□□□□

(2)　$0.5 - \dfrac{1}{4} \div \left\{ \dfrac{1}{6} \div \left(\dfrac{1}{3} - \dfrac{2}{5} \times \dfrac{1}{2} \right) \right\} = $□□□□

(3)　$\left(\boxed{} - \dfrac{7}{8} \right) \div \dfrac{5}{6} + \dfrac{3}{4} = 1.2$

(4)　Aの$1\dfrac{1}{3}$倍とBの$\dfrac{4}{7}$倍が等しいとき、AはBの□□□□倍です。

(5)　A君、B君、C君の身長の平均は150cm、D君の身長は154cmです。この4人の身長の平均は□□□□cmです。

2　次の□□□□にあてはまる数を求めなさい。

(1)　落とした高さの$\dfrac{2}{5}$だけはね上がるボールがあります。□□□□mの高さからこのボールを落としたところ、3回目にはね上がった高さは12.8cmとなります。

(2)　コインを投げて表がでたら持ち点を30点増やし、裏がでたら持ち点から10点減らすゲームをします。最初の持ち点を200点とするとき、コインを15回投げた後に持ち点は410点になりました。コインの表は□□□□回でした。

(3)　Tさんは家と学校を往復するのに、行きは毎時5km、帰りは毎時3kmで歩きました。このとき、Tさんの往復の平均の速さは毎時□□□□kmです。

(4)　時計の長針と短針が重なってから、次にまた重なるのは1時間□□□□分後です。

(5)　図は、三角形ABCを面積の等しい5つの三角形に分けたものです。BCの長さが12cmのとき、DEの長さは□□□□cmです。

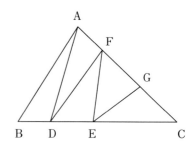

(6)　図のように、立方体から立方体を切りとった形をした容器が水平に置いてあります。この容器にいっぱいになるまで水を入れました。入れた水の体積の半分だけ水を捨てると、残った水の深さは底面アから□□□□cmです。

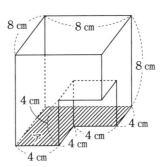

③　35人が横一列に並んで座っています。次のルール［1］、［2］にしたがってみんなが立ち上がったり、座ったりします。

　　［1］となりの人が立ち上がってから、1秒後に自分も立ち上がります。

　　　　ただし、両どなりの人が同時に立ち上がった場合は1秒たっても自分は座ったままでいます。

　　［2］立ち上がったら、1秒後に座ります。

　　最初にまん中の1人が立ち上がりました。そのときを0秒とします。例えば、立ち上がっている人を○、座っている人を×と表すと、0秒後、1秒後にはそれぞれ次のようになります。

　　0秒　　：　× ×　……　× × × ○ × × ×　……　× ×

　　1秒後：　× ×　……　× × ○ × ○ × ×　……　× ×

　　このとき、次の問いに答えなさい。

⑴　2秒後には何人が立ち上がっていますか。

⑵　8秒後には何人が立ち上がっていますか。

⑶　17秒後には何人が立ち上がっていますか。

④　①、⑥、⑧、⑨の4枚のカードがあり、カードは上下を気にせずに置くことができます。

　　①、⑧は上下を逆にしても①、⑧となり、⑥、⑨は上下を逆にするとそれぞれ⑨、⑥となります。例えば、①と⑥の2枚のカードを取り出したとき、16、19、61、91の4個の2けたの整数を作ることができます。このとき、次の問いに答えなさい。

⑴　この4枚のカードから1枚を取り出して作ることができる1けたの整数は何個ありますか。

⑵　この4枚のカードから2枚を取り出して作ることができる2けたの整数は何個ありますか。

⑶　この4枚のカードから3枚を取り出して作ることができる3けたの整数は何個ありますか。

5 一定の速さで流れている川にそって川上のA町から川下のB町まで36kmあります。静水時での速さが等しい2そうの船「桐」と「光」があります。「桐」はA町からB町に向かい、「光」はB町からA町に向かい同時に出発したところ1時間20分後に2そうの船はすれちがい、すれちがってから1時間40分後に「光」はA町に着きました。「桐」は2そうの船がすれちがった直後にエンジンが止まってしまったため、しばらく川に流されましたが、その後エンジンがなおったため、再びもとの速さでB町に向かったところ、「光」がA町に到着したのと同時に「桐」もB町に着きました。図は2そうの船の位置と時間の関係を表しています。このとき、次の問いに答えなさい。

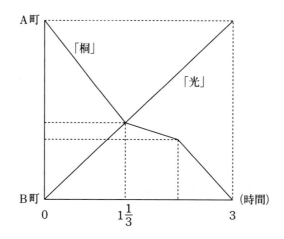

(1) 川の流れの速さは毎時何kmですか。

(2) 2そうの船がすれちがったのはA町から何kmの地点ですか。

(3) 「桐」のエンジンが止まったのは何分間ですか。

東邦大学付属東邦中学校（前期）

—45分—

① 次の　　　にあてはまる最も適当な数を答えなさい。

(1)　$2.15 \times \left(2024 \times \dfrac{20}{43} \div 506 - 0.4\right) = $ 　　　

(2)　$4\dfrac{4}{9} \div \left\{\left(2\dfrac{4}{5} - \dfrac{5}{8} \div \boxed{}\right) \div \left(1\dfrac{1}{8} \times 0.48\right)\right\} \times 1.17 = 1\dfrac{1}{25}$

(3)　$123 \times 21 \times 37 + 123 \times 21 \times 63 + 369 \times 15 \times 100 + 246 \times 17 \times 100 - 119 \times 100 \times 99 = $ 　　　

② 次の問いに答えなさい。

(1)　$\dfrac{1}{37}$ を小数で表したとき、小数第2024位の数を求めなさい。

(2)　Tさんが自動車で、家から目的地までの道のりの $\dfrac{2}{5}$ を時速30kmで走り、残りの道のりを時速90kmで走ったところ、家から目的地に着くまでにかかった時間は27分でした。このとき、家から目的地までの道のりは何kmか求めなさい。

(3)　濃度のわからない500gの食塩水があります。はじめに、この食塩水から100gを取り出し、代わりに100gの水を加えてよく混ぜました。次に、再び100gを取り出し、代わりに100gの水を加えてよく混ぜたところ、濃度が9.6％になりました。このとき、もとの食塩水の濃度は何％か求めなさい。

(4)　右の図のような、三角形ＡＢＣがあります。
このとき、ＡＤの長さは何cmか求めなさい。
ただし、同じ印はそれぞれ同じ角度を表しています。

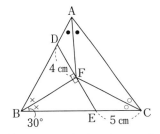

(5)　あるクラスの生徒40人にアンケートを取ったところ、スマホを持っている人は24人、タブレットを持っている人は16人いました。このとき、次の(ア)～(エ)の中で、正しいものを<u>すべて</u>選び、記号で答えなさい。

(ア)　「スマホかタブレットのどちらか一方のみを持っている人数」と、
「スマホとタブレットの両方を持っている人数」は同じである。

(イ)　「スマホとタブレットのどちらも持っていない人」はいない。

(ウ)　「スマホとタブレットの両方を持っている人」の人数は16人以下である。

(エ)　「スマホとタブレットの両方を持っている人」を除く人数は24人以上である。

3 ある仕事をAさん1人で行うと6時間かかり、BさんとCさんの2人で行うと3時間かかります。このとき、次の問いに答えなさい。ただし、2人以上でこの仕事を行っても、1人あたりの仕事のペースは変わりません。

(1) この仕事をAさんとBさんとCさんの3人で行うと、何時間かかるか求めなさい。

(2) BさんとCさんが、それぞれ1人でこの仕事を行うと、かかる時間の比は1：3です。このとき、AさんとBさんの2人でこの仕事を行うと、何時間何分かかるか求めなさい。

4 次の図のような10段の階段を、一番下からスタートして、1歩につき1段または2段上がります。
　このとき、次の問いに答えなさい。

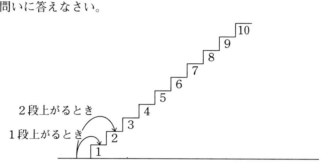

(1) 4段目までの階段の上がり方は何通りあるか求めなさい。

(2) 10段目まで階段を上がるとき、5段目をふまないようにして上がる上がり方は何通りあるか求めなさい。

5　一辺が３cmの立方体３つをそれぞれ削って作った、立体Ａ、立体Ｂ、立体Ｃの３つの立体があります。【図１】のように、これらの立体をそれぞれ右、正面、真上から見ると、図の【立体Ａ】〜【立体Ｃ】の　　　　部分のように見えました。

このとき、次の問いに答えなさい。ただし、同じ印の部分は同じ長さとし、削る量は最も少ないものとします。また、真上から見るときは正面に立って見ています。

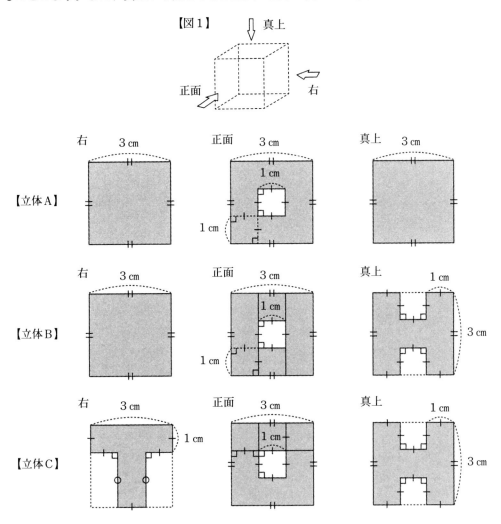

(1)　立体Ａの表面積は何cm²か求めなさい。

(2)　立体Ｂの体積は何cm³か求めなさい。

(3)　立体Ｃの体積は何cm³か求めなさい。

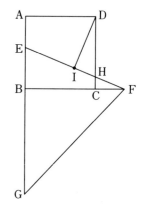

6　右の図のような一辺が7㎝の正方形ＡＢＣＤがあり、

　　　ＡＢ上にＡＥ：ＥＢ＝3：4となる点Ｅ、

　　　ＢＣの延長上にＢＣ：ＣＦ＝7：3となる点Ｆ、

　　　ＡＢの延長上にＥＧ＝ＦＧとなる点Ｇ、

　　　ＣＤとＥＦの交点Ｈ、

　　　ＥＦを二等分する点Ｉ

　　があります。

　　このとき、次の問いに答えなさい。

⑴　ＤＨ：ＨＣを最も簡単な整数の比で求めなさい。

⑵　ＤＩ：ＩＨを最も簡単な整数の比で求めなさい。

⑶　ＦＧの長さは何㎝か求めなさい。

東洋大学京北中学校(第1回)

—50分—

注意 円周率は3.14とします。

1. 次の問いに答えなさい。

   (1) $5\frac{6}{17} \times \left(3 - \frac{5}{13}\right) + 5 \times \left(0.625 - \frac{1}{2}\right) \div \left(1 - \frac{3}{8} \times 2.5\right)$ を計算しなさい。

   (2) ___ にあてはまる数を求めなさい。

   $\frac{7}{24} \times \left(\boxed{} - 8.4 \times \frac{5}{24}\right) + 0.375 = 1$

   (3) 七角形の対角線の数を求めなさい。

   (4) 右の図の角ぁの大きさを求めなさい。

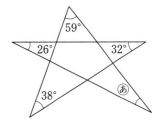

   (5) 一定の速さで走る電車があります。この電車がある信号機の前を15秒で通過し、さらに510mのトンネルに先頭が入ってから最後尾が出るまで45秒かかりました。この電車の長さを求めなさい。

   (6) タイヤの直径が60cmの車があります。車が5時間で282.6km進んだとき、タイヤは毎分何回転しましたか。

   (7) Aさんは425ページの本をすべて読み終わるのにちょうど7日かかりました。1日目と2日目は同じページ数を読み、3日目からは内容が面白くなって1日目の3倍のページ数を読み続けました。230ページ目を読んだのは、読み始めてから何日目ですか。

   (8) ある中高一貫校では、男子の人数は全体の52%より22人少なく、女子の人数は全体の46%より49人多いです。この学校の全体の人数を求めなさい。

2. Aさんは、家と駅の間を歩いて往復しました。9時20分に家を出発し分速75mで駅まで歩きました。駅に着くとすぐに折り返して、今度は分速60mで歩いて家に向かい、12時20分に家に着きました。

   次の問いに答えなさい。

   (1) 駅に着いた時刻を求めなさい。

   (2) 家から駅までの道のりは何kmですか。

   (3) 往復したときの平均の時速を求めなさい。

③　19で割ると5余る3けたの整数を小さい順に左から並べていきます。

最初の数、119、…、727、…、最後の数

次の問いに答えなさい。

(1)　727は左から数えて何番目の数ですか。

(2)　最後の数から最初の数をひいた差はいくつですか。

(3)　最初の数から最後の数までのすべての数をたした和はいくつですか。

④　三角形ＡＢＣの各辺上にある点・は、辺ＡＢを3等分する点、辺ＢＣ
を4等分する点、辺ＣＡを5等分する点です。

次の問いに答えなさい。

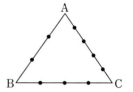

(1)　三角形ＡＢＣの各辺の点・を1つずつ結んで、三角形を①、②、③の3種類作りました。
3つの三角形の面積の比①：②：③をもっともかんたんな整数の比で表しなさい。

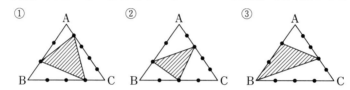

(2)　三角形ＡＢＣの面積が90cm²のとき、右の図の三角形ＤＥＦの面積
を求めなさい。

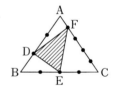

(3)　右の図の三角形ＰＱＲの面積が52cm²のとき、三角形ＡＢＣの面積
を求めなさい。

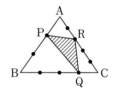

⑤　ある仕事を、ＡさんとＢさんの2人ですると10日で終わり、ＢさんとＣさんの2人ですると
12日で終わり、ＣさんとＡさんの2人ですると15日で終わります。

次の問いに答えなさい。考え方や途中の計算式も必ず書きなさい。

(1)　この仕事をＡさん、Ｂさん、Ｃさんの3人ですると、何日で終わりますか。

(2)　この仕事をＡさんが1人ですると、何日で終わりますか。

(3)　この仕事を1人ずつ順番にＡさんが2日、Ｂさんが2日、Ｃさんが4日していき、3人がく
り返して仕事をしていくと、何日目でこの仕事は終わりますか。

獨協埼玉中学校(第1回)

—50分—

注意　1　定規、分度器は使用してはいけません。

　　　2　〈考え方・式〉とある問題は必ず記入してください。

1　次の各問に答えなさい。

(1)　$\left(2-1.5+\dfrac{1}{8}\right)\div0.25\times\dfrac{4}{5}$ を計算しなさい。

(2)　2.7kmの道のりを時速30kmの速さで進んだとき、かかる時間は何分何秒ですか。

(3)　大中小3つのさいころを同時に投げたとき、小のさいころの目が1でした。3つのさいころの目の和が偶数になるのは何通りですか。

(4)　太郎さんは1本100円のえんぴつを、花子さんは1本80円のえんぴつを買いました。花子さんの買った本数は太郎さんより4本少なく、代金は520円安くなりました。太郎さんが買ったえんぴつの本数を答えなさい。

(5)　ある分数に、$5\dfrac{5}{14}$ をかけても $2\dfrac{8}{21}$ をかけても整数になります。その分数のうち最も小さい数を求めなさい。

(6)　5人のうち、ある3人の平均体重は50kgで、残りの2人の平均体重は、5人の平均体重より4.5kgだけ重いことが分かりました。5人の平均体重は何kgですか。

(7)　図のように、2cmだけ離れた平行な2本の直線上に、1cmの間隔で点が並んでいます。この7つの点から3つを選んで頂点とした三角形をつくります。このとき、次の各問に答えなさい。

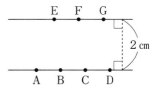

①　面積が1c㎡である三角形は何個つくることができますか。

②　三角形は全部で何個つくることができますか。

2　次の各問に答えなさい。

(1)　次の各図は、正方形に2つの正三角形を組み合わせた図形です。ある規則にしたがって点をうちます。4番目以降もこの規則にしたがって点をうちます。このとき、次の各問に答えなさい。

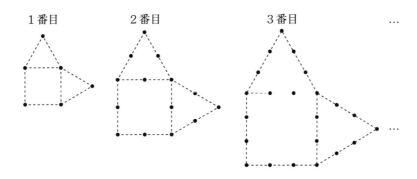

①　点の個数が初めて100個より多くなるのは何番目の図形ですか。

②　1番目から20番目までの図形の点の個数の合計は何個ですか。

(2)　次の展開図①、②を組み立ててできる立体の体積をそれぞれ求めなさい。ただし、マス目は1辺の長さが1cmの正方形です。

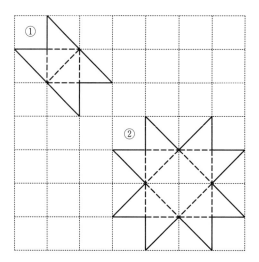

3　ある店では5gごとのポップコーンの量り売りをしています。通常は5gで7円です。このとき、次の各問に答えなさい。ただし、消費税は考えないものとします。

(1)　1月はセールを実施し、ポップコーンを20％引きの値段で販売します。300gのポップコーンを購入するとき、支払い金額はいくらですか。

(2)　2月はキャンペーンを実施し、ポップコーンの量を20％増量で販売します。つまり、100gの金額で120gを受けとることができるキャンペーンです。支払い金額が630円となるとき、受けとるポップコーンは何gですか。

(3)　1月のセールと2月のキャンペーンでは、受けとるポップコーンの量が同じでも支払い金額は異なります。支払い金額が等しくなるのは、キャンペーンにおけるポップコーンの量が何％増量のときですか。〈考え方・式〉

4　電車Xが東から西へ、電車Yが西から東へ進んでいます。今、2つの電車はA地点で先頭がすれ違い始め、12秒後に電車Yの最後尾がA地点を通過しました。電車Xと電車Yの速さの比は3：2で、速さは常に一定とします。電車Xの長さは250m、電車Yの長さは200mです。このとき、次の各問に答えなさい。

(1)　電車Xと電車Yの速さはそれぞれ秒速何mですか。

(2)　電車Xと電車Yの最後尾同士がすれ違うのは、A地点から東または西に何mの地点ですか。

(3)　B地点はA地点よりも東にある地点とします。B地点では、電車Xの先頭が通過してから電車Yの最後尾が通過するまでちょうど18秒かかりました。A地点とB地点の距離は何mですか。〈考え方・式〉

日本大学中学校（A－1日程）

—50分—

注意　1　定規、コンパス、分度器および計算機の使用はできません。

　　　2　分数で解答する場合は、それ以上約分できない分数で答えてください。

1　次の　　　　にあてはまる数を求めなさい。

(1)　$0.125 \div 4 \times 2\frac{2}{3} + 1\frac{2}{5} \div 2.4 = $　　　　

(2)　$1\frac{1}{6} + \dfrac{2}{\boxed{}} \times \left(1.4 + 3\frac{4}{5} \times 7\right) \div 8 = 1\frac{17}{18}$

(3)　ある数を3倍して4をひいた答えを求めるところ、まちがえて4をひいてから3倍したので答えが27になりました。正しい答えは　　　　です。

(4)　右の図において、BE＝DCであるとき、⑤の角の大きさは　　　　度です。

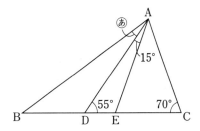

(5)　右の図のように、AB＝DE＝5cm、BC＝EC＝4cm、CA＝CD＝3cmである2つの合同な直角三角形があり、ABとECは直角に交わっています。

　　　このとき、EFの長さは　　　　cmです。

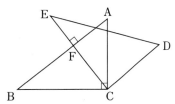

(6)　ある中学校では、毎日おにぎりを販売しています。昨日は1個150円で売っていましたが、今日は昨日の2割引きで売りました。今日は昨日に比べて50個多く売れ、売り上げは1200円増えました。今日売れたおにぎりは　　　　個です。

(7)　兄の所持金は弟の所持金の5倍です。兄が600円、弟が200円使ったので、兄の所持金は弟の6倍になりました。はじめの兄の所持金は　　　　円です。

(8)　4人がプレゼントを1つずつ持ってきて交換します。全員が自分の持ってきたプレゼントとはちがうものを受け取るような交換のしかたは　　　　通りです。

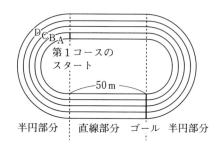

第1コースの
スタート

50m

半円部分　　直線部分　　ゴール　半円部分

2　次の文章は、NさんとMさんが運動会の準備として校庭に線をひくことについて話し合っているときの会話文です。文章を読んで、後の各問いに答えなさい。

　　ただし、円周率は3.14とします。

N：50m走の種目があるから、図のように直線部分が50mになるような線をひきたいよね。

M：そうだね。直線部分は50mにするとして、1周が200mになるようにするには、半円部分の半径は何mにすればいいだろう。

　直線部分はどのコースも同じだけれど、半円部分はコースによって半径が変わるから1周の長さに差ができてしまうんだね。

N：一番内側の第1コースはラインAで、第2コースはラインBで…というように、各コースの内側のラインで1周の長さを計測しよう。ラインAでの1周を200mにするには、半円部分の半径はおよそ　ア　mにすればいいんじゃないかな。

M：確かにそうなるね。各コースのラインのひき方は決まったね。

　次は、各コースの1周の長さの差について考えよう。

　各コースの幅を1mとしたら、となり合うコースのAとBでは1周で　イ　m差があるよ。

N：あれ？BとCの1周の長さの差も計算したら　イ　mになったよ。1周の長さの差は半径には関係しないんだね。

M：へぇ本当だ。じゃあ、もし各コースの幅を1.2mに広げたら、となり合うコースの1周の長さの差は、どのコースでも　ウ　mになるということだね。

N：だけど、1.2mだと計算が大変になるから、コースの幅は1mでいいんじゃないかな。最後に、100m走のスタート位置について考えなきゃいけないよ。

M：そうだね。コースの幅は1mにするとして、100m走のゴールを直線部分の端にすると、距離を等しくするためにはスタート位置はとなり合うコースごとに　エ　mずつ差をつけなきゃいけないね。

N：そう。だから、第4コースのスタート位置は、第1コースよりも　オ　mも　カ　にずらす必要があるんだね。

(9)　　ア　～　ウ　にあてはまる数を求めなさい。ただし、　ア　は小数第1位を四捨五入して答えなさい。

(10)　　エ　、　オ　にあてはまる数を求め、　カ　は「前・後ろ」のあてはまる方に○をつけなさい。

3　右の図のような台形ABCDがあります。

　このとき、次の図形の面積は、台形ABCDの面積の何倍ですか。

(11)　台形ABFE

(12)　三角形AGE

(13)　三角形EFH

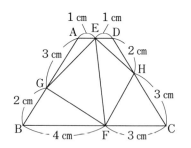

④　右の図1のような直方体の形をした水そうがあります。

水そうの内側は面ＡＢＣＤに平行な高さ12cmの長方形の板で仕切られています。

▨▨▨色でぬられた部分は750cm²の水を表していて、深さは5cmです。

このとき、次の各問いに答えなさい。

ただし、水そうと板の厚さは考えないものとします。

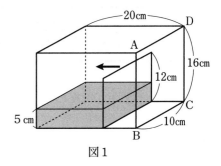

図1

⑭　仕切り板を図1の矢印の方向へ静かに動かしていきます。

水の深さが板の高さと同じになるのは、板を何cm動かしたときですか。

⑮　図2のような直方体のおもりがあります。これを図1の水そうの水が入っていない方に、面積が一番大きい面が下になるようにおきます。板を水そうから外すと、水の深さは何cmになりますか。

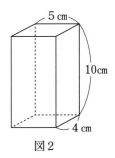

図2

⑤　右の図のように、一番大きい正三角形の各辺を3等分する点を結びます。ＡからＩのうち3つの点を頂点とし、図にひいてある線を3辺とする正三角形について、次の各問いに答えなさい。

⑯　正三角形は全部でいくつできますか。

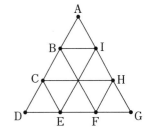

このＡからＩに、1から9までの9個の整数を1つずつ入れて、それぞれの正三角形の頂点に入る数の和が、すべて等しくなるようにします。

⑰　1つの正三角形の頂点に入る数の和はいくつですか。

⑱　Ｂに1を、Ｅに2を、Ｈに3を入れたとき、7が入る点はどこですか。
アルファベットで答えなさい。

日本大学藤沢中学校(第1回)

—50分—

注意　①　分数で解答する場合は、それ以上約分できない分数で答えて下さい。

②　比を答える場合は、最も簡単な整数の比で答えて下さい。

③　円周率を必要とする場合は、3.14で計算して下さい。

④　定規、コンパス、電子機器は使えません。

1　次の□□□にあてはまる数を答えなさい。

(1)　$87 \times 15 \times 78 \times 37 \div 29 \div 45 \div 39 \div 74 = $□□□

(2)　$\left(1.25 \times 7.5 + \boxed{} \times 3 - \dfrac{3}{4} \times 4.5\right) \div 1.5 = 9$

(3)　$0.25 \times \dfrac{4}{7} + \dfrac{8}{9} \times 0.375 - \dfrac{4}{15} \div 1.4 = $□□□

(4)　$0.234 \times 22 + 2.34 \times 3.6 - 23.4 \times \boxed{} = 11.7$

(5)　$\dfrac{1}{6} + \dfrac{1}{12} + \dfrac{1}{20} + \dfrac{1}{30} + \dfrac{1}{42} = $□□□

2　次の問いに答えなさい。

(1)　AさんとBさんの所持金の比は6：5でしたが、2人とも2100円ずつ使ったので、残った金額の比が5：3になりました。Aさんのもともとの所持金はいくらでしたか。

(2)　たて$1\dfrac{1}{6}$cm、よこ$3\dfrac{5}{24}$cmの長方形の紙をすき間なく同じ向きに並べて、もっとも小さい正方形を作るとき、この長方形の紙は何枚必要ですか。

(3)　15％の食塩水が600gあります。このうちの一部をこぼしてしまったので、代わりにこぼした食塩水と同じ重さの水を加えたところ濃さが8％になりました。こぼした食塩水の重さは何gですか。

(4)　8人で行うと18日間かかる仕事があります。この仕事を、はじめの3日間は8人で行い、残りの仕事を7人増やして15人で行いました。この仕事は、全部で何日間かかりますか。

(5)　図のように、1辺が6cmの正方形を3個重ねたとき、斜線部分の面積は何cm²ですか。

ただし、図の点線は正方形の対角線です。

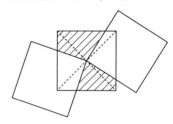

3　ある年はうるう年ではなく1月1日は木曜日でした。このとき、次の問いに答えなさい。

(1)　この年の5月10日は何曜日ですか。

(2)　前年の3月31日は何曜日ですか。

4　右の図のように、半径6㎝、中心角30°のおうぎ形PQRがあります。

このおうぎ形を、直線AB上をすべらないように、線分PRが直線AB上に初めて重なるまで移動させます。このとき、次の問いに答えなさい。

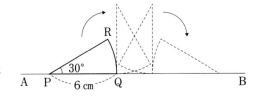

(1)　点Pが通ったあとの線の長さは何㎝ですか。

(2)　おうぎ形PQRが通ったあとの面積は何㎠ですか。

5　図において、点PはAの位置から毎秒1㎝の速さでCを通って、Bまで点線上を移動します。グラフは、3点A、B、Pを結んでできる三角形の面積と時間の関係を表したものです。このとき、次の問いに答えなさい。

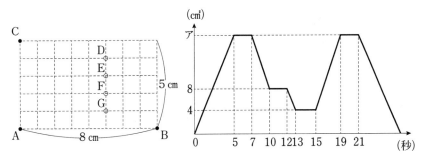

(1)　アに当てはまる数はいくつですか。

(2)　図のD、E、F、Gのうち、点Pが通った場所はどこですか。

(3)　点QがBの位置から毎秒1㎝の速さで点Pと同時に出発し、点Pの通る道を逆方向に移動します。点Pと点Qが出会うときの三角形ABPの面積は何㎠ですか。

6　右の図のように、1辺の長さが1㎝の小さい立方体64個を積み上げて、大きい立方体を作ります。

このとき、次の問いに答えなさい。

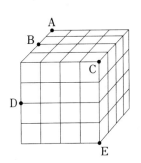

(1)　3点B、C、Dを通る平面で大きい立方体を切ったとき、点Aを含むほうの立体の体積は何㎤ですか。

(2)　3点A、D、Eを通る平面で大きい立方体を切ったとき、切り口の図形として最も適切なものを次のア～エから1つ選び、記号で答えなさい。

ア　正三角形　　イ　正方形　　ウ　ひし形　　エ　長方形

(3)　(2)の切り方をしたとき、小さい立方体64個のうち切断されるものは何個ありますか。

広尾学園中学校(第1回)

—50分—

1 次の問いに答えなさい。

(1) 次の計算をしなさい。

$253 \div 8 + 25.3 \times 3.25 + 11 \times 2.3 \times 5.5$

(2) $\cfrac{1}{1+\cfrac{1}{[ア]+\cfrac{1}{[イ]}}} = \dfrac{3}{5}$ となるように、[ア]、[イ]に当てはまる整数を求めなさい。

(3) 広尾小学校のある学年で、算数と国語についてそれぞれ「好きか、好きでないか」のどちらかについて調査をしました。調査の結果、算数が好きな児童の数は学年全体の人数の$\dfrac{1}{3}$、国語が好きな児童の数は学年全体の人数の$\dfrac{2}{5}$、算数も国語も好きな児童の数は算数の好きな児童の数の$\dfrac{3}{10}$であり、算数も国語も好きでない児童の数は44人でした。算数も国語も好きな児童の数を求めなさい。

(4) 時計の長針と短針について、4時と5時の間で長針と短針が反対向きに一直線になるときの時刻は4時何分か求めなさい。

(5) 右の図は、正方形の中に同じ大きさの四分円を4つかいた図です。斜線部分の面積を求めなさい。ただし、円周率は3.14とします。

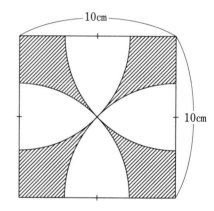

(6) 図1のような直方体があり、上、正面、横の面をそれぞれ面ア、面イ、面ウとします。面ア、面イにそれぞれ平行な面でこの直方体を切断すると、できた4つの直方体の表面積の合計は、もとの直方体の表面積よりも1400c㎡大きくなります(図2)。同様に面イと面ウにそれぞれ平行な面で切断すると、できた4つの直方体の表面積の合計は、もとの直方体の表面積よりも1000c㎡大きくなり、面アと面ウにそれぞれ平行な面で切断すると、もとの直方体の表面積よりも1200c㎡大きくなります。もとの直方体の表面積を求めなさい。

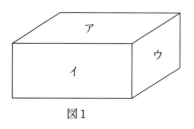

図1

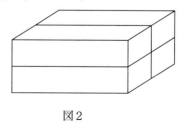

図2

2　あるお店では、1個90円のチョコレートと1個80円のガムが売られています。次の問いに答えなさい。

(1) チョコレートとガムを合わせて10個買ったところ、代金は860円となります。それぞれ何個買ったのか求めなさい。

(2) チョコレートとガムを合わせて何個か買うと、代金は1200円となります。それぞれ何個買ったのか求めなさい。ただし、どちらも少なくとも1個は買うものとします。

(3) チョコレートを10個買うごとにガムを1個無料でもらえるものとします。チョコレートとガムを何個か買ったとき、無料でもらえるガムも含めて30個になり、代金は2500円となりました。チョコレートを何個買ったか、考えられる個数をすべて求めなさい。

3　1以上の整数Xの約数の個数を≪X≫と表します。たとえば、6の約数は、1、2、3、6の4個なので、≪6≫＝4と表します。次の問いに答えなさい。

(1) ≪2024≫を求めなさい。

(2) ≪A≫＝5となるAのうち、100に最も近い数を求めなさい。

(3) BとCは1以上50以下の整数とします。≪B≫＋≪C≫＋≪2024≫＝20を満たすBとCの組み合わせは全部で何通りありますか。

4　6人組のスーパー戦隊ヒーロー「ヒロガクレンジャー」が誕生しました。メンバーはそれぞれヒロガクレッド、ヒロガクブルー、ヒロガクグリーン、ヒロガクイエロー、ヒロガクピンク、ヒロガクブラックです。この6人の登場シーンでの配置について考えていきます。配置の仕方は先頭に1人、その後ろに2人、その後ろに3人並ぶことにし、それぞれ隣同士の距離が1mとなるように、正三角形を作るように配置していきます。次の配置図のように、それぞれの場所にAからFまで名前をつけ、Aを先頭とします。

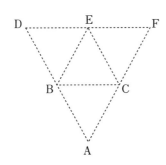

配置図

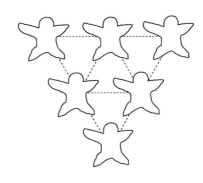

登場シーン

(1) 6人の並び方は全部で何通りありますか。

(2) ヒロガクブルーとヒロガクグリーンの2人をAかDかFに配置しました。このとき、6人の並び方は全部で何通りありますか。

(3) (2)の条件に加えて、ヒロガクピンクの隣に必ずヒロガクレッドとヒロガクブルーを配置することになりました。隣というのは1m離れている位置のことをいい、たとえばAの隣はB、Cであり、Bの隣はA、C、D、Eとなります。このとき、6人の並び方は全部で何通りありますか。

5 図のようなたて70m、よこ90mの長方形の形をした土地があります。また、この土地の4つのかどにくいを打ち、周上に5mごとにくいを打ちます。くい2本にロープを1本たるまないように結んで土地を分けます。解答らんにはどこで分けたかわかるように、最初の長方形のかどからの距離を書き入れなさい。

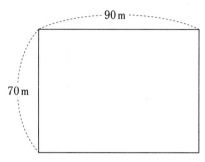

図　たて70m、よこ90mの土地

(1) 長方形の辺と平行になるように何本かのロープを使って、土地を分けます。分けられた土地の面積が次の比となるようにしなさい。

① 5 : 3 : 1

② 12 : 9 : 8 : 6 : 4 : 3

(2) ロープを3本使って分けられた土地の面積の比が6:5:4:3:2:1になるように、土地を分けなさい。ただし、使うロープのうち、1本以上は長方形の辺と平行になるように使うものとします。

法政大学中学校(第1回)

—50分—

注意　定規類、分度器、コンパス、計算機は使用できません。

① 次の□□□□にあてはまる数を答えなさい。

(1)　$7 \times 24 \div 12 - \{13 - (24 - 2 \times 11)\} = $ □□□□

(2)　$\left\{ (8 - 2 \times 3) \div 4\frac{2}{3} + 9 \right\} \div 2.75 = $ □□□□

(3)　$1.8 \div \left\{ \frac{4}{5} - \left(\boxed{} - \frac{3}{5} \right) \times \frac{3}{11} \right\} = 3$

② 次の□□□□にあてはまる数を答えなさい。

(1)　11日11時間11分 － 8日23時間37分 ＝ □□□日 □□□時間 □□□分

(2)　37に□□□をかけるところを、まちがえて223をかけたので、正しい答えよりも333小さくなりました。

(3)　全部で□□□ページの本を、1日目に全体の$\frac{1}{4}$よりも14ページ多く読み、2日目には残りの$\frac{3}{5}$よりも9ページ少なく読んだので、157ページ残りました。

(4)　AさんとBさんが池のまわりを同じ向きに回ります。Aさんは4分、Bさんは7分で池のまわりを1周します。AさんとBさんが同時に同じ場所から出発すると、Aさんは□□□分 □□□秒後に、Bさんをはじめて追いこします。

(5)　ある学校の生徒数は108人で、男子は女子より26人少ないです。また、この108人を、2つのグループAとBに分けました。すると、男子の人数は、グループAがBより19人少なく、女子の人数は、グループAがBより9人多くなりました。このとき、グループAの生徒は□□□人です。

(6)　□□□円で仕入れた品物に4割増しの定価をつけたところ、売れないので、その定価の4割引きで売ったため、6400円の損をしました。

(7)　長さ□□□mの列車が一定の速さで進んでいます。この列車は、100mのトンネルを通りぬけるのに10秒かかり、672mのトンネルを通りぬけるのに32秒かかりました。

(8)　右の図形は面積が96cm²の正六角形です。このとき、色をつけた部分の面積は□□□cm²です。

③ A、B、C、Dの4人がジャンケンを1回するとき、次の問いに答えなさい。

(1)　Aがパーを出したとき、あいこになる場合は何通りありますか。

(2)　Aが勝つ場合は何通りありますか。ただし、2人以上が勝つ場合も含みます。

4　右の図は、1辺の長さが2mの正八角形の建物を上から見た
ものです。1つのかどには、ロープで犬がつながれています。
次の場合に、犬が動くことのできる範囲の面積を求めなさい。
ただし、円周率は3.14とします。

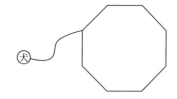

(1)　ロープの長さが2mの場合

(2)　ロープの長さが8mの場合

5　1辺が1cmの立方体を18個使って、図1のような立
体を作りました。図2はこの立体を、ま上から見た図で
す。このとき、次の問いに答えなさい。

(1)　この立体の表面積を求めなさい。

(2)　この立体を一度くずし、全ての立方体を使って新た
な立体を作りました。この新たな立体を正面、ま横、
ま上から見た図が次のようになるとき、表面積を求め
なさい。

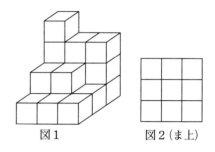

図1　　　図2(ま上)

正面

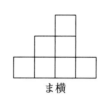

ま横

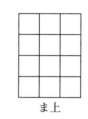

ま上

6　Aさん、Bさん、Cさんの3人で、目標の個数を考えて折り紙で鶴を折りました。AさんとB
さんが2人で折ると、Aさんが1人で折るよりも1.8倍の鶴を折ることができます。この鶴を折
る作業を1日目にはAさんとBさんの2人で5時間行い、目標の個数の$\frac{3}{8}$を折り、2日目には
BさんとCさんの2人で4時間行い、目標の個数の$\frac{1}{3}$を折りました。このとき、次の問いに答
えなさい。

(1)　BさんとCさんが、それぞれ1時間で折る鶴の個数の比を、もっとも簡単な整数の比で表し
なさい。

(2)　はじめから3人全員で、この鶴を折る作業を行ったとしたら、目標の個数を折るのに何時間
かかりますか。

法政大学第二中学校(第1回)

—50分—

注意　1　定規、分度器、コンパスは使用しないこと。
　　　2　必要ならば、円周率は3.14を用いること。
　　　3　図は必ずしも正しいとは限らない。

① 次の□□□にあてはまる数を求めなさい。

(1)　$23 \times \left(17 - 18 \times \dfrac{2}{3}\right) + 46 \times \left(27 \div \dfrac{3}{2} + 19\right) + 69 \times 3 =$ □□□

(2)　$\left\{ 4 - \left(5\dfrac{2}{3} - \dfrac{11}{6}\right)\right\} \times \left(7 \times 11 \div 2\dfrac{4}{9} - \boxed{}\right) = \dfrac{1}{12}$

(3)　分母が24で分子が1から24までの24個の分数のうち、約分できない分数をすべて足し合わせると□□□となります。

(4)　$1 \times 2 \times 3 \times 4 \times \cdots \times 2022 \times 2023 \times 2024$は5で□□□回割り切れます。

② 次の問に答えなさい。

(1)　30個のご石と、赤色と青色の2つの袋があります。1回の作業につき、赤色の袋に2個のご石を入れる作業、又は青色の袋に1個のご石を入れる作業のどちらか一方のみを行います。この作業を18回行ったとき、30個のご石はすべてなくなりました。それぞれの袋には何個ずつご石が入っていますか。

(2)　いくらか水のはいった井戸があり、たえず一定の割合で水がわき出ています。毎分24ℓくみ上げられるポンプを使って水をくみ上げると、25分で水がなくなり、毎分37ℓくみ上げられるポンプを使うと、12分で水がなくなります。この井戸は毎分何ℓの割合で水がわき出ていますか。

(3)　ある日の日の出は午前6時44分で、この日の昼の長さと夜の長さの比は13：17でした。この日の日の入りは午後何時何分ですか。

(4)　体験教室の参加者に折り紙を4枚ずつ配るつもりでしたが、予定よりも2人参加者が少なかったので、折り紙を5枚ずつ配ろうとしたら8枚足りませんでした。折り紙は何枚ありましたか。

(5)　ある濃度の食塩水Aが100gあります。これに7％の食塩水B600gを混ぜたら、食塩水Aの濃度より3％濃い食塩水ができました。食塩水Aの濃度は何％ですか。

(6)　図のように、縦4cm、横3cm、対角線が5cmの2枚の同じ長方形の紙を重ねました。2枚の長方形が重なった部分の面積は何cm²ですか。

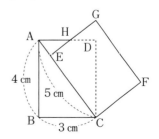

③　川沿いの4.8kmのジョギングコースをAとBが利用しました。AはBよりも何分か先に出発しましたが、Bは自転車で走ったのでAより早く走り終えました。

グラフはAが出発してからの時間と、2人の間のきょりの関係を表したものです。次の問に答えなさい。ただし、AとBの速さはそれぞれ一定で、先に走り終えたBは、そのままその場所に止まっていることとします。

(1)　Aの走った速さは毎分何mですか。

(2)　(ア)にあてはまる数は何ですか。

④　次のように、ある法則に従って数字が並んでいます。

　　　　15、14、13、12、11、15、14、13、12、11、15、14、13、…

次の問に答えなさい。

(1)　2024番目の数はいくつですか。

(2)　はじめから2024番目までの数を足すと、いくつになりますか。計算過程を含めて考え方も書きなさい。

⑤　図のような、1目もりが6㎝の方眼用紙があります。次の作業にしたがって、この方眼用紙に直線をひきました。次の問に答えなさい。

(1)　作業1

①　点Jと点Kを通る直線をひく。

②　点Kと点Sを通る直線をひく。

③　点Sと点Bを通る直線をひく。

①～③の直線で囲まれた図形の面積は何㎠ですか。

(2)　作業2

1　点Aと点Rを通る直線をひく。

2　点Fと点Oを通る直線をひく。

3　点Jと点Vを通る直線をひく。

1～3の直線で囲まれた図形の面積は何㎠ですか。

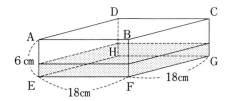

6　図のような、水が入っている密閉された直方体の容器があります。次の問に答えなさい。ただし、容器の厚さは考えないものとします。

(1)　面AEFBを下にして水平な地面に置いたとき、水の高さが$\frac{49}{18}$㎝となりました。中に入っている水の体積は何㎤ですか。

(2)　次に、(1)の状態から辺AEだけが地面に接するようにし、かつ、面AEFBと地面とが45°になるように(対角線DBと地面が平行になるように)置きました。

このとき、地面から水面までの高さは何㎝ですか。

(3)　次に、(2)の状態から(対角線DBと地面が平行であることを維持したまま)、頂点Eだけが地面に接するようにして頂点Aを浮かし、少しずつ傾けていったところ、図のように水面が作る図形WXYZの辺について、ちょうどWZ：XY＝4：1になりました。このとき、三角形WEZの面積は何㎠ですか。

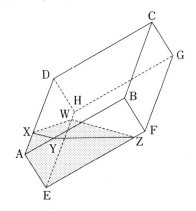

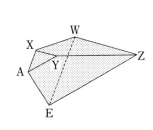

星野学園中学校（理数選抜入試第2回）

—50分—

1　次の各問いに答えなさい。

(1)　$67 \div (2.1 - 0.76)$　を計算しなさい。

(2)　$\dfrac{1}{4} + \dfrac{3}{5} \times 5\dfrac{1}{3} - \dfrac{7}{8} \div 1\dfrac{1}{4}$　を計算しなさい。

(3)　$\left\{ 1.75 \div \left(3\dfrac{5}{6} - 1.5 \right) - \dfrac{1}{4} \right\} \div 6.5$　を計算しなさい。

(4)　次の式の $\boxed{}$ に同じ数が入るとき、$\boxed{}$ にあてはまる数を求めなさい。

$$\dfrac{\boxed{} - 5}{\boxed{} + 19} = \dfrac{7}{11}$$

(5)　あるクラス40人にアンケートをとったところ、ケーキが好きと答えた人が29人、だんごが好きと答えた人が23人、どちらも好きではないと答えた人が3人いました。ケーキも、だんごも、どちらも好きと答えた人は何人いますか。

(6)　男女20名ずつの合計40人のクラスがあります。このクラスから5名のクラス委員を選びます。女子で委員になった人数が女子全体の10％であるとき、男子で委員になった人数は男子全体の何％ですか。

(7)　次のように、ある規則に従って左から数が並んでいます。

　　0、1、2、3、4、1、2、3、4、5、2、3、4、5、6、3、4、5、……

このとき、左から数えて50番目の数はいくつですか。

(8)　ある水そうに水を入れるために、給水口Aと給水口Bがあります。Aだけで水を入れると24分で満水になりますが、AとBの両方で水を入れると8分で満水になります。この水そうにはじめの3分はBだけで水を入れ、残りはAだけで水を入れました。この水そうが満水になるまで、全部で何分かかりましたか。

(9)　あるお店で1本120円の飲み物Aと1本150円の飲み物Bを、どちらも1割引きで売っています。AとBを合わせて16本買うと1890円でした。Aを何本買いましたか。

(10)　右の図で、しるしをつけた3つの辺の長さが等しいとき、⑦の角の大きさは何度ですか。

(11)　右の図は、1辺が2cmの正方形から1辺が1cmの正方形を切り取った図形です。この図形を直線⑧を軸として、1回転させたときにできる立体の表面積は何cm²ですか。ただし、円周率は3.14とします。

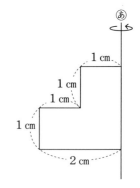

2　800m離れた2つの地点P、Qがあります。Aさんは地点Pを、Bさんは地点Qを同時に出発し、それぞれ一定の速さで地点Pと地点Qの間を何回も往復します。次のグラフは2人が出発してからの時間と地点Pからの距離の関係を表したものです。このとき、あとの各問いに答えなさい。

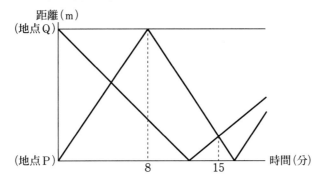

(1)　Aさんの速さは分速何mですか。

(2)　Bさんが初めて地点Pに到着するのは出発してから何分何秒後ですか。

(3)　AさんがBさんを初めて追いこすのは出発してから何分後ですか。

3　5%の食塩水Aが400gと、4%の食塩水Bが600gあります。このとき、次の各問いに答えなさい。

(1)　A、Bをすべて混ぜ合わせたときにできる食塩水の濃さは何%ですか。

(2)　食塩水Aから200g、食塩水Bから100gをくみ出し、容器Cへ入れて混ぜ合わせます。また、A、Bで残った食塩水を容器Dへ入れて混ぜ合わせます。CとDにできた食塩水の濃さはそれぞれ何%になりますか。ただし、答えは小数第2位を四捨五入して答えなさい。

(3)　Aから食塩水をくみ出し容器Eへ入れます。その半分の重さの食塩水をBからくみ出し容器Fへ入れます。Aの残りをFへ、Bの残りをEへ入れ、それぞれを混ぜ合わせたところEとFの食塩水は同じ濃さになりました。AからEに入れた食塩水は何gですか。

4　太陽光で電気を作るソーラーパネルがついている小屋があります。ただし、電気をためておく装置はありません。7月30日、31日のソーラーパネルの発電量は同じで、右の表のようになっていました。右の表の時間帯以外の発電量は0Whでした。小屋で使う電気製品は、照明器具、テレビ、冷蔵庫、エアコンです。その電気製品を使用したときの電力量(注1)は、照明器具が50Wh、テレビが100Wh、冷蔵庫が100Wh、エアコンが500Whです。

ソーラーパネルの発電量	
時間帯 (時)	発電量 (Wh)
6〜7	100
7〜8	200
8〜9	300
9〜10	400
10〜11	450
11〜12	500
12〜13	500
13〜14	450
14〜15	400
15〜16	300
16〜17	200
17〜18	100

電気料金は、

(購入電力量の合計)×(1kWhあたりの料金)

で計算されます。購入電力量とは、電気製品を使用したときの電力量の合計から、ソーラーパネルの発電量をひいたものです。また、電気料金は1kWh(注2)あたりの料金が異なるプランAとプランBがあります。プランAは、どの時間帯でも1kWhあたり37円です。プランBは、7時から23時は1kWhあたり40円、それ以外の時間帯は1kWhあたり30円です。電気料金が小数になる場合は小数第一位を四捨五入します。

例えば、7月30日の7時から11時までの4時間テレビ、冷蔵庫、エアコンを使用したときのプランAの電気料金を計算してみます。

購入電力量の合計は、

$\{(100+100+500)\times 4-(200+300+400+450)\}=1450$(Wh)

1450Whは、1.45kWhなので、

$1.45\times 37=53.65$

電気料金は、54円です。

このとき、次の各問いに答えなさい。

　(注1)電力量とは、電気製品を1時間使用するのに必要な電力のことです。

　　　　電力量にはWhという単位が使われ、ワットアワーと読みます。

　(注2)1000Wh＝1kWh(キロワットアワー)です。

(1)　7月30日の7時から17時までテレビ、冷蔵庫、エアコンを使用したとき、プランAの電気料金は何円ですか。

(2)　7月30日は、朝7時に起床してから17時までテレビ、冷蔵庫、エアコンを使用し、17時から照明器具も使用しました。23時にテレビと照明器具を消し眠りました。23時の就寝から、翌日の朝7時の起床までは冷蔵庫とエアコンだけを使用しました。この24時間で2つの電気料金プランを比べるとどちらのプランが何円安くなりますか。

　　ただし、求め方や途中計算も書きなさい。

三田国際学園中学校（第1回）

—50分—

注意　1　線や円をかく問題は、定規やコンパスは用いずに手書きで記入してください。

　　　2　円周率は3.14として解答してください。

1　次の□□にあてはまる数を答えなさい。

(1)　$\left\{ \dfrac{4}{7} \times (4.75 - \boxed{}) + \left(6\dfrac{2}{3} - 1.25 \right) \right\} \times \dfrac{12}{17} = 5$

(2)　図のように、円周上に8個の点があります。これらの点から4個
の点を選んで直線で結び四角形を作ります。このようにしてできる
四角形は全部で□□個あります。

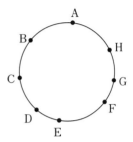

(3)　三田くんと学くんの2人がペンキでかべをぬっています。1日目は三田くんが1人でぬった
ところ、2時間の休けいをふくめて全部で8時間かかりました。2日目は学くんが1人でぬっ
たところ、8時間の休憩をふくめて全部で12時間かかりました。3日目は2人で休まずにぬ
ったところ、□□時間□□分で終わりました。ただし、ぬっていたかべの面積は、ど
の日も同じものとします。

(4)　図のように規則的に●と○が並んでいます。●が縦と横それぞ
れに30個ずつ並んでいるとき、●と○の個数の差は□□個です。

(5)　あるライブ会場では、Aさんは5秒に1回手をたたき、Bさん
は3秒に1回手をたたきます。2人が同時に手をたたき始めてから47秒間で□□回の手
をたたいた音が聞こえます。ただし、手をたたき始めたときを1回目とし、2人が同時に手を
たたいたときに聞こえる音は1回と数えます。

(6)　右の図は、面積が16c㎡の正方形ABCDで、点Oは対角
線が交わる点です。頂点Cを通り直線OBと平行な直線を
引き、この直線上に点Eをとります。このとき、三角形O
BEの面積は□□c㎡です。

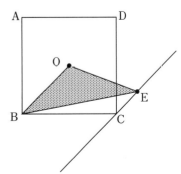

2　図1のような、1辺が5cmの正方形ABCDがあり、点PはAを出発して辺AD上を毎秒1cmの速さで1往復します。また、点Qは、点Pが出発してから5秒間Bにとどまった後に、Bを出発して辺BC上を毎秒1cmの速さでCまで動きます。

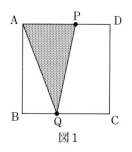

図1

(1) 三角形APQの面積の変化を表しているグラフとして適切なものを、次のア〜エから1つ選び記号で答えなさい。

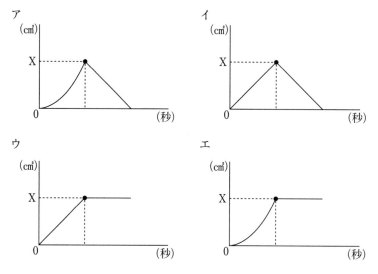

(2) (1)で選んだグラフで、Xにあてはまる値を求めなさい。

(3) 図2のように、直線PQと対角線BDが交わる点をRとします。点PがAにもどるまでの間にかげをつけた三角形の面積の値が整数になるのは、点QがBを出発してから何回ありますか。ただし、点QがBにあるときは除きます。

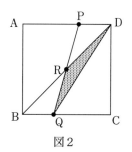

図2

3　図1のような、辺ABの長さが6cm、辺BCの長さが12cm、角Bの大きさが30度の三角形ABCがあります。この三角形を、頂点Bを中心に時計と反対回りに回転させます。図2の三角形DBEは、三角形ABCを回転させたものであり、このとき辺BCと直線DAは平行になりました。

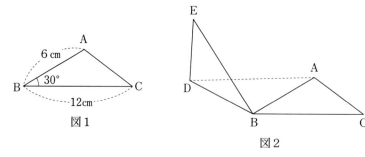

図1

図2

(1)　三角形ＡＢＣの面積を求めなさい。

(2)　頂点Ａが動いてできる線の長さを求めなさい。

(3)　三角形ＡＢＣが通過した部分の面積を求めなさい。

4　次の表は、40人のクラスでおこなった国語と算数の小テストの結果について、それぞれの得点の人数をまとめたものです。小テストは国語、算数ともに1点の問題が5問出題されるテストで、欠席した人はいませんでした。また、このクラスの国語の平均点は3.4点でした。

算＼国	5点	4点	3点	2点	1点	0点
5点	3	4	2	0	0	0
4点	2	ア	イ	0	1	0
3点	3	2	3	1	0	0
2点	2	0	2	2	1	0
1点	0	0	1	0	1	1
0点	0	0	0	1	1	0

(単位：人)

(1)　このクラスの算数の平均点は何点ですか。

(2)　表のア、イにあてはまる数をそれぞれ求めなさい。

(3)　算数の小テストで、先生が用意した答えのうち1問にミスがあったため、先生が全員の答案を回収してその問題を採点しなおしました。その結果、その問題が正解だった生徒は全員不正解になり、その問題が不正解だった人のうち5人は不正解のままでしたがそれ以外の人は全員正解になりました。また、その問題を答えられず空らんのままだった人が4人いましたが、その人の点数は変わりませんでした。採点後に正しい得点で集計しなおしたところ、このクラスの国語と算数の平均点は同じになりました。このとき、最初は不正解だったのに採点しなおして正解になった生徒は何人ですか。どのように考えたかもあわせて答えなさい。

5　1番目の数と2番目の数を足したものを3番目の数とし、2番目の数と3番目の数を足したものを4番目の数とします。このような作業をくり返して数の並びを作ります。

　1番目の数と2番目の数をそれぞれ1とすると、数の並びは　1、1、2、3、5、…　となります。この数の並びについて、次の問いに答えなさい。

(1)　10番目の数を求めなさい。

(2)　30番目の数は、32番目の数から31番目の数を引いた数です。1番目から30番目までの数の和を求めなさい。ただし、32番目の数は2178309です。

(3)　並んでいる数をそれぞれ4で割った余りを並べ、新たな数の並びをつくります。その数の並びの1番目から2024番目までの数の和を求めなさい。また、どのように考えたかもあわせて答えなさい。

茗溪学園中学校(第2回)

—50分—

【注意】〈途中の考え方〉とある問題は考え方や途中の計算式を必ず記入しなさい。

1　次の各問に答えなさい。　　　　については、あてはまる数を答えなさい。ただし、(5)はあてはまるものを選び、○をつけなさい。円周率は3.14とします。

(1)　$\{123 + (12 \times 11 - 94) \div 2\} \times 5 = $　　　　

(2)　$\left(\dfrac{5}{13} - \dfrac{3}{17}\right) \times 221 = $　　　　

(3)　メイさんは、家から駅まで自転車で走って行くことにしました。家から駅までの距離を四等分する地点を、家の方からそれぞれA、B、Cとします。メイさんは駅まで次のように向かいました。

・家からA地点までは一定の速さで走った

・A地点からB地点まで走った時間は、家からA地点まで走った時間よりも5分短かった

・B地点からC地点までは、家からA地点まで走った速さの2倍の速さで走った

・C地点から駅まで走った時間は、A地点からB地点までの2倍の時間であった

・家から駅まで走った時間は75分であった

このとき、A地点から駅まで走った時間は　　　　分です。

(4)　3本のひもA、B、Cがあります。それぞれのひもの長さの関係として、以下のことが分かっています。

・AはBよりも3cm長い

・BはCよりも2倍長い

・CはAよりも10cm短い

このとき、Aの長さは　　　　cmです。

(5)　定価が同じ商品Xを商店Aでは、定価の40%引きで売っており、商店Bでは、定価の20%引きした後に、さらに20%引きで売っています。このとき、商店Aの商品Xの値段は、商店Bの商品Xの値段（より高い・と同じ・より安い）です。

(6)　赤、黄、青のサイコロを1つずつ用意します。これらのサイコロを1回ずつ振って、出た目の合計が16以下となる目の出方は　　　　通りです。

(7)　半径3cmで弧の長さが2cmのおうぎ形が、次の図のように、もう一方の半径が直線と重なるまで直線の上を離れることなく転がっていくとき、点Oは　　　　cm動きます。

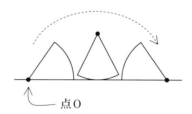

点O

(8)　次図のような円すいがあり、その円すい上に点O、A、B、Cがあります。点Oは円すいの頂点です。点Aと点Bを結ぶと底面の円の直径となり、その長さは8㎝です。また、点Cは点Oと点Bを結ぶ線のちょうど真ん中の点となり、点Oと点Aを結ぶ線の長さは8㎝です。このとき、点Aと点Cを結ぶ円すいの側面を通る最も短い線と、点Aと点Oを結んだ線、点Oと点Cを結んだ線で囲まれた円すいの側面の面積は_____㎠です。

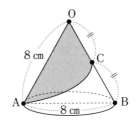

2　以下の文章は、ある旅行客がA空港からB空港に向けて飛行機で移動したときの様子を書いたものです。

> 海抜240mのA空港から、海のそばにある海抜0mのB空港へ移動した。定刻通り午前10時00分に離陸（りりく）してからしばらく上昇（じょうしょう）飛行が続いたが、午前10時18分に水平飛行に移った。その際の機内アナウンスによると、海抜12480mの高さを水平飛行していたそうだ。その後大きなトラブルなくフライトを続け、午前10時45分に下降飛行に移行し、午前11時9分にB空港に着陸した。

　ただし、上昇飛行、下降飛行ともに一定の割合で上昇、下降していたものとします。このとき、次の各問に答えなさい。

(1)　この飛行機が下降する際、毎分何mの割合で下降していたか答えなさい。

(2)　午前10時14分の時点で、この飛行機は海抜何mの地点にいるか答えなさい。

(3)　この飛行機が海抜3640m以上の地点にいたのは、午前何時何分何秒から午前何時何分何秒までの間か答えなさい。

3　ある装置Aでは数字を1つ入力すると、入力した数字同士をかけて、その結果に3をたした数字が出力されます。装置Bでは数字を1つ入力すると、入力した数字を2倍して、その結果に5をたした数字が出力されます。

具体例			
装置A		装置B	
入力	出力	入力	出力
1	4	1	7
2	7	2	9
3	12	3	11
4	19	4	13

　また、装置Cでは数字を1つ入力すると、装置Aに入力した場合に出力される数字を装置Bに入力したときに出力される数字が出力されます。
　このとき、次の各問に答えなさい。

(1)　装置Cに12を入力したとき、出力される数字を答えなさい。

(2)　装置Cにある数字を入力したら2749が出力されました。このとき、入力された数字を答えなさい。

装置C	
入力	出力
1	13
2	19
3	29
4	43

4　半径の長さが異なる5色の円の色紙が1枚ずつあります。

色紙の半径の長さはそれぞれ以下のようになっています。

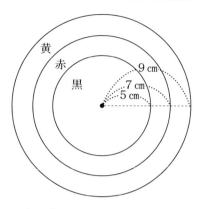

・黒…5cm

・白…6cm

・赤…7cm

・青…8cm

・黄…9cm

この5枚の色紙を、紙(円)の中心をそろえて重ねて上から
見ます。

　例えば、上から順に、黒、赤、白、黄、青の色紙を重ねると、白は赤にかくれて、青は黄にか
くれて見えないので、上から、黒、赤、黄の3色の色紙が見えます。

　次のような重ね方は何通りありますか。

(1)　黒の色紙が見える。

(2)　赤の色紙が見える。

(3)　色紙が2色だけ見える。〈途中の考え方〉

明治大学付属八王子中学校(第1回)

—50分—

1　□ にあてはまる数を求めなさい。

(1)　$\dfrac{7}{8}+0.125-\left(1\dfrac{1}{9}\times 1.8+1.5\right)\div\dfrac{7}{2}=$ □

(2)　$\left(\dfrac{3}{5}-0.25\right)\div\left\{0.8-1\dfrac{3}{11}\times\left(\dfrac{5}{7}-0.125\right)\right\}=$ □

(3)　$0.2\times 6\times 1.26+4\times 0.3\times 3.85-1.2\times 0.11=$ □

(4)　$\left(4\dfrac{1}{2}-\dfrac{17}{6}\right)\div\left\{(1-\boxed{})\times 2\dfrac{3}{7}-\dfrac{1}{3}\right\}=2\dfrac{1}{12}$

2　次の問いに答えなさい。

(1)　□ にあてはまる数はいくつですか。

　　　$0.045\,\text{m}^2-270\,\text{dL}+7000\,\text{cm}^2=$ □ dL

(2)　ある学年で、生徒1人につきボールペンを5本ずつ、ノートを2冊ずつ配ると、ボールペンは20本余り、ノートは30冊不足します。ボールペンの本数はノートの冊数の3倍です。この学年の生徒は何人いますか。

(3)　7人で働くと18日かかる仕事を10日で終わらせようとして、10人で仕事を始めました。しかし、4日目が終わったところで10日では終わらないことに気づきました。予定通り10日で終わらせるためには、5日目からは、最低何人増やせばいいですか。ただし、1人が1日にする仕事量は同じであるとします。

(4)　原価5600円の商品があります。定価の3割引きで売っても、原価の2割の利益があるように定価をつけました。このとき、定価はいくらですか。

(5)　右の図の四角形ＡＢＣＤは、ＡＢ＝6㎝、ＡＣ＝8㎝、ＢＣ＝10㎝、ＡＤ＝7.5㎝です。また、辺ＡＤと辺ＢＣは平行です。四角形ＡＢＣＤの面積を求めなさい。

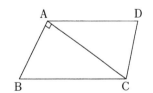

(6)　右の図の長方形と台形の面積の比は2：3です。あの長さを求めなさい。

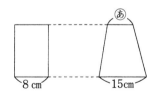

3　次の問いに答えなさい。

(1)　ＡさんとＢさんが片道1470ｍのコースを往復します。2人が同時にスタートしてから2分後にＡさんは出発地点から456ｍのところを通過し、ＢさんはＡさんの72ｍうしろにいました。2人が出会うのは折り返し地点から何ｍのところですか。
　　　ただし、ＡさんとＢさんは一定の速さで走るものとします。

(2)　A、B、Cの3種類のおもりがあります。これらをてんびんにのせて重さのつり合いを調べました。それぞれ1個ずつ、計3個の重さの合計は47gです。おもりAが5個とおもりCが3個でつり合います。おもりAが2個とおもりBが6個に6gのおもりを加えたところ、おもりCが6個とつり合いました。この3種類の中で1番重いおもりの重さは何gですか。

(3)　1×2×3×4×5×……×77×78×79×80を計算すると、一の位から0は連続して何個並びますか。

(4)　図1のような円柱の形をした水そうに、高さが6cmのところまで、水が入っています。ここに図2のような円柱の形をしたおもりを、底面が水そうの底につくまで入れました。

　　このとき、水面の高さは何cmになりますか。

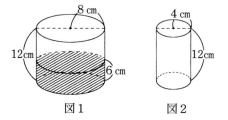

図1　図2

(5)　右の図の四角形ABCDは正方形です。㋐の角の大きさを求めなさい。

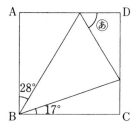

4　花子さんは家を出て、歩いて学校に向かいました。兄の太郎君は、花子さんが家を出てしばらくたってから家を出て、歩いて学校に向かいました。

　　太郎君は途中で公園のトイレに寄ったところ、2人は同時に学校に着きました。右のグラフは花子さんが家を出てからの時間と2人の間の距離を表したものです。このとき、次の問いに答えなさい。

　　ただし、2人はそれぞれ一定の速さで歩くものとします。

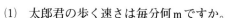

(1)　太郎君の歩く速さは毎分何mですか。

(2)　家から学校までの距離は何mですか。

5　右の図の直方体を3点P、Q、Rを通る平面で切りとります。この平面とDHの交点をSとするとき、次の問いに答えなさい。

(1)　HSの長さを求めなさい。

(2)　立体PQRS－EFGHの体積を求めなさい。

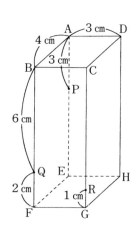

明治大学付属明治中学校(第1回)

—50分—

注意　1　解答は答えだけでなく、式や考え方も書きなさい。(ただし、①は答えだけでよい。)
　　　2　円周率は3.14とします。
　　　3　定規・分度器・コンパスは使用してはいけません。

① 次の □ にあてはまる数を求めなさい。

(1)　$6 \div 2.4 \div \dfrac{5}{6} - \left(\dfrac{2}{7} \div \dfrac{7}{11} + \boxed{} \right) \times 3\dfrac{1}{2} = \dfrac{3}{7}$

(2)　毎時110kmの速さで、8分間かくで運行している上りの電車があります。その電車が走っている線路に沿った道路を、電車の反対方向に毎時50kmの速さで車が走ります。車と電車は □(ア) 分 □(イ) 秒ごとに出会います。

(3)　容器Aには6%の食塩水が300g、容器Bには12%の食塩水が500g入っています。両方の容器から同じ量の食塩水を同時に取り出し、それぞれもう一方の容器に入れたところ、Aに入っている食塩水の濃さは10%になりました。Bに入っている食塩水の濃さは □ %になります。

(4)　ある塾に通う5年生と6年生の人数の比は4:5で、4年生は5年生より24人少ないです。塾生全員にマスクを配るのに、1人に5枚ずつ配ると6枚余るので、今度は6年生に6枚、5年生に5枚、4年生に3枚ずつ配ると余りなく配ることができました。この塾に通う5年生は全部で □ 人です。

(5)　右の図のように、AB＝9cm、BC＝4cm、CD＝6cm、角Bと角Cが直角の台形ABCDがあります。この台形を辺BCを軸として1回転させてできる立体の表面積は □ cm²です。

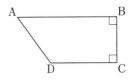

② 右のように、奇数を1から順に1段目に1個、2段目に2個、3段目に3個、……と、左から小さい順に並べていきます。このとき、次の各問いに答えなさい。

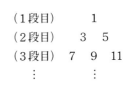

（1段目）　　　1
（2段目）　　3　5
（3段目）　7　9　11
　　　⋮　　　　⋮

(1)　51は何段目の左から何番目の数ですか。(式や考え方も書くこと。)

(2)　1段目から10段目までに並んだ数をすべてたすといくつですか。(式や考え方も書くこと。)

(3)　ある段に並んだ数をすべてたすと729になりました。何段目に並んだ数をすべてたしましたか。(式や考え方も書くこと。)

3　3種類のお菓子A、B、Cがあり、1個の値段はAが100円、Bが150円、Cが180円です。これらのお菓子をそれぞれ何個か買うために、おつりなくお金を準備してお店に行きます。このとき、次の各問いに答えなさい。ただし、消費税は考えないものとします。

(1)　Bだけを何個か買うために準備したお金で、Aにすべてかえて買ったところ、16個多く買え、おつりはありませんでした。準備したお金はいくらですか。（式や考え方も書くこと。）

(2)　B、Cをそれぞれ何個か買うために、7440円を準備しましたが、まちがえてBとCの個数を逆にして買ったので、360円のおつりがありました。店に行く前に、Bは何個買う予定でしたか。（式や考え方も書くこと。）

(3)　A、B、Cをそれぞれ何個か買うために、9010円を準備しました。AとBの個数を逆にして買うと8710円、AとCの個数を逆にして買うと7890円になります。店に行く前に、Aは何個買う予定でしたか。（式や考え方も書くこと。）

4　Mマートでは、品物Aを1個800円で仕入れて、1割の利益を見込んで定価をつけ、品物Bを1個いくらかで仕入れて、3割の利益を見込んで定価をつけます。ある日、AとBの売れた個数の比は3：2で、得られた利益の半分はAの利益でした。翌日はAとBを同じ金額だけ値下げして売ったところ、AとBの売れた個数の比は1：1となり、AとBをあわせると前日と同じ個数だけ売れて、得られた利益は前日の半分でした。2日間とも売れ残りがないとき、次の各問いに答えなさい。ただし、消費税は考えないものとします。

(1)　Bは1個いくらで仕入れましたか。（式や考え方も書くこと。）

(2)　翌日は品物を何円値下げしましたか。（式や考え方も書くこと。）

5　あるマイナンバーカード交付会場には、予約した人の専用窓口と予約なしの人の一般窓口があり、それぞれ一定の割合でカードを交付します。専用窓口と一般窓口では、1か所につき1分あたりに交付できる人数の比は5：3で、予約した人は1分間に13人の割合で、予約なしの人は1分間に5人の割合で来場します。ある日、交付待ちの人がいない状態の午前9時に、専用窓口と一般窓口のそれぞれ3か所で交付を開始したところ、午前9時8分に交付待ちの人が全部で48人になりました。このとき、次の各問いに答えなさい。

(1)　午前9時8分の一般窓口での交付待ちの人は何人ですか。（式や考え方も書くこと。）

(2)　午前9時8分にすべての窓口を一度閉め、専用窓口を7か所に増やし、一般窓口は3か所のままで午前9時9分に交付を再開しました。再開後、交付待ちの人が2回目に25人になるのは午前何時何分ですか。（式や考え方も書くこと。）

森村学園中等部(第1回)

—50分—

注意　1　$\boxed{1}\boxed{2}\boxed{3}$(1)(2)$\boxed{4}\boxed{5}\boxed{6}$(1)には、答のみ記入してください。

$\boxed{3}$(3)$\boxed{6}$(2)(3)には、答のみでもよいです。ただし、答を出すまでの計算や図、

考え方がかいてあれば、部分点をつけることがあります。

2　円周率は3.14とします。

$\boxed{1}$　次の計算をしなさい。

(1)　$52 + 8 \times 6 - (93 - 9) \div 7$

(2)　$6 \times 0.625 - 2 \times 1.25 + 0.14 \times 12.5$

(3)　$\left\{0.48 \times \dfrac{1}{6} + 1\dfrac{3}{5} \div \left(3\dfrac{1}{5} - 2\dfrac{1}{2}\right)\right\} \div 4\dfrac{3}{5} \times 3\dfrac{8}{9}$

$\boxed{2}$　次の問に答えなさい。

(1)　84と210の公約数のうち、2番目に大きい数はいくつですか。

(2)　100mをAさんは15秒、Bさんは18秒で走ります。Bさんが100mを走るとき、AさんとBさんが同時にスタートして同時にゴールするためには、Aさんのスタート位置をBさんより何m後ろにすればよいですか。

(3)　何人かの子どもにおかしを分けるのに、5個ずつ分けると15個余り、7個ずつ分けると3個余ります。おかしは全部で何個ありますか。

(4)　10％の食塩水210gに15％の食塩水を加えてある濃度の食塩水を作るつもりが、誤って同量の水を加えたため、6％の食塩水ができました。作りたかった食塩水の濃度は何％ですか。

(5)　ある仕事をするのに、AとBの2人ですると40日かかり、BとCの2人ですると56日かかり、AとCの2人ですると35日かかります。この仕事をA、B、Cの3人で始めましたが、途中でAが3日、Cが5日休みました。この仕事を仕上げるのに全部で何日かかりましたか。

③　次の図のように、直方体の水槽の中が2枚の長方形の仕切りで、AとBとCの部分に分かれています。この水槽のAの部分に、蛇口から一定の割合で水槽がいっぱいになるまで水を入れました。

グラフは、Aの部分の水面の高さと、蛇口を開いてから水槽がいっぱいになるまでの時間との関係を表したものです。なお、水槽や仕切りの厚みは考えないものとします。

このとき、あとの問に答えなさい。

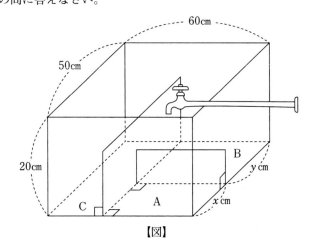

【図】

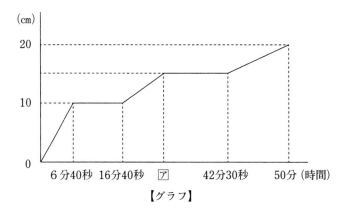

【グラフ】

(1)　蛇口から出る水の量は毎分何cm³ですか。

(2)　図の x 、y にあてはまる値はそれぞれいくつですか。

(3)　グラフの⑦にあてはまる時間は何分何秒ですか。

④　69枚のカードに、1から69までの番号が1つずつ書かれています。この69枚のカードは上から番号が小さい順に重ねてあり、これをカードの束と呼びます。以下のルールにしたがって束からカードを捨てていきます。

【ルール】

1回の操作で束の上から3枚のカードのうち、1番上のカードを束の1番下に入れ、2番目と3番目のカードは捨てます。

このとき、次の問に答えなさい。

(1)　10回操作を行った後、束の1番上のカードの番号はいくつですか。

(2)　26回操作を行った後、束の1番上のカードの番号はいくつですか。

(3)　何回か操作を行った後、カードが1枚だけ残りました。残ったカードの番号はいくつですか。

5　今年の元日に森村さん一家に長女の花子さんが誕生しました。以下の会話は花子さんの両親の
会話です。これを読んで以下の問に答えなさい。

父：花子は西暦2024年生まれだな。2027年になったら3歳だ。この2027をその年の年齢の3で
割っても割り切れない。しかし、翌年、2028をその年の年齢の4で割ると割り切れる。こ
のように、その年の西暦が花子の年齢で割り切れる年は、花子の一生のうちに何回あるのか
な。

母：一体、何を考えているのかしら。そんなことどうでもいいじゃない。

父：いや、数の性質を考えるのは面白いし、こういうことをじっくり考えることの面白さを花子
にも味わってほしいんだ。今は無理だけれど、私たちがこういうことを考えたっていつか話
してやりたいんだ。

母：なるほどね。西暦は1ずつ増えていくのよね。割る数である年齢も1ずつ増えていくし……。

父：そうだなぁ。どう考えるかな。いちいち計算するのは面倒だし。規則がないかなぁ。

母：5歳から10歳まで割ってみると、（　ア　）歳の年は割り切れるわ。

父：その年は西暦（　イ　）年だから、（　イ　）÷（　ア　）＝（　ウ　）ということだな。

母：西暦も年齢も1ずつ増えていくから難しいのよね。どちらかが固定された値なら簡単なのに。

父：そうか？　固定された値なら簡単なのか？

母：例えば西暦の値が固定なら、いくつで割り切れるか、なんて簡単じゃない。
花子の生まれた年の2024年で考えれば、
2024＝（　エ　）×（　エ　）×（　エ　）×（　オ　）×（　カ　）となるから、割り切れる値はすぐにわか
るじゃない。

父：なるほど。ん～。あれっ！　なんだよ、簡単だよ。わかったぞ！

母：えっ、わかったの？　西暦も年齢も増えていくのに？

父：増えていったって、簡単だよ。例えば、2024は（　ア　）で割り切れるだろ。
だから、2024に（　ア　）を加えた（　イ　）も（　ア　）で割り切れるんだ！

母：へぇ、さすがだわ！　そうやって考えていけばいいのね！

⑴　文中の（　ア　）、（　イ　）、（　ウ　）にあてはまる整数はそれぞれいくつですか。

⑵　（　エ　）、（　オ　）、（　カ　）はいずれも1以外の異なる整数で、（　カ　）が最も大きい整数です。
（　エ　）、（　オ　）、（　カ　）にあてはまる整数はそれぞれいくつですか。また、花子さんが1歳と
2歳のときの西暦はともに年齢で割り切れます。このように2年連続で割り切れることがもう
一度だけあります。それは、花子さんが何歳と何歳のときですか。

⑶　花子さんが1歳から100歳になるまでの間に、西暦がその年の花子さんの年齢で割り切れる
ことは何回ありますか。花子さんが1歳の年も含めた回数を答えなさい。

6　半径6cm、中心角60度のおうぎ形ＡＢＣを次のような折れ線にそって、すべらないように回転させます。ＥＦの長さは6cmです。はじめ、点ＡはＤの位置にあります。

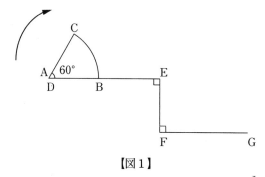

【図1】

【図1】の状態から、点Ｂを中心に時計回りに90度回転させた後、弧ＢＣをＤＥにそって回転させると、ちょうど点ＣがＥに到達して【図2】の状態になりました。

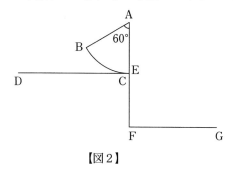

【図2】

【図2】の状態から、点Ｃを中心に点ＡがＦに到達するまで回転させた後、点Ａを中心に時計回りに30度回転させると、【図3】の状態になりました。

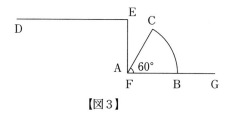

【図3】

このとき、次の問に答えなさい。

(1)　ＤＥの長さは何cmですか。

(2)　【図1】の状態から【図3】の状態になるまでに、点Ａが通った部分の長さは何cmですか。

(3)　【図1】の状態から【図3】の状態になるまでに、おうぎ形ＡＢＣが通過した部分の面積は何cm²ですか。ただし、1辺が6cmの長さの正三角形の面積を15.57cm²として計算してよいものとします。

山手学院中学校(A)

—50分—

〔注意〕　分数は、それ以上約分できない形にして答えなさい。

1　次の□□の中に適する数を書きなさい。

(1) $(7 \div 12 - 0.25) \div \dfrac{1}{2} + 7 \div 3 = $ □□□

(2) $\left(\dfrac{7}{3} + 1.75\right) \times \left(\dfrac{9}{20} - \boxed{}\right) \div \dfrac{49}{60} = 1$

2　次の□□の中に適する数を書きなさい。

(1) 2つの食塩水A、Bの濃度はそれぞれ3%、7%です。AとBを3：1の割合で混ぜ合わせてできる食塩水の濃度は□□□%です。

(2) 縦が44m、横が46mの長方形の土地があります。この土地と同じ面積になる長方形の土地を考えます。このとき、次の条件をみたす土地は□□□通りです。ただし、縦が44m、横は46mの土地は含めないものとします。

　条件　1．縦より横が長いものとする。

　　　　2．縦の長さも横の長さも整数とする。

(3) 右の図は半円と長方形を組み合わせたものです。点Aは、半円の弧の真ん中の点です。このとき、BCの長さは□□□cmです。

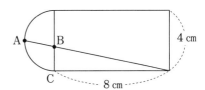

3　図のように白と黒のご石を並べて、正三角形を作ります。このとき、次の各問いに答えなさい。

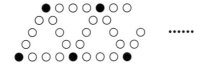

(1) 正三角形を10個作るとき、白と黒のご石は合わせて何個必要ですか。

(2) 白と黒のご石を合わせて460個使うとき、正三角形は何個できますか。

(3) 白と黒のご石の差が211個のとき、正三角形は何個できますか。

4　原価の2割増しとなる定価540円の商品があります。この商品を100個まとめて仕入れると1割引で仕入れることができます。ただし、売れ残っても返品はできません。この商品を100個仕入れ、定価通りに1個540円で売ったところ売れ残りそうなので、途中から定価の1割引で売り、全部で95個売ったところ8100円の利益を得ました。このとき、次の各問いに答えなさい。

(1) 原価はいくらですか。

(2) 100個全てが定価で売れたとすると、利益はいくらになりますか。

(3) 540円で売ったのは何個ですか。

5 　AさんとBさんとCさんの3人でじゃがいもの皮をむきます。Aさんは1個のじゃがいもの皮をむくのに36秒、Bさんは48秒、Cさんは1分4秒かかります。このとき、次の各問いに答えなさい。ただし、作業は休みなく続けることとします。

(1)　AさんとBさんの2人で21個のじゃがいもの皮をむきます。同時に皮をむきはじめて、すべてむき終わるまでに最短で何分何秒かかりますか。

(2)　BさんとCさんの2人で30個のじゃがいもの皮をむきます。同時に皮をむきはじめて、すべてむき終わるまでに最短で何分何秒かかりますか。

(3)　AさんとBさんとCさんの3人で100個のじゃがいもの皮をむきます。同時に皮をむきはじめて、すべてむき終わるまでに最短で何分何秒かかりますか。

6 　100枚以上200枚以下のカードを何人かで同じ枚数ずつ分けるとき、次の各問いに答えなさい。
(1)　6人であまりなく分けられるとき、考えられるカードの枚数は何通りありますか。
(2)　6人でも、8人でもあまりなく分けられるカードの枚数は何通りありますか。
(3)　6人でも、8人でもあまりなく分けられないカードの枚数は何通りありますか。

7 　図1のように、縦15cm、横40cm、高さ32cmの直方体の水そうに、縦15cm、横8cmの直方体のブロックと、縦15cm、横20cmの直方体のブロックをすき間なく敷き詰めました。水道Aから底面㋑に向かって毎秒90mLの割合で水を入れます。水道Bからは底面㋺に向かって一定の割合で水を入れます。図2は、水道Aだけを使ってこの水そうを満水にしたときの、時間と底面㋑からの水面の高さの関係を表すグラフです。図3は、水道Bだけを使ってこの水そうを満水にしたときの、時間と底面㋺からの水面の高さの関係を表すグラフです。このとき、次の各問いに答えなさい。

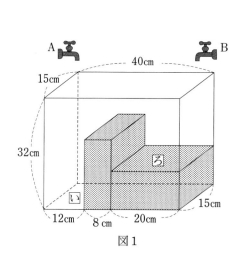
図1

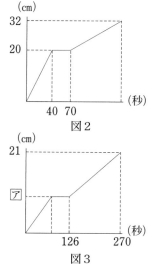
図2

図3

(1)　㋐にあてはまる数はいくつですか。
(2)　水道Bから入れる水は毎秒何mLですか。
(3)　はじめに水道Aだけを使って何秒間か水を入れて、途中から水道Aと水道Bの両方を使うと、水そうが満水になるまでに125秒かかりました。このとき、水道Aと水道Bの両方を使った時間は何秒間ですか。

麗澤中学校(第1回ＡＥコース)

—50分—

① 次の計算をしなさい。

(1) $16-11+13-9+10-7+7-5+4-3+1$

(2) $8\times13+7-629\div17$

(3) $(66\times12-72\times9)\div(59-28-19)$

(4) $14.3\times2.4-9.75-5.67$

(5) $\{2.7\times1.5-(2.5-0.7)\}\div2.5$

(6) $4\dfrac{1}{5}-3\dfrac{2}{3}+2\dfrac{2}{7}$

(7) $\left(1\dfrac{3}{4}-\dfrac{7}{9}\right)\div1\dfrac{1}{6}-1\dfrac{7}{11}\div2\dfrac{2}{11}$

(8) $\left(1.2\times1.2+1\dfrac{2}{5}\div2\dfrac{1}{2}\right)\div1.25+1.5\times\left(\dfrac{13}{15}-\dfrac{1}{3}\right)$

② 次の　　　　にあてはまる数を答えなさい。

(1) 次の数字の列は、ある規則にしたがって並んでいます。

初めて24が表れるのは左から　　　　番目です。

1、2、3、3、4、5、4、5、6、7、5、6、7、8、9、…

(2) 食塩と水の重さの比が3:22の食塩水100gに　　　　gの水を加えると、濃度4%の食塩水ができました。

(3) P地点から出発して　　　　km離れたQ地点で折り返し、P地点まで戻るマラソン大会にAさんとBさんが参加しました。Aさんは時速15kmの速さで、Bさんは時速10kmの速さで走ったところ、Q地点から1500mの地点ですれ違いました。

(4) Aさんは500円の品物を100個仕入れました。1個につき30%の利益を見こんで定価をつけました。1日目は50個売れたので、2日目は定価から100円値上げしたところ、10個しか売れなかったので2日間で　　　　円の損失でした。

(5) 次の図のように同じ大きさの2つの円がおたがいにもう一方の中心を通っています。図の中にある大きさが違う2種類の円のうち、大きいほうの円の半径が6cmのとき、太線部分の長さの和は　　　　cmです。ただし、円周率は3とします。

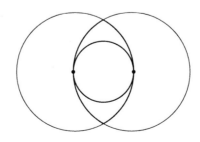

(6) 次の図1を上から見た図が図2のおうぎ形です。図2のおうぎ形ＯＡＢのＡからＢまでの曲線部分を6等分した点のうち、2点Ｃ、ＤからＯＢに平行な直線ＣＥとＤＦを引きました。図1の立体を2点Ｃ、Ｅを通り、底面に垂直な平面で切り、さらに2点Ｄ、Ｆを通り、底面に垂直な平面で切ったときにできる斜線部分の立体図形の体積は□㎤です。ただし、円周率は3として、この立体図形の体積は「(底面積)×(高さ)」で求めることができます。

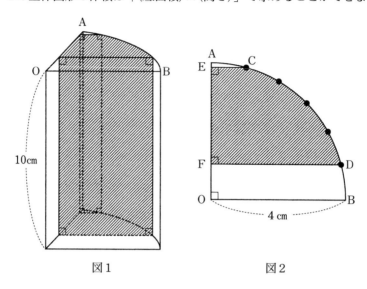

図1　　　　　　　　　　　図2

③ 　1辺の長さが1㎝の立方体を19個使って立体図形をつくりました。できた立体図形を正面から見ると図1のように、図1の反対側から見ると図2のように見えました。この立体図形を3点Ａ、Ｂ、Ｃを通る平面で切りました。次の問いに答えなさい。

(1) 切断面の図形を答えなさい。

(2) 1辺の長さが1㎝の立方体のうち、切断されたものの個数を答えなさい。

(3) 2つの立体に切断された立体のうち、点Ｄがふくまれるほうの体積を求めなさい。ただし、角すいの体積は「(底面積)×(高さ)÷3」で求めることができます。

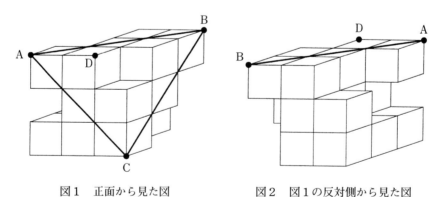

図1　正面から見た図　　　　　図2　図1の反対側から見た図

④ 　$8 \div \frac{2}{3} = 8 \times \frac{3}{2} = 12$と計算しますが、なぜ「÷」を「×」に直し、後ろの数字の分子と分母をひっくり返して計算するのかを、上の計算例を使って初めて分数のわり算を計算する小学生に説明してください。

早稲田実業学校中等部

―60分―

【注意】　1　円周率は、3.14とします。
　　　　　2　比は、もっとも簡単な整数の比で答えなさい。

1　次の各問いに答えなさい。

(1)　$20\frac{24}{25} - \left(0.175 \times 11\frac{3}{7} + 4\frac{1}{18} \div \boxed{}\right) \times 0.18 = 6$ の $\boxed{}$ にあてはまる数を求めなさい。

(2)　6人のグループの中から班長1人、副班長2人を選びます。選び方は全部で何通りありますか。

(3)　次の図の⑰の角度を求めなさい。

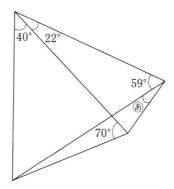

(4)　容器Aには濃度6％の食塩水が300ｇ、容器Bには濃度15％の食塩水が500ｇ入っています。この2つの容器から同じ量を同時にくみだして、容器Aからくみだした分を容器Bに、容器Bからくみだした分を容器Aに入れてそれぞれよく混ぜ合わせたところ、容器Aの食塩水の濃度は9％になりました。混ぜ合わせたあとの容器Bの食塩水の濃度を求めなさい。

2　次の各問いに答えなさい。

(1)　あるクラスの男子25人、女子15人が上体起こしを行い、その結果について、以下のことが分かっています。

男子
最も回数が多かったのは26回、最も回数が少なかったのは6回
最頻値は22回でその人数は10人

女子
最も回数が多かったのは28回、最も回数が少なかったのは9回
中央値は20回

　次の①、②に答えなさい。**求め方も書きなさい。**

①　男子の回数の平均が最も多くなるとき、男子の平均は何回ですか。

②　女子の回数の平均が最も多くなるとき、女子の平均は何回ですか。

(2)　あるテーマパークでは開場前に行列ができていて、開場後も一定の割合で人が行列に並び続けます。開場後に窓口を9カ所開くと45分で行列がなくなり、15カ所開くと18分で行列がなくなります。次の①、②に答えなさい。

① 行列をなくすには、開場後に窓口を最低何カ所開く必要がありますか。

② 開場後に窓口を7カ所開き、その10分後に窓口を何カ所か増やしました。すると、窓口を増やしてから6分40秒で行列がなくなりました。窓口を何カ所増やしましたか。

③ 図1、図2、図3の四角形ABCDは正方形で、点E、F、G、Hはそれぞれ辺AB、BC、CD、DAの真ん中の点です。次の各問いに答えなさい。

(1) 図1において、EDとCHの交点をPとします。このとき、EP：PDを求めなさい。

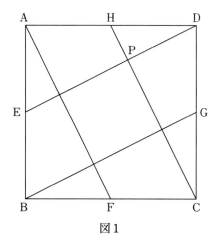

図1

(2) 図2において、BHとEDの交点をQとします。このとき、EQ：QPを求めなさい。

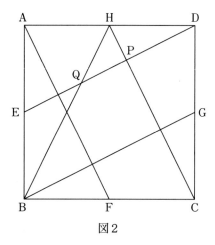

図2

(3) 図3において、ＡＧとＢＨの交点をＲ、ＡＧとＥＤの交点をＳとします。次の①、②に答えなさい。

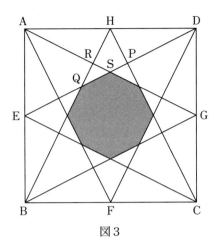

図3

① ＲＱ：ＲＳを求めなさい。
② 図3の影の部分は正八角形ではありません。その理由を①の結果を用いて説明しなさい。

4 次の図のような1辺の長さが150ｍの正六角形の道を、Ｐ君とＱ君が頂点Ａを同時に出発して、Ｐ君はＡ→Ｂ→Ｃ→Ｄ→Ｅ→Ｆ→Ａ→…、Ｑ君はＡ→Ｆ→Ｅ→Ｄ→Ｃ→Ｂ→Ａ→…とそれぞれ一定の速さで何周も歩いて回ります。Ｐ君、Ｑ君ともに各頂点Ａ、Ｂ、Ｃ、Ｄ、Ｅ、Ｆに到着するごとに1分休み、次の頂点に向かいます。2人は、図の点Ｇではじめて出会い、点Ｈで2度目に出会いました。ＥＧ＝96ｍ、ＢＨ＝6ｍであるとき、次の各問いに答えなさい。

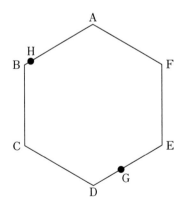

(1) Ｐ君とＱ君の歩く速さの比を求めなさい。
(2) Ｐ君とＱ君の歩く速さはそれぞれ毎分何ｍですか。

(3)　P君とQ君が3度目に出会うのは、2度目に出会ってから何分何秒後ですか。

［必要なら自由に使いなさい。］

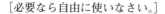

5　現在使われている1円玉硬貨の直径は2cmです。この1円玉硬貨を以下のように円盤の周りをすべらせずに回転させながら、移動させることを考えます。ただし、円盤は動きません。次の各問いに答えなさい。

(1)　最初に、円盤を別の1円玉硬貨として、図1のように1円玉硬貨を真上の位置から、矢印の方向にすべらせずに回転させながら、移動させます。次の①、②に答えなさい。

①　図2のように、ちょうど真横の位置まで移動させたとき、移動させている1円玉硬貨の表面の文字の向きは、図3の㋐〜㋓の中のどれになっていますか。記号で答えなさい。

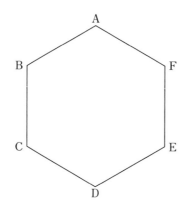

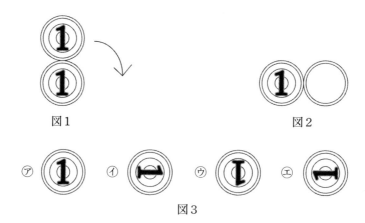

②　ちょうど1周して再び図1の位置に戻ってきたとき、1円玉硬貨の表面の文字の向きも図1と同じになりました。移動させている途中で、1円玉硬貨の表面の文字の向きが図3の㋐になったのは、何回ありましたか。ただし、最初と最後の位置については、回数に含めません。

(2)　次に、図4のように直径が6cmの円盤の周りを、真上の位置から矢印の方向にすべらせずに1円玉硬貨を回転させながら、移動させます。ちょうど1周して再び図4の位置に戻ってきたとき、1円玉硬貨の表面の文字の向きも図4と同じになりました。移動させている途中で、1円玉硬貨の表面の文字の向きが図3の⑦になったのは、何回ありましたか。ただし、最初と最後の位置については、回数に含めません。

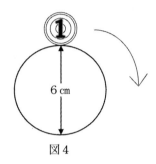

図4

(3)　次に、図5のように直径が7.2cmの円盤の周りを、真上の位置から矢印の方向にすべらせずに1円玉硬貨を回転させながら、移動させます。この移動では、1周して再び図5の位置に戻ってきたとき、1円玉硬貨の表面の文字の向きは図5と同じにはなりませんでした。そこでこの位置にきたときに、1円玉硬貨の表面の文字の向きが図5と同じになるまで円盤の周りを移動させました。次の①、②に答えなさい。

①　1円玉硬貨は、円盤の周りを何周しましたか。

②　移動させている途中で、1円玉硬貨の表面の文字の向きが図3の⑦になったのは、何回ありましたか。ただし、最初と最後の位置については、回数に含めません。

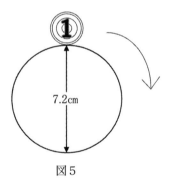

図5

浅 野 中 学 校

―50分―

【注意事項】　定規・コンパス・分度器は使用してはいけません。

1　次の　ア　〜　コ　にあてはまる数または語句をそれぞれ答えなさい。また、(5)について
は、説明を書きなさい。

(1)　$77 ÷ \left\{ (8.875 - \boxed{　ア　}) × 9\frac{2}{15} - 16.25 \right\} × 23 = 2024$

(2)　ある会場では、開場から20分後に来場者が4000人になり、30分後には5200人になり、90分
後には11200人になりました。開場から20分後までの間、20分後から30分後までの間、30分後
から90分後までの間、来場者はそれぞれ一定の割合で来場したとします。このとき、開場か
ら　イ　分後までの間の平均来場者数は毎分140人になります。

(3)　定価が1個350円の商品を販売します。最初は定価で販売しましたが、あまり売れなかった
ので300円に値下げして販売しました。その後、さらに値下げして170円で販売しました。そ
の結果、商品は全部で50個売れて、売り上げは全部で10000円になりました。定価で売れた個
数は　ウ　個で、300円で売れた個数は　エ　個です。

(4)　長方形ABCDと長方形PQRSがあり、AB＝PQ＝8cm、AD＝PS＝13cmです。点
Bと点Pが重なるように2つの長方形を［図1］のように重ねました。このとき、ADとPS
の交点を点EとするとAE＝6cm、BE＝10cmでした。ADとRSの交点を点F、CDとR
Sの交点を点Gとすると三角形DFGの面積は　オ　cm²になります。また、2つの長方形が
重なっている部分の面積は　カ　cm²になります。

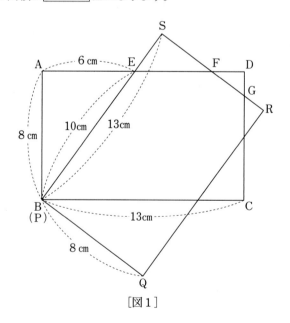

［図1］

(5)　［図2］のような、白色と黒色で塗られたマスが交互に並んでいる7×7マスのチェス盤があります。

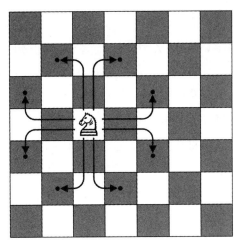

［図2］

　　チェスの駒の1つである「ナイト」(♘)は［図2］のチェス盤上を1回の移動で、
　　　・縦方向(上または下)に2マスと横方向(左または右)に1マス
　　　・横方向(左または右)に2マスと縦方向(上または下)に1マス
　のいずれかの動かし方をすることができます。(［図2］では矢印のように8通りの動かし方があります。)

　　はじめにどの白色のマスに「ナイト」を置いても、1回目の移動後は必ず　キ　色のマスに止まり、2回目の移動後は必ず　ク　色のマスに止まります。

　　また、はじめにどの黒色のマスに「ナイト」を置いても、1回目の移動後は必ず　ケ　色のマスに止まり、2回目の移動後は必ず　コ　色のマスに止まります。

　　このことから、はじめに［図2］のチェス盤上のどのマスに「ナイト」を置いて移動させていったとしても、同じマスに2回以上止まることなくすべてのマスに1回ずつ止まり、その後、はじめに置いたマスに戻ることはできないと言えます。

　　下線部の理由を説明しなさい。

② 分母が2を2倍ずつした数で、分子が奇数である、1より小さい分数が、次のように左から順に規則的に並んでいます。

$$\frac{1}{2}, \frac{3}{4}, \frac{1}{4}, \frac{7}{8}, \frac{5}{8}, \frac{3}{8}, \frac{1}{8}, \frac{15}{16}, \frac{13}{16}, \frac{11}{16}, \frac{9}{16}, \frac{7}{16}, \frac{5}{16}, \frac{3}{16}, \frac{1}{16}, \frac{31}{32}, \frac{29}{32}, \cdots\cdots$$

ただし、分数は分母が小さい順に並んでいます。また、分母が同じ分数の場合は、分子が大きい順に並んでいます。

このとき、次の問いに答えなさい。

(1) $\frac{1}{1024}$ は最初から数えて何番目にありますか。

(2) 並んでいる分数のうち、分母が1024である分数のすべての和を求めなさい。

(3) 最初から数えて2024番目にある分数を求めなさい。

(4) 最初から数えて2番目から2024番目までに並んでいる分数の中で、もっとも $\frac{1}{2}$ に近い分数をすべて求めなさい。ただし、答えが2つ以上になる場合は、「2，3」のように、答えと答えの間に「，」をつけなさい。

③ 点Aと点Bを結ぶ長さが12cmのまっすぐな線上を動く2点PとQがあり、点Pは毎秒1cm、点Qは毎秒3cmの速さで常に動くものとします。

まず、点P、点QはともにAを出発し、点Bに向かって進みます。その後、点Qは点Bに到着すると、向きを変えて点Aに向かって進みます。次に、点Qは点Pと出会うと、また向きを変えて点Bに向かって進みます。点Pが点Bに到着するまで、点Qはこの動きを繰り返します。

このとき、次の問いに答えなさい。

(1) 2点P、Qが点Aを出発したのちに、初めて出会うのは点Pが点Aを出発してから何秒後ですか。

(2) 2点P、Qが点Aを出発したのちに、2回目に出会うのは点Pが点Aを出発してから何秒後ですか。

(3) 2点P、Qが点Aを出発したのち、11.6秒後までに2点P、Qが出会う回数は何回ですか。

(4) (3)において2点P、Qが最後に出会うときまでに点Qが進んだ道のりの合計は何cmですか。

4　一辺の長さが30cmの正方形を底面とし、高さが50cmの直方体の形をした水そうがあります。この水そうに9本の直方体のブロックを並べます。

直方体のブロックの底面はすべて一辺の長さが10cmの正方形で、高さは10cmのものが1つ、20cmのものが2つ、30cmのものが3つ、40cmのものが3つあります。

ただし、同じ高さのブロックは区別しないものとします。ブロックを倒したり傾けたり重ねたりせず、水そうの中にすき間なく並べることを考えます。

たとえば、[図1] のようにブロックをすき間なく並べた場合、それを [図2] のように表すこととします。

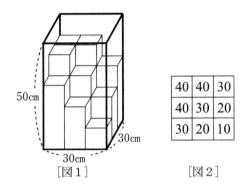

[図1]　　　　　　　　[図2]

高さが10cmのブロックの真上からこの水そうが満水になるまで、毎分1Lの割合で水を注ぎます。

ブロックを [図2] のように並べたとき、水を注いだ時間と水面の高さの関係をグラフに表すと、[図3] のようになります。ただし、水面の高さとは、水そうの底面から水そうの中でもっとも高い水面までの高さのことをいいます。

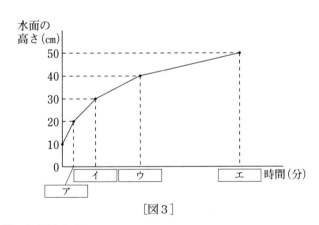

[図3]

このとき、次の問いに答えなさい。

(1)　[図3] の ア ～ エ にあてはまる数をそれぞれ求めなさい。

　以下の問いでは、[図2]の高さが10cmのブロックの位置と水を注ぐ位置は変えずに、それ以外のブロックの並べ方を変えていくことを考えます。

　ただし、ブロックや水そうの辺どうし、面どうしの間から水はもれないものとします。

(2)　ブロックを[図4]のように並べる場合、この水そうが満水になるまでの水を注いだ時間と水面の高さの関係を、[図3]のように次のグラフに書き入れなさい。

30	40	20
40	30	30
40	20	10

[図4]

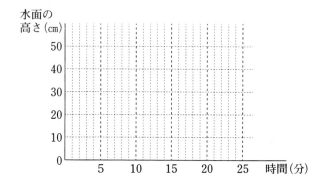

　水そうが満水になる前に、水面の高さが連続して変わらない時間がもっとも長くなるブロックの並べ方をしました。このとき、水を注いだ時間と水面の高さの関係をグラフに表すと、[図5]のようになります。

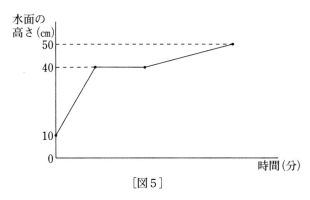

[図5]

(3)　[図5]のグラフになるようなブロックの並べ方の1つを、[図2]のように右のマス目に書き入れなさい。

		10

(4)　[図5]のグラフになるようなブロックの並べ方は全部で何通りありますか。

⑤　一辺の長さが4cmの立方体ＡＢＣＤ－ＥＦＧＨがあります。［図1］の点Ｉは正方形ＡＢＣＤ
　の対角線の交点です。［図2］の点Ｊは辺ＥＨ上でＥＪ：ＪＨ＝3：1となる点です。四角すい
　ＩＥＦＧＨと三角すいＡＥＦＪが重なっている部分を立体Ｘとします。

　　このとき、次の問いに答えなさい。

　　ただし、(角すいの体積)＝(底面積)×(高さ)×$\frac{1}{3}$で求められます。

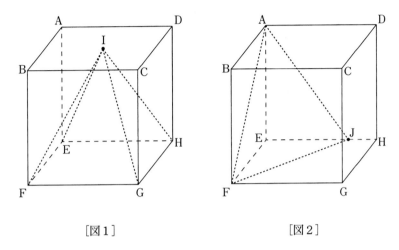

[図1]　　　　　　　　　　[図2]

⑴　ＥＧとＦＪの交点を点Ｋとするとき、ＥＫ：ＫＧをもっとも簡単な整数の比で答えなさい。

⑵　ＡＫとＥＩは交わります。その交点を点Ｌとするとき、ＡＬ：ＬＫをもっとも簡単な整数の
　比で答えなさい。

⑶　立方体の底面ＥＦＧＨから点Ｌまでの高さは何cmですか。

⑷　立体Ｘの体積は何c㎥ですか。

麻 布 中 学 校

—60分—

《注意》　1　答えを求めるのに必要な図・式・計算・考えなども書きなさい。
　　　　　2　円周率の値を用いるときは、3.14として計算しなさい。

1　次の計算をし、分数で答えなさい。

$$\left\{\left(4.2-\frac{7}{3}\right)\times 2.25-4\frac{1}{9}\right\}\div\left(0.895+2\frac{1}{6}\div 9\frac{1}{11}\right)$$

2　以下の問いに答えなさい。

(1)　右の図において、AB＝5cmであり、BC＝BD＝6cmです。三角形ABEの面積から三角形CDEの面積を引くと何cm²になりますか。

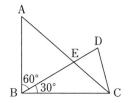

(2)　右の図において、QS＝5cmであり、三角形PQRは正三角形です。三角形UQRの面積から四角形PTUSの面積を引くと何cm²になりますか。

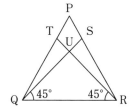

3　川に船着き場Aがあり、Aから7200m下流の地点に船着き場Bがあります。船アがAを出発してBへ向かい、船アの出発と同時に船イがBを出発してAへ向かうと、2そうの船はAから4500m下流の地点ですれ違います。また、船イがAを出発してBへ向かい、船イの出発と同時に船アがBを出発してAへ向かうと、2そうの船はAから3750m下流の地点ですれ違います。ただし、川の流れの速さはつねに一定で、静水時の船ア、イの速さもそれぞれ一定であるものとします。以下の問いに答えなさい。

(1)　静水時の船ア、イの速さの比を最も簡単な整数の比で答えなさい。

(2)　船アがAからBへ移動するのにかかる時間は、船イがBからAへ移動するのにかかる時間よりも4分48秒短いことがわかりました。川の流れの速さは分速何mですか。

4 右の図のように白黒2色の正三角形をしきつめて、

・1段目の三角形に1

・2段目の三角形に2、3、4

・3段目の三角形に5、6、7、8、9

  ⋮

というように規則的に数を書きこみます。

  以下の問いに答えなさい。

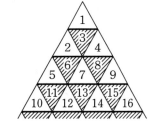

(1) 13段目の三角形に書きこまれたすべての数の和を答えなさい。

(2) しきつめられた三角形の中から、右の図のように上下に並んだ2つの三角形を考えます。ア＋イ＝464であるとき、数ア、イを答えなさい。

(3) しきつめられた三角形の中から、右の図のように並んだ4つの三角形を考えます。ウ＋エ＋オ＋カ＝1608であるとき、数オを答えなさい。

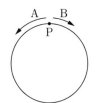

5 1周1kmの円形のコースがあります。A君とB君はコース上のP地点を同時に出発し、A君は自転車に乗って反時計回りに、B君は歩いて時計回りに、それぞれコースを周回します。2人はこれを2日行いました。以下の問いに答えなさい。

(1) 1日目、A君の進む速さとB君の進む速さの比は9：4でした。2人が18回目にすれ違うまでにA君が進んだ道のりは何kmですか。

(2) 2日目、A君の進む速さとB君の進む速さの比は、出発してしばらく9：4でしたが、途中でA君だけが速さをそれまでの2倍に変えました。すると、2人が18回目にすれ違った場所はP地点でした。

① 2人が18回目にすれ違ったのは、A君がコースを何周したときですか。考えられるものをすべて答えなさい。ただし、解答欄はすべて使うとは限りません。

[   ]周、[   ]周、[   ]周、[   ]周

② A君が出発してから途中で速さを変えるまでに進んだ道のりは何kmですか。考えられるものをすべて答えなさい。ただし、解答欄はすべて使うとは限りません。

[   ]km、[   ]km、[   ]km、[   ]km

6 1から9999までの整数を小さい順につなげて書き並べ、数字の並びAを作ります。

数字の並びA　　123456789101112…99989999

この数字の並びAを左から順に3つの数字ごとに区切り、整数の列Bを作ります。

整数の列B　　123、456、789、101、112、…、999

ただし、3つの数字の一番左が0である場合には、左の0を取って2桁や1桁の整数にします。例えば、021は整数21、007は整数7になります。また、000は整数0にします。

以下の問いに答えなさい。

(1) Bの1001番目の整数を答えなさい。

(2) Aに数字0は何回現れるか答えなさい。

(3) Aの中で、20から30までを書き並べた部分に注目し、Bを作るときに区切られる位置に縦線を書きました。このとき、縦線のすぐ右にある数字0をすべて丸で囲むと、以下のようになります。

2|⓪2 1|2 2 2|3 2 4|2 5 2|6 2 7|2 8 2|9 3 0|

これにならって、解答欄にある

・1000から1003までを書き並べた部分

・2000から2003までを書き並べた部分

・3000から3003までを書き並べた部分

に、それぞれBを作るときに区切られる位置に縦線を書き入れ、縦線のすぐ右にある数字0をすべて丸で囲みなさい。ただし、0が2個以上続いている場合も、縦線のすぐ右にある0だけを丸で囲みなさい。

| 1 0 0 0 1 0 0 1 1 0 0 2 1 0 0 3 |
| 2 0 0 0 2 0 0 1 2 0 0 2 2 0 0 3 |
| 3 0 0 0 3 0 0 1 3 0 0 2 3 0 0 3 |

(4) Bの中に100未満の整数は何回現れるか答えなさい。

栄 光 学 園 中 学 校

—60分—

※　鉛筆などの筆記用具・消しゴム・コンパス・配付された定規以外は使わないこと。

1　1段目に数をいくつか並べ、隣り合う2つの数の積を下の段に並べていきます。

例えば、1段目に左から3、4、2、1と並べると、次の図のようになります。

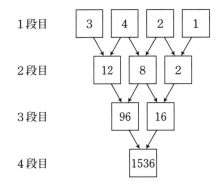

(1)　1段目に左から次のように並べるとき、4段目の数をそれぞれ答えなさい。

(ア)　3、4、1、2と並べるとき

(イ)　3、2、4、1と並べるとき

(2)　1段目に1から6までの数を1つずつ並べるとき、6段目の数が最も大きくなるのは1段目にどのように並べたときですか。並べ方を1つ答えなさい。

(3)　1段目に左から3、5、4、2、1、6と並べるとき、6段目の数は5で最大何回割り切れますか。例えば、75は5で最大2回割り切れます。

(4)　1段目に左から1、2、3、4、5、6と並べるとき、6段目の数は2で最大何回割り切れますか。

(5)　1段目に1から8までの数を1つずつ並べます。並べ方によって、8段目の数が2で最大何回割り切れるかは変わります。2で割り切れる回数が最も多いのは何回か答えなさい。

2　容積が100Lの水槽があり、給水用の蛇口A、Bと排水用の蛇口C、Dがあります。蛇口から出る1分あたりの水の量はそれぞれ一定です。

また、水槽内の水量によって蛇口を開けたり閉めたりする装置①〜④がついています。それぞれの装置の動作は次の通りです。

装置①：水槽内の水が20Lになったとき、Bが閉まっていたら開ける。

装置②：水槽内の水が70Lになったとき、Bが開いていたら閉める。

装置③：水槽内の水が80Lになったとき、Dが閉まっていたら開ける。

装置④：水槽内の水が40Lになったとき、Dが開いていたら閉める。

蛇口がすべて閉まっていて、水槽内の水が60Lである状態を『始めの状態』とします。

『始めの状態』からA、Cを同時に開けると、7分30秒後にBが開き、さらにその7分30秒後

に水槽は空になります。一方、『始めの状態』からB、Dを同時に開けると、先にDが閉まり、その後Bが閉まりました。B、Dを開けてからBが閉まるまでの時間は15分でした。

(1)　Bが1分間に給水する量は何Lですか。

(2)　『始めの状態』からA、B、Cを同時に開けると、何分何秒後に水槽は空になりますか。

(3)　『始めの状態』からA、C、Dを同時に開けると、何分何秒後に水槽は空になりますか。

　　『始めの状態』からA、Bを同時に開けると、通常は水槽が水でいっぱいになることはありませんが、装置②が壊れて動かなかったので水槽がいっぱいになりました。

(4)　Aが1分間に給水する量は何Lより多く何L以下と考えられますか。求め方も書きなさい。

3　100以上の整数のうち、次のような数を『足し算の数』、『かけ算の数』とよぶことにします。

『足し算の数』：一の位以外の位の数をすべて足すと、一の位の数になる

『かけ算の数』：一の位以外の位の数をすべてかけると、一の位の数になる

　　例えば、2024は2＋0＋2＝4となるので『足し算の数』ですが、2×0×2＝0となるので『かけ算の数』ではありません。また、2030は2＋0＋3＝5となるので『足し算の数』ではありませんが、2×0×3＝0となるので『かけ算の数』です。

(1)　『足し算の数』について考えます。

　(ア)　3桁の『足し算の数』は全部でいくつありますか。

　(イ)　最も小さい『足し算の数』は101です。小さい方から数えて60番目の『足し算の数』を答えなさい。

(2)　『かけ算の数』について考えます。

　(ア)　3桁の『かけ算の数』は全部でいくつありますか。

　(イ)　最も小さい『かけ算の数』は100です。小さい方から数えて60番目の『かけ算の数』を答えなさい。

(3)　『足し算の数』でも『かけ算の数』でもある数について考えます。

　(ア)　一の位の数として考えられるものをすべて答えなさい。

　(イ)　『足し算の数』でも『かけ算の数』でもある数はいくつあるか、一の位の数ごとに答えなさい。ただし、無い場合は空欄のままで構いません。

一の位	0	1	2	3	4
個数	個	個	個	個	個
一の位	5	6	7	8	9
個数	個	個	個	個	個

4　底辺が2cmで高さが2cmの二等辺三角形を底面とする、高さ2cmの三角柱を考えます。この三角柱を以下の図のように1辺の長さが2cmの立方体ABCD－EFGHの中に置きます。なお、角すいの体積は「(底面積)×(高さ)÷3」で求められます。

(1) 図1のように、三角柱の向きを変えて2通りの置き方をしました。これらの共通部分の立体Xの体積を答えなさい。

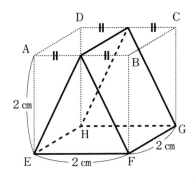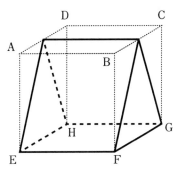

図1

(2) 図2のように、三角柱の向きを変えて2通りの置き方をしました。これらの共通部分の立体をYとします。

(ア) 立体Yの面はいくつありますか。

(イ) 立体Yの体積を答えなさい。

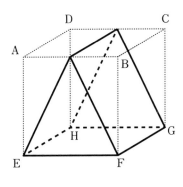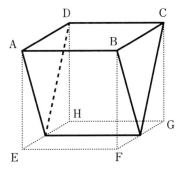

図2

(3) 図3のように、三角柱の向きを変えて2通りの置き方をしました。これらの共通部分の立体をZとします。

(ア) 立体Zのそれぞれの面は何角形ですか。答え方の例にならって答えなさい。

(答え方の例) 三角形が3面、四角形が2面、五角形が1面

(イ) 立体Zの体積を答えなさい。

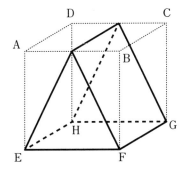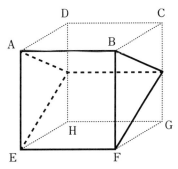

図3

海 城 中 学 校(第1回)

—50分—

注意 ・分数は最も簡単な帯分数の形で答えなさい。

・必要であれば、円周率は3.14として計算しなさい。

1 次の問いに答えなさい。

(1) $9 \div \left\{ 4\frac{1}{6} + \left(2.25 - 1\frac{1}{2}\right) \div 0.75 - 2\frac{1}{2} \right\} \div 1.125$ を計算しなさい。

(2) 8%の食塩水80g、6%の食塩水120g、4%の食塩水150g、水 \boxed{} gを混ぜて5%の食塩水をつくりました。 \boxed{} にあてはまる数を求めなさい。

(3) 現在、父の年齢は兄の年齢の3倍と弟の年齢の和より4歳上です。24年後、父の年齢は兄と弟の年齢の和に等しくなります。父と弟の年齢の差を求めなさい。

(4) 100以上300以下の整数のうち、約数の個数が9個である整数をすべて求めなさい。

(5) 次の図において直線ABとCDは平行で、長さの等しい辺には同じ印がついています。図の角アの大きさを求めなさい。

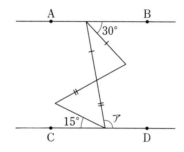

2 次の図のような三角形ABCにおいて、辺ABを2：3に分ける点をD、辺BCを2：1に分ける点をE、辺CAの真ん中の点をFとします。また、AEとBF、AEとCDが交わる点をそれぞれP、Qとします。

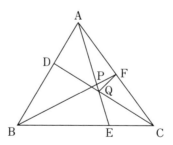

(1) AQ：QEを最も簡単な整数の比で求めなさい。

(2) AP：PQ：QEを最も簡単な整数の比で求めなさい。

(3) 三角形ABCと三角形FPQの面積の比を最も簡単な整数の比で求めなさい。

③　ある倉庫には毎朝、同じ量の荷物が届きます。Aさん、Bさん、Cさんの三人で倉庫からすべての荷物を運ぶことにしました。倉庫からすべての荷物を運ぶのに、Aさん一人では20分、Bさん一人では24分、Cさん一人では40分かかります。

(1)　1日目は、はじめにAさん一人で荷物を運び、その後BさんとCさんが同時に加わり三人で運んだところ、すべての荷物を運ぶのに全部で16分かかりました。はじめにAさん一人で荷物を運んでいた時間は何分ですか。

(2)　2日目は、はじめにAさんとBさんの二人が一緒に同じ時間だけ荷物を運び、最後にCさん一人で残った荷物をすべて運びました。このとき、Cさんが荷物を運んだ時間は他の二人の3倍でした。すべての荷物を運ぶのにかかった時間は何分ですか。

(3)　3日目は、はじめにBさん一人で荷物を運び、その後Aさん一人でBさんが運んだ時間の2倍の時間だけ荷物を運びました。最後にCさん一人でBさんよりも4分少ない時間だけ荷物を運んだところ、すべての荷物を運び終えました。すべての荷物を運ぶのにかかった時間は何分何秒ですか。

④　A君、B君の二人で、次の石取りゲームをします。

> ・はじめに何個か石があります。
> ・はじめに石を取る人はA君とします。
> ・交互に1個から6個までの石を取ることができます。
> ・最後に残った石をすべて取った人が勝ちとします。

例えば、はじめに20個の石があります。
　①　A君は5個の石を取りました。
　②　B君は残った15個の石から6個の石を取りました。
　③　A君は残った9個の石から1個の石を取りました。
　④　B君は残った8個の石から5個の石を取りました。
　⑤　A君は残った3個の石から3個すべてを取ったので、ゲームに勝ちました。

(1)　はじめに15個の石があります。そこからA君が3個の石を取りました。次にB君は何個の石を取れば、A君の石の取り方によらず、B君は必ず勝つことができますか。

(2)　はじめにある石が40個、41個、42個、43個のうち、A君の石の取り方によらず、B君が必ず勝つことができるはじめの石の個数をすべて選びなさい。

(3)　はじめにある石が10個以上100個以下の場合、B君の石の取り方によらず、A君が必ず勝つことができるはじめの石の個数は何通りありますか。

⑤　次の図のように1辺の長さが6cmの立方体ABCD−EFGHがあり、各辺上の点P、Q、R、S、T、UはAP=FQ=CR=BS=DT=GU=1cmとなる点とします。
　ただし、角すいの体積は(底面積)×(高さ)÷3で求められるものとします。

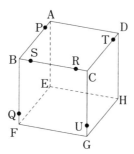

(1)　3点P、Q、Rを通る平面と辺AE、CG、DHの真ん中の点を通る平面でこの立方体を切
　　断します。切断したときにできる立体のうち、点Eをふくむ立体の体積を求めなさい。

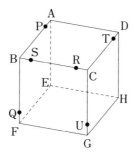

(2)　3点P、Q、Rを通る平面と3点S、T、Uを通る平面でこの立方体を切断します。切断し
　　たときにできる立体のうち、点Eをふくむ立体の体積を求めなさい。

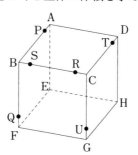

6　次の図のように長さ120cmの円周上に、はじめ、等間隔に3点A、B、Cがあります。A、B、
　Cは同時に出発し、Aは時計回りに毎秒4cm、Bは時計回りに毎秒6cm、Cは反時計回りに毎秒
　4cmの速さで円周上を進みます。ただし、Cは5秒進むごとに3秒その場で停止するものとします。

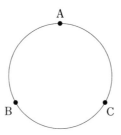

(1)　2点B、Cがはじめて重なるのは出発してから何秒後ですか。

(2)　2点A、Cが2回目に重なるのは出発してから何秒後ですか。

(3)　3点A、B、Cがはじめて重なるのは出発してから何秒後ですか。

開 成 中 学 校

―60分―

【解答上の注意】　1　問題文中に特に断りのないかぎり、答えが分数になるときは、できるだけ
約分して答えなさい。円周率が必要なときは3.14を用いなさい。

2　必要ならば、「角柱、円柱の体積＝底面積×高さ」、「角すい、円すいの体積＝底面積×高さ÷3」を用いなさい。

1　次の問いに答えなさい。

⑴　数字1、2、3、4、5、6、7、8、9と四則演算の記号＋、－、×、÷とカッコだけを
用いて2024を作る式を1つ書きなさい。ただし、次の指示に従うこと。

①　1つの数字を2個以上使ってはいけません。

②　2個以上の数字を並べて2けた以上の数を作ってはいけません。

③　できるだけ使う数字の個数が少なくなるようにしなさい。（使う数字の個数が少ない答え
ほど、高い得点を与えます。）

たとえば、10を作る場合だと、

●　5＋5や(7－2)×2は、①に反するので認められません。

●　1と5を並べて15を作り、15－2－3とするのは、②に反するので認められません。

●　③の指示から、2×5、2×(1＋4)、4÷2＋3＋5のうちでは、使う数字の個数
が最も少ない2×5の得点が最も高く、数字3個の2×(1＋4)、数字4個の4÷2
＋3＋5の順に得点が下がります。

⑵　2本の金属棒O、Pがあります。長さはPの方がOより2cm長く、重さは2本とも同じです。
長さ1cmあたりの重さは、Oはどこでも1cmあたり10gです。Pは、中間のある長さの部分
だけ1cmあたり11gで、それ以外の部分は1cmあたり8gです。

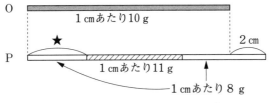

（図の中の長さは正確ではありません。）

　2本の金属棒を図の左端から同じ長さだけ切り取るとすると、切り取る部分の重さが等しく
なるのは、切り取る長さが34.5cmのときだけです。

㋐　図の★の部分の長さを求めなさい。

㋑　金属棒1本の重さを求めなさい。

(3)　1辺3cmの正三角形Pに、マークPがかかれています。この正三角形Pがはじめ次の図のスタートの位置にあって、1辺9cmの正三角形Qの外周を図の矢印の方向にすべらないように転がって、はじめてゴールの位置にくるまで動きます。

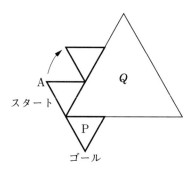

(ア)　正三角形Pがゴールの位置に着いたとき、マークPは前の図の向きになっていました。マークPは、スタートの位置ではどの向きにかかれていましたか。次の図に書き込みなさい。

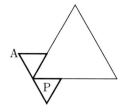

(イ)　正三角形Pがスタートからゴールまで動くとき、図の頂点Aが動く距離を求めなさい。

(ウ)　正三角形Pがスタートからゴールまで動くときに通過する部分の面積は、次のように表されます。空らん(X)、(Y)にあてはまる数を答えなさい。

> 正三角形Pが通過する部分の面積は、半径が3cmで、中心角が60°のおうぎ形　(X)　個分の面積と、1辺が3cmの正三角形　(Y)　個分の面積をあわせたものである。

2　9枚のカード①、②、③、④、⑤、⑥、⑦、⑧、⑨があります。はじめに、9枚のカードから何枚かを選び、混ぜ合わせて1つの山に重ねます。このときのカードの並び方を「はじめのカードの状況」ということにします。

　たとえば、5枚のカード①、②、③、④、⑤を使う場合を考えましょう。5枚のカードを混ぜ合わせて1つの山に重ねたとき

　　「カードが上から④②⑤①③の順に重ねられている」

とします。これがこのときのはじめのカードの状況です。これを簡単に【42513】と表すこととにします。

　机と箱があります。次のルールに従って、山に重ねたカードを上から1枚ずつ、机の上か、箱の中に動かします。

　● 1枚目のカードは必ず机の上に置く。

　● 2枚目以降のカードは、そのカードに書かれた数が机の上にあるどのカードに書かれた数よりも小さいときだけ机の上に置き、そうでないときには箱の中に入れる。

たとえば、はじめのカードの状況が【４２５１３】のとき、カードは次の図のように動かされ、最終的に机の上には３枚のカード④②①が、箱の中には２枚のカード⑤③が置かれます。この結果を、机の上のカードに注目して、カードが置かれた順に《４２１》と表すことにします。

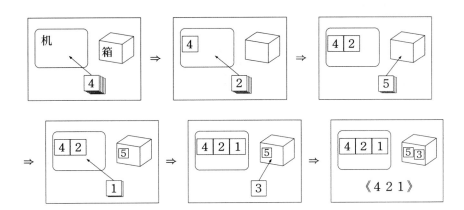

(1) ７枚のカード①、②、③、④、⑤、⑥、⑦を使う場合を考えます。

　　はじめのカードの状況が【７４６３１２５】であるときの結果を答えなさい。

(2) 次のそれぞれの場合のはじめのカードの状況について答えなさい。(ア)、(イ)については、解答らんをすべて使うとは限りません。

(ア) ３枚のカード①、②、③を使う場合を考えます。

　　結果が《２１》になるはじめのカードの状況をすべて書き出しなさい。

【　　　】【　　　　】【　　　　】【　　　　】【　　　　】【　　　　】

(イ) ４枚のカード①、②、③、④を使う場合を考えます。

　　結果が《２１》になるはじめのカードの状況をすべて書き出しなさい。

【　　　】【　　　　】【　　　　】【　　　　】【　　　　】【　　　　】

(ウ) ５枚のカード①、②、③、④、⑤を使う場合を考えます。

　　① 結果が《２１》になるはじめのカードの状況は何通りありますか。

　　② 結果が《５２１》になるはじめのカードの状況は何通りありますか。

(エ) ６枚のカード①、②、③、④、⑤、⑥を使う場合を考えます。

　　結果が《５２１》になるはじめのカードの状況は何通りありますか。

(3) ９枚のカード全部を使う場合を考えます。

　　結果が《７５４２１》になるはじめのカードの状況は何通りありますか。

3　あとの見取図のような直方体Xを3つの平面P、Q、Rで切断して、いくつかの立体ができました。このうちの1つをとって、立体Yと呼ぶことにします。

立体Yの展開図はあとの図のようになることが分かっています。ただし、辺㋐、辺㋑につづく面が、それぞれ1つずつかかれていません。また、直方体Xの見取図の点A、B、Cが、立体Yの展開図の点A、B、Cに対応します。

(1)　立体Yの展開図の面①〜⑤の中で、もともと直方体Xの面であったものをすべて答えなさい。

(2)　立体Yの展開図に書かれた点D、E、Fに対応する点は、直方体Xの辺上にあります。辺上の長さの比がなるべく正確になるように注意して、点D、E、Fに対応する点を、次の直方体Xの見取図にかき入れなさい。

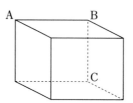

(3)　平面Pで直方体Xを切断したときの断面、Qで切断したときの断面、Rで切断したときの断面は、それぞれどのような図形になりますか。次の図のようなかき方で、あとの直方体Xの見取図に1つずつかき入れなさい。3つの答えの順番は問いません。また、平面と交わる直方体の辺については、辺上の長さの比がなるべく正確になるように注意しなさい。

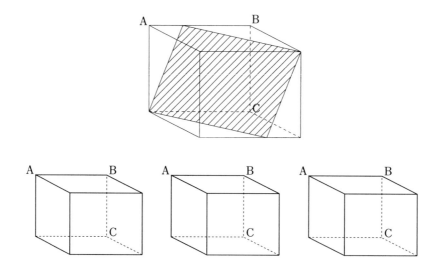

(4)　次の立体Yの展開図に、(あ)、(い)につづく面を、なるべく正確にかき入れなさい。

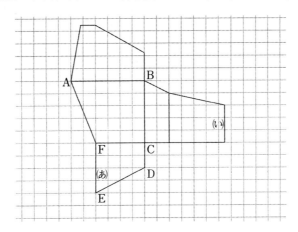

(5)　展開図のひと目盛を1cmとします。(4)でかき入れた面のうち、(い)につづくほうの面積を求めなさい。

直方体Xの見取図

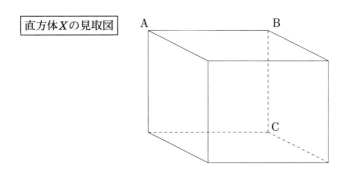

立体Yの展開図

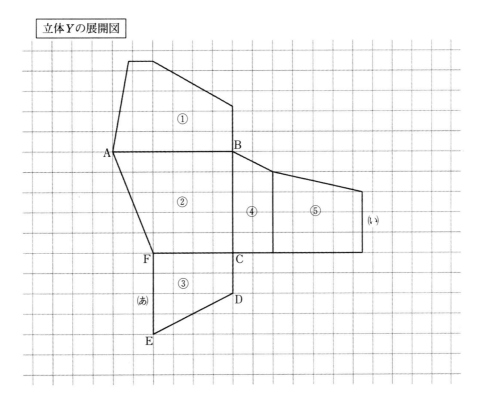

学 習 院 中 等 科(第1回)

—50分—

〔注意〕 ③〜⑤は、式や考え方を必ず書きなさい。

① 次の□□□に当てはまる数を入れなさい。

(1) $19 \times 23 + 777 \div (386 - 127) = $ □□□

(2) $2.5 \times 1.9 - 0.3 \div 0.08 + 3.5 \times 0.6 = $ □□□

(3) $4\frac{5}{6} \div 2\frac{16}{21} + \frac{5}{14} \times 1\frac{3}{4} - 1\frac{8}{9} \div 1\frac{1}{3} = $ □□□

(4) $\left(2\frac{1}{6} - 1\frac{1}{3}\right) \times 1.9 + (1.5 \div 0.9 - $ □□□ $) \div 2\frac{2}{5} = 2$

② 次の□□□に当てはまる数を入れなさい。

(1) 6人ですると40日かかる仕事があります。この仕事を□□□人ですると30日かかります。

(2) 1個140円のりんごと1個100円のみかんをあわせて15個買い、1780円を支払いました。このとき、買ったりんごは□□□個です。

(3) 今、私は15歳で母は51歳です。母の年齢が私の年齢の5倍だったのは今から□□□年前です。

(4) 3つの整数1415、1085、920を100より大きい同じ整数で割ったところ、余りが同じになりました。このとき、余りは□□□です。

③ 1番目の数をア、2番目の数をイとして、以降、前の2数の積を求め、その一の位の数を書くという作業を続けます。そのようにしてできる数の列を ｛ア、イ｝ とします。

例

　　｛3、9｝→3、9、7、3、1、3、3、9、7、・・・

　　｛6、2｝→6、2、2、4、8、2、6、2、2、・・・

このとき、次の問いに答えなさい。

(1) ｛7、1｝ の30番目の数を求めなさい。（式や考え方も書くこと。）

(2) ｛2、9｝ の1番目から30番目までの数の和を求めなさい。（式や考え方も書くこと。）

(3) ｛4、9｝ の1番目から30番目までに4は何個あるか求めなさい。（式や考え方も書くこと。）

4　次の図は、中心が点A、B、Cで半径がそれぞれ3cmの円を3つ組み合わせたものです。また、三角形BDEは直角二等辺三角形です。

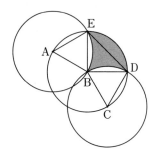

このとき、次の問いに答えなさい。ただし、円周率は3.14、1辺が3cmの正三角形の高さを2.6cmとします。

(1)　1番外側の線で囲まれた図形の周の長さを求めなさい。（式や考え方も書くこと。）

(2)　1番外側の線で囲まれた図形の面積を求めなさい。（式や考え方も書くこと。）

(3)　影をつけた部分の面積を求めなさい。（式や考え方も書くこと。）

5　A地点からB地点まで上り坂になっている道があります。太郎はA地点から、次郎はB地点から同時に出発し、それぞれAB間を往復し、同時に元の地点に戻りました。2人とも途中で止まりませんでした。

次の図は、2人がそれぞれA地点、B地点を出発してから元の地点に戻るまでの時間と2人の間の距離の関係を表したものです。

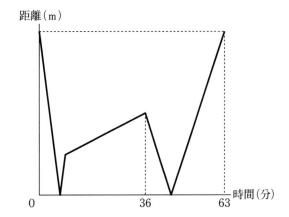

このとき、次の問いに答えなさい。ただし、2人とも上り坂と下り坂では、それぞれ進む速さが異なります。太郎が下り坂を進む速さは毎分80mで、次郎が上り坂を進む速さは毎分40mです。

(1)　A地点とB地点の間の距離を求めなさい。（式や考え方も書くこと。）

(2)　2人が2回目に出会った地点は、A地点から何m離れているか求めなさい。（式や考え方も書くこと。）

(3)　2人が1回目に出会ったのは、2人が出発してから何分何秒後か求めなさい。（式や考え方も書くこと。）

6　A、B、C、D、E、F、G、H、I、J、Kの11人が1号室から5号室の5部屋に分かれて宿泊しています。4号室のみ3人部屋で、残りの部屋は2人部屋です。

1号室(2人)	2号室(2人)	3号室(2人)	4号室(3人)	5号室(2人)

いま、次のことがわかっています。

① Aのとなりの部屋にBが、Cのとなりの部屋にDがいます。

② Bの部屋とCの部屋の間に部屋が1つあり、Aの部屋とDの部屋の間にも部屋が1つあります。

③ DとEの部屋番号はそれぞれ奇数です。

④ E、F、H、Iのそれぞれの部屋のとなりには3人部屋はありません。

⑤ FとGは同じ部屋ですが、FとBはちがう部屋です。

⑥ Jの部屋のとなりには2人部屋があります。

このとき、次の問いに答えなさい。

(1) Eの部屋は何号室か答えなさい。

(2) 3号室、4号室、5号室には、それぞれ誰が宿泊しているか答えなさい。

鎌倉学園中学校(第1回)

—50分—

[注意事項]　円周率は3.14とします。

1　次の計算をしなさい。

(1)　$100-\{71-15\times(52-16)\div27\}$

(2)　$1.25\div\left(0.5-\dfrac{1}{3}\right)\times\left(\dfrac{2}{3}-\dfrac{2}{3}\times4\times\dfrac{3}{16}\right)$

(3)　$\dfrac{1}{3}\times\left\{\left(\dfrac{1}{2\times5}+\dfrac{1}{5\times3}\right)+\left(\dfrac{1}{3\times7}+\dfrac{1}{7\times4}\right)+\left(\dfrac{1}{4\times9}+\dfrac{1}{9\times5}\right)\right\}$

(4)　$2024\times5.1-1012\times5.4+4048\times3.8$

2　次の　　　　　に適する数を求めなさい。

(1)　$2024\times\left\{\dfrac{2}{11}-\left(\boxed{}+\dfrac{1}{8}\right)\right\}=27$

(2)　41個の分数$\dfrac{1}{42}$、$\dfrac{2}{42}$、$\dfrac{3}{42}$、……、$\dfrac{40}{42}$、$\dfrac{41}{42}$の中で、約分できない分数は　　　　　個あります。

(3)　ある部活の部員が長いすにすわるのに、1つのいすに3人ずつすわると4人がすわれませんでした。また、1つのいすに5人ずつすわると、1つのいすだけが3人がけになり、いすが4つ余りました。この部活の部員数は　　　　　人です。

(4)　十の位の数が5である3けたの整数があります。各位の数の和は一の位の数の2倍で、また、百の位の数と一の位の数を入れかえた数は、もとの数の2倍より36大きいです。もとの整数は　　　　　です。

3　次の　　　　　に適する数を求めなさい。

(1)　図のように正三角形と半径が3cmの円が3つあります。斜線の部分の面積は　　　　　cm²です。ただし、円周率は3.14とします。

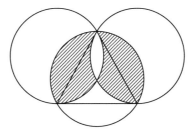

(2)　図のように平行な2本の直線と正五角形があります。角xの大きさは　　　　　度です。

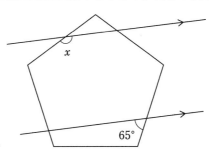

4　次のように、ある規則にしたがって数を並べます。

$$1、\frac{1}{2}、1、\frac{1}{3}、\frac{2}{3}、1、\frac{1}{4}、\frac{1}{2}、\frac{3}{4}、1、\frac{1}{5}、\frac{2}{5}、\frac{3}{5}、\frac{4}{5}、1、\cdots\cdots$$

次の問いに答えなさい。

(1)　50番目の数はいくつですか。

(2)　8回目にあらわれる$\frac{1}{2}$は何番目の数ですか。

(3)　12回目にあらわれる$\frac{2}{3}$は何番目の数ですか。

5　図のように円周を5等分した点ア、イ、ウ、エ、オがあります。

点アと点イを通る直線を①、

点アと点ウを通る直線を②、

点アと点エを通る直線を③、

点アと点オを通る直線を④、

点イと点ウを通る直線を⑤、

点イと点エを通る直線を⑥、

点イと点オを通る直線を⑦、

点ウと点エを通る直線を⑧、

点ウと点オを通る直線を⑨、

点エと点オを通る直線を⑩

とします。

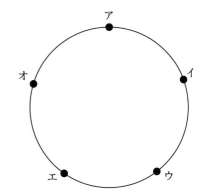

直線①〜⑩から2本を選ぶとき、次の問いに答えなさい。

(1)　2本の直線が平行になるのは何通りありますか。

(2)　2本の直線が円の内部で交わるのは何通りありますか。

(3)　2本の直線が円周上で交わるのは何通りありますか。

6　右の表はあるプロ野球球団の選手AとBのバッティングの記録です。ただし、打率とは$\frac{\text{安打}}{\text{打数}}$によって表される割合のことです。

	打数	安打
選手A	246本	82本
選手B	265本	74本

次の問いに答えなさい。

(1)　選手Aの打率を求めなさい。

(2)　選手Bは安打をあと何本打てていれば、選手Aの打率を超えることができましたか。

(3)　この球団の試合では、1日4回打席が回ってきて、毎日試合があるものとします。このあと選手Aは毎回同じ打率で打つものとして、選手Bが打率$\frac{3}{4}$で打ち続けたとすると、何日目に選手Aの打率を上回ることができますか。

7 図のような三角形ＡＢＣがあります。頂点Ａが辺ＢＣ上にくるように折ってみます。

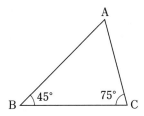

次の問いに答えなさい。

(1) 角㋐の大きさが85°のとき、角㋑の大きさを求めなさい。

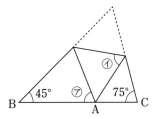

(2) 辺ＤＥと辺ＢＣが平行となるように折ったとき、ＡＢの長さは15cmとなりました。このとき、三角形ＡＢＤの面積を求めなさい。

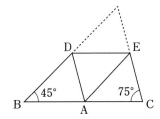

(3) (2)の図において、三角形ＡＤＥが正三角形となるように頂点Ａを動かしたとき、平行となる辺はどれとどれですか。すべての組を答えなさい。

8 図のような直角三角形ＡＢＣがあります。

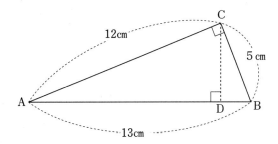

次の問いに答えなさい。ただし、円周率は3.14とします。

(1) 直角三角形ＡＢＣを、直線ＡＣを軸として1回転させたときにできる立体の体積を求めなさい。

(2) ＣＤの長さを求めなさい。

(3) 直角三角形ＡＢＣを、直線ＡＢを軸として1回転させたときにできる立体の体積を求めなさい。

暁 星 中 学 校(第1回)

—50分—

※ 途中の計算等はすべて書きなさい。

1 図のように、1辺の長さが6cmの立方体の頂点を結んで作られた2つの立体があります。次の問いに答えなさい。

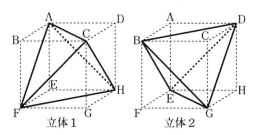

立体1 立体2

(1) 立体1の体積を求めなさい。

(2) 2つの図のA、B、C、Dの点をそれぞれ重ねたとき、立体1と立体2の重なる部分の体積を求めなさい。

2 両親と息子2人がいます。現在、父と長男の年齢の和は44です。20年後に父の年齢は長男の年齢の2倍となります。次の問いに答えなさい。

(1) 現在の父と長男の年齢を求めなさい。

(2) 現在、母と次男の年齢の比は8：1です。 あ 年後、父と長男の年齢の和と母と次男の年齢の和の比が7：6となり、次男が10才になります。 あ にあてはまる数を答えなさい。

3 AさんとBさんは宿舎を同時に出発して球場に向かいます。宿舎から球場までは上り坂と下り坂と平地があり、平地の道のりは1.8kmです。平地ではAさんは毎時3.6km、Bさんは毎時5.4kmで進みます。上り坂ではBさんがAさんの$\frac{4}{3}$倍、下り坂ではAさんがBさんの1.2倍の速さで進みます。Bさんが上り坂と下り坂を進むのにかかった時間は合わせて27分で、Bさんの方がAさんより13分早く球場に着きました。次の問いに答えなさい。

(1) 平地においてかかった時間の差は何分か求めなさい。

(2) Aさんが上り坂にかかった時間および下り坂にかかった時間をそれぞれ求めなさい。

4 次のように、ある規則にしたがって分数が並んでいます。次の問いに答えなさい。

$$\frac{1}{3}、\frac{2}{3}、\frac{1}{5}、\frac{2}{5}、\frac{3}{5}、\frac{4}{5}、\frac{1}{7}、\frac{2}{7}、\frac{3}{7}、\frac{4}{7}、\frac{5}{7}、\frac{6}{7}、\frac{1}{9}、\frac{2}{9}、\frac{3}{9}、\frac{4}{9}、……$$

(1) $\frac{82}{87}$は何番目か求めなさい。

(2) この並んでいる分数の中には$\frac{3}{9}$のように約分できる分数がいくつかあります。20回目に出てくる約分できる分数を求めなさい。ただし、約分する前の形で答えなさい。

(3) 2024番目までの分数の中で、約分された後$\frac{6}{13}$となる数のうち、後ろから2つ目にある分数は全体で何番目か求めなさい。

5 A、Bを整数とします。次の問いに答えなさい。
(1) Aの約数の個数が3個、約数の総和が871のとき、Aを求めなさい。
(2) Bの約数の個数が4個、約数の総和が400のとき、Bを求めなさい。

慶 應 義 塾 普 通 部

—40分—

注意　途中の計算式なども必ず書きなさい。

1　　　　　にあてはまる数を求めなさい。

① $\left(75.4 \div 29 - \dfrac{13}{8}\right) \times 12 = $ 　　　　　

② $0.875 \div \left(2 + \dfrac{3}{4} - \boxed{}\right) \times \dfrac{10}{21} = \dfrac{1}{5}$

2　次の図のような長方形ABCDがあり、辺ADを3等分した点をE、Fとし、辺BCを4等分した点をG、H、Iとします。ア：イ：ウを最も簡単な整数の比で求めなさい。

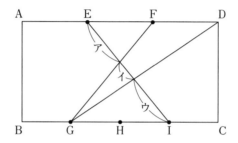

3　A、B、Cの3人がそれぞれお金を持っています。AとBのはじめの所持金の比は1：3で、CがBに100円を渡したところ、BとCの所持金の比は20：9になりました。A、B、Cの所持金の合計が680円であるとき、Cのはじめの所持金はいくらですか。

4　次の図のような台形ABCDがあります。点P、Qが頂点Aから同時に出発して、台形ABCDの辺上を、B、Cを通りDまで動きます。Pは毎秒3cm、Qは毎秒1cmで動くとき、P、Qを結んだ直線が台形ABCDの面積をはじめて2等分するのは、P、Qが出発してから何秒後ですか。

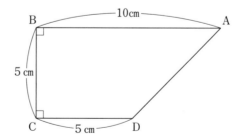

5　4けたの整数があります。千の位の数は百の位の数と異なり、百の位の数は十の位の数以下で、十の位の数と一の位の数の和は10です。このような4けたの整数は何個ありますか。

6　AとBが学校を同時に出発して公園へ行きました。Aは一定の速さで歩きましたが、Bは道のりの途中までAの速さの80%の速さで歩き、残りはBがそれまで歩いた速さの$1\frac{1}{3}$倍の速さで走りました。

①　Bが道のりの半分から走り始めました。Aが公園に着いたとき、Bは公園まであと125mのところにいました。学校から公園までの道のりは何mですか。

②　BがAと同時に公園に着くには、Bが学校を出て何m歩いたところから走り始めればいいですか。

7

①　2から5までの4個の整数のいずれでもわり切れる整数の中で、最小の整数は60です。では、2から9までの8個の整数のいずれでもわり切れる整数の中で、最小の整数はいくつですか。

②　2から5までの4個の整数のうちちょうど3個の整数でわり切れる整数の中で、最小の整数は12です。では、2から9までの8個の整数のうちちょうど6個の整数でわり切れる整数の中で、2番目に小さい整数はいくつですか。

8　次の図のような、底面が直角三角形、側面が長方形である三角柱ABC−DEFを、点P、Q、Rを通る平面で切りました。この平面と辺CFの交わる点をSとするとき、CSの長さを求めなさい。

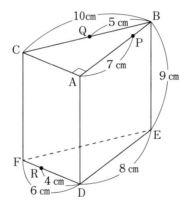

9　次の図のような四角形ABCDで、頂点Dを通り辺ABに平行な直線と辺BCとの交点をEとします。点FはAEとBDの交点です。AB＝AD＝AE＝BF＝CDであるとき、あ、いの角度をそれぞれ求めなさい。

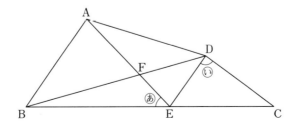

—50分—

注意　1　必要なときには、円周率を3.14として計算しなさい。

　　　2　比で答えるときは、最も簡単な整数比で答えなさい。

　　　3　図やグラフは正確とはかぎりません。

1　次の□□□□にあてはまる数を求めなさい。

(1)　$\left\{3.14-\left(\dfrac{1}{5}+0.775\right)\times\dfrac{12}{13}-1\dfrac{1}{7}\right\}\div0.64=$□□□□

(2)　$(252\div3-3)\div3\div$□□□□$-3=1$

(3)　分数Aと整数Bについて、(A、B)という記号は、Aを小数で表したときの小数第B位の数を表すものとします。

例
$$\left(\dfrac{3}{4}、\ 1\right)=7$$
$$\left(\dfrac{3}{7}、\ 3\right)=8$$

このとき、

①　$\left(\dfrac{1}{2024}、\ 7\right)=$□□□□です。

②　$\left(\dfrac{1}{7}、\ 2024\right)=$□□□□です。

③　$\left(\dfrac{1}{13}、\ X\right)+\left(\dfrac{1}{41}、\ X\right)=18$のとき、

　　Xにあてはまるもっとも小さい数は□□□□です。

2　次の□□□□にあてはまる数を求めなさい。

(1)　A地点からB地点まで時速4.2kmで歩く予定でしたが、時速4.8kmで歩いたので予定より15分早く着きました。A地点からB地点までの道のりは□□□□kmです。

(2)　□□□□チームで野球の総当たり戦を1試合ずつ行うと、試合数は120試合になります。

(3)　10円、50円、100円硬貨がそれぞれたくさんあります。これらを使ってちょうど400円を支払うとき、硬貨の組み合わせは□□□□通りあります。ただし、使わない硬貨があってもよいものとします。

(4)　もも20個とりんご23個となし15個を何人かの子どもに配りました。全員に2個ずつ配ったところ、同じくだものを2個もらった子どもはいませんでした。また、くだものは1個も余りませんでした。このとき、りんごとなしの2個をもらった子どもは□□□□人です。

(5)　1辺の長さが1cmの立方体が123個あります。この立方体の何個かをすきまなく積み重ねて直方体を1つだけ作り、作った直方体の体積をアcm³、表面積をイcm²とします。ア÷イの値がもっとも大きくなるような直方体を作ったとき、そのア÷イの値は□□□□です。

③　図のように、ある規則にしたがって整数を1から順に並べ、上から○行目、左から□列目にある数を(○、□)と表すことにします。例えば、上から2行目、左から3列目にある数は8なので、(2、3)＝8です。このとき、次の問いに答えなさい。

	1列	2列	3列	4列	5列	…
1行	1	2	4	7	11	
2行	3	5	8	12	17	
3行	6	9	13	18	24	
4行	10	14	19	25	32	
5行	15	20	26	33	41	
⋮						

⑴　(7、7)で表される数を求めなさい。

⑵　(X、X)＝221のとき、Xにあてはまる数を求めなさい。

　　1行目にも1列目にもない数を1つ選び、その数と上下左右にある数の5つを小さい順にA、B、C、D、Eとします。

　　例えば13を選ぶと、Aは8、Bは9、Cは13、Dは18、Eは19です。

⑶　Cが70のとき、A＋Eを求めなさい。

⑷　A＋B＋C＋D＋E＝1332のとき、Cを求めなさい。

⑸　Cが(20、24)で表されるとき、A＋B＋C＋D＋Eを求めなさい。

④　図のように、ABを直径とし、中心をOとする半径5cmの半円があり、C、D、Eは円周上の点です。FはOCとDEが交わる点、GはBCとDEが交わる点です。また、三角形OBCの面積は12cm²で、辺BCの長さは8cmです。さらに、三角形OBCと三角形OEDは合同で、ABとDEは平行です。このとき、次の問いに答えなさい。

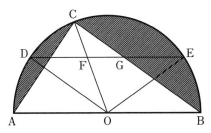

⑴　図の斜線部分の面積の合計を求めなさい。

⑵　辺ACの長さを求めなさい。

⑶　CGの長さを求めなさい。

⑷　三角形CFGの面積を求めなさい。

⑸　DFとFGとGEの長さの比を求めなさい。

佼成学園中学校(第1回)

—50分—

注意事項　1　2から5については式や考え方が書かれている場合、部分点をあたえることがあります。

　　　　　2　円周率はすべて3.14とします。

1　次の□□□にあてはまる数を書きなさい。

(1)　$(24 + 6 \div 2 - 15) \times 3 =$ □□□

(2)　$\dfrac{1}{1 \times 2} + \dfrac{1}{2 \times 3} + \dfrac{1}{3 \times 4} + \dfrac{1}{4 \times 5} =$ □□□

(3)　$56.7 \times 2.3 =$ □□□ $\times 0.23$

(4)　$(3.6 \times 1.8 - 52.9 \div 23) \times 5 =$ □□□

(5)　$\{(\text{□□□} - 10) \times 4 + 4\} \div 4 = 5$

2　次の□□□にあてはまる数を書きなさい。

(1)　兄と弟の所持金の合計は5000円で、兄の所持金は弟の所持金より680円多いです。兄の所持金は□□□円です。

(2)　日本のお金の単位は円といい、タイのお金の単位はバーツといいます。2172バーツが543円であったとき、500バーツは□□□円です。

(3)　ある仕事をするのに、A君は3日間で全体の$\dfrac{1}{4}$の仕事ができ、B君は4日間で全体の$\dfrac{1}{6}$の仕事ができます。この仕事をA君とB君の2人で行うと□□□日間でできます。

(4)　□□□%の食塩水が200g、3%の食塩水が400gあります。この2つの食塩水を混ぜ合わせた食塩水に400gの水を加えると、2%の食塩水になります。

(5)　右の図のように、1辺の長さが4cmの正方形の中に、おうぎ形と正方形をかきました。斜線部分の面積は□□□cm²です。

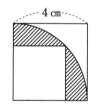

(6)　右の図のように、大きな円すいから小さな円すいを切りとった立体の体積は□□□cm³です。

　　ただし、円すいの体積は「(底面積)×(高さ)×$\dfrac{1}{3}$」で求めることができます。

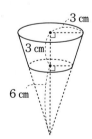

③　点Pは、図1のような図形の周りを毎秒2cmの速さで、A→B→C→D→Eの順に移動します。図2は、点Pが出発してからの時間と、三角形PAEの面積の関係を表しています。

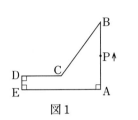

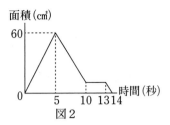

図1　　　　　　　　　　　　　　図2

(1)　ABの長さは何cmですか。

(2)　AEの長さは何cmですか。

(3)　出発してから7秒後の三角形PAEの面積は何cm²ですか。

④　図のような模様がかかれた壁の4つの場所に色をぬります。使える色は、赤、青、白、黄の4色で、同じ色を何回使ってもよいものとしますが、となり合う場所を同じ色でぬることはできません。一番左の場所は必ず赤をぬることとします。

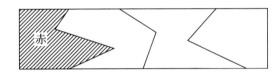

(1)　2色だけを使うぬり方は何通りありますか。

(2)　4色すべてを使うぬり方は何通りありますか。

(3)　すべてのぬり方は全部で何通りありますか。

⑤　2以上の整数の中から数を1つ選びます。選んだ数に対して、次の[操作①]、[操作②]を、答えが1になるまでくり返します。

> [操作①]　数が偶数のときは、その数を2でわる。
> [操作②]　数が奇数のときは、その数に3をかけて1をたす。

例えば、選んだ数が4のときは、2回の操作で1になります。

　　　[操作①]　　　[操作①]
　　　4　→　2　→　1

選んだ数が5のときは、5回の操作で1になります。

　　　[操作②]　　　[操作①]　　　[操作①]　　　[操作①]　　　[操作①]
　　　5　→　16　→　8　→　4　→　2　→　1

(1)　選んだ数が6のときは、何回の操作で1になりますか。

(2)　選んだ数が17のときは、何回の操作で1になりますか。

　選んだ数が7回の操作で1になるものをすべて求めると、3、20、21、128になります。その理由を図や言葉を使って説明すると、次のようになります。

【理由】

　[操作①] を→で、[操作②] を↗で表します。

	1回	2回	3回	4回	5回	6回	7回
<1個目>	128 →	64 →	32 →	16 →	8 →	4 →	2 → 1
<2個目>	21 ↗						
<3個目>	20 →	10 →	5 ↗				
<4個目>	3 ↗						

<1個目>

　[操作①] だけを7回使って1になる数は128です。

<2個目>

　[操作②] を1回使って64になる数は21です。また、64は [操作①] を6回使うと1になります。よって、21は7回の操作で1になる数です。

<3個目>

　[操作②] を1回使って16になる数は5です。[操作①] を2回使って5になる数は20です。また、16は [操作①] を4回使うと1になります。よって、20は7回の操作で1になる数です。

<4個目>

　[操作②] を1回使って10になる数は3です。また、10は6回の操作で1になります。よって、3は7回の操作で1になる数です。

　選んだ数が7回の操作で1になるものは、3、20、21、128です。

---

(3)　同じように考えて、選んだ数が9回の操作で1となるものをすべて求めなさい。また、その理由を図や言葉を使って説明しなさい。

駒 場 東 邦 中 学 校

—60分—

1

(1) ① □ にあてはまる1以上の整数の組は何個ありますか。

$$11 \times \boxed{\text{ア}} + 23 \times \boxed{\text{イ}} = 2024$$

② □ にあてはまる1以上の整数の組を1つ答えなさい。

$$8 \times \boxed{\text{ウ}} + 11 \times \boxed{\text{エ}} + 23 \times \boxed{\text{オ}} = 2024$$

(2) 現在、時計の針は10時 □カ 分 □キ 秒を指しています。長針と短針のつくる角度が現在と20分後で変わらないとき、 □カ 、 □キ にあてはまる数を(カ，キ)の形ですべて答えなさい。ただし、キの値（あたい）は分数（ぶんすう）で答えなさい。

(3) 右の図のような正方形のタイルを並べて模様をつくります。次の形に並べるとき、何通りの模様が考えられますか。ただし、タイルは回転して使ってもよいですが、裏面は使いません。また、回転して同じ模様になるものは1つの模様とみなします。

① 　②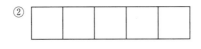

③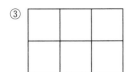

(4) ① 次の図のように、1辺の長さが4cmの正三角形ABCと1辺の長さが3cmの正三角形DEFがあり、辺ACと辺DEが交わる点をGとします。三角形AGDにおいて角Aの大きさが30°のとき、三角形AGDと三角形GECの面積の比を最も簡単な整数の比で表しなさい。

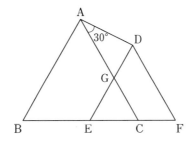

② 1辺の長さが3cmの正三角形と1辺の長さが4cmの正三角形の面積の和は、1辺の長さが5cmの正三角形の面積に等しいことを、①を利用して説明しなさい。

2　1辺の長さが6cmの正十一角形があります。この正十一角形の各頂点を中心として半径6cmの円をかき、11個の円の内側全体を図形アとします。

このとき、次の問いに答えなさい。ただし、円周率は3.14とします。

(1)　正十一角形の11個の角の大きさの和を求めなさい。

(2)　正十一角形の内側にあり、アの外側にある部分のまわりの長さを求めなさい。

(3)　アを正十一角形によって2つの部分に分け、それらの面積を比べます。正十一角形の内側にある部分をイ、外側にある部分をウとします。

このとき、イとウのうち、どちらの方が何cm²大きいですか。（答えの出し方も書くこと。）

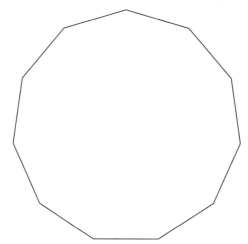

3　たて1cm、横2cmの長方形アを、次の図のようにピラミッド状に10段並べた図形イを考えます。

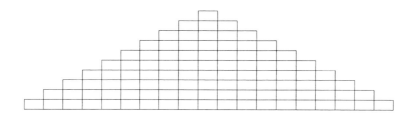

このとき、次の問いに答えなさい。

(1)　長方形アを何個並べましたか。

(2)　図形イにおいて長方形アの頂点を結んでできる正方形のうち、正方形の辺が長方形アの辺に平行なものは全部で何個ありますか。

(3)　図形イにおいて長方形アの頂点を結んでできる正方形のうち、図形イからはみ出さず、正方形の辺が長方形アの辺に平行でないものを考えます。

①　そのような正方形のうち、大きさが異なるものを次の枠にすべてかきなさい。ただし、1つの枠にかける正方形は1つとし、すべての枠を使うとは限りません。

②　そのような正方形は図形イの中に全部で何個ありますか。

4 同じ整数を2回かけてできる数を平方数といいます。平方数を次のように○を用いて表すことにします。例えば、45×45＝2025ですから、2025は45の平方数であり、これを2025＝㊺と表します。

このとき、次の問いに答えなさい。

(1) 　　　　　にあてはまる数を答えなさい。

1から5までの連続する整数の平方数の和①＋②＋③＋④＋⑤を、次のような考え方で計算します。

①＋②＋③＋④＋⑤
＝1×1＋2×2＋3×3＋4×4＋5×5
＝1＋(2＋2)＋(3＋3＋3)＋(4＋4＋4＋4)＋(5＋5＋5＋5＋5)

＋で結ばれている15個の数を図1のように並べます。これらの数を、120°反時計回りに回転させた位置(図2)と時計回りに回転させた位置(図3)に並べます。

```
        1                    5                    5
       2 2                  4 5                  5 4
      3 3 3                3 4 5                5 4 3
     4 4 4 4              2 3 4 5              5 4 3 2
    5 5 5 5 5            1 2 3 4 5            5 4 3 2 1
      図1                   図2                   図3
```

3つの図において、同じ位置にある3個の数をたすと、どの位置でも　ア　になります。このことを利用して①＋②＋③＋④＋⑤を計算すると　イ　になります。

同じように考えて、1から11までの連続する整数の平方数の和①＋②＋……＋⑪を計算すると　ウ　になります。

(2) 2024は2から連続する**偶数**の平方数の和で表すことができます。その表し方を、○を用いて答えなさい。ただし、途中を「……」で省略してもかまいません。

(3) 3から連続する**3の倍数**の平方数の和で表すことができる5けたの整数のうち、最も大きいものを求めなさい。（答えの出し方も書くこと。）

サレジオ学院中学校(A)

—50分—

[注　意]　問題にかいてある図形は正確とは限りません。

1　次の◻︎◻︎◻︎にあてはまる数を答えなさい。

(1)　$\dfrac{2}{3}+\left(\dfrac{13}{21}-\dfrac{2}{7}\right)\times\dfrac{4}{5}-\left(\dfrac{2}{5}-\dfrac{9}{25}\right)\div\dfrac{3}{4}=$ ◻︎◻︎◻︎

(2)　$9-\left\{5\dfrac{1}{2}-\left(1\dfrac{2}{3}-\dfrac{3}{4}\right)\times\right.$ ◻︎◻︎◻︎ $\left.\right\}=5$

2　次の◻︎◻︎◻︎にあてはまる数を答えなさい。

(1)　川の上流にあるA町と下流にあるB町を行き来する船があります。いつもは、A町からB町へ行くのに30分、B町からA町に行くのに50分かかります。

　　　ある日、川の流れの速さがいつもの2倍になりました。この日、A町からB町まで行くのに◻︎◻︎◻︎分かかります。

　　　ただし、A町からB町へ行くときもB町からA町に行くときも、船自体の速さはそれぞれ一定であるものとします。

(2)　サレジオ学院の校章(左下の図)は、右下の図のように、星型の十角形ABCDEFGHIJに、竹をイメージした太線KL、MNを重ねてできています。

　　　右下の図の五角形ACEGIは正五角形です。また、点B、Dは直線AE上、点D、Fは直線CG上、点F、Hは直線EI上、点H、Jは直線AG上、点J、Bは直線CI上の点です。

　　　AGとKLが平行のとき、角あの大きさは◻︎◻︎◻︎度です。

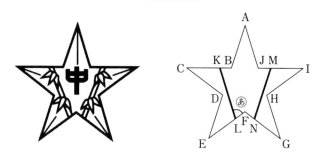

(3)　次のように、0、1、3を使ってできる整数を小さい順に並べます。

　　　　0、1、3、10、11、13、30、31、33、100、……

　　　初めから数えて、22番目の数は◻︎①◻︎であり、◻︎②◻︎番目の数は3010です。

(4)　次の図のように、あの部分が開いている容器が3点A、B、Cが床に接するように置いてあります。この容器はとなり合っている面がすべて直角に交わっていて、上から1cmのところまで水が入っています。この容器を2点B、Cが床から離れないように動かすことを考えます。

　　　この容器を2点D、Eが床に接するように動かしたとき、こぼれる水の量は　①　cm³です。さらに、この容器を再びもとの状態にもどしたとき、水の深さが一番深いところは　②　cmです。

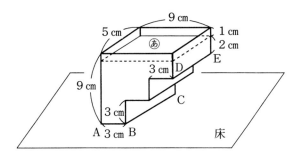

(5)　ある中学校の体育祭では、青団、赤団、黄団の3チームで競い合います。1つの種目ごとに、次のように得点が与えられます。ただし、引き分けはありません。

1位7点	2位5点	3位2点

　　　何種目か行った後のチームの得点は

　　　　青団31点、赤団23点、黄団16点

となりました。このとき、すでに　①　種目行ったことになります。

　　　この後、3種目を行ったところ、赤団、黄団の得点の一の位はそれぞれ7と3になりました。このときの各チームの得点は

　　　　青団　②　点、赤団　③　点、黄団　④　点

です。

③　次の各問いに答えなさい。

(1)　図1のように、同じ大きさの正六角形をすきまなく並べると、
6枚でちょうど1周し、それらに囲まれる部分（斜線が引かれ
た部分）ができ、その図形は正六角形になります。

　　同じように、同じ大きさの正八角形をすきまなく並べたとき、
それらに囲まれる部分はどのような図形になりますか。

　　最も適切な図形の名前を答えなさい。

［図1］

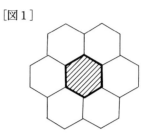

　　以下、次の文章を読んで答えなさい。

　　図2のように、台形ＡＢＣＤと台形ＥＢＣＦがあります。点Ｅ、Ｆはともに辺ＡＤ上にあり、
辺ＡＤと辺ＢＣは平行で、辺ＡＢと辺ＤＣの長さは等しく、辺ＡＥと辺ＤＦの長さは等しいです。
また、角⑧は70°、角⑩は60°より大きく70°より小さい角です。

(2)　台形ＡＢＣＤを図3のようにすきまなく並べます。何枚でちょうど1周しますか。

(3)　台形ＥＢＣＦを(2)と同じようにすきまなく並べたら、ちょうど1周しました。

　　何枚の台形ＥＢＣＦが必要ですか。考えられる枚数を**すべて**答えなさい。

　　ただし、解答は途中の考え方もかきなさい。

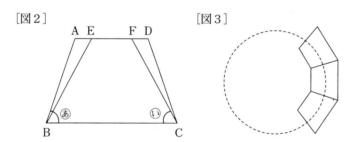

④　次の表のように、数を5で割った余りによって、5種類のグループに分類します。

余りが1	余りが2	余りが3	余りが4	余りなし
1	2	3	4	5
6	7	8	9	10
11	12	13	14	15
16	17	18	19	20
21	22	23	24	25
⋮	⋮	⋮	⋮	⋮

　　この表を参考にして、次の問いに答えなさい。

(1)　「余りが1」のグループから2つの数を取り出し、その2つの数の積を作ります。この積は
どのグループの数になりますか。次の選択肢ア〜オの中から1つ選び、記号で答えなさい。

　　【選択肢】
　　　　ア　「余りが1」のグループ　　　イ　「余りが2」のグループ
　　　　ウ　「余りが3」のグループ　　　エ　「余りが4」のグループ
　　　　オ　「余りなし」のグループ

(2)　次の選択肢ア～ケの中で、２つの数の積が「余りが１」のグループになる組み合わせとして適するものを**すべて**選び、記号で答えなさい。

【選択肢】

ア　「余りが１」のグループと「余りが２」のグループから１つずつの数

イ　「余りが１」のグループと「余りが３」のグループから１つずつの数

ウ　「余りが１」のグループと「余りが４」のグループから１つずつの数

エ　「余りが２」のグループから２つの数

オ　「余りが２」のグループと「余りが３」のグループから１つずつの数

カ　「余りが２」のグループと「余りが４」のグループから１つずつの数

キ　「余りが３」のグループから２つの数

ク　「余りが３」のグループと「余りが４」のグループから１つずつの数

ケ　「余りが４」のグループから２つの数

(3)　３つの袋Ａ、Ｂ、Ｃがあります。それぞれの袋には25個の球が入っており、それらの球には１から25までの数が１つずつかかれています。

　　袋Ａ、Ｂ、Ｃから球を１個ずつ取り出すとき、取り出した３つの球にかかれている数の積が、５で割ると１余る数になる取り出し方は何通りありますか。

　　ただし、解答は途中の考え方もかきなさい。

5　右の図のように、１辺の長さが７cmの正三角形ＡＢＣの各辺を７等分する点を結んでできた点線の上を、Ａから出発して、Ｂ、Ｃ、……と経由して、Ｉまで進むルートを考えます。

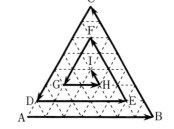

　　動く２つの点Ｘと点Ｙは、このルート上を、同時に点Ａを出発して、点Ｘは毎秒3.5cmの速さで、点Ｙは毎秒1.5cmの速さで、点Ｉまで移動します。

　　このとき、次の問いに答えなさい。

(1)　点Ｘが点Ｉに到達するまでに、点Ｙが移動した距離は何cmですか。

(2)　点Ｘが点Ｃに到達したとき、三角形ＸＩＹの面積は三角形ＡＢＣの面積の何倍ですか。

(3)　三角形ＡＸＹが正三角形となるのは何回ありますか。また、それはＸとＹがＡを出発してから、何秒後ですか。

　　ただし、解答は途中の考え方もかきなさい。

芝 中 学 校（第1回）

—50分—

次の問いの　　　　　をうめなさい。

① 次の計算をしなさい。

(1) $5.3 \times 1.25 + 96 \times 0.125 + 125 \times 0.152 + 0.83 \times 12.5 = $ 　　　　　

(2) $\left\{ 2\dfrac{4}{5} \times 2 - 1.75 \times \left(1.85 - \boxed{} \right) \div \dfrac{1}{3} \right\} \div \left(1\dfrac{1}{3} - \dfrac{3}{4} \right) = 6$

② 今年のS中学校の学園祭に小学5年生と小学6年生あわせて4200人が参加しました。この参加人数は昨年より12％増え、小学5年生は昨年より16％増えて、小学6年生は昨年より8％減りました。

(1) 昨年の学園祭に参加した小学5年生は　　　　　人です。

(2) 今年の学園祭に参加した小学6年生は　　　　　人です。

(3) 毎年、学園祭では焼きそばとカレーライスを販売しています。今年の学園祭に参加した小学6年生全員にアンケートをとったところ、焼きそばを買った人は210人、カレーライスを買った人は180人、焼きそばもカレーライスも買わなかった人は200人でした。焼きそばとカレーライスの両方を買った人は　　　　　人です。

③ 四角形ABCDはAB＝6cm、AD＝8cmの長方形で、点E、F、Gは辺BCを4等分する点、点H、Iは辺CDを3等分する点とします。また、BDとAE、AIとの交わる点をそれぞれJ、Kとします。

(1) BJ：KDを最も簡単な整数の比であらわすと　　　　　：　　　　　です。

(2) 三角形AJKの面積は　　　　　cm²です。

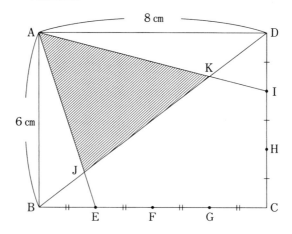

④　チョコレートが150個あります。150個すべてを使って、3個入りと5個入りの袋をどちらも少なくとも1袋は作るとき、袋の作り方は全部で[　　　]通りあります。

　　また、3個入りと5個入りの袋の数の差が一番小さくなるのは、3個入りが[　　　]袋、5個入りが[　　　]袋のときです。

⑤　1つの円を、何本かの弦を引いて分けます。ただし、どの2本の弦も重ならないこととします。たとえば右の【図】は2本の弦によって、4個の部分に分けられています。

【図】

(1)　5本の弦を引いたとき、分けられた部分の個数が最も少ない場合は[　　　]個に分けられました。分けられた部分の個数が最も多い場合は[　　　]個に分けられました。

(2)　[　　　]本の弦を引いたら、分けられた部分の個数が最も多い場合は46個に分けられました。

⑥　Aさん、Bさん、Cさんの3人は一定の速さで池のまわりの道を何周もジョギングします。3人とも同じ場所から同時に出発し、AさんとBさんは同じ向きに、CさんはAさんとBさんとは反対の向きに進みます。

　　出発してから1分12秒後にAさんとCさんがはじめてすれちがい、その18秒後にBさんとCさんがはじめてすれちがいました。

　　Aさんは出発してから2分15秒後にはじめて出発した地点に戻りました。

(1)　Bさんがはじめて出発した地点に戻るのは、出発してから[　　　]分[　　　]秒後です。

(2)　AさんがBさんにはじめて追いつくのは、出発してから[　　　]分後です。

(3)　3人がはじめて同時に出発した地点に戻るのは、出発してから[　　　]分後です。

⑦　赤、白、青の3種類の玉を左から横一列に、以下のルールで並べていきます。

| （ルール1）　赤の右にはどの色の玉も置くことができる。 |
| （ルール2）　白の右には青の玉だけ置くことができる。 |
| （ルール3）　青の右には赤の玉だけ置くことができる。 |

(1)　5個の玉を並べる方法は全部で[　　　]通りです。

(2)　9個の玉を並べる方法は全部で[　　　]通りです。

8　あとの図のように、ＢＣの長さが60cmの長方形ＡＢＣＤがあります。

対角線ＡＣとＢＤの交わる点をＯとします。

点Ｐは、Ａを出発し長方形の辺上を時計周りに一定の速さで進み、Ｂに18秒後に到着して止まります。点Ｑは、点Ｐと同時にＤを出発し長方形の辺上を反時計周りに一定の速さで進み、点Ｐが止まると同時に点Ｑも止まります。

グラフは、点ＰがＡを出発してからの時間と、ＯＰとＯＱと長方形ＡＢＣＤの周で囲まれた図形のうち、小さい方の面積の関係を表したものです。

(1)　点Ｑの速さは毎秒□□□□cmです。

(2)　グラフの アは□□□□㎠、 イは□□□□秒です。

(3)　ＯＰとＯＱと長方形ＡＢＣＤの周で囲まれた図形のうち、点ＰがＡを出発してから、小さい方の面積が最初に500㎠になるのは□□□□秒後で、次に500㎠になるのは□□□□秒後です。

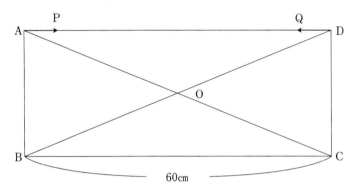

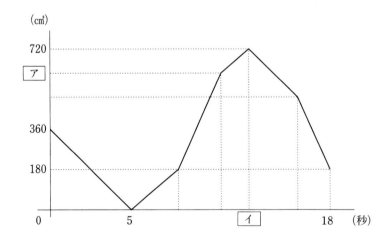

城西川越中学校（第1回総合一貫）

—50分—

注意　(1)　定規・コンパス・分度器は使用できません。

　　　(2)　【求め方】と書いてあるところは、求め方や計算式も書いて答えを記入しなさい。

　　　　　それ以外は答えのみを記入しなさい。

1　次の＿＿＿にあてはまる数を答えなさい。

(1)　$3 + \dfrac{3}{2} \div \dfrac{1}{3} \div \left(10 - 1\dfrac{5}{6} \times 3\right) = $ ＿＿＿

(2)　$\left\{7 - \left(1 + \dfrac{1}{2}\right) \times 4\right\} \div \left(5 + 1\dfrac{1}{2}\right) = $ ＿＿＿

(3)　$6 \times 6 \times 7.03 + 8 \times 8 \times 7.03 - 10 \times 10 \times 7.03 = $ ＿＿＿

(4)　算数のテストが5回あり、4回までの平均点が88.5点でした。5回までの平均点がちょうど90点となるのは、5回目の得点が＿＿＿点のときです。

(5)　B中学校の生徒数は、A中学校の生徒数より5％少なく、C中学校の生徒数はA中学校の生徒数より5％多く、546人でした。このとき、B中学校の生徒数は＿＿＿人です。

(6)　ある日の相場（そうば）で、アメリカの通貨である1ドルが149.6円、オーストラリアの通貨である1オーストラリアドルが93.5円でした。このとき、160オーストラリアドルはアメリカの＿＿＿ドルです。

(7)　ある中学校の入学試験では、国語、算数、理科、社会、英語の5教科のうち3教科を選んで受験することになっています。この3教科の選び方の組み合わせは全部で＿＿＿通りあります。

(8)　$\dfrac{A}{B \times B \times B} = \dfrac{1}{150}$ が成り立つような、最も小さい整数A、BはA＝＿＿＿、B＝＿＿＿です。

2　次の各問いに答えなさい。

(1)　右の図のように正三角形を折り返したとき、角度㋐の大きさは何度ですか。

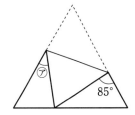

(2)　右の図は1辺が6cmの正方形と半径6cmのおうぎ形2つを組み合わせたものです。このとき、斜線（しゃせん）部分の面積は何cm²ですか。ただし、円周率は3.14とします。

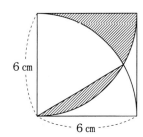

(3) 右の図のような1辺の長さが12cmの立方体ABCD－EFGHを、
3点D、I、Jを通る平面で切ります。ただし、I、Jはそれぞれ
辺AE、辺CGの真ん中の点です。

(i) 切り口の形として正しいものを1つ選び、その番号を答えなさ
い。

　① 正三角形　　② ひし形　　③ 台形　　④ 正六角形

(ii) 切ったあと、点Hを含むほうの立体の体積は何cm³ですか。

3　食塩水が1000gあります。この食塩水を300g流したあと、300gの水を加えたところ14%の
濃度の食塩水になりました。このとき、次の問いに答えなさい。

(1) 水を加えたあとの食塩水の中に入っている食塩の量は何gですか。

(2) もとの食塩水の濃度は何%ですか。【求め方】

(3) もとの食塩水1000gのうち、何gか流し、代わりに流した食塩水と同じ量の水を加えると、
12%の濃度になりました。流した分の食塩水の量は何gですか。【求め方】

4　二人の会話文を読んで次の問いに答えなさい。

先生：　分数を小数に直してみると、特徴のある小数が見つかります。そこで初めに、$\frac{1}{5}$、$\frac{1}{6}$、
$\frac{1}{7}$を計算して特徴を探してみましょう。

生徒：　はい。$\frac{1}{5}$は割り切れますが、$\frac{1}{6}$と$\frac{1}{7}$は割り切れません。

先生：　そうですね。割り切れるか割り切れないかというのも特徴の一つです。ところで、割り
切れなかった方に、何か数字の特徴が見つかりませんか？

生徒：　$\frac{1}{6}$は(ア)小数第2位から同じ数字がずっと続きますが、$\frac{1}{7}$はそうなりません。

先生：　$\frac{1}{7}$は小数第何位まで計算しましたか？

生徒：　小数第3位です。

先生：　もう少し先まで計算してみたら、何か見えてくるかもしれません。小数第8位まで計算
してみましょう。

生徒：　できました。0.14285714です。

先生：　どうですか？何か特徴は見つかりませんか？

生徒：　$\frac{1}{6}$のときは同じ数字がずっと続きますが、$\frac{1}{7}$のときは、数字のカタマリが繰り返され
る感じがします。

先生：　そうですね。$\frac{1}{7}$は142857というカタマリが繰り返し出てきます。つまり$\frac{1}{7}$＝
0.142857142857142857……というわけですね。
このように同じ数字が繰り返し現れる小数のことを循環小数と呼んでいます。今日は
この循環小数を使って勉強しようと思います。

先生：　$\frac{1}{7}$を小数に直したとき、繰り返される数字のカタマリ142857には同じ数字が含まれま
せんでしたが、いつでもそうというわけではありません。

$\dfrac{1}{91}$ を小数に直したとき、(イ)繰り返される数字のカタマリの中に同じ数字が含まれます。

生徒：　繰り返されることが分かれば、途中から計算しなくてもよくなりますね。

先生：　そうですね。この考えを使えば、例えば0.123123123……という小数は、123というカタマリが繰り返し登場するので、小数第10位は1ということになります。小数第10位までに1は4回登場していますね。

生徒：　$\dfrac{1}{91}$ を小数に直したとき、10回目の1が登場するのは、小数第 ⎡ (ウ) ⎤ 位です。

先生：　では、$\dfrac{1}{91}$ を小数に直したとき、30回目の0が登場するのは、小数第何位かな？

生徒：　1と違って0はカタマリの中に何度か出てくるから…あと、整数部分も含めて数えないといけないから小数第 ⎡ (エ) ⎤ 位です。

先生：　整数部分のこともよく気がつきましたね。その通りです。

(1) 下線部(ア)について、同じ数字とありますがその数字を答えなさい。

(2) 下線部(イ)について、繰り返される数字のカタマリとありますが、1÷91を計算したときに繰り返される数字のカタマリを答えなさい。

(3) ⎡ (ウ) ⎤ に当てはまる数字を答えなさい。【求め方】

(4) ⎡ (エ) ⎤ に当てはまる数字を答えなさい。【求め方】

城 北 中 学 校(第1回)

—50分—

注意　1　円周率が必要な場合には、3.14として計算しなさい。
　　　2　比はもっとも簡単な整数の比で答えなさい。
　　　3　コンパス・定規・分度器を使ってはいけません。

1　次の□にあてはまる数を求めなさい。

(1) $\frac{65}{28} - \left(3 - 3\frac{4}{7} \times 0.4\right) \div 4\frac{8}{9} = \boxed{}$

(2) $\frac{1}{12} \div \left\{\left(0.25 + \frac{1}{6}\right) \times \boxed{} - 0.125\right\} = 1\frac{1}{3}$

2　次の□にあてはまる数を求めなさい。

(1) 次の図において、印のついたすべての角の大きさの和は□度です。

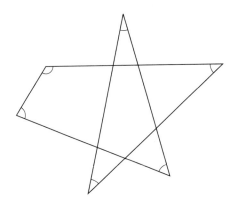

(2) 食塩水Aと食塩水Bがあり、AとBを同じ量ずつ混ぜると8％の食塩水ができ、Aを100gとBを200g混ぜると9％の食塩水ができます。このとき、食塩水Aの濃度は□％です。

(3) 箱の中に5枚のカード①、②、③、④、⑤があります。
箱の中からカードを1枚引いて、そのカードを左から順に並べる操作をくり返し、3枚のカードを並べたところで操作を終えます。ただし、④を並べたときは、その時点で操作を終えます。カードの並べ方は全部で□通りあります。

(4) 次の図のように円周を8等分する点があります。
AB＝2cmのとき、斜線部分の面積は□cm²です。

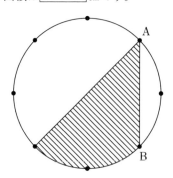

(5) 水が入った水そうに、一定の量で水を入れると同時にポンプを使って水をくみ出します。水そうを空にするには、5台のポンプでは60分かかり、7台のポンプでは30分かかります。14分以内に水そうを空にするには、最も少ない場合で□□□台のポンプが必要です。

3 一定の速さで流れる川を兄と弟がボートで往復します。静水時の兄のボートの速さは、弟のボートの速さより分速24mだけ速いです。

8時15分に弟が川の下流にあるA地点から上流にあるB地点に向けて出発しました。その6分後に兄がA地点からB地点よりさらに上流にあるC地点に向けて出発しました。8時30分に兄は弟を追いこし、2人は同じ時刻にそれぞれの目的地に到着しました。その後すぐに、2人ともA地点に向けて折り返し、10時にA地点に戻ってきました。

次のグラフは時刻と2人の位置を表したものです。ただし、2人のボートの速さは一定とします。

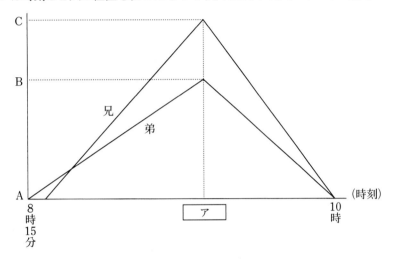

次の問いに答えなさい。

(1) グラフの□ア□にあてはまる時刻を求めなさい。

(2) 弟が川を上る速さは分速何mですか。

(3) B地点とC地点は何m離れていますか。

(4) 兄の静水時の速さは分速何mですか。

4　次の図のような底面が直角二等辺三角形の三角柱があります。辺ＢＥ上の点ＰはＢＰ：ＰＥ＝1：3となる点で、点Ｑは辺ＣＦ上の点です。

　5点Ｄ、Ｅ、Ｆ、Ｑ、Ｐを頂点とする立体をＶとし、立体Ｖの体積が15㎤であるとき、次の問いに答えなさい。

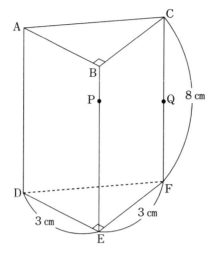

(1)　四角形ＥＦＱＰの面積を求めなさい。

(2)　ＦＱの長さを求めなさい。

(3)　立体Ｖを3点Ａ、Ｅ、Ｆを通る平面で切断したときの切り口をＴとします。三角形ＡＥＦと切り口Ｔの面積の比を求めなさい。

5　次の　　　　　にあてはまる数を答えなさい。

(1)　1＋2＋3＋…＋100を次のように工夫して計算します。

$$\boxed{1＋2＋3＋\cdots＋98＋99＋100}$$

$$\Downarrow$$

$$\boxed{100＋99＋98＋\cdots＋3＋2＋1}$$

　　上の図のようにもとの式と数字の順番を入れかえた式を考えます。2つの式を左から見ていくと、同じ順番にある数字は1と100、2と99、3と98、…となっています。

　　このことをいかして計算すると、1＋2＋3＋…＋100＝　　　　　です。

(2)　1×1＋2×2＋3×3＋…＋100×100を次のように工夫して計算します。

　　1×1＋2×2＋3×3＋…＋100×100は

　　1＋(2＋2)＋(3＋3＋3)＋…＋(100＋100＋…＋100)なので、

　　次の図1のように並べた正方形の中に入れた数字の合計と考えられます。

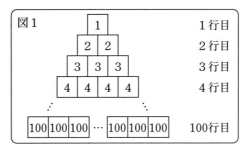

　　　図1から数字の入れる位置を時計回りに120°回転させた図2を考えます。

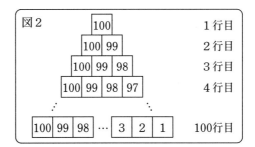

　　　図2から数字の入れる位置を時計回りに120°回転させた図3を考えます。

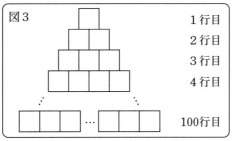

【必要であれば、数字を入れてください】

　　　図1から図3の3つの図で、同じ位置にある正方形の中の数字をいくつか取り出して調べると次の表のようになりました。

	図1	図2	図3
3行目の左から2番目	3	99	ア
6行目の左から3番目	イ	ウ	エ
99行目の左から99番目	99	2	オ

　　　表から推測できることと、正方形の個数を使って計算すると、1×1＋2×2＋3×3＋…＋100×100＝ カ です。

城北埼玉中学校(第1回)

—50分—

〔注意〕　○分数で答えるときは約分して、もっとも簡単な分数にしなさい。

○比で答えるときは、もっとも簡単な整数を用いなさい。

○円周率の値を用いるときは、3.14として計算しなさい。

○コンパス、定規は使用できますが、分度器や計算機(時計などの)は使用できません。

1　次の各問いに答えなさい。

(1) 次の計算をしなさい。

$$7 - 4 \div 2 - 1\frac{1}{3} \div 18 \times \frac{1}{2} \div \frac{1}{6}$$

(2) 次の□□□□にあてはまる数を求めなさい。

$$27 - 63 \div (54 - \boxed{} \times 3) = 24$$

(3) 電車が360mの鉄橋を渡り始めてから渡り終わるまでに27秒かかり、600mのトンネルに入り始めてから通過し終わるまでに39秒かかりました。この電車の長さは何mですか。

(4) Aグループには男子4人と女子4人、Bグループには男子4人と女子2人がいます。この2つのグループに同じテストを行ったところ、Aグループの男子の平均点は50点で女子の平均点より5点高くなりました。また、Bグループの男子の平均点は10点で女子の平均点より4点高くなりました。このとき、AグループとBグループを合わせて男子8人と女子6人で平均点を計算すると、男子と女子のどちらの平均点の方が何点高くなりますか。

(5) 太郎君、次郎君、花子さんがはじめにいくつかのメダルをもっています。太郎君は自分のメダルから花子さんのもっているメダルの$\frac{1}{3}$の数を次郎君に渡しました。その結果、太郎君のもっているメダルと次郎君のもっているメダルの数は同じになり、花子さんのもっているメダルのちょうど2倍の数になりました。はじめに次郎君は花子さんより300枚多くメダルをもっています。太郎君がはじめにもっていたメダルの数はいくつですか。

(6) 右の図のような、半径6cmの半円があります。色をぬった部分の面積を求めなさい。

(7) 右の図のように、AB＝AC＝ADであるとき、アの角度を求めなさい。

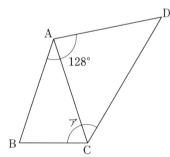

(8) 右の図において、ＡＢ、ＢＣ以外の辺は
すべてＡＢまたはＢＣに平行です。
このとき、図の周の長さを求めなさい。

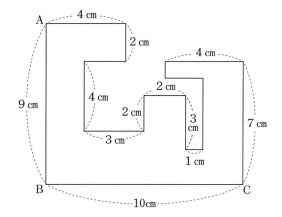

② 図1のように、水そうに2枚の仕切り(あ)、(い)を底面に垂直に入れ、ある位置から毎秒36cm³でこの水そうがいっぱいになるまで水を入れます。図2は、このときの水面の最も低いところの高さと水を入れ始めてからの経過時間の関係を表したものであり、2つの部分(A)と(B)は平行です。

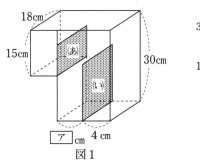

図1

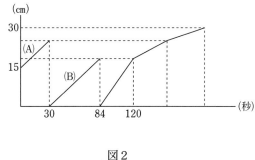

図2

次の問いに答えなさい。

(1) 図1の ア に入る数を答えなさい。

(2) 仕切り(あ)の高さを求めなさい。

(3) 水そうがいっぱいになるのは、水を入れ始めてから何秒後ですか。

③　図のような1辺の長さが1cmの立方体ＡＢＣＤ－ＥＦＧＨの頂点Ａから出発して、立方体の辺を通って再びＡに戻るときの通った辺を考えます。ただし、次の2つのルールに従うこととします。

ルール

・同じ辺は通らない

・順番が違っていても通った辺が同じであれば1通りとする

　（Ａ－Ｂ－Ｃ－Ｄ－ＡとＡ－Ｄ－Ｃ－Ｂ－Ａは同じと考える）

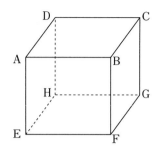

次の問いに答えなさい。

⑴　Ａの次にＢに行き、再びＡに戻る1つ前にＤを通る場合を考えます。

　①　通った辺の長さの和が8cmになるものは何通りありますか。

　②　通った辺の長さの和が6cmになるものは何通りありますか。

⑵　Ａを出発して、再びＡに戻る方法は全部で何通りありますか。

④　整数がある規則に従って、次のように並んでいます。

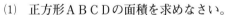
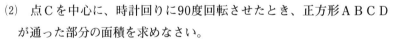
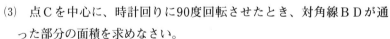

1、2、3、2、3、4、3、4、5、4、5、6、5、6、7、…

次の問いに答えなさい。

⑴　初めて10があらわれるのは、左から数えて何番目ですか。

⑵　左から数えて100番目の整数はいくつですか。

⑶　左から数えて100番目までの整数をすべて足すといくつですか。

⑤　対角線の長さが20cmの正方形ＡＢＣＤがあります。

　次の問いに答えなさい。

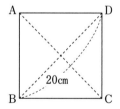

⑴　正方形ＡＢＣＤの面積を求めなさい。

⑵　点Ｃを中心に、時計回りに90度回転させたとき、正方形ＡＢＣＤが通った部分の面積を求めなさい。

⑶　点Ｃを中心に、時計回りに90度回転させたとき、対角線ＢＤが通った部分の面積を求めなさい。

巣 鴨 中 学 校(第Ⅰ期)

—50分—

注意事項　1　(式)とある問題には、答えを求めるまでの式などを書きなさい。式以外に図や言葉による
　　　　　　　説明を書いても構いません。

　　　　　　2　答えが割り切れないときは、分数で答えなさい。

　　　　　　3　定規・コンパス・分度器は使用できません。

1　次の各問いに答えなさい。

(1)　ある仕事をするのに、Aさんが1人ですると2時間かかります。同じ仕事をBさんが1人で
　　すると3時間かかります。AさんとBさんが2人でこの仕事をすると何時間何分かかりますか。

(2)　0、1、2、3、4、5の6個の数字から異なる3個の数字を使ってできる3けたの整数は
　　何個できますか。

(3)　内角の大きさをすべて足すと2700度になる正多角形は正□□□□角形です。
　　　□□□□に当てはまる整数はいくつですか。

(4)　ある商品を800円で100個仕入れ、2割の利益をみこんで定価をつけて売りました。ところが、
　　いくつか売れ残ってしまったので、定価の3割引で売ったところ、すべての商品を売り切るこ
　　とができ、3616円の利益が出ました。
　　　定価の3割引で売った商品の個数はいくつですか。

(5)　ある小学校の今年の生徒数は、昨年と比べて男子が20％、女子が5％増え、今年の男子と
　　女子の人数の比は4：3になりました。昨年度の生徒数が500人台であるとき、今年の男子の
　　人数は何人ですか。

(6)　右図の台形ABCDを直線Lの周りに一回転してできる立体の
　　体積は何㎤ですか。ただし、円周率は3.14とし、円すいの体積は
　　(底面積)×(高さ)÷3で求められます。

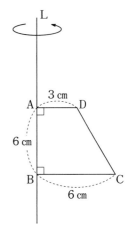

2　　ある川の下流の地点Aと上流の地点Bを、速さの異なる船Xと船Yが往復します。船XがAからBまで上るのにかかる時間は、BからAまで下るのにかかる時間の1.6倍です。また、船XがBからAまで下るのにかかる時間と船YがAからBまで上るのにかかる時間は同じ80分です。

　　ただし、川の流れの速さ、船Xの静水時の速さ、船Yの静水時の速さはそれぞれ一定とします。次の各問いに答えなさい。

(1)　船Xの静水時の速さと川の流れの速さの比を、最も簡単な整数の比で求めなさい。（式）

(2)　船XがAからBまで上るのにかかる時間は何分ですか。（式）

(3)　船YがAとBを往復するのにかかる時間は何分ですか。（式）

3　　次の各問いに答えなさい。ただし、解答は答えのみを解答らんに書きなさい。

(1)　異なる2つの整数　A　、　B　の最大公約数が6、最小公倍数が420となるとき、　A　、　B　にあてはまる整数の組をすべて求め、解答らんの表に書き入れなさい。解答らんは全部使うとは限りません。

　　ただし、　A　にあてはまる整数よりも　B　にあてはまる整数の方が大きいとします。

【記入例】

　A　＝2、　B　＝11のときは、次のように書きます。

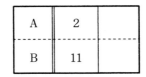

(2)　異なる3つの整数12、60、　C　の最大公約数が6、最小公倍数が420となるとき、　C　にあてはまる整数をすべて求め、解答らんの表に書き入れなさい。解答らんは全部使うとは限りません。

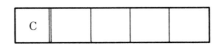

(3)　異なる3つの整数　D　、60、　E　の最大公約数が6、最小公倍数が420となるとき、　D　、　E　にあてはまる整数の組をすべて求め、解答らんの表に書き入れなさい。解答らんは全部使うとは限りません。

　　ただし、　D　にあてはまる整数は、60より小さく12とは異なる整数とします。

　　また、　E　にあてはまる整数は、60より大きい整数とします。

4　1辺の長さが5cmの正三角形ABCの各頂点を中心とする半径5cmの円があります。このとき、次の各問いに答えなさい。ただし、円周率は3.14とします。

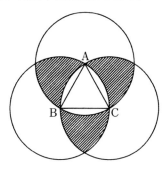

(1)　斜線（しゃせん）部の面積を求めなさい。（式）

(2)　3つの円の共通部分を図形Dとします。図形Dが直線上をすべることなく転がるとき、図形Dが通る部分として適切なものを(ア)〜(エ)から選びなさい。

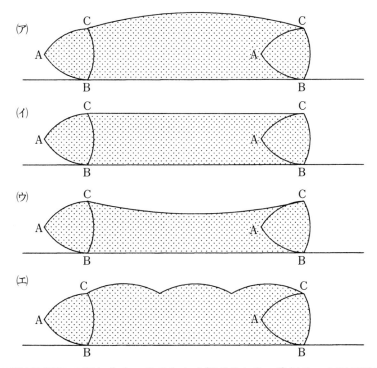

(3)　半径3cmの円が図形Dの周りをすべることなく転がるとき、半径3cmの円が通る部分の面積を求めなさい。（式）

逗子開成中学校（第1回）

—50分—

注意　1　定規・コンパス・筆記用具以外の使用は認めません。

　　　2　解答上の注意

　　　　・考え方を書く指示がある問題以外は、答えだけを書いてください。

　　　　・答えに単位が必要な問題は、必ず単位をつけて答えてください。

　　　　・答えが分数になる場合は、それ以上約分できない一番簡単な分数で答えてください。
　　　　また、仮分数は帯分数に直してください。

　　　　・図やグラフをかいて答える問題に対し、定規・コンパスを忘れた場合は手がきでてい
　　　　ねいにかいてください。

1　次の□にあてはまる数を求めなさい。

(1)　$64+36\times8+2\times(18-4\div2)-24\times16=$□

(2)　$\left(5-\dfrac{1}{4}\right)\div\dfrac{1}{2}-\left(2\dfrac{1}{3}-\dfrac{2}{5}\right)\times2\dfrac{17}{29}+1\dfrac{3}{7}\div\dfrac{5}{490}\times\dfrac{1}{40}=$□

(3)　$9999-\{(260-$□$\div8)\times111-102\}\times\dfrac{5}{9}-7600=2024$

2　次の各問いに答えなさい。

(1)　365日を時間に換算すると何分になりますか。

(2)　子どもとお母さんがおもちゃを片付けます。もし、子どもだけで片付けると30分かかります。
お母さんといっしょに片付けると5分かかります。このとき、お母さん一人だけで片付けたと
きにかかる時間を求めなさい。

(3)　Z中学校の海洋教育センターには大きなお風呂があ
ります。右の図はお風呂を真上から見た図です。また、
お風呂の深さは60cmです。このとき、お風呂の容積
は何Lですか。

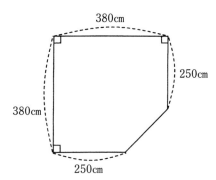

(4)　次の図の四角形ＡＢＣＤは長方形です。また、四角形ＥＦＧＨは正方形です。ＡＨの長さは
532cm、ＦＣの長さは480cmです。このとき、長方形ＡＢＣＤの周りの長さを求めなさい。

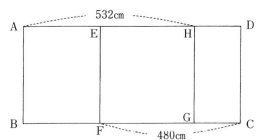

(5)　ある整数Kを11で割ると割り切れます。そのときの商を11で割ると1余ります。このような整数Kのうちで2024に最も近い数はいくつですか。

(6)　おもちゃ箱に白玉と赤玉が合わせて500個入っています。そのうち99%は白玉です。ここからいくつか玉を取り出しました。すると、おもちゃ箱に残った玉のうち98%が白玉でした。このとき、取り出した白玉と赤玉の個数を合計した数として考えられるものをすべて書き出しなさい。

3　同じ大きさの長方形の紙がたくさんあります。長方形の長い辺を4回直角に折り曲げて図1のようなミゾを作ります。このミゾをたくさん作り、のりしろを5cmにしてはり合わせていきます。図2はミゾを2枚はり合わせた物体です。この物体の全長は85cmでした。このとき次の各問いに答えなさい。

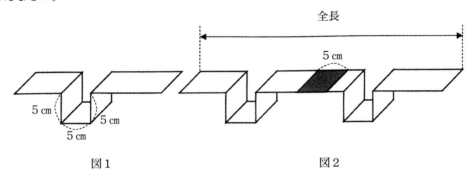

図1　　　　　　　　　図2

(1)　折り曲げる前の長方形の長い辺の長さは何cmですか。

(2)　ミゾをはり合わせていったとき、全長が2024cmを初めて超えるのは何枚目ですか。

(3)　ミゾを100枚はり合わせました。しかし何か所かのりしろを間違えてはったために全長が3801cmになりました。のりしろは5cm以外に7cmと8cmがありました。7cmののりしろと8cmののりしろの数の比は3：2でした。8cmののりしろの数はいくつありますか。

4 ズトシくんは、対戦相手と互いにモンスターを出して戦うゲームで遊んでいます。このゲームのモンスターは、種類によって決まった3つの能力値(たいりょく、こうげき、ぼうぎょ)を持っています。さらにモンスターの能力値にはボーナス値もあり、たいりょく、こうげき、ぼうぎょのそれぞれに0、1、2、3のどれかが割りふられます。ズトシくんはゲーム大会に出場するために、2種類のモンスターをたくさんつかまえることにしました。次の表は、ボーナス値が加算される前のモンスターの能力値です。

能力値 \ モンスター名	ヒダリー	ミギギ
たいりょく(T)	3	2
こうげき (K)	3	6
ぼうぎょ (B)	9	5

また、それぞれのモンスターの強さのポイントは次の計算式で計算することができます。

> (Tの値+ボーナス値)×20+(Kの値+ボーナス値)×65+(Bの値+ボーナス値)×15

とします。

例えば、つかまえたヒダリーのたいりょくのボーナス値が2、こうげきのボーナス値が2、ぼうぎょのボーナス値が1だったときは、ヒダリー T2 K2 B1と表します。

また、ヒダリー T2 K2 B1の強さのポイントは、

(3+2)×20+(3+2)×65+(9+1)×15=575

となります。このとき次の各問いに答えなさい。

(1) ミギギ T1 K2 B0の強さのポイントはいくつですか。

(2) 強さのポイントが最大のモンスターと最小のモンスターのポイントの差を求めなさい。

(3) 強さのポイントがちょうど675のモンスターが出場できるゲーム大会があります。出場できるモンスターをミギギT1 K2 B0のような書き方ですべて書き出しなさい。ただし、以下のルールで書き出します。

・モンスター名が異なれば違うモンスターとします。
・モンスター名が同じでもT、K、Bのボーナス値の組合せが異なれば違うモンスターとします。

5 百の位、十の位、一の位が、それぞれある規則にしたがって変化する3けたの数が並んでいます。

111、222、332、441、551、652、642、531、421、312、212、121、131、242、…

このとき次の各問いに答えなさい。

(1) 100番目の3けたの数を求めなさい。

(2) 並んでいる3けたの数は全部で何種類ありますか。

(3) 並んでいる3けたの数のうち、最大の数をXとします。並んでいる3けたの数を1番目から順にたしていき、Xを10回たしたところでたすのを止めました。このとき合計はいくつですか。ただし、答えだけでなく考え方も書きなさい。

聖光学院中学校(第1回)

—60分—

1　次の問いに答えなさい。

(1)　次の計算の□□□にあてはまる数を答えなさい。

$$3 \div \left\{ \left(\boxed{} + \frac{1}{3} \right) \times \frac{9}{11} \right\} - 1.375 = 1\frac{5}{6}$$

(2)　1から120までの整数のうち、3でも5でも割り切れない数の総和を求めなさい。

(3)　ある仕事を終わらせるのにAさんだけでは60日、Bさんだけでは50日、Cさんだけでは40日かかります。

　　この仕事を、1日目はAさんとBさんがおこない、2日目はBさんとCさんがおこない、3日目はCさんとAさんがおこない、4日目はまたAさんとBさんというように、3日周期でおこなうと、始めてから何日目に終わりますか。

2　以下のように、長方形から新たな長方形を作る操作を定めます。

> ─［操作］─────────────────────────────
> 　　長方形ABCDの縦の辺ABと辺CDの真ん中の点をそれぞれE、Fとします。次の図のように、E、Fを通る直線で長方形ABCDを切って2つに分けて、辺AEを辺FCに重ねて新たな長方形EBFDを作ります。

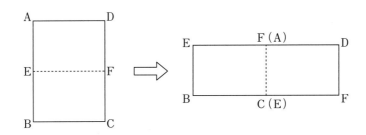

たとえば、縦4cm、横5cmの長方形にこの操作をおこなうと、縦2cm、横10cmの長方形になります。

　　縦　ア　cm、横　イ　cmの長方形Rにこの操作を続けて何回かおこなうことを考えます。　ア　、　イ　は整数であるものとして、次の問いに答えなさい。

(1)　長方形Rにこの操作を7回続けておこなったところ、正方形ができました。　ア　：　イ　を最も簡単な整数比で答えなさい。

(2)　長方形Rにこの操作をおこなうごとにできた長方形の周の長さを計算したところ、8回目の操作後に初めて周の長さが奇数になりました。　ア　として考えられる整数のうち、3けたのものは何個ありますか。

(3)　長方形Rにこの操作をおこなうごとにできた長方形の周の長さを計算し、操作前と操作後の周の長さを比べて増加しているか減少しているかを調べたところ、4回目までの操作の前後ではすべて減少し、5回目の操作の前後では増加しました。

　　　　　ア　÷　イ　の商として考えられる整数は何個ありますか。

3　図1のような、1辺の長さが10cmの正方形4つからなるマス目が書かれた紙に、5点O、P、Q、R、Sがあります。まず、図2のように1辺の長さが10cmの立方体ABCD－EFGHを辺HEがOPに、辺HGがOQに重なるように紙の上に置きます。次に、以下の操作を順におこない、図3のように紙の上で立方体を回転させていきます。

(操作1)直線OQを軸として立方体を90度回転させる。

(操作2)直線ORを軸として立方体を90度回転させる。

(操作3)直線OSを軸として立方体を90度回転させる。

(操作4)直線OPを軸として立方体を90度回転させる。

　このとき、次の問いに答えなさい。ただし、円周率は3.14とします。

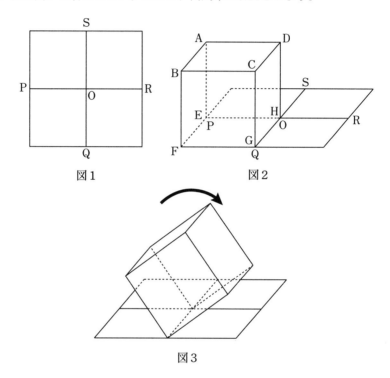

図1　　　　　　図2

図3

(1)　(操作1)をおこなうとき、正方形ABFEが通過する部分の体積は何cm³ですか。

(2)　(操作1)～(操作4)をこの順に続けておこなうとき、立方体ABCD－EFGHは元の位置に戻りますが、頂点は元の位置とは異なるものがあります。たとえば、頂点Fは頂点[　ア　]の位置に、頂点Gは頂点[　イ　]の位置にそれぞれ移ります。一方、頂点[　ウ　]は4つの操作後に元の位置に戻ります。[　ア　]と[　イ　]にあてはまる頂点を、A～Hの中からそれぞれ1つずつ選びなさい。また、[　ウ　]にあてはまる頂点を、A～Hの中からすべて選びなさい。

(3)　(操作1)～(操作4)をこの順に続けておこなうとき、直線FGが通過する部分の面積の総和は何cm²ですか。

4　聖さん、光さん、学さんの3人が、9km離れたP地点とQ地点の間を移動します。聖さんはP地点を出発してから9分間は毎分200mで移動します。その後の4分間は毎分200m、次の4分間は毎分150m、次の4分間は毎分100mで移動し、以降も4分ごとに毎分200m、150m、100mと速さを変えながらQ地点まで移動します。光さんは聖さんよりも3分30秒早くP地点を出発し、毎分150mでQ地点まで移動します。このとき、次の問いに答えなさい。

(1)　聖さんが出発してから21分間の移動の様子を、次のグラフに図示しなさい。ただし、グラフの1マスは、横軸が1分、縦軸が200mとします。

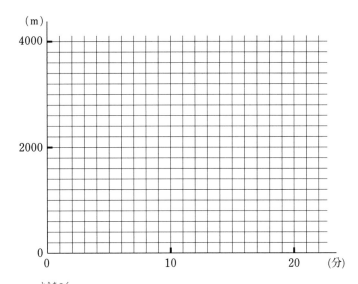

(2)　聖さんがQ地点に到着する前に、聖さんのほうが光さんよりもQ地点側にいた時間の合計は何分ですか。

(3)　聖さんが出発してから20分後に、学さんがQ地点からP地点へ毎分80m以上240m以下の一定の速さで移動します。先に聖さんとすれ違い、その後、光さんとすれ違うとき、学さんは毎分　ア　mより早く毎分　イ　m未満で移動すればよいことがわかります。　ア　と　イ　にあてはまる数をそれぞれ答えなさい。

5　次の問いに答えなさい。ただし、解答は番号を◯で囲んで答えなさい。

(1)　あるスーパーの1か月の食品の売り上げについて、前月からの増減で考えます。たとえば、1月の売り上げが100万円だった食品が、2月に120万円になると20%の増加、逆に80万円になると20%の減少となります。
　　図1は、食品Aの2023年1月から4月の売り上げを折れ線グラフで表したものです。なお、2月から4月までは一直線となっています。

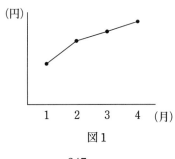

図1

食品Aの2月から4月の売り上げについて、前月からの売り上げの増減の割合を表したグラフとして正しいものを、次の①～⑥の中から1つ選びなさい。

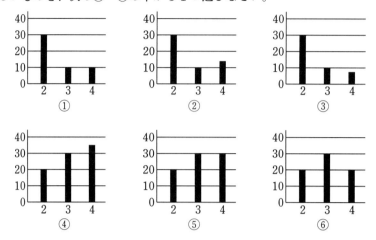

(2)　図2は、ある食品Bの2月から5月の売り上げの、前月からの増減の割合を表したグラフです。なお、「－20」は前月から20％減少していることを表しています。

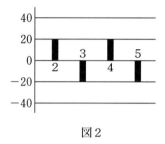

図2

1月から5月の売り上げを表した折れ線グラフとして正しいものを、次の①～⑥の中から1つ選びなさい。

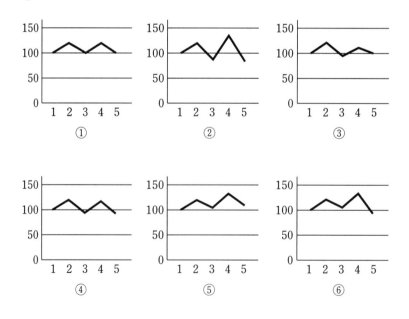

(3) ある食品Cは、1月の売り上げと3月の売り上げが同じ100万円で、2月は、1月と3月よりも売り上げが多いことがわかっています。つまり、2月は1月と比べて ア %売り上げが増加していて、3月は2月と比べて イ %売り上げが減少しています。

　 ア と イ にあてはまる数の組について、正しく述べた文を、次の①〜⑥の中からすべて選びなさい。

① 　ア　にあてはまる数は必ず100よりも小さくなる。

② 　イ　にあてはまる数は必ず100よりも小さくなる。

③ 　イ　にあてはまる数は100よりも大きくなることがある。

④ 　ア　にあてはまる数は　イ　にあてはまる数よりも必ず大きい。

⑤ 　ア　にあてはまる数は　イ　にあてはまる数よりも必ず小さい。

⑥ 　ア　にあてはまる数は　イ　にあてはまる数よりも小さくなることがあり、　ア　にあてはまる数は　イ　にあてはまる数よりも大きくなることもある。

(4) 食品Dは、2020年1月に販売開始してから2023年12月に至るまで、毎月、売り上げが前月の5％ずつ増加しています。食品Dの売り上げについて述べた文としてふさわしいものを、次の①〜④の中から2つ選びなさい。

① 2022年7月には、2020年1月の売り上げの2倍以上になっている。

② 2023年12月になっても、2020年1月の売り上げの2倍以上になることはない。

③ 2020年1月の売り上げの2倍を超えるまでの期間は、2020年1月の売り上げの2倍を超えてから3倍を超えるまでの期間とほぼ等しい。

④ 2020年1月の売り上げの2倍を超えるまでの期間は、2020年1月の売り上げの2倍を超えてから4倍を超えるまでの期間とほぼ等しい。

　表1は、食品Eの2022年の月ごとの売り上げを示したものです。

表1

月	1	2	3	4	5	6	7	8	9	10	11	12
売り上げ(万円)	100	120	120	130	120	160	180	200	160	130	120	80

(5) このデータについて正しく述べた文を、次の①〜④の中からすべて選びなさい。

① 12か月の売り上げの平均を上回る月の数は、半分の6である。

② 7番目に売り上げの高い月は12か月の売り上げの平均を下回っている。

③ 12か月の売り上げの平均を上回る月の売り上げの合計は、1年間の売り上げの40％を超えている。

④ 売り上げの高い2つの月と、低い2つの月を除いた8つの月の売り上げの平均は、すべての月の売り上げの高いほうから5番目と7番目の間にある。

成 城 中 学 校(第1回)

—50分—

注意　コンパス、分度器、定規、計算機(時計についているものもふくむ)類の使用は禁止します。

1 (1)　次の $\boxed{}$ にあてはまる数を求めなさい。

① $42-(28+42\div 6)+16\times 2 = \boxed{}$

② $\dfrac{3}{4}+1.5\times\left(\dfrac{1}{2}-\dfrac{7}{11}\div 1.4\right) = \boxed{}$

③ $\dfrac{10\times 9\times 8\times 7+8\times 7\times 6\times 5+6\times 5\times 4\times 3}{5\times 4\times 3} = \boxed{}$

④ $\left\{\left(1-\boxed{}\right)\times 0.625+\dfrac{1}{40}\right\}\times 6\dfrac{2}{3} = 2\dfrac{2}{3}$

(2)　AさんとBさんとCさんはそれぞれいくらかお金を持っていました。最初にBさんとCさんの所持金が2倍になるように、Aさんが2人にお金を渡しました。次にAさんとCさんの所持金が2倍になるように、Bさんが2人にお金を渡しました。最後にAさんとBさんの所持金が2倍になるように、Cさんが2人にお金を渡しました。その結果、所持金は3人とも1600円になりました。初めのAさんの所持金は何円でしたか。

2　A君、B君、C君、D君の4人が、赤色、青色、黄色の3つのいすを使って、次のようなルールでゲームをします。

オニを1人決め、残りの3人はいすに座ります。オニが「動け！」と叫んだら、座っている人は立ち上がって別のいすに座らなければなりませんが、このときオニも空いているいすに座ろうとします。そして、いすに座れなかった1人が次のゲームのオニとなります。

初めにA君をオニと決め、B君が赤色のいすに、C君が青色のいすに、D君が黄色のいすに座ります。

(1)　ゲームを1回行った後に次のようになるとすると、3人の座り方は全部で何通り考えられますか。

①　A君が次のゲームのオニとなる　　②　A君が次のゲームのオニとならない

(2)　ゲームを2回続けて行ったところ、D君が2回連続で次のゲームのオニとなりました。2回目のゲーム終了時点での3人の座り方は全部で何通り考えられますか。

3　3の倍数と7の倍数を次のように並べました。

3、6、7、9、12、14、15、18、21、24、……

次の太郎さんと花子さんの会話を読んで、$\boxed{}$ にあてはまる数を求めなさい。

太郎：　初めから数えて20番目の数は $\boxed{\text{ア}}$ だね。

花子：　そうね。そして、75は初めから数えて $\boxed{\text{イ}}$ 番目の数ね。

　　　　どちらも、このまま数を書き続けていけばわかるわね。

太郎：　そうだね。でも、3と7の公倍数の現れ方に注目すると、もっと大きな数字のことも簡単にわかりそうだよ。

　　　　例えば、1001は初めから数えて $\boxed{\text{ウ}}$ 番目の数だとわかるね。

花子： 今度は、3の倍数、5の倍数、7の倍数を次のように並べてみたよ。

　　　　　3、5、6、7、9、10、12、14、15、18、……

この数の並びについても、同じように考えるといいのかな。

太郎： そうだね。この数の並びだと、3と5と7の最小公倍数は｜　エ　｜だから、2000は初めから数えて｜　オ　｜番目の数字だとわかるね。

4　1辺が24cmの正方形の折り紙があります。点Mは辺ADの真ん中の点です。この折り紙を、図のように頂点Bが点Mに重なるように折ったところ、頂点CはGの位置にきました。このときの折り目をEFとして、この折り紙を開きます。点Hは辺MGと辺CDの交わる点で、点Pは直線BMとEFの交わる点です。さらに、点Pから辺ABに垂直な線をひき、辺ABと交わる点をQとします。

(1)　PQの長さは何cmですか。

(2)　EQの長さは何cmですか。

(3)　EMの長さは何cmですか。

(4)　四角形EFGMの面積は何cm²ですか。

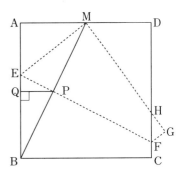

5　同じ大きさの立方体の積み木がたくさんあります。図1はこの積み木を積んで作った立体Aを真正面から見た図で、反対側から見ても同じ図です。図2は立体Aを真上から見た図です。

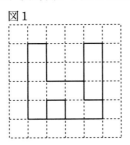

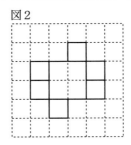

(1)　立体Aに使われている積み木の個数は何個ですか。

(2)　立体Aに積み木をいくつか追加して立方体を作ります。1辺の長さを最も短くするには追加する積み木は何個必要ですか。

(3)　立体Aをくずし、積み木をいくつか追加して、それらすべてを積んで立方体を1つ作ります。1辺の長さを最も短くするには追加する積み木は何個必要ですか。

6 流れの速さが時速6kmの川の上流にC地点、下流にA地点があり、A地点とC地点の真ん中に
B地点があります。船はA地点からC地点まで行き、その後C地点とB地点でそれぞれ10分間
停船してA地点に戻ります。船の静水時の速さは一定です。

次のグラフは、船がA地点を出発してからA地点に戻ってくるまでの時間と、A地点からの距
離の関係を表したものです。

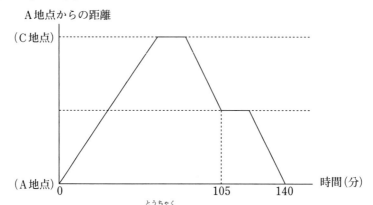

(1) 船がA地点を出発してからC地点に到着するまでにかかる時間は何分ですか。

(2) 船の静水時の速さは時速何kmですか。

(3) A地点からC地点までの距離は何kmですか。

(4) 船がA地点からC地点へ向かっている途中で船から浮き輪を流したところ、船と浮き輪が同
時にB地点に着きました。浮き輪を流したのは船がA地点を出発してから何分何秒後ですか。

世田谷学園中学校(第1回)

—60分—

〔注意事項〕　1　①〜④は答えだけを、⑤と⑥は求め方も書きなさい。

　　　　　　2　円周率は3.14として計算しなさい。

　　　　　　3　問題にかかれている図は、必ずしも正確なものとは限りません。

① 次の　　　　　にあてはまる数を求めなさい。

(1)　$5\dfrac{2}{3} \times \left(1 - 0.6 \times \dfrac{5}{12}\right) - 3\dfrac{1}{2} =$ 　　　　　

(2)　生徒にみかんを9個ずつ配ると、最後の1人だけ4個になります。7個ずつ配ると、全員に配ることができ15個余ります。みかんは全部で　　　　　個あります。

(3)　ある整数は、700を割ると7余り、3300を割ると66余ります。このような整数をすべて足すと　　　　　です。

(4)　A、B、Cの3人は、遊園地で同じ金額を使いました。A、B、Cの残金はそれぞれはじめに持っていた金額の$\dfrac{2}{5}$、$\dfrac{5}{7}$、$\dfrac{7}{13}$になりました。A、B、Cの3人がはじめに持っていた金額の比を、最も簡単な整数で表すと　　　：　　　：　　　です。

(5)　①、①、②、③、④の5枚のカードから3枚を取り出して並べてできる3けたの整数のうち、小さい方から数えて15番目の整数は　　　　　です。

(6)　右の図のように、正方形と正五角形が重なっています。正方形の頂点Aは正五角形の辺上にあり、正五角形の頂点BとCは正方形の辺上にあります。角xの大きさは　　　　　度です。

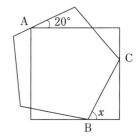

② あるパン屋では、すべて値段の異なる5種類のパンを売っています。それらのパンから種類の異なるパンを2個買うとき、その金額は、290円、380円、420円、430円、470円、480円、530円、560円、620円、660円の10通りになります。

　　このとき、次の問いに答えなさい。

(1)　3番目に安いパンの値段は何円ですか。

(2)　2番目に高いパンの値段は何円ですか。

③　次の図は、2つの長方形を重ねた図形です。ＡＨ：ＨＢ＝3：2、ＢＦ：ＦＣ＝1：8で、四角形ＡＨＦＤの面積が14.4㎠のとき、あとの問いに答えなさい。

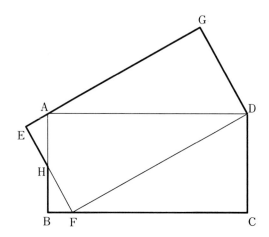

(1)　三角形ＣＤＦの面積と四角形ＡＨＦＤの面積の比を、最も簡単な整数で答えなさい。

(2)　太線で囲まれた部分の面積は何㎠ですか。

④　ある牧草地に牛が放牧されています。牧草地の草を、52頭ではちょうど12日で食べつくし、37頭ではちょうど21日で食べつくします。ただし、1日あたりに牛1頭が食べる草の量と、1日あたりに生える草の量は、それぞれ一定とします。

　　このとき、次の問いに答えなさい。

(1)　草を食べつくすことなく放牧できる牛の数は最大何頭ですか。

(2)　32頭を放牧すると、草を食べつくすのはちょうど何日ですか。

⑤　平らな机の上に、次の図のような、三角柱を3点Ｄ、Ｅ、Ｆを通る平面で切ってできた立体Ｘが、直角三角形ＡＢＣの面と机が接するように置かれています。ＦＤを延長した直線と机との交点をＰ、ＦＥを延長した直線と机との交点をＱ、ＤＥを延長した直線と机との交点をＲとするとき、あとの問いに答えなさい。

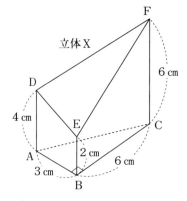

(1)　三角形ＡＰＱの面積は何㎠ですか。（求め方も書くこと。）

(2)　ＰＱとＱＲの長さの比を、最も簡単な整数で答えなさい。（求め方も書くこと。）

6　太郎さんの電動自転車には「パワー」、「オートマチック」、「ロング」の3種類のモードがあります。バッテリー表示が「100％」から「0％」になるまで、「パワー」モードのみでは30km、「オートマチック」モードのみでは45km、「ロング」モードのみでは60kmの距離を走ることができます。ただし、必ず3種類のモードのいずれかを使うものとし、各モードのバッテリー消費は走行距離のみで決まるものとします。

　このとき、次の問いに答えなさい。

(1)　太郎さんは家とA地点を電動自転車で往復しました。出発前のバッテリー表示は「100％」でした。行きは「オートマチック」モードで行ったところ、A地点でのバッテリー表示は「90％」でした。帰りは、はじめ「オートマチック」モードで進み、途中から「パワー」モードで進んだところ、家でのバッテリー表示は「77％」でした。帰りの「オートマチック」モードで進んだ距離と「パワー」モードで進んだ距離の比を、最も簡単な整数で答えなさい。（求め方も書くこと。）

(2)　太郎さんは家とB地点を電動自転車で往復しました。出発前のバッテリー表示は「100％」でした。行きは「オートマチック」モードで行ったところ、B地点でのバッテリー表示は「70％」でした。帰りは、はじめ「ロング」モードで進み、途中から「オートマチック」モードで進み、最後に「パワー」モードで進んだところ、家でのバッテリー表示は「38％」でした。帰りの「ロング」、「パワー」のそれぞれのモードで進んだ距離の比は7：8でした。このとき、帰りの「オートマチック」モードで進んだ距離は何kmですか。（求め方も書くこと。）

高 輪 中 学 校（A）

—50分—

注意 円周率は3.14を用いること。

1 次の□□□□にあてはまる数を求めなさい。

(1) $215 - \{286 + 7 \times (14 + 9)\} \div 3 = $ □□□□

(2) $1\dfrac{7}{9} \times \dfrac{1}{8} + \left(\dfrac{2}{3} - \dfrac{1}{4}\right) \div \dfrac{5}{6} = $ □□□□

(3) $3.27 \times 684 - 32.7 \times 59.7 + 327 \times 2.13 = $ □□□□

(4) $0.625 \times \left\{1\dfrac{2}{5} - \left(\boxed{} + \dfrac{1}{6}\right) \div 4\right\} = \dfrac{3}{4}$

2 次の各問いに答えなさい。

(1) 60のすべての約数について考えます。分子が1で、分母が60の約数である分数のすべての和はいくつですか。

(2) 1から50までのすべての整数の積は、一の位から連続して0が何個並びますか。

(3) A君が1人で働くとちょうど10日、A君とB君の2人で働くとちょうど6日で終わる仕事があります。B君が1人でこの仕事をするとき、仕事を始めてから終わるまでにちょうど何日かかりますか。

(4) 1個50円のアメ、70円のガム、100円のチョコレートをあわせて42個買います。アメをガムの1.5倍の個数だけ買ったところ、代金の合計が3150円になりました。買ったチョコレートの個数は何個でしたか。

答えを出すための計算や考え方を書いて答えなさい。

3 右の図のような池の周りを、高輪君はA地点から時計回りに、白金君はB地点から反時計回りに、同時に出発して周り続けます。

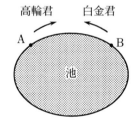

白金君の速さは毎分72mで、出発してから8分後に2人は初めて出会い、その6分後に高輪君はB地点を通過しました。

高輪君は2人が2回目に出会ってから384m進んだところで、ちょうど池を1周し、A地点を通過しました。

次の各問いに答えなさい。

(1) 高輪君の速さは毎分何mですか。

(2) 2人が2回目に出会ったのは、出発してから何分後でしたか。

(3) 2人が初めてA地点で出会うのは、出発してから何分後ですか。

④　右の図のように、１辺が18cmの正方形ＡＢＣＤを、ＦＢ＝12cmとなるように折ったところ、三角形ＥＢＦの面積は30cm²になりました。

次の各問いに答えなさい。

(1)　ＥＦの長さは何cmですか。

(2)　ＦＩの長さは何cmですか。

(3)　三角形ＧＨＩの面積は何cm²ですか。

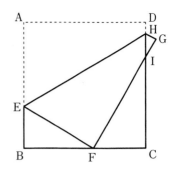

⑤　右の図は、１辺が18cmの立方体です。点Ｐは辺ＡＥ上を毎秒１cmで、点Ａから点Ｅまで移動します。また、点Ｑは辺ＣＧ上にありＣＱ＝12cm、点Ｒは辺ＥＦ上にありＥＲ＝4.5cmとなる点です。

次の各問いに答えなさい。

ただし、角すいの体積は(底面積)×(高さ)×$\frac{1}{3}$で求めることができます。

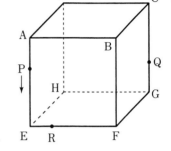

(1)　点Ｐが点Ａを出発してから６秒後に、この立方体を、３点Ｄ、Ｐ、Ｑを通る平面で切断しました。点Ｈを含む立体の体積は何cm³ですか。

(2)　点Ｐが点Ａを出発してから12秒後に、この立方体を、３点Ｄ、Ｐ、Ｑを通る平面で切断しました。点Ｈを含む立体の体積は何cm³ですか。

(3)　点Ｐが点Ａを出発してから15秒後に、この立方体を、３点Ｄ、Ｐ、Ｒを通る平面で切断しました。点Ｈを含む立体の体積は何cm³ですか。

筑波大学附属駒場中学校

—40分—

【注意】　円周率は3.14を用いなさい。

1　整数Ａがあります。Ａに対して、整数Ｂ、Ｃ、Ｄを次のように決めていきます。

〈決め方〉　　Ａを37でわったあまりがＢ、
　　　　　　　Ｂを17でわったあまりがＣ、
　　　　　　　Ｃを7でわったあまりがＤです。

　たとえばＡが2024のとき、2024を37でわったあまりは26なのでＢは26、26を17でわったあまりは9なのでＣは9、9を7でわったあまりは2なのでＤは2です。

　次の問いに答えなさい。

(1)　Ｂが26、Ｃが9、Ｄが2となるようなＡとして考えられる数のうち、最も小さいものは26です。2番目に小さいものは何ですか。

(2)　Ｄが2となるようなＡとして考えられる数のうち、2024以下のものは全部で何個ありますか。

(3)　Ｂ、Ｃ、Ｄがすべてちがう数となるようなＡとして考えられる数のうち、2024以下のものは全部で何個ありますか。

2　サイコロは、向かい合う面の目の数の和が7になっています。

　いくつかのサイコロを、その面どうしがちょうど重なるように貼り合わせます。

サイコロ

　貼り合わせてできた立体で、重なって隠れた面の目の数の合計を「ウラの和」、隠れていない面の目の数の合計を「オモテの和」ということにします。

　たとえば、2個のサイコロを図1のように貼り合わせたとき、「ウラの和」は6、「オモテの和」は36です。

貼り合わせる

図1

(1)　3個のサイコロを図2のように貼り合わせます。

　「オモテの和」として考えられるもののうち、もっとも大きい数ともっとも小さい数をそれぞれ答えなさい。

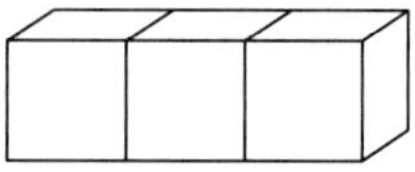

図2

(2)　3個のサイコロを図3のように貼り合わせるとき、「オモテの和」が「ウラの和」でわり切れることがあります。

　このような「オモテの和」として、考えられるものをすべて答えなさい。

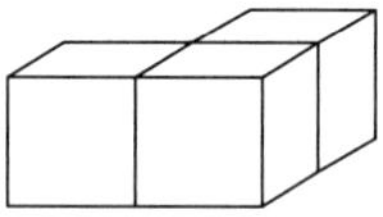

図3

(3)　4個のサイコロを図4のように貼り合わせるとき、「オモテの和」が「ウラの和」でわり切れることがあります。

　このような「オモテの和」として、考えられるものをすべて答えなさい。

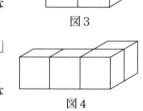

図4

(4)　4個のサイコロを貼り合わせるとき、「オモテの和」として考えられるもののうち、もっとも大きい数ともっとも小さい数をそれぞれ答えなさい。

③　一辺の長さが12cmの正六角形ABCDEFがあります。

　　直線AD上に点G、直線CF上に点Hがあります。三角形AGFの角G、三角形CHDの角H
は、どちらも直角です。

　　点Pは頂点Aを出発し、正六角形の辺上を毎秒1cmの速さでA→B→C→D→E→F→Aの順
に一周し、動き始めてから72秒後にAで止まります。

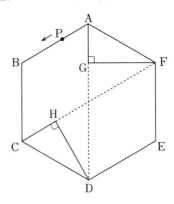

　　PとG、GとH、HとPをまっすぐな線で結んで作った図形PGHを考えます。次の問いに答
えなさい。

⑴　図形PGHが三角形にならないのは、Pが動き始めてから何秒後ですか。考えられるものを
　　すべて答えなさい。

⑵　図形PGHが三角形になり、三角形PGHの面積が三角形AGFの面積と等しくなるのは、
　　Pが動き始めてから何秒後ですか。考えられるものをすべて答えなさい。

⑶　PとB、BとH、HとPをまっすぐな線で結んで作った図形PBHを考えます。ただし、P
　　がBに重なる場合は考えないものとします。

　　　図形PGH、図形PBHがどちらも三角形になり、三角形PGHの面積が三角形PBHの面
　　積と等しくなるのは、Pが動き始めてから何秒後ですか。考えられるものをすべて答えなさい。

④　一辺の長さが10cmの立方体の面どうしをちょうど重なるよ
うに組み合わせてつくったブロックA、B、Cがあります。

　　ブロックAは立方体6個、ブロックBは立方体2個、ブロ
ックCは立方体3個を組み合わせたものです。

　　ブロックA、ブロックB、ブロックCを、立方体の面どう
しがちょうど重なるよう、さらに組み合わせることを考えます。ただし、幅、奥行き、高さはど
れも30cm以下となるようにします。

　　たとえば、ブロックBとブロックCを1個ずつ組み合わせるとき、図1や図2のような組み合
わせ方はできますが、図3や図4のような組み合わせ方はできません。

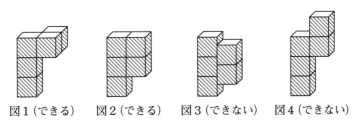

図1（できる）　図2（できる）　図3（できない）　図4（できない）

　　一辺の長さが30cmの立方体の形の水そうがあります。水平に置かれた空の水そうにブロックを置き、12Lの水を入れて水面の高さを調べます。次の問いに答えなさい。

(1)　ブロックAを1個、水そうに置いたところ、図5のようになりました。水を入れたあとの水面の高さは、水そうの床から何cmになりますか。

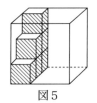
図5

(2)　ブロックAとブロックBを1個ずつ組み合わせたものを水そうに置いたところ、真上から見たら図6のようになりました。ただし、ブロックAの位置や向きは図5と変わらないものとします。

　　水を入れたあとの水面の高さは、水そうの床から何cmになりますか。考えられるものをすべて答えなさい。

図6

(3)　ブロックA、ブロックB、ブロックCを1個ずつ組み合わせたものを水そうに置いたところ、真上から見たら図7のようになりました。ただし、ブロックAの位置や向きは図5と変わらないものとします。

　　水を入れたあとの水面の高さは、水そうの床から何cmになりますか。考えられるものをすべて答えなさい。

図7

東京都市大学付属中学校(第1回)

—50分—

[注意] 定規、三角定規、分度器、コンパス、計算機は使ってはいけません。

① 次の◯◯◯に当てはまる数を答えなさい。

問1 $3 - 2\dfrac{1}{4} \div \left(\dfrac{2}{5} + \boxed{} \times \dfrac{2}{3}\right) = 1\dfrac{1}{8}$

問2 $1.6\text{km} - 100000\text{mm} - 894\text{m} + 18280\text{cm} = \boxed{}$ m

問3 A君とB君のはじめに持っていた金額の比は5：2でした。A君は1500円、B君は240円使ったので、A君とB君の残った金額の比は7：4になりました。A君がはじめに持っていた金額は◯◯◯円です。ただし、消費税は考えないものとします。

問4 まっすぐ伸びた道をA君、B君、C君の3人が、それぞれ一定の速さでP地点から同じ方向へ進みます。最初にA君が歩き始め、その10分後にB君が走り始め、さらにその20分後にC君が自転車で出発しました。A君は歩き始めてから24分後にB君に追いつかれ、さらにその16分後にC君に追いつかれました。また、B君は、A君が歩き始めてから◯◯◯分後にC君に追いつかれました。

問5 次の図のように1から順に整数が並んでいます。104は◯◯◯列目にあります。

	1列目	2列目	3列目	4列目	…
1行目	1	4	9	16	…
2行目	2	3	8	15	…
3行目	5	6	7	14	…
4行目	10	11	12	13	…
⋮	⋮	⋮	⋮	⋮	⋱

問6 $\dfrac{43}{135}$ を小数で表したとき、小数第1位から小数第30位までの30個の数をすべて足し合わせると◯◯◯になります。

問7 右の図のように、3つの長方形㋐、㋑、㋒を組み合わせます。

(㋐の面積)：(㋑の面積)：(㋒の面積)＝3：4：6

のとき、x の長さは◯◯◯cmです。

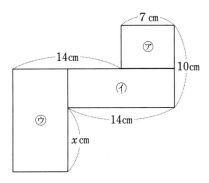

問8　右の図のように、ＡＢ＝ＡＣの二等辺三角形ＡＢＣを直線ℓを軸
として１回転させてできる立体の体積は◻︎◻︎◻︎◻︎cm³です。ただし、
円周率は3.14とします。

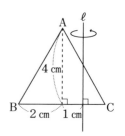

2　次の図の平行四辺形ＡＢＣＤにおいて、辺ＡＢ上にＡＥ：ＥＢ＝３：１になる点をＥ、辺ＢＣ
上にＢＦ：ＦＣ＝２：３になる点をＦ、点Ｅを通り辺ＢＣに平行な直線とＡＦ、辺ＣＤが交わっ
た点をそれぞれＧ、Ｈとします。

また、ＡＧ、ＡＨ上にそれぞれ点Ｉ、Ｊをとり、三角形ＦＧＨ、三角形ＧＨＩ、三角形ＨＩＪ
を作ったところ、３つの三角形の面積はすべて等しくなりました。あとの問いに答えなさい。

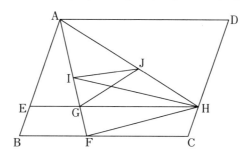

問1　ＥＧ：ＧＨを、最も簡単な整数の比で表しなさい。

問2　ＡＪ：ＪＨを、最も簡単な整数の比で表しなさい。

問3　三角形ＡＩＪの面積は、平行四辺形ＡＢＣＤの面積の何倍ですか。

3　あるたこ焼き店では、箱Ａはたこ焼きが８個入って１箱500円で売っています。また、箱Ｂは
たこ焼きが16個入って１箱800円で売っています。たこ焼き１箱につきジュース１杯をセットで
買うことができ、たこ焼き１箱の値段に200円追加されます。ただし、ジュースのみを買うこと
はできません。消費税を考えないものとして、あとの問いに答えなさい。

問1　ある日、箱Ａは80箱、箱Ｂは120箱売れ、売上金額の合計は168000円でした。この日、ジ
ュースは全部で何杯売れましたか。

問2　別のある日、たこ焼きの箱は２種類あわせて200箱売れ、たこ焼きの売上金額の合計は
122500円でした。この日、たこ焼きは全部で何個売れましたか。

問3　また別のある日、たこ焼きの売上を調べ、次の表にまとめようとしました。

	たこ焼きのみ	セット	合計	
	箱数	箱数	箱数	金額
箱Ａ	あ	い		
箱Ｂ	う	え		
合計				255000

しかし、調べたところすべての内容が分からず、以下の内容だけ分かりました。

①「あの数」：「うの数」＝３：10

②「うの数」：「えの数」＝７：４

③「⑤の数」は「⑥の数と⑥の数の和」より38だけ多い。

このとき、たこ焼きは全部で何個売れましたか。

4　次の【図1】のように、円柱の容器に水が満水まで入っています。この水を【図2】のような円すいの容器にすべて移すと、満水になります。

(円柱の底面の半径):(円すいの底面の半径)＝2:3のとき、あとの問いに答えなさい。

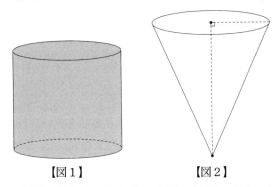

【図1】　　　　　【図2】

問1　【図2】の円すいの容器の高さは、【図1】の円柱の容器の高さの何倍ですか。

問2　【図2】の容器の$\frac{1}{4}$の高さまで水が入っています。円柱の棒をこの容器にふれるところまでまっすぐ入れたところ、【図3】の状態になりました。円柱の棒の高さは【図2】の容器の高さの$\frac{3}{4}$倍です。その後、水が入っていない部分に【図4】のように水があふれることがないように満水まで入れたとき、追加して入れた水の量は、【図3】に入っている水の量の何倍ですか。

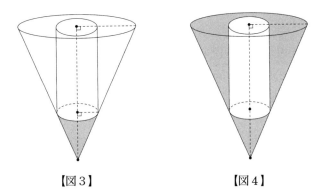

【図3】　　　　　【図4】

5　A君とB君で、1枚のコインを交互に1回ずつ投げるゲームをします。ゲームは2人のうち、どちらかが2回連続で表が出るまで続けます。コインの表が出たら3点、裏が出たら1点もらえます。

A君から投げ始め、A君B君合わせて9回コインを投げ終えたところで、ゲームは終わりました。このとき、あとの問いに答えなさい。

問1　ゲームが終わったとき、コインの表裏の出方は何通り考えられますか。

問2　ゲーム終了時に、B君はA君よりも得点が高くなる可能性はありますか。ある・ないのどちらかを○で囲みなさい。また、ある場合はその例を1つ答え、ない場合はその理由を答えなさい。

桐 朋 中 学 校(第1回)

—50分—

1　次の計算をしなさい。

(1)　$\dfrac{9}{22} - \dfrac{1}{11} + 1\dfrac{1}{2}$

(2)　$(3.4 - 1.2) \div 0.8 + 3.75 \times 0.6$

(3)　$1\dfrac{4}{35} \div \left(1.1 \times 0.5 - 0.3 \div \dfrac{6}{5}\right)$

2　次の問いに答えなさい。

(1)　しのぶさんは、いくらかのお金を持って、ある商品を買いに行きました。定価で買うと50円余りますが、定価の2割引きで買えたので160円余りました。この商品の定価はいくらですか。

(2)　A君とB君は、自転車でP地を同時に出発してQ地に行きました。B君はA君より12分遅れてQ地に着きました。A君、B君の走る速さはそれぞれ分速300m、分速200mです。PQ間の道のりは何mですか。

(3)　右の図は、円と長方形ABCDを重ねた図形で、円の中心は点Aです。辺ADの長さと円の直径の長さが等しく、円の面積と長方形ABCDの面積が等しいとき、この図形の周の長さ(太線の長さ)は何cmですか。円周率を3.14として計算しなさい。

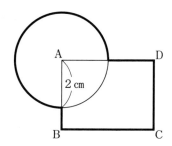

3　ある店で、1個20円の赤玉と1個15円の青玉を売っています。赤玉を100個買うごとに無料で白玉を2個もらえます。青玉を50個買うごとに無料で黒玉を1個もらえます。ひろし君は、赤玉と青玉をそれぞれ何個か買ったところ、白玉を黒玉より3個多くもらい、4色の玉の個数の合計は559個でした。

(1)　ひろし君は黒玉を何個もらいましたか。

(2)　ひろし君が支払った金額は全部で10140円でした。赤玉と青玉をそれぞれ何個買いましたか。答えだけでなく、途中の考え方を示す式や図などもかきなさい。

4　だいすけ君は算数のテストを7回受けました。1回目の得点は73点で、3回ごとの得点の平均は次の表のようになっています。

1回目から3回目まで	79点
2回目から4回目まで	84点
3回目から5回目まで	88点
4回目から6回目まで	89点
5回目から7回目まで	90点

(1)　2回目の得点と5回目の得点ではどちらが何点高いですか。

(2)　7回目の得点は何点ですか。

(3)　7回のテストのうち、2回目の得点が最も低く、最も高い得点は97点でした。2回目の得点は何点ですか。

⑤　3つのポンプA、B、Cがあり、これらのポンプを使って、水そうに水を入れたり、水そうから水を出したりします。空の水そうにAで水を入れ、同時にBで水を出すと18分で満水になります。また、空の水そうにAで水を入れ、同時にCで水を出すと12分で満水になります。ただし、ポンプが1分間に入れる水の量と1分間に出す水の量は同じです。

(1)　空の水そうにBで水を入れ、同時にCで水を出すと何分で満水になりますか。

(2)　空の水そうにBとCで水を入れ、同時にAで水を出しました。1分後にAだけを止めたところ、水を入れはじめてから4分後に水そうは満水になりました。空の水そうにAで水を入れると、何分何秒で満水になりますか。

⑥　あとの図のように、縦3cm、横7cmの長方形を、1辺が1cmの正方形に区切りました。点Pは点Aから点Bまで正方形の辺上を、道のりが最も短くなるように進みます。また、点Pの速さは、点Aを出発したとき秒速1cmで、曲がるたびに速さが半分になります。たとえば、点Pが点Aから点C、Dを通って点Bまで進むとき、点Pの速さはAC間は秒速1cm、CD間は秒速$\frac{1}{2}$cm、DB間は秒速$\frac{1}{4}$cmです。点Aから点Bまで進むのにかかる時間について、次の問いに答えなさい。

(1)　最も長い時間は何秒ですか。また、最も短い時間は何秒ですか。

(2)　4回曲がるとき、最も長い時間は何秒ですか。また、2番目に長い時間は何秒ですか。

(3)　5回曲がる進み方のうち、点Eを通るものを考えます。最も長い時間は何秒ですか。また、2番目に長い時間は何秒ですか。

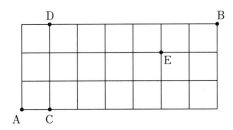

⑦　1以上のいくつかの異なる整数を1列に並べます。並べ方は、となり合う4つの数をどこに選んでも、それらを並んでいる順にA、B、C、Dとすると、A：B＝C：Dとなるようにします。
　　たとえば、1、2、3、6、9、18と並んでいる6つの整数は、1：2＝3：6、2：3＝6：9、3：6＝9：18となっています。

(1)　9個の整数が並んでいます。1番目の数が3、2番目の数が2、3番目の数が6のとき、9番目の数を求めなさい。

(2)　N個の整数が並んでいます。1番目の数が1、N番目の数が108のとき、Nとして考えられる数のうち、最も大きいものを求めなさい。

(3)　7個の整数が並んでいます。6番目の数と7番目の数の和は2024です。また、3番目の数は1番目の数の倍数です。このとき、1番目の数として考えられる数のうち、最も大きいものを求めなさい。

藤嶺学園藤沢中学校(第1回)

—50分—

【注意】 1　①～③は解答のみ、④、⑤は途中の式も書きなさい。
　　　　2　円周率を使う場合は、3.14で計算しなさい。

① 　　　　　にあてはまる数を答えなさい。

(1)　$1.75 \div 3\frac{3}{4} = $ ☐

(2)　$2024 \times \left(\frac{1}{2} + \frac{1}{4} + \frac{1}{8} + \frac{1}{11} + \frac{1}{23} \right) = $ ☐

(3)　$(12 \times 21 - 10 \times 24) \div $ ☐ $= 9$

(4)　$\frac{3}{5} \div \frac{1}{3} - \frac{5}{7} \div $ ☐ $= 1$

(5)　(半径5cmの円の面積)＝(半径6cmで中心角 ☐ 度のおうぎ形の面積)

② 　次の問いに答えなさい。

(1)　1個120円の商品Aと1個150円の商品Bを同じ個数だけ買うと、Aの代金とBの代金の差が210円になりました。Aの代金とBの代金の合計はいくらですか。

(2)　生徒全員にアメを8個ずつ配ると36個足りなくなり、5個ずつ配ると3個余ります。アメは全部で何個ありますか。

(3)　1.6mの重さが$\frac{3}{8}$kgである縄があります。この縄の3mの重さは何kgですか。

(4)　花子さんとお父さんの年れいの差は26才です。5年後、お父さんの年れいは花子さんの年れいの3倍になります。現在、花子さんは何才ですか。

(5)　長さ120mの列車が360mの鉄橋に渡り始めてから完全に渡り終わるまでに32秒かかります。列車の速さは秒速何mですか。

(6)　$\frac{1}{7}$を小数で表したとき、小数第10位はいくつですか。

(7)　約数をちょうど5つもつ整数のうちで、もっとも小さい偶数はいくつですか。

(8)　図のように、円を4等分したおうぎ形を、もとの円の中心が円周上にくるように折りました。このとき、㋐の角の大きさは何度ですか。

3　図のように白石と黒石を交互に、規則的に並べていきます。次の問いに答えなさい。

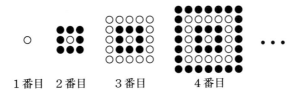

1番目　2番目　　3番目　　　　4番目

(1)　6番目のとき、白石と黒石の数の合計はいくつですか。

(2)　10番目のとき、白石と黒石の数はそれぞれいくつですか。

4　太郎さんは一周400mのトラックを2周しました。1周目はスタートのA地点から240m離れたB地点まで時速14.4kmで走り、B地点からゴールのA地点まで時速3.6kmで歩きました。2周目はA地点から途中のC地点まで時速12kmで走り、C地点からゴールのA地点まで時速3kmで歩きました。このとき2周目は4分15秒かかりました。次の問いに答えなさい。

(1)　1周目にかかった時間は何分何秒ですか。

(2)　C地点からゴールのA地点まで何mありますか。

5　図はある中学校の茶室の図面です。図のaの部分は畳が敷かれている部分、bの部分は板の間(フローリング部分)、cの部分は床の間(掛け軸などを飾る部分)となっており、aの部分の点線で区切られた長方形は縦が182cm、横が91cmの畳一枚分の大きさを表しています。a、b、cの面積の合計は72.968㎡で、bとcの縦の長さは同じです。次の問いに答えなさい。

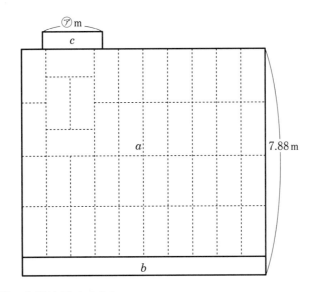

(1)　aの部分の面積の合計は何㎡ですか。

(2)　㋐に入る数はいくつですか。

獨 協 中 学 校(第1回)

—50分—

※　円周率は3.14として計算しなさい。

1　次の各問いに答えなさい。

(1)　$1\dfrac{4}{3}+10\times(4.2-4\div3)$　を計算しなさい。

(2)　$11\times38+36\times26+25\times38-36\times14$　を計算しなさい。

(3)　□にあてはまる数を求めなさい。

$$□\times7\div33\times\left(6-\dfrac{1}{2}\right)-3\div0.6=2$$

(4)　6 ％の食塩水500 g から水を何 g か蒸発させた後、蒸発させた水と同じ量の食塩を入れてかき混ぜました。できた食塩水の濃度が10％のとき、蒸発させた水は何 g でしたか。

(5)　図のように、正方形の紙を折りました。このとき、⑦の角の大きさは何度ですか。

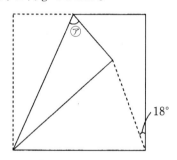

(6)　太郎さんが、ある本を1日目に全体の$\dfrac{2}{7}$を読み、2日目に残りの$\dfrac{1}{3}$を読んだところ、残りは90ページになりました。この本は全部で何ページありますか。

(7)　右の図形を軸のまわりに1回転させてできる立体の体積は何㎤ですか。途中経過を記入すること。

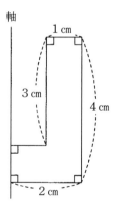

2　ある車で82kmの道のりを走ります。はじめは 1時間12分で60kmの道のりを走る速さ①で走っていましたが、最後の何分かは渋滞に巻き込まれ、時速5 kmの速さで走ることになりました。全部で2時間かかったとき、次の問いに答えなさい。

(1)　下線部①は時速何kmですか。

(2)　時速5 kmで走った時間は何分間ですか。途中経過を記入すること。

③　次の図のように、正方形をつなげる作業をくり返します。1回目の作業では1辺1cmの正方形に1辺1cmの正方形をつなげ、2回目の作業では1辺2cmの正方形をつなげ、3回目の作業では1辺3cmの正方形をつなげ、4回目の作業では1辺5cmの正方形をつなげます。このように、正方形を右、下、右、下、…の順につなげる作業をくり返すとき、あとの問いに答えなさい。

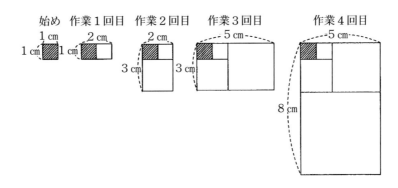

(1)　7回目の作業でつなげた正方形の1辺の長さは何cmですか。

(2)　7回目の作業を終えてできた長方形の面積と、7回目の作業でつなげた正方形の面積の差は何cm²ですか。

(3)　作業を終えてできた長方形の面積と、作業の最後につなげた正方形の面積の差が33552cm²となるのは、何回目の作業を終えたときですか。

④　太郎さんと先生が「2024」という整数について話しています。二人の会話を読んで、あとの問いに答えなさい。

先生：「今年は2024年。各桁の数字を使って、2＋0＋2＝4が成り立つね。」

太郎：「確かに。でも、同じ性質をもった整数はたくさんありそうです。」

先生：「いや、意外と少ないんだよ。次の条件にあてはまる整数を『足し算数①』と名付けよう。」

> 『足し算数』の条件
> ・0から9999までの整数で考え、1000より小さい場合は0を使って4桁で表す
> 　例：9→0009、21→0021、509→0509
> ・(千の位)＋(百の位)＋(十の位)＝(一の位)が成り立つ

太郎：「1427は1＋4＋2＝7だから『足し算数』で、370は0370にしたうえで、0＋3＋7が0ではないから『足し算数』ではないってことですか？」

先生：「そうそう。条件は理解できているね。整数を100ずつに区切って、『足し算数』の個数を数えてみよう。まずは、0から99だとどうかな？」

太郎：「0000から0099で考えると、0＋0＋(十の位)＝(一の位)なので、十の位と一の位が同じになればいいですね。よって、　ア　個ですか？」

先生：「正解。次の100から199までだとどう？」

太郎：「0＋1＋(十の位)＝(一の位)なので、『足し算数』は　イ　個です。」

先生：「コツをつかんだようだね。次に1000から1099までを考えてみよう。」

太郎：「1＋0＋(十の位)＝(一の位)を考えればいいから、100から199までと同じ個数です。」

先生：「うん。すでに計算したものを利用しながら、縦を千の位、横を百の位にした、整数を

100ずつに区切った『足し算数』の個数の表②を作るとわかりやすいよ。」

太郎：「確かに0から9999までの『足し算数』の個数③を求めるのが楽になりそうですね。表を
うめて考えてみます。」

	0	1	2	3	4	5	6	7	8	9
0	ア	イ								
1							ウ			
2										
3										
4										
5										
6	エ									
7										
8			オ							
9										

＜表＞

(1) 文章中の下線部①について、次の整数の中から『足し算数』をすべて選び、記号で答えなさ
い。

　　ア　358　　イ　756　　ウ　3250　　エ　6174　　オ　7119

(2) 文章中や表中の　ア　、　イ　にあてはまる整数はそれぞれいくつですか。ただし、同
じカタカナには同じ整数が入ります。

(3) 文章中の下線部②について、表中の　ウ　～　オ　にあてはまる整数はそれぞれいくつ
ですか。

(4) 文章中の下線部③について、0から9999までの『足し算数』は全部で何個ですか。

(5) 太郎さんは次の条件にあてはまる『5桁の足し算数』について、考えてみることにしました。
0から19999までの『5桁の足し算数』は全部で何個ですか。

> 『5桁の足し算数』の条件
> ・0から19999までの整数で考え、10000より小さい場合は0を使って5桁で表す
> 　例：9→00009、21→00021、509→00509、4653→04653
> ・(一万の位)＋(千の位)＋(百の位)＋(十の位)＝(一の位) が成り立つ

灘　中　学　校

第1日　—60分—

次の問題の　　　　にあてはまる数を書き入れなさい。

［注意］

　　　　• 問題にかいてある図は必ずしも正しくはありません。

　　　　• 円周率には3.14を用いなさい。

　　　　• 角すいの体積は、(底面積)×(高さ)×$\frac{1}{3}$で求められます。

1　$1 \div \left\{ \frac{1}{9} - 1 \div (35 \times 35 + 32 \times 32) \right\} = 9 + \dfrac{81}{\boxed{}}$

2　太郎君は1本の値段が　　　　円のペンを5本買う予定でしたが、所持金が120円足りませんでした。代わりに、1本の値段が予定していたものより100円安いペンを7本と60円の消しゴムを1個買ったところ、ちょうど所持金を使い切りました。

3　ある学校の生徒に、A、B、Cの3つの町に行ったことがあるかどうかの調査をしたところ、A、B、Cに行ったことがある生徒の割合はそれぞれ全体の$\frac{2}{7}$、$\frac{5}{14}$、$\frac{1}{9}$でした。AとBの両方に行ったことがある生徒の割合は全体の$\frac{1}{4}$でした。また、Cに行ったことがある生徒は全員、AにもBにも行ったことがありませんでした。A、B、Cのどの町にも行ったことがない生徒は999人以下でした。

　　A、B、Cのどの町にも行ったことがない生徒の人数として考えられるもののうち最も多いものは　　　　人です。

4　A町とB町を結ぶ道があります。この道を何台ものバスがA町からB町に向かう方向に一定の速さで、一定の間隔で走っています。

　　太郎君が同じ道を、A町からB町に向かう方向に一定の速さで自転車で走ると、バスに20分ごとに追い越されました。太郎君がそのままの速さで走る方向のみを反対に変えると、バスに10分ごとに出合いました。その後、太郎君が速さを時速6km上げたところ、バスに9分ごとに出合いました。

　　バスとその次のバスの間隔は　　　　kmです。

　　ただし、バスと自転車の長さは考えないものとします。

5　4枚のカード0、2、2、4があるとき、この4枚のカードを並べてできる4桁の数のうち11で割り切れるものは全部で①　　　　個あります。ただし、0224は4桁の数ではありません。

　　また、5枚のカード0、2、2、4、6があるとき、このうちの4枚のカードを並べてできる4桁の数のうち11で割り切れるものは全部で②　　　　個あります。ただし、6のカードを上下逆にして9として用いることはできません。

6　1、2、3、4、5、6、7、8から異なる4つを選び、大きい方から順にA、B、C、Dとしました。また、選ばなかった残りの4つを並び替え、E、F、G、Hとしました。すると、4桁の数ABCDから4桁の数DCBAを引いた差は4桁の数EFGHでした。4桁の数ABCDは　　　　　　　です。

7　図のような、電池1個、電球1個、スイッチ7個を含む電気回路があります。スイッチのオン・オフの仕方は全部で128通りあり、そのうち電球が点灯するようなスイッチのオン・オフの仕方は全部で　　　　　　通りあります。

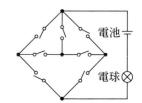

8　図のように、三角形ABC、DEFがあり、点A、Dはそれぞれ辺EF、BC上にあります。また、辺AB、DEは点Gで交わり、辺AC、DFは点Hで交わります。

　辺AB、DEの長さは等しく、辺AC、DFの長さは等しく、辺AE、AFの長さは等しく、辺CDの長さは辺BDの長さの3倍です。また、辺BC、EFは平行です。四角形AGDHの面積は三角形AHFの面積の　　　　　倍です。

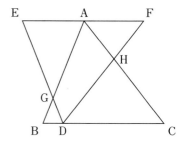

9　1辺の長さが8㎝である2つの正方形ABCD、PQRSがあります。

　図1には、点Bを中心とし点Dを通る半円と、点Cを中心とし点Aを通る半円がかかれています。

　図2のように正方形PQRSが①の位置から②の位置まで直線アの上をすべることなく転がるときに辺PQが通過する部分の面積と、図1の斜線部分の面積の和は　　　　　㎝です。

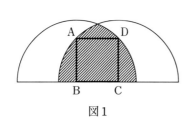

図1

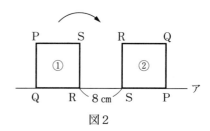

図2

10　図の五角形ABCDEは正五角形で、四角形CDFG、ADHIはどちらも正方形です。このとき、角㋐の大きさは　　　　　度です。

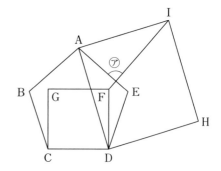

11 図の直方体ＡＢＣＤ－ＥＦＧＨについて、辺ＡＤ、ＡＥ、ＥＦの長さはそれぞれ１ cm、２ cm、１ cmです。また、点Ｉは辺ＣＤの真ん中の点です。３点Ａ、Ｆ、Ｉを通る平面でこの直方体を切り分けたとき、点Ｃを含む方の立体の体積は、他方の立体の体積の▭倍です。

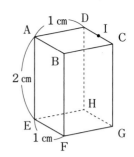

12 ある立体の展開図は図のようになっています。この立体の体積は▭ cm³です。ただし、同じ記号がかかれた辺の長さは等しいとします。

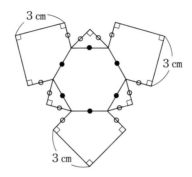

第２日 —60分—

[解答上の注意]

• 1(2)(イ)、2(2)、3(2)(イ)、(ウ)、5(2)は答え以外に文章や式、図などもかきなさい。それ以外の問題は答えのみ記入しなさい。

• 問題にかいてある図は必ずしも正しくはありません。

• 角すいの体積は、(底面積)×(高さ)×$\frac{1}{3}$で求められます。

1 10以上の整数に対して、各位の数をかけ合わせる操作１回を記号→により表します。この操作を繰り返し、10より小さくなると終了します。たとえば、２×１×０＝０ですから、210から始めると210→０となります。また、４×８＝32、３×２＝６ですから、48から始めると48→32→６となります。

(1) ２桁の整数ＡでＡ→０となるものは全部で▭個あり、３桁の整数ＢでＢ→０となるものは全部で▭個あります。

(2) ３桁の整数ＣでＣ→Ｄ→２となるものを考えます。ただしＤは整数です。

(ア) このような整数Ｃのうち、最も小さいものは▭で、最も大きいものは▭です。

(イ) このような整数Ｃは全部で何個ありますか。

② 製品Ｐは、1日につき、工場Ａで2000個、工場Ｂで3000個生産されます。工場Ａで生産された製品Ｐから1000個取り出して検査すると7個不良品が見つかります。また、工場Ｂで生産された製品Ｐから1000個取り出して検査すると12個不良品が見つかります。工場Ａと工場Ｂで生産された製品Ｐはすべて検査場に入荷され、検査の前によく混ぜられます。

たとえば工場Ａで生産された製品Ｐが3000個あったとき、その中の不良品の個数は

$3000 \times \dfrac{7}{1000} = 21$ 個と推測されます。実際には21個より多いことも少ないこともあり得ますが、このように推測します。

この例にならって次の問いに答えなさい。

(1) ある期間、工場Ａ、工場Ｂはどちらも休まず稼働しました。その期間に検査場に入荷された製品Ｐから不良品が1000個見つかったとき、その1000個の不良品のうち工場Ａで生産された不良品の個数は _____ 個と推測されます。

(2) ある年の4月、工場Ａは休まず稼働しましたが、工場Ｂは何日か休業となりました。その1ヶ月に検査場に入荷された製品Ｐから10000個取り出して検査したところ、不良品が80個見つかりました。その80個の不良品のうち工場Ａで生産された不良品の個数は何個と推測されますか。

③

(1) 右の図の正方形ＡＢＣＤにおいて、三角形ＡＥＦの面積は _____ cm²です。

また、4つの面がそれぞれ三角形ＡＢＥ、ＥＣＦ、ＦＤＡ、ＡＥＦと合同な三角すいの体積は _____ cm³です。

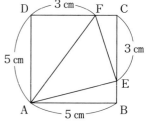

(2) 右の図のような、1辺の長さが20cmの立方体ＧＨＩＪ－ＫＬＭＮがあります。点ＰはＧＰの長さが10cmとなる辺ＧＪ上の点、点ＱはＧＱの長さが15cmとなる辺ＧＨ上の点、点ＲはＫＲの長さが3cmとなる辺ＫＬ上の点です。

(ア) 3点Ｐ、Ｑ、Ｒを通る平面と辺ＫＮが交わる点をＳとします。このとき、ＫＳの長さは _____ cmです。

また、3点Ｐ、Ｑ、Ｒを通る平面で立方体ＧＨＩＪ－ＫＬＭＮを2つの立体に切り分けたとき、Ｇを含む方の立体の体積は _____ cm³です。

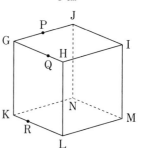

(イ) 4点Ｇ、Ｐ、Ｑ、Ｒを頂点とする三角すいの、三角形ＰＱＲを底面とみたときの高さを求めなさい。

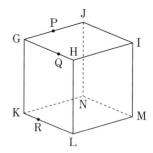

(ウ)　4点M、P、Q、Rを頂点とする三角すいの、三角形PQR
　　を底面とみたときの高さを求めなさい。

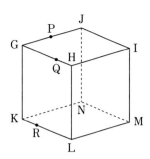

4

(1)　右の図のような長方形ABCDがあり、辺BC上に点E、辺C
　　D上に点Fがあります。三角形AEFが直角二等辺三角形である
　　とき、三角形AEFの面積は◯◯◯cm²です。

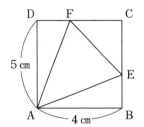

(2)　1辺の長さが12cmである正方形GHIJがあります。右の図のよ
　　うに、辺HIの延長上に点Kがあり、GKとIJが点Lで交わって
　　います。また、半径が3cmである半円が三角形GJLにぴったり収
　　まっています。このとき、三角形GHKにぴったり収まる円の半径
　　は◯◯◯cmです。また、辺HKの長さは◯◯◯cmです。

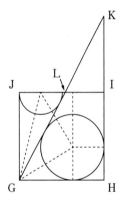

5　図のような的があり、AからIの9つの場所に1、2、3、4、5、6、7、
　8、9の9つの数が1つずつ書かれています。また、同じ数は2つ以上の場所
　に書かれることはありません。

A	B	C
D	E	F
G	H	I

(1)　太郎さんがボールを3つ投げると、A、E、Iに当たり、当たった場所に
　　書かれた数の和は10になりました。次郎さんもボールを3つ投げると、C、E、Gに当たり、
　　当たった場所に書かれた数の和は10になりました。

　(ア)　Eに書かれた数が5であるとき、的に書かれた9つの数の並びは全部で◯◯◯通りあり
　　　ます。

　(イ)　的に書かれた9つの数の並びは、(ア)の場合を含めて全部で◯◯◯通りあります。

(2)　太郎さんがボールを3つ投げると、的のどの縦列にも1回ずつ、どの横列にも1回ずつ当た
　　り、当たった場所に書かれた数の和は10になりました。次郎さんもボールを3つ投げると、的
　　のどの縦列にも1回ずつ、どの横列にも1回ずつ当たり、当たった場所に書かれた数の和は
　　10になりました。また、太郎さんが当てて次郎さんが当てなかった場所がありました。この
　　とき、的に書かれた9つの数の並びは、(1)の場合を含めて全部で何通りありますか。

日本大学豊山中学校(第1回)

―50分―

〔注意事項〕　1　定規、コンパス、分度器、計算機などを使用してはいけません。
　　　　　　　2　答えが分数のときは、約分してもっとも簡単な形で求めなさい。

1　次の問いに答えなさい。

(1)　$19+2×(12-9÷3)-18÷2×3$ を計算しなさい。

(2)　$1\frac{2}{3}×0.25+\frac{2}{7}÷\left(1.4-\frac{5}{7}\right)$ を計算しなさい。

(3)　$98×0.5-0.7×56+4.9×6+1.96×30$ を計算しなさい。

(4)　$\left\{\left(\frac{3}{4}-\frac{1}{3}\right)×1\frac{1}{3}\right\}-2÷6$ を計算しなさい。

(5)　$\left(\boxed{}-\frac{3}{4}\right)×\frac{1}{4}-\left(0.125-\frac{1}{16}\right)×\frac{4}{7}=\frac{9}{14}$ の $\boxed{}$ にあてはまる数を答えなさい。

2　次の問いに答えなさい。

(1)　3つの容器A、B、Cにそれぞれ、700Lの39%、0.8㎥の35%、9000dLの32%の水が入っている。水の量が多い順にA、B、Cを並べなさい。

(2)　連続した21個の整数があります。そのうちすべての奇数の和からすべての偶数の和をひくと41になりました。連続した整数の最初の数を答えなさい。

(3)　はじめに水そうに300Lの水が入っており、毎分5Lの水が水そうに注がれています。ポンプ1台を使って水そうから水をくみ出したところ、20分で水そうの水が無くなりました。はじめの状態から5分以内に水そうの水をすべてくみ出すためには、最低何台のポンプが必要か答えなさい。

(4)　A君、B君、C君の3人がそれぞれいくらかのお金を持っています。A君とB君の所持金の比は9：7で、B君とC君の所持金の比は6：5です。その後、A君が200円の買い物をしたところ、A君とC君の所持金の比は10：7になりました。このとき、3人のはじめの所持金の合計はいくらだったか答えなさい。

(5)　284個の分数 $\frac{1}{285}$、$\frac{2}{285}$、$\frac{3}{285}$、…、$\frac{283}{285}$、$\frac{284}{285}$ のうち、約分できない分数は何個あるか答えなさい。

3　次の問いに答えなさい。

(1)　正方形の紙を図1のように折り、次にこの折り目に垂直な折り目がつくように折って広げたのが図2です。このとき、㋐の角度を答えなさい。

図1　　　　　　図2

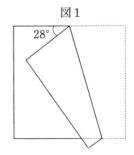
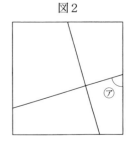

(2)　右の図は、半径2cmの円と半径4cmの円を重ならないように
円周上でつなぎ合わせ、中心どうしを結んだものです。このと
き、斜線部分の周の長さを答えなさい。ただし、円周率は3.14
とします。

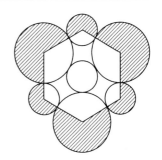

(3)　右の図のように、AB＝3cm、AD＝4cm、AC＝5cm、
AE＝10cmの直方体ABCD－EFGHを直線BFを軸
として90°回転させてできる立体(右の図の影の部分の立体)
の体積を答えなさい。ただし、円周率は3.14とします。

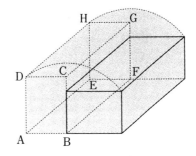

4　次のように、ある規則にしたがって式が並んでいます。このとき、次の問いに答えなさい。

　　　　　1段目　　　　　1＋2＝3
　　　　　2段目　　　　　4＋5＋6＝7＋8
　　　　　3段目　　　9＋10＋11＋12＝13＋14＋15
　　　　　　　　・　　　　　　　　　　・
　　　　　　　　・　　　　　　　　　　・
　　　　　　　　・　　　　　　　　　　・

(1)　5段目の式のうち、等号の右側の式を答えなさい。

(2)　124は□□□段目で、等号の□□□側の式にあり、その式の左から□□□番目の数です。
□□□にあてはまる数や言葉を答えなさい。

5　兄と弟の2人が家と公園の間を自転車で往復しました。兄は
時速15km、弟は時速9kmの速さで同時に家を出発しました。右
のグラフは2人の間の距離と2人が家を出発してからの時間の
関係を表したものです。このとき、次の問いに答えなさい。

(1)　兄は家を出発してから何分後に公園に到着したか答えな
さい。

(2)　アにあてはまる数を答えなさい。

(3)　イにあてはまる数を答えなさい。

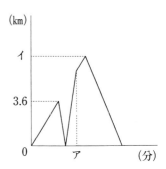

6　体積が37.68㎝の円すいを図のように横にしてすべらないように転がしたところ、半径5cmの点線の円上を1周するのに、円すいは$1\frac{2}{3}$回転しました。このとき、次の問いに答えなさい。ただし、円周率は3.14とします。

(1)　円すいの底面の半径を答えなさい。

(2)　円すいの高さを答えなさい。

(3)　次の図のように、この円すいを立てて、底面の円の中心が点線の円上を1周するように動かしてできる立体の体積を答えなさい。

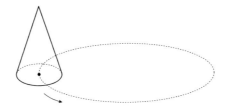

本 郷 中 学 校(第1回)

—50分—

注意　コンパス、分度器、定規、三角定規、計算機の使用は禁止します。

1　次の□に当てはまる数を求めなさい。

(1)　$7 - 4 \div \boxed{} - 3 \div \left\{ 8 - \dfrac{2}{3} \times (1 - 0.25) \right\} = 1$

(2)　$\left(\dfrac{6}{253} + \dfrac{5}{11} - \dfrac{10}{23} + \dfrac{1}{8} \right) \times 2024 \div \left(6.25 \times 6\dfrac{1}{5} - 7.75 \right) = \boxed{}$

2　次の問いに答えなさい。

(1)　ある仕事をするとBさんはAさんの1.5倍、CさんはAさんの2倍の時間がかかります。3人いっしょにこの仕事をすると6時間かかります。Aさん1人だけでこの仕事をすると何時間かかりますか。

(2)　Aさん、Bさん、Cさんは最初3人合わせて4539円持っていました。3人は同じ値段の本を1冊ずつ買ったところ、Aさん、Bさん、Cさんの持っているお金はそれぞれが最初に持っていた金額の$\dfrac{2}{3}$、$\dfrac{1}{4}$、$\dfrac{3}{8}$になりました。この本1冊の値段は何円ですか。

(3)　あるきまりにしたがって次のように分数を並べました。

$\dfrac{1}{3}$、$\dfrac{4}{7}$、$\dfrac{7}{11}$、$\dfrac{10}{15}$、$\dfrac{13}{19}$、$\dfrac{16}{23}$、$\dfrac{19}{27}$、・・・

このとき、分子と分母の差が101になる分数はいくつですか。

(4)　ある製品を毎分20個ずつの割合で作る工場があります。工場の中で作られた製品は、ベルトコンベアで工場の外へ運び出されます。いま、この工場の中には360個の製品が保管されています。ここで、さらに製品を作り始めたと同時に5台のベルトコンベアを使って運び出すと18分ですべての製品を工場の外へ運び出すことができます。このとき、製品を作り始めたと同時に7台のベルトコンベアを使って運び出すと何分ですべての製品を工場の外へ運び出すことができますか。

(5)　図のようにA地点からC地点までは上りで、C地点からB地点までは下りになっています。A地点からB地点に行くのに5時間30分、B地点からA地点に行くのに5時間45分かかります。このとき、BC間の距離は何kmですか。ただし、上るときは時速4km、下るときは時速6kmの速さで進むものとします。

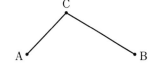

(6)　次の［図Ⅰ］のような形を底面とする柱状の容器が［図Ⅱ］のように水平な地面につくように置かれています。この容器に水を入れたら［図Ⅲ］のようになりました。入れた水の体積は何cm³ですか。ただし、容器の厚みは考えないものとし、円周率は3.14とします。

［図Ⅰ］

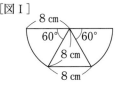

おうぎ形2つと正三角形
1つを組み合わせた形

［図Ⅱ］

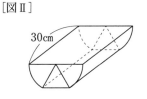

［図Ⅲ］

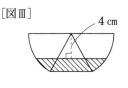

③　バスの停留所Pから駅までは2400mあります。この2400mを三等分する地点に2つ停留所があります。バスは停留所でそれぞれ1分間停車します。AさんとBさんは停留所Pに集合し、Aさんは自転車で、Bさんはバスで駅に向かいます。Aさんが出発して3分後にバスはBさんを乗せて停留所Pを出発しました。Aさんの自転車は一定の速さで駅まで向かい、バスも停留所に停車する以外は一定の速さで走ります。しかし、駅の近くで渋滞(じゅうたい)が発生し、バスだけ速さが遅くなったため、2人同時に駅に着きました。次のグラフは、Aさんが停留所Pを出発してから駅に着くまでの時間とBさんとの距離(きょり)の差の関係を表したものです。このとき、次の問いに答えなさい。

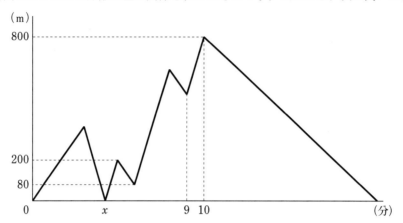

(1)　Aさんは毎分何mの速さで自転車に乗っていましたか。

(2)　渋滞時のバスの速さは毎分何mですか。

(3)　グラフの x の値はいくつですか。

④　右の［図Ⅰ］は、奇数をある規則によって書き並べた表の一部です。例えば第3行、第2列の数は15、第1行、第5列の数は29となります。

　A、B、Cの3人は、この表の様々な規則に注目し、問題を出し合うことにしました。

　以下の　　　　　は、そのときのA、B、C3人の会話です。

［図Ⅰ］

	第1列	第2列	第3列	第4列	第5列
第1行	1	5	11	19	29
第2行	3	9	17	27	
第3行	7	15	25		
第4行	13	23			
第5行	21				

A:「最初は私から問題を出すわよ。第29行、第1列の数はいくつでしょうか」

B:「ねぇ、ヒントちょうだいよ」

A:「じゃあ、［図Ⅱ］みたいに、左端の列から、右斜め上に向かって①、②、③、…のようにグループを考えてみて」

C:「そうか。グループにすると規則が分かるね」

B:「ねぇ、もっとヒントちょうだいよ」

A:「しょうがないわね。第28行、第1列の数は757よ」

B:「分かった！　第29行、第1列の数は x だね」

A:「正解よ」

［図Ⅱ］

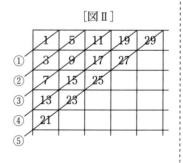

(1)　x の値はいくつですか。

A：「次は、誰が問題を出してくれるの？」

B：「僕が出すよ。少し難しいかもよ。[図Ⅲ] は、この表の一部なんだけど、
　　斜線部分に書かれている数の和はいくつでしょうか」

C：「ちょっと待って。分かったかも」

B：「えっ、本当？　気付くの早いなぁ」

C：「あぁ、やっぱり。どこを調べても同じ規則だよ」

A：「どういうこと？　『どこを調べても』って…」

C：「[図Ⅲ] だけでなくて、この配置に並んでいる4つの数については、ある規則が成り立
　　っているんだよ」

A：「あっ、本当だ。斜線部分とそうでない部分について、それぞれの和に注目すればよい
　　のね」

B：「で、答え分かった？」

C：「[図Ⅲ] の斜線部分に書かれている数の和は y だよ」

B：「正解。ヒントがなくてよく分かったね」

[図Ⅲ]

(2)　y の値はいくつですか。

C：「最後の問題は僕が出すよ。[図Ⅳ] も、この表の一部なんだけ
　　ど、斜線部分に書かれている数の和が1722のとき、◎印のと
　　ころに書かれている数はいくつでしょうか」

B：「僕が出した問題に似ているけど…ヒント、ちょうだい」

C：「AさんやBさんが出した問題を解く過程でみつけた規則を思
　　い出してみよう」

B：「どういうこと？」

C：「まず、斜めに並んでいる3つの斜線部分は、Aさんが出した問題のように数字が並んで
　　いるから、その和はある部分の数の何倍かになっているよ」

A：「あぁ、なるほど。そうすると、さっきBさんが出した問題を解く過程でみつけた規則
　　が上手く使えるね」

C：「さすがAさんだね。少し時間を取って計算してみて」

$$\cdot$$
$$\cdot$$
$$\cdot$$

A：「分かったわ。[図Ⅳ] の◎印のところに書かれている数は z よ」

C：「正解だよ。上手に考えることができたね。Bさんはどうだった？」

B：「もうちょっと、時間があればできそうだよ」

[図Ⅳ]

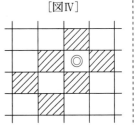

(3)　z の値はいくつですか。

5　図のような1辺の長さが6cmの立方体があります。

辺AB、DC、EF、HG上にそれぞれ点I、J、K、Lをとります。

AI：IB＝DJ：JC＝4：5、

EK：KF＝HL：LG＝2：1です。

このとき、次の問いに答えなさい。

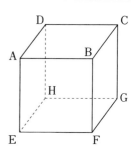

(1)　この立方体を3点I、K、Lを通る平面で切ったとき、点Aを含む立体Pの体積は何cm³ですか。

(2)　立体Pについて、辺EK、HL上にそれぞれER：RK＝HS：SL＝2：1となるように点R、Sをとります。このとき5点I、R、K、L、Sを頂点とする立体の体積は何cm³ですか。

(3)　辺AD上にAM：MD＝1：1となるように点Mをとります。立体Pを3点M、H、Lを通る平面で切ったとき、点Aを含む立体の体積は何cm³ですか。

武 蔵 中 学 校

—50分—

1　次の□□□□にあてはまる数を書き入れなさい。

(1)　1以上176以下の整数のうち、176との最大公約数が1である整数は□□□□個あります。

(2)　3台のポンプA、B、Cがあります。ある水そうの水を全部くみ出すのに、AとBを使うと3時間40分、BとCを使うと3時間18分、CとAを使うと3時間かかります。

(ア)　A、B、Cをすべて使うと、この水そうの水を全部くみ出すのに□□□□時間□□□□分かかります。

(イ)　最初Bだけを使ってくみ出し、途中からAとCだけを使ってくみ出したところ、この水そうの水を全部くみ出すのに、全体で4時間59分かかりました。このとき、Bを使った時間は□□□□時間□□□□分です。

2　図のような角Bが直角である四角形ABCDがあり、AE＝FD＝4cm、ED＝DC＝3cm、AD＝FC＝5cmで、角AEDと角FDCは直角です。

次の問に答えなさい。（式や考え方も書きなさい）

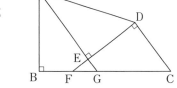

(1)　EGの長さを求めなさい。

(2)　ABの長さを求めなさい。

(3)　辺ADと辺BCをそれぞれ延長して交わる点をHとするとき、CHの長さを求めなさい。

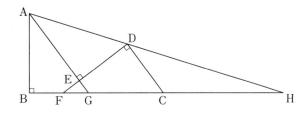

3　図のように、S地点でつながっている大小2つの円形のコースがあり、大コースは1周1200mです。A、B、Cの3人は、S地点を同時に出発して、次のようにコースを回ります。

・Aは分速80mで反時計回りに小コースだけを回り続ける。
・Bは分速120mで反時計回りに大コースだけを回り続ける。
・Cは分速240mで、「時計回りに小コースを1周したあと、反時計回りに大コースを1周する」ということをくり返す。

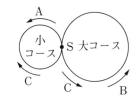

出発してから1分30秒後に初めてAとCは出会いました。

次の問に答えなさい。（式や考え方も書きなさい）

(1)　小コースは1周何mですか。

(2)　出発したあと、初めてCがBに追いつくのは、出発してから何分後ですか。

⑶　2回目にAとCが出会うのは、出発してから何分後ですか。また、2回目にCがBに追いつくのは、出発してから何分後ですか。

⑷　出発してから95分の間で、3人のうち2人以上が同時にS地点にいるのは、出発してから何分後ですか。考えられるものをすべて答えなさい。

4　1からAまでのA個の整数を1つずつ並べて数の列を作ります。このとき、以下の〔ルール〕で、その列の点数を決めます。

　　〔ルール〕隣り合う2つの数の大小を比べて、右側の数が左側の数より大きくなっているとき1点、小さくなっているとき0点とし、この合計をその列の点数とする。

　　例えば、A＝5のときの 35124 と並べた列の点数は、3＜5、5＞1、1＜2、2＜4なので3点です。次の問に答えなさい。

⑴　A＝3のとき、点数が1点となる列は何通りありますか。

⑵　A＝4のとき、点数が1点になる列と、点数が2点になる列はそれぞれ何通りありますか。

⑶　1324 と並べた列に5をつけ加えて新しい列を作ります。ただし、5は 1324 の、矢印（↓）の位置のどこか1か所に入れるものとします。このように作った列の点数として考えられるものをすべて答えなさい。

⑷　A＝6のとき、点数が2点となる列は何通りありますか。

明治大学付属中野中学校(第1回)

—50分—

[注意]　分数で答えるときは、それ以上約分できない形で答えてください。

1　次の□□□□にあてはまる数を答えなさい。

(1)　$15 \times 2.12 + 2 \times (48 - 11 \times 3) - 206 \div 5 = $ □□□□

(2)　$8\frac{2}{5} \div 0.7 + 0.3 \times \{28 - (34 - 5 \times 6)\} \div 6 - \left(5\frac{2}{5} + \text{□□□□}\right) \div 3 = 0.2$

(3)　6の約数は、1、2、3、6の4個です。このように約数の個数が4個となる整数のうち、6番目に小さい数は□□□□です。

2　次の問いに答えなさい。

(1)　兄と弟で700円のお守りをおそろいで買うことにしました。しかし、弟の所持金が足りなかったため、兄が弟に300円をわたしたところ、2人ともお守りを買うことができました。そして、買った後の兄と弟の所持金の比は5:2になりました。2人の最初の所持金の合計が2100円のとき、兄の最初の所持金を求めなさい。

(2)　3%の食塩水と5%の食塩水を混ぜて、ある濃度の食塩水800gを作ろうとしました。しかし、混ぜる量を逆にしてしまったため、はじめに予定していた濃度より0.2%うすくなりました。3%の食塩水をはじめに何g混ぜる予定でしたか。

(3)　次の図のように、長方形ABCDが直線XY上をすべることなく1回転しました。頂点Bが通ったあとの線と直線XYで囲まれた図形の面積を求めなさい。ただし、円周率は3.14とします。

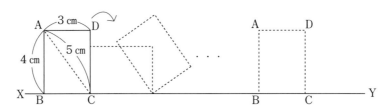

(4)　箱の中に白玉と黒玉がいくつか入っています。白玉は白玉と黒玉の個数の合計の$\frac{2}{3}$より7個多く、黒玉は白玉の個数の$\frac{2}{7}$より3個多く入っています。箱の中に黒玉は何個入っていますか。

(5)　右の図の平行四辺形ABCDにおいて、辺BC上にBE:EC=2:3となる点Eをとり、辺CD上に点Fをとります。三角形ABE、三角形AFDの面積がそれぞれ10cm²、11cm²のとき、CF:FDを最も簡単な整数の比で答えなさい。

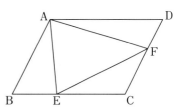

(6)　1辺が1cmの立方体をいくつか積み上げて作った立体があります。この立体を図1のように真上、正面、真横から見ると、それぞれ図2、図3、図4のようになりました。

この立体の体積が最も大きくなるときの体積を求めなさい。

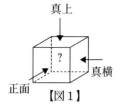

【図1】

【図2】真上

【図3】正面

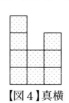

【図4】真横

3　次の図のように、Oを基準として、右にE1、E2、E3、…、左にW1、W2、W3、…、と目盛りをつけました。はじめにA君はOにいます。さいころを投げて、偶数(ぐうすう)の目が出たらその目の数だけ右へ進みます。また、奇数(きすう)の目が出たらその目の数だけ左へ進みます。

このとき、次の問いに答えなさい。

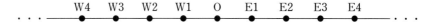

W4　W3　W2　W1　O　E1　E2　E3　E4

(1)　さいころを4回投げたところ、A君はOにもどりました。そのうち1回目は4の目が、4回目は3の目が出ました。このとき、さいころの目の出方は全部で何通りありますか。

(2)　さいころを3回投げたところ、A君はE1にいました。このとき、さいころの目の出方は全部で何通りありますか。

4　あるお店では1杯(ぱい)350円の「うどん」を売っており、追加で「ねぎ」や「えびの天ぷら」などいろいろな具材も注文できます。次の表は追加で注文できる具材5種類の値段を表したもので、お客さんは次の【ルール】に従って注文します。

具材	値段(円)
ねぎ	15
油あげ	70
ちくわの天ぷら	110
えびの天ぷら	130
かきあげ	230

【ルール】
・「うどん」は必ずひとり1杯の注文とし、おかわりはできません。
・具材だけの注文はできません。
・具材は、同じものを2つ以上注文できませんが、異なる具材なら同時に注文できます。

例えば、「ねぎ」と「えびの天ぷら」を追加で注文すると、495円かかります。

消費税は考えないものとし、次の問いに答えなさい。

(1)　2人のお客さんが注文したところ、合計で1065円かかりました。

この2人が注文しなかった具材を、すべて答えなさい。

(2)　ある時間帯のお店の様子を見ていたところ、「油あげ」を注文した人は5人、「ちくわの天ぷら」を注文した人は4人、「えびの天ぷら」を注文した人は6人、「かきあげ」を注文した人は2人で、この時間帯の売上額が5225円でした。

このとき、「うどん」と「ねぎ」を注文した人数をそれぞれ答えなさい。

⑤　駅と図書館の間の一本道を、Aさんは徒歩で、Bさんは自動車でそれぞれ一定の速さで移動します。Aさんは駅を10時に出発し、図書館に12時に到着しました。Bさんは図書館を10時20分に出発し、駅に到着後すぐにCさんを自動車に乗せて図書館に向かいました。BさんとCさんは図書館に11時に到着する予定でしたが、Aさんに追いついた時、Cさんが忘れ物に気づいたため、すぐに折り返しました。そして駅に到着後すぐに図書館に向かいました。このとき、次の問いに答えなさい。

　　ただし、Aさん、Bさん、Cさんが止まっている時間は考えないものとします。

(1)　BさんとCさんが図書館に到着した時刻は何時何分ですか。

(2)　Aさんが駅を出発してからCさんが忘れ物に気づくまでに、Aさんが歩いた距離と、Bさんが自動車に乗って移動した距離と、Cさんが自動車に乗って移動した距離を合計すると19.8kmでした。駅から図書館までの距離は何kmですか。

⑥　中野牧場にはある量の草が生えており、草は毎日一定の割合でのびるものとします。1頭のヤギを放すとちょうど15日間で草を食べつくし、1頭のヒツジを放すとちょうど20日間で草を食べつくし、ヤギとヒツジを1頭ずつ同時に放すとちょうど6日間で草を食べつくします。すべてのヤギ、ヒツジが1日あたりに食べる草の量はそれぞれ同じであるとき、次の問いに答えなさい。

(1)　1頭のヤギと1頭のヒツジの1日あたりに食べる草の量の比を最も簡単な整数の比で表しなさい。

(2)　ヒツジを3頭同時に放すと、何日間で草を食べつくすか答えなさい。

(3)　1頭のヤギと1頭のヒツジを1日ごとに入れかえた結果、何日間かでちょうど草を食べつくしました。1日目に放したのはヤギとヒツジのどちらであるか答えなさい。また、何日間で草を食べつくしたか答えなさい。

ラ・サール中学校

―60分―

1　次の□にあてはまる数をそれぞれ求めなさい。

(1)　$1.25 \div 4 \times 5\frac{1}{3} + 3.18 \div 9 = \boxed{}$

(2)　$16.6 \times \frac{3}{7} - 6 \times \left(\boxed{} + \frac{3}{5}\right) = 1.8$

(3)　$59 \times 20.8 - 236 \times 0.7 + 4 \times 29.5 = \boxed{}$

2　次の各問に答えなさい。

(1)　$\frac{3}{7}$を小数で表したとき、小数第100位の数字を求めなさい。

(2)　分母が19の分数のうち、$\frac{1}{3}$より大きく$\frac{7}{8}$より小さいものを考えます。このうち最も大きい分数Aを求めなさい。また、このような分数は全部で何個ありますか。

(3)　いくつかの品物をまとめて会計したところ、税抜き価格で合計1860円だったものが税込み価格では2024円になりました。食品の消費税は8％、その他の消費税は10％です。食品の税抜き価格は合計いくらでしたか。

(4)　右図において、ＡＢ＝ＢＣ＝ＣＤ＝ＤＥです。角あ、角いはそれぞれ何度ですか。

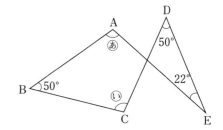

3　2つの直方体の容器Ａ、Ｂがあり、Ａは深さ20cm、Ｂは深さ24cmです。この容器Ａ、Ｂそれぞれに同じ量の水を入れたところ、Ａには深さ8cmまで、Ｂには深さ18cmまで水が入りました。次の問に答えなさい。

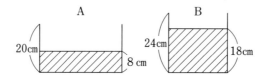

(1)　この容器Ａ、Ｂの満水時の水の量の比を、最もかんたんな整数の比で表しなさい。

(2)　次に、ＢからＡへいくらか水を移して、ＡとＢの水が同じ深さになるようにしました。水の深さは何cmになりましたか。

4　ＡＢ＝4㎝、ＡＣ＝5㎝である三角形ＡＢＣを点Ｂを中心に
回転させて三角形ＤＢＥを作ると、点Ｄは辺ＡＣ上にきて、
ＡＤ＝1㎝となりました。また、辺ＢＣと辺ＤＥの交点をＦと
するとき、次を求めなさい。

(1)　ＤＦの長さ

(2)　三角形ＡＢＤと三角形ＢＥＦの面積比

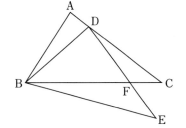

5　右図のように、4つの地点Ａ、Ｂ、Ｃ、Ｄが道でつながっています。
Ａを出発地点として同じ道を通らないように8つの道すべてを通る道
順のうち、地点間の移動が次のようになる道順は何通りありますか。

(1)　Ａ→Ｂ→Ａではじまる道順

(2)　Ａ→Ｂ→Ｃ→Ｄ→Ａではじまる道順

(3)　Ａを出発地点とするすべての道順

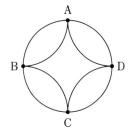

6　3辺の長さが1㎝、1㎝、3㎝の直方体6
本を図のように組み上げて1つにした立体が
あります。次の問に答えなさい。

(1)　この立体の表面積は何㎠ですか。

(2)　この立体を3点Ａ、Ｂ、Ｃを通る平面で
切ると、3つの立体に分かれます。これら
3つの立体の体積はそれぞれ何㎤ですか。
ただし、角すいの体積は(底面積)×(高さ)
÷3です。

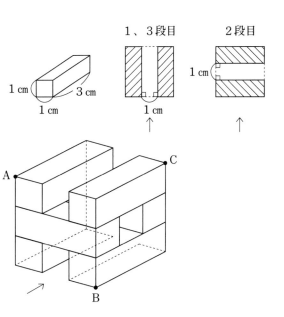

立教池袋中学校（第1回）

—50分—

1　次の計算をしなさい。

1）　$125-(16\times8+612\div9)\div7$

2）　$\left\{\left(\dfrac{5}{6}-\dfrac{3}{4}\right)\times5-\dfrac{1}{8}\right\}\div\dfrac{1}{14}+12\dfrac{11}{12}$

2　1辺の長さが5cmの正方形の紙を16枚組み合わせて大きな正方形を作り、右の図のように円周の一部をかきました。●は円の中心を表します。

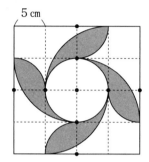

5 cm

次の問いに答えなさい。ただし、円周率は3.14とします。

1）　▨▨▨▨の部分の周りの長さは何cmですか。

2）　▨▨▨▨の部分の面積は何cm²ですか。

3　3つの箱A、B、Cに玉が入っていて、個数の比は7：5：3です。AからBに玉を12個移し、AからCに玉を何個か移すと、A、B、Cに入っている玉の個数の比が3：4：3になりました。

次の問いに答えなさい。

1）　はじめにAには玉が何個入っていましたか。

2）　AからCに玉を何個移しましたか。

4　右の図のように、円に三角形を重ねました。

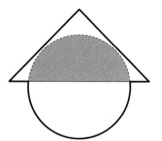

円と三角形が重なっている▨▨▨▨の部分の面積は、円の面積の48％で、三角形の面積の$\dfrac{4}{5}$倍です。また、太線で囲まれた図形の面積は168cm²でした。

次の問いに答えなさい。

1）　円の面積と三角形の面積の比を、もっとも簡単な整数の比で表しなさい。

2）　三角形の面積は何cm²ですか。

5　ある入学試験の受験者のうち、合格者と不合格者の人数の比は2：3でした。合格者の平均点は合格点より19点高く、不合格者の平均点は合格点より21点低くなりました。また、受験者の全体の平均点は136点でした。

次の問いに答えなさい。

1）　合格点は何点ですか。

2）　合格者の合計点と不合格者の合計点の比を、もっとも簡単な整数の比で表しなさい。

6　図1のような直方体から、底面の直径が4cmの円柱の半分をくり抜いた形の容器があり、底面から水面までの高さが3cmとなるように水を入れました。また、図2のように、この容器の置き方を変えました。

　　次の問いに答えなさい。ただし、円周率は3.14とし、容器の厚みは考えないものとします。

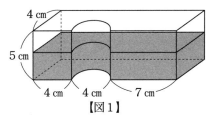

【図1】

1)　容器に入っている水は何cm³ですか。

2)　図2の底面から水面までの高さは何cmですか。

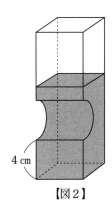

【図2】

7　ある日、3つの時計A、B、Cを午前8時に合わせました。

　　この日、Aが午前10時を指したとき、Bは午前10時3分を指し、Aが午前11時を指したとき、Cは午前10時54分を指していました。

　　次の問いに答えなさい。

1)　この日、Aが午後1時40分を指すとき、Bは午後何時何分何秒を指しますか。

2)　この日、Cが午後4時13分を指すとき、Bは午後何時何分何秒を指しますか。

8　ある規則にしたがって5桁の整数の各位の数字の順序を入れかえて整数を作ることを「ソートする」とよぶことにします。たとえば、

　　・12345を1回ソートすると、12345→24531なので、24531になります

　　・54321を2回ソートすると、54321→42135→23514なので、23514になります

　　次の問いに答えなさい。

1)　12345を24回ソートすると、どのような整数になりますか。

2)　ある整数を32回ソートすると、13245となりました。ある整数はいくつですか。

9　全長108mの上り列車と、全長102m、秒速24mの下り列車が同時にトンネルに入りました。トンネル内で上り列車と下り列車が出会ってからはなれるまで3.5秒かかりました。また、上り列車は、下り列車と出会ってから21秒後に最後尾がトンネルを出ました。

　　次の問いに答えなさい。

1)　上り列車の速さは秒速何mですか。

2)　トンネルの長さは何mですか。

10　ゆきお君とつよし君は、図のような、ます目と1から10までの数が書かれたルーレットを使って、次のようなゲームをしました。

S スタート	A	B	C	D 1回休み	G ゴール

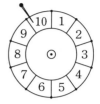

・はじめは2人とも自分のコマを「S」の位置に置く

・ゆきお君、つよし君の順番でルーレットを回し、それぞれがルーレットに書かれた数だけ自分のコマを進める。ただし、2巡目以降もゆきお君、つよし君の順番でルーレットを回し、止まっている位置からそれぞれルーレットに書かれた数だけ自分のコマを進める

（例）　1巡目に7が出た場合はS→A→B→C→D→G→D→Cと進み、
　　　　2巡目に5が出た場合はC→B→A→S→A→Bと進む

・コマが「D」の位置にちょうど止まった場合は1回休みとなり、次の自分の順番のときに1回だけルーレットを回すことができない

・コマが先に「G」の位置にちょうど止まった方が勝ちとなり、ゲームは終了とする

　次の問いに答えなさい。

1）　ゆきお君が2巡目で勝つとき、2人のルーレットの数の出方は全部で何通りありますか。

2）　ゆきお君が3巡目で勝つとき、2人のルーレットの数の出方は全部で何通りありますか。

立教新座中学校（第1回）

—50分—

注意　1　答はできるだけ簡単にしなさい。
　　　　　また、円周率は、3.14を用いなさい。
　　　2　直定規、コンパスをかしたり、かりたりしてはいけません。
　　　3　三角定規、分度器、計算機の使用はいけません。

① 以下の問いに答えなさい。

(1) 次の計算をしなさい。

$$\left\{\left(1-\frac{1}{20}\right)-0.5\times0.3+\frac{1}{2}\right\}\div1\frac{5}{8}+(10-0.1)\times\frac{4}{5}\div1.1$$

(2) 太郎君、次郎君、花子さんはお菓子を買いに行きました。太郎君はお菓子A、お菓子B、お菓子Cを1個ずつ買い、次郎君はお菓子Aを5個とお菓子Bを2個買い、花子さんはお菓子Bを4個とお菓子Cを3個買いました。太郎君、次郎君、花子さんの代金はそれぞれ400円、710円、1060円でした。お菓子Bは1個いくらですか。

(3) 4つの異なる整数A、B、C、Dがあります。これらの整数のうち異なる2つをたすと全部で6つの数ができますが、この6つの数の中に同じ数があったので、できた数は10、13、15、17、20の5種類でした。4つの整数A、B、C、Dの積を求めなさい。

(4) 図のような、底面が直角二等辺三角形である三角すいA－BCDがあり、4点E、F、G、Hは、それぞれ辺の真ん中の点です。この4点を通る平面で三角すいA－BCDを切断したとき、点Bをふくむ方の立体の体積を求めなさい。ただし、三角すいの体積は、(底面積)×(高さ)÷3で求めるものとします。

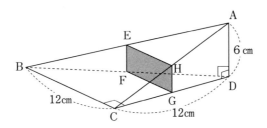

(5) 図は、2点AとBを結んだまっすぐな線の上に、半径3cmの半円と半径3cmのおうぎ形2つをすき間なく並べたものです。この図形の周りを、半径3cmの円が離れないようにして1周します。円の中心Oが動いたあとの線の長さを求めなさい。

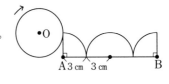

(6) ある中学校の1年生全員に対して、通学時に利用する交通機関を調べました。電車を利用している人数は1年生全員の人数の$\frac{5}{6}$倍でした。電車を利用している人数とバスを利用している人数の比は8：3でした。また、電車とバスの両方を利用している人数は54人、電車もバスも利用していない人数は12人でした。次の問いに答えなさい。

① バスを利用している人数は1年生全員の人数の何倍ですか。

② 1年生全員の人数を答えなさい。

2　面積が264㎠の平行四辺形ＡＢＣＤがあります。辺ＡＢ上に点
　　Ｅがあり、ＡＥとＥＢの長さの比は１：２です。また、辺ＡＤ上
　　に点Ｆがあり、ＡＦとＦＤの長さの比は１：３です。図のように、
　　２点ＢとＦ、ＣとＦ、ＤとＥをそれぞれ結び、ＢＦとＤＥが交わ
　　る点をＧ、ＣＦとＤＥが交わる点をＨとします。次の問いに答え
　　なさい。

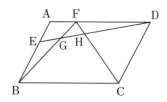

⑴　三角形ＡＢＦの面積を求めなさい。

⑵　ＦＨとＨＣの長さの比を求めなさい。

⑶　ＥＨとＨＤの長さの比を求めなさい。

⑷　四角形ＡＥＧＦの面積を求めなさい。

3　３種類のコーヒー豆Ａ、Ｂ、Ｃがあります。Ａは100ｇあたり420円、Ｂは100ｇあたり550円、
　　Ｃは100ｇあたり650円です。次の問いに答えなさい。

⑴　ＡとＢとＣを同じ割合で混ぜたコーヒー豆は、100ｇあたりいくらになりますか。

⑵　ＡとＣをある割合で混ぜたら、500ｇで2560円でした。ＡとＣの重さの比を求めなさい。

⑶　ＢとＣを２：３の割合で混ぜ、そこにＡを加えたら500ｇで2575円でした。ＡとＣの重さの
　　比を求めなさい。

⑷　空の容器にＡ、Ｂ、Ｃのいずれかを50ｇずつ加えていきます。20回加えたところ、1000ｇ
　　で4970円になりました。Ａは全部で何ｇ加えましたか。

4　次の問いに答えなさい。

⑴　１、２、３の３個の数字を３個とも使ってつくることができる３けたの整数をすべて考える
　　とき、これらの整数の和を求めなさい。

⑵　１、２、３、４の４個の数字を４個とも使ってつくることができる４けたの整数をすべて考
　　えるとき、これらの整数の和を求めなさい。

⑶　０、１、２、３の４個の数字を４個とも使ってつくることができる４けたの整数をすべて考
　　えるとき、これらの整数の和を求めなさい。

⑷　１から９までの数字の中から異なる４個の数字を選び、それらを４個とも使ってつくること
　　ができる４けたの整数をすべて考えます。これらの整数の和を求めたら、126654でした。選
　　んだ４個の数字の和を求めなさい。

5　1辺6cmの立方体があります。次の立体の体積と表面積をそれぞれ求めなさい。

(1)　この立方体を、図のように手前の面と横の面からそれぞれ反対
の面まで1辺2cmの正方形でまっすぐくりぬいたとき、残った部
分の立体。

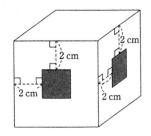

(2)　(1)の立体を、図のように上の面から反対の面まで半径1cmの円
でまっすぐくりぬいたとき、残った部分の立体。

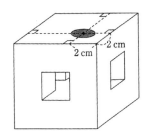

早稲田中学校(第1回)

—50分—

注意 定規、コンパス、および計算機(時計についているものも含む)類の使用は認めません。

1 次の問いに答えなさい。

(1) 次の計算をし、約分できない分数で答えなさい。

$$\frac{5}{2 \times 3} + \frac{11}{3 \times 4} + \frac{19}{4 \times 5} + \frac{29}{5 \times 6}$$

(2) 次郎くんはある本を読み始めて最初の5日間は同じページ数を読み進め、そのあとの3日間は旅行中のため1日あたり6ページ減らして読みました。旅行から帰ったあとは毎日、旅行中の1日あたりの4倍のページ数を読んだところ、旅行から帰って4日目にはじめて200ページを超え、この日にちょうどこの本を読み終えました。この本は全部で何ページありますか。

(3) 次の図のような東西に4本、南北に6本の道があります。南スタート地点から東ゴール、西ゴール、北ゴール地点のいずれかに進む方法は全部で何通りありますか。ただし、南方向には進むことができませんが、北方向、東方向、西方向のいずれかに進むことができます。また、一度通った道を通ることはできませんが、遠回りすることはできます。

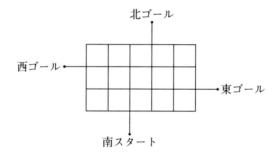

2 次の問いに答えなさい。ただし、円周率は3.14とします。

(1) 次の図において、角ア、イ、ウの大きさの比は1：2：3です。また、角エ、オの大きさの比は3：5です。角アの大きさは何度ですか。

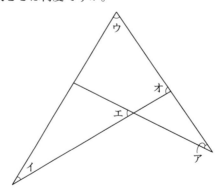

(2)　1辺の長さが10cmで面積が90㎠のひし形を、図のように4つの三角形と1つの四角形に分けました。4つの三角形の面積の合計と1つの四角形の面積の差は何㎠ですか。

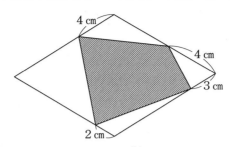

(3)　次の図のように線対称なWの形の図形を、回転軸のまわりに1回転させてできる容器があります。その容器に上からいっぱいになるまで水を入れました。入れた水の量は何㎥ですか。

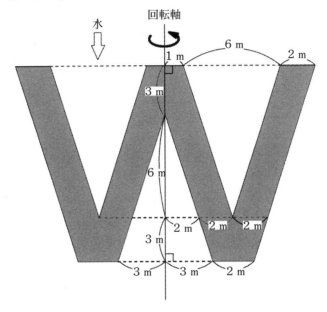

③　列車Aと列車Bが、平行に敷かれた線路の上をそれぞれ走っています。列車Aの長さは列車Bの長さより42m短いです。次の問いに答えなさい。

(1)　列車Aが車庫に入るために速度を落として時速21.6kmで走ったとき、停車している列車Bを完全に追いぬくのに33秒かかりました。列車Bの長さは何mですか。

　　　列車Aと列車BはP駅からQ駅まで走ります。342mのトンネルを完全にぬけるのに列車Aは列車Bの2倍の時間がかかります。

(2)　列車Bの速度は列車Aの速度の何倍ですか。

(3)　P駅とQ駅の間は16.5kmで、途中に5つの駅があります。列車Aはそれら5つの駅にそれぞれ1分間ずつ停車し、列車Bはそれら5つの駅をすべて通過します。P駅を列車Aが出発してから15分後に列車Bが出発したところ、2つの列車は同時にQ駅に着きました。列車Bの速度は時速何kmですか。

4　A、B、Cの3人が2人で対戦するゲームを交代しながら行います。はじめにAとBが対戦し、Cが待機します。待機している人はゲームに負けた人と交代して、次のゲームを行います。これを繰り返し、合計36回対戦を行ったところ、A、B、Cの対戦回数の比は7：6：5でした。次の問いに答えなさい。

⑴　Aは何回対戦しましたか。

⑵　36回目の対戦でAが勝ったとき、Aは合計何回勝ちましたか。

⑶　36回目の対戦でCが勝ったとき、Cは合計何回勝ちましたか。

⑷　31回目のゲームはBとCが対戦しました。36回すべてのゲームが終わったとき、31回目から36回目の6回の対戦の結果はAが3勝1敗、Bが2勝2敗、Cが1勝3敗でした。36回目の対戦の結果として考えられるものを、次のア〜カからすべて選びなさい。

　　　ア　Aが勝ちBが負け　　　イ　Bが勝ちCが負け　　　ウ　Cが勝ちAが負け
　　　エ　Bが勝ちAが負け　　　オ　Cが勝ちBが負け　　　カ　Aが勝ちCが負け

5　図1は1辺の長さが6cmの立方体で、点P、Qはそれぞれ辺FG、GHの真ん中の点です。また、図2は図1の展開図です。次の問いに答えなさい。

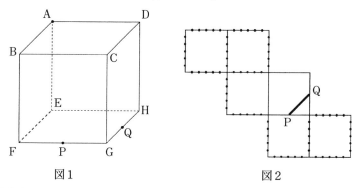

図1　　　　　　　　　　　　　　　　図2

⑴　図1の立方体を3つの点A、P、Qを通る平面で切断しました。切り口の線をすべて図2にかき入れなさい。ただし、辺上の点は各辺を6等分した点です。

⑵　⑴の平面で切り分けてできた2つの立体のうち、頂点Eを含む方の立体をアとします。立体アの体積は何cm³ですか。

⑶　⑵でできた立体アを図1の3つの点B、F、Hを通る平面でさらに切断してできた立体のうち、小さい方の立体の体積は何cm³ですか。

跡見学園中学校(第1回)

—50分—

① 次の□□□□にあてはまる数を求めなさい。

(1) $64+16\div8-2\times(36-28)=$□□□□

(2) $296\div4\frac{2}{3}\times1.75=$□□□□

(3) $1\frac{1}{2}-1\frac{5}{6}\div2\frac{3}{4}=$□□□□

(4) $2\frac{1}{2}-\left(\frac{4}{5}-\frac{3}{4}\right)\div\frac{3}{80}=$□□□□

(5) $(3.25-$□□□□$)\times\frac{4}{5}-\frac{2}{5}=0.6$

(6) $\frac{1}{2}\times\frac{1}{4}+\frac{1}{3}\times\frac{1}{5}+\frac{1}{4}\times\frac{1}{6}+\frac{1}{5}\times\frac{1}{7}=$□□□□

(7) $9:($□□□□$-2)=3:4$

(8) $0.32㎡=$□□□□㎠

② 次の問いに答えなさい。

(1) 3で割ると2余り、5で割ると3余る数を小さい順に左から並べたとき、200に最も近い数はいくつですか。

(2) 15%の食塩水250gと7%の食塩水150gを混ぜました。何%の食塩水ができますか。

(3) 花子さんが1人ですると12日、さくらさんが1人ですると20日かかる仕事があります。花子さんが1人で4日仕事をしたとき、その後、残りの仕事を花子さんとさくらさん2人で何日で終えることができますか。

(4) 1個320円のももと、1個120円のりんごを合わせて7個と、1個90円のオレンジを6個買ったところ、代金の合計が1980円となりました。ももは何個買いましたか。

(5) あるグループの平均年齢は20才ですが、24才のメンバーが卒業したため、平均年齢は19.2才となりました。もといた人数は何人ですか。

(6) A学園の100人の生徒のうち、電車を利用している生徒は73人、バスを利用している生徒は24人、両方利用している生徒は10人でした。電車もバスも利用していない生徒は何人ですか。

(7) 次の図の角xと角yの和は何度ですか。

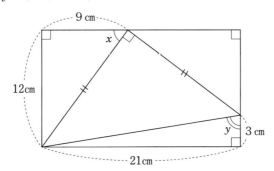

(8)　三角形ＡＢＣと三角形ＡＢＣの辺ＢＣを直径とする半円があります。ＢＣ＝12cmのとき、斜線部分の面積は何cm²ですか。ただし、円周率は3.14とします。

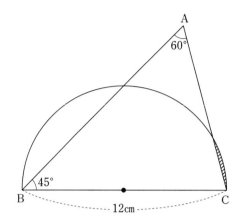

3　次のように、数が規則的に並んでいます。

1　2

3　4　5　6

7　8　9　10　11　12

13　14　15　16　17　18　19　20

21……

次の問いに答えなさい。

(1)　上から9段目のいちばん左にある数は何ですか。（式または考え方も書くこと）

(2)　140は上から何段目、左から何番目にありますか。（式または考え方も書くこと）

4　Ａ駅とＢ駅の間の距離は24kmです。Ａ駅を7:00に出発した急行列車がＢ駅に7:32に到着しました。また、Ｂ駅を7:12に出発した特急列車は7:28にＡ駅に到着しました。列車は各駅の間を一定の速度で進みます。

次の問いに答えなさい。

(1)　特急列車の速さは時速何kmですか。（式または考え方も書くこと）

(2)　急行列車と特急列車が途中ですれちがいました。Ａ駅から何kmの地点ですれちがいましたか。ただし、列車の長さは考えなくてよい。（式または考え方も書くこと）

浦和明の星女子中学校（第1回）

—50分—

注意 コンパス、定規、分度器、計算機は使用しないこと。

1 次の各問いに答えなさい。

(1) $1-0.52\div 3\frac{5}{7}+0.72\div\frac{2}{9}-\left(3-1\frac{1}{20}\right)$ を計算しなさい。

(2) 空の水そうがあります。この水そうに、毎分10Lの割合で水を入れると、毎分8Lの割合で水を入れたときよりも、6分早く満水になります。この水そうの容積は何Lですか。

(3) お父さんは、親戚からもらったお年玉を、2人の姉妹に分けて渡すことにしました。妹に、全体の$\frac{4}{9}$より100円多い金額を渡したところ、姉には全体の$\frac{3}{5}$より500円少ない金額が渡りました。お父さんが親戚からもらったお年玉の金額を答えなさい。

(4) 3％の食塩水400gに7％の食塩水をいくらか混ぜて、ある濃さの食塩水を作る予定でしたが、あやまって混ぜる予定であった食塩水と同じ重さの水を加えてしまったため、1.2％の食塩水ができました。作る予定であった食塩水の濃さは何％でしたか。

(5) 図のように、点Oを中心とした半円と直線を組み合わせた図形があります。ア、イの角度をそれぞれ求めなさい。

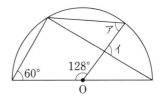

(6) 次の筆算にあるA、B、C、Dの4つの文字は、それぞれ異なる0から9のいずれかの数字を表し、ABCDは4桁の数を表しています。A、B、C、Dに当てはまる数字をそれぞれ答えなさい。

$$
\begin{array}{r}
\text{A B C D} \\
\times\qquad 9 \\
\hline
\text{D C B A}
\end{array}
$$

(7) 100円玉と50円玉を合わせて80枚持っていました。50円玉の何枚かを100円玉に両替したところ、100円玉と50円玉は合わせて72枚になりました。また、両替した後の100円玉の合計金額と50円玉の合計金額の比は10：3になりました。はじめに持っていた100円玉と50円玉の枚数をそれぞれ答えなさい。

(8) 半径3cmの円があります。その円周を12等分する点を打ち、それらの点をつないで正十二角形を作ります。円の面積と正十二角形の面積の差を求めなさい。ただし、円周率は3.14とします。

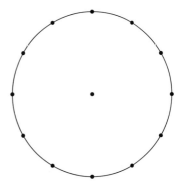

2　A駅とB駅はまっすぐな線路で結ばれており、2つの駅は3.6km離れています。太郎さんは自転車でA駅を9時ちょうどに出発し、線路に沿った道をB駅に向かって分速150mで進みました。すると、9時4分に、B駅を9時ちょうどに出発した電車の先頭とすれ違いました。その後、太郎さんはすぐに速さを変えて進み、9時10分に、次にB駅から来た電車の先頭とすれ違いました。太郎さんはそのままの速さで進み、9時16分にB駅に到着しました。

　　2本の電車は同じ速さで進むものとしたとき、次の問いに答えなさい。

(1)　電車の速さは分速何mですか。

(2)　太郎さんが9時4分に電車の先頭とすれ違った後の、自転車の速さは分速何mですか。

(3)　太郎さんが9時10分にすれ違った電車は、9時何分にB駅を出発しましたか。

3　1辺が1cmの立方体を125個すきまなくぴったりと貼り合わせて、1辺が5cmの立方体を作りました。この立方体について、次の問いに答えなさい。

(1)　1辺が5cmの立方体から、図1にある色の塗られた部分を、それぞれ反対側の面までまっすぐくり抜きます。このとき、くり抜かれた後に残る立体の体積を求めなさい。

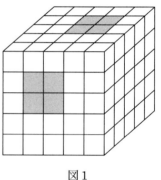

図1

(2)　1辺が5cmの立方体から、図2にある色の塗られた部分を、それぞれ反対側の面までまっすぐくり抜きます。このとき、くり抜かれた後に残る立体の体積を求めなさい。

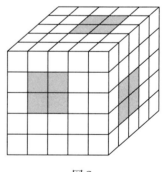

図2

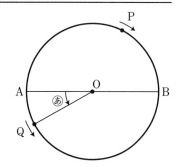

④　図のような、点Ｏを中心としＡＢを直径とする円の周上を、点Ｐは時計回りに、点Ｑは反時計回りにそれぞれ一定の速さで動きます。２つの点はＡを同時に出発し、点Ｐは点Ｑの４倍の速さで進みます。図の⑧は、点ＱがＡから動いたときの、円の半径ＯＡとＯＱの間の角を表します。⑧の大きさは、０度から360度までを考えるものとして、以下の問いに答えなさい。

(1)　次の空欄 ［　ア　］、［　イ　］ に入る数を答えなさい。

　　２点Ｐ、ＱがＡを同時に出発した後で、１回目に重なったときの⑧の大きさは ［　ア　］ 度です。その後、２点が何回か重なった後、初めてＡで重なるのは、２点が ［　イ　］ 回目に重なったときでした。

(2)　２点がＡを同時に出発した後、初めてＡで重なるまでに、点Ｐと点Ｑを結んでできる直線が、円の直径ＡＢと平行になるときが２回あります。このときの⑧の大きさを小さい順に答えなさい。ただし、直線ＰＱが直径ＡＢと重なるときは平行ではないとします。

(3)　２点がＡを同時に出発した後、初めてＡで重なるまでに、点Ｐと点Ｑを結んでできる直線が、円の直径ＡＢと垂直になるときが２回あります。このときの⑧の大きさを小さい順に答えなさい。

(4)　Ａと(2)で求めた２か所の点Ｑの位置を結んでできる三角形の面積と、Ａと(3)で求めた２か所の点Ｑの位置を結んでできる三角形の面積の比を最も簡単な整数の比で答えなさい。

⑤　同じ大きさの正方形の形をした、赤色と青色のタイルが手元にたくさんあります。これらのタイルを敷き詰めて大きな正方形を作ろうとしました。

(1)　タイルの色を気にせずに、すべてのタイルを敷き詰めて正方形を作ろうとしたところ、タイルが１枚足りませんでした。そこで、今度は手元にある枚数のタイルで、できるだけ大きな正方形を作ったところ、タイルは36枚余りました。はじめに手元にあったタイルは全部で何枚ですか。

(2)　タイルをすべて手元に戻して、今度は図のように、同じ色のタイルが上下左右に並ばないように敷き詰めていくことにしました。青色のタイルをすべて使い切ると、ちょうどある大きさの正方形ができ、赤色のタイルだけが手元に104枚残りました。

　　そこで、青色のタイルだけを追加して、さらにこの正方形に同じようにタイルを敷き詰めて、できるだけ大きな正方形を作りました。このとき、赤色のタイルは何枚か残りますが、青色のタイルをこれ以上追加しても、これより大きい正方形は作れません。

　　追加して並べた青色のタイルは何枚ですか。考えられる枚数をすべて答えなさい。ただし、解答欄はすべて使うとは限りません。

(解答欄)

　　　　　　枚、　　　　　枚、　　　　　枚、　　　　　枚

江戸川女子中学校(第1回)

—50分—

1　次の　　　　にあてはまる数を答えなさい。

(1)　$\{11+(9-7)\times5\}\div3=$　　　　

(2)　$11\times2.3\times15-25.3\times7=$　　　　

(3)　$(0.75-$　　　　$)\times5+\dfrac{1}{3}=2\dfrac{5}{6}$

(4)　1時間24分46秒×3－73分＝　　　　時間　　　　分　　　　秒
　　　ただし、　　　　には60未満の整数が入ります。

(5)　うどん3個とぶたどん4個買うと2950円、うどん5個とぶたどん2個買うと3050円になります。このとき、ぶたどんは1個　　　　円です。

(6)　まなみさんはある本を読み終えるのに8日間かかりました。1日目は全体の$\dfrac{1}{4}$を読み、2日目は残りの$\dfrac{3}{5}$を読み、3日目以降は毎日16ページずつ読みました。本のページ数は　　　　ページです。

(7)　Aさんが持っているお金で買い物をすると、おにぎりなら35個、パンなら30個、肉まんなら20個、それぞれおつりがでないように買うことができます。おにぎり1個とパン1個と肉まん1個を1組にしてできるだけ多く買うと、440円のおつりがでます。このとき、Aさんが持っているお金は　　　　円です。

(8)　3で割ると1余り、5で割ると3余り、7で割ると2余る数のうち、一番小さい数は　　　　です。

(9)　図の印をつけた8つの角の大きさの和は　　　　度です。

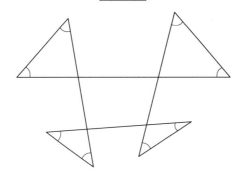

⑩　図は、正方形とその頂点を中心とする円の一部を組み合わせたものです。斜線部分の面積は　　　　　㎠です。ただし、円周率は3.14とします。

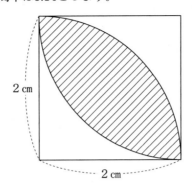

2 cm

2 cm

⑪　図のように立方体ＡＢＣＤ－ＥＦＧＨがあり、すべての辺の中点に点を打ってあります。頂点Ａに近い３つの中点を通る平面でこの立方体を切断し、Ａを含む立体を取り除きます。同じようにして、残りの７つの頂点Ｂ、Ｃ、Ｄ、Ｅ、Ｆ、Ｇ、Ｈについても、それぞれの頂点に近い３つの中点を通る平面で切断し、取り除きます。できあがった立体の辺の数は　　　　　本です。

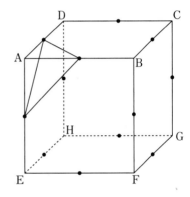

②　Ｋさんは1と3や2と4のように、差が2である2つの整数をかけた数には、どれも共通の性質があることに気がつきました。Ｋさんが書いたメモを参考にし、後の問に答えなさい。

Ｋさんのメモ	$1×3=2×2-1$
	$2×4=3×3-1$
	$3×5=4×4-1$
	$4×6=5×5-1$
	$5×7=6×6-1$

(1)　$11×13=△×△-1$
　　△には同じ整数が入ります。△に入る数を答えなさい。

(2)　$2025=◎×◎$
　　◎には同じ整数が入ります。◎に入る数を答えなさい。

(3)　$(□-1)×(□+1)-2024$
　　□には同じ整数が入ります。□に入る数を答えなさい。

③　図のような立方体ＡＢＣＤ－ＥＦＧＨがあります。点
　　Ｐを、この立方体の頂点から別の頂点へ辺を通って移動
　　させていくことを考えます。最初に点Ｐが頂点Ａにある
　　とき、次の(1)～(3)の移動方法は何通りありますか。

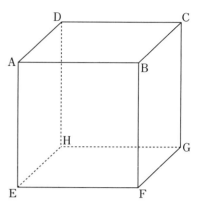

(1)　Ａ→Ｂ→Ｃ→Ｇのように、異なる４点を通って頂点
　　　Ｇまで移動する。

(2)　Ａ→Ｂ→Ｃ→Ｇ→Ｆのように、異なる５点を通って
　　　頂点Ｆまで移動する。

(3)　Ａ→Ｂ→Ｃ→Ｇ→Ｆ→Ｅ→Ｈ→Ｄのように、すべて
　　　の点を１回だけ通る。

④　図１のような体積7500cm³の円柱形の水そうに、一定の割合で水道から水を注ぎます。水を注
　　ぎ始めてから10分に１回の割合で、コップに水をくんで捨てます。コップの形状は図２のよう
　　な立方体で、水をくむときはコップがいっぱいになるように水をくむものとします。図３は、水
　　を注ぎ始めてからの時間と水面の高さの関係を表しています。水そういっぱいに水が入ったら水
　　道から水を注ぐのをやめます。このとき、後の問に答えなさい。

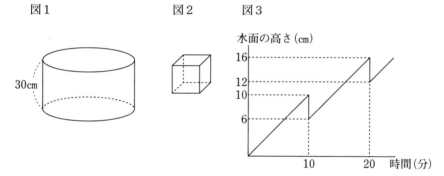

図１　　　　　　　　　　　図２　　　　図３

(1)　図１の水そうの底面積は何cm²ですか。

(2)　図２のコップの一辺の長さは何cmですか。

(3)　水そうがいっぱいになるのは水を注ぎ始めてから何分後ですか。

桜 蔭 中 学 校

—50分—

円周率を用いるときは、3.14としなさい。

1　次の　　　　にあてはまる数または言葉を答えなさい。

(1)　①　$16 - \left\{ 7\dfrac{1}{3} \times 2.2 - \left(5.7 - 4\dfrac{1}{6} \right) \div 3\dfrac{2}{7} \right\} = \boxed{\text{ア}}$

　　②　$5.75 - \dfrac{3}{2} \div \left(\dfrac{15}{26} - \boxed{\text{イ}} \times 1.35 \right) = 2\dfrac{1}{28}$

(2)　黒い丸●と白い丸○を右の(例)のように、縦7マスすべてに並べます。　(例)

　　①　並べ方のきまりは次の(あ)(い)(う)(え)です。

　　　(あ)　上から2マス目と上から4マス目には同じ色の丸は並べない。

　　　(い)　上から2マス目と上から6マス目には同じ色の丸を並べる。

　　　(う)　下から3マスすべてに同じ色の丸を並べることはできない。

　　　(え)　上から4マス目が白い丸のとき、上から3マス目と上から5マス目の
　　　　　両方ともに黒い丸を並べることはできない。

　　　　　（3マス目、5マス目のどちらか一方に黒い丸を並べることはできる）

　　　　　このとき、黒い丸と白い丸の並べ方は全部で　　ウ　　通りあります。

　　②　縦7マスを右のように4列並べます。①の(あ)(い)(う)(え)のきまりに次の(お)
　　　のきまりを加えて、黒い丸と白い丸をこの28マスに並べるとき、並べ
　　　方は全部で　　エ　　通りあります。

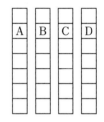

　　　(お)　各列の上から2マス目のA、B、C、DにはAとDに同じ色の丸、
　　　　　BとCに同じ色の丸を並べる。また、AとBには同じ色の丸を並べな
　　　　　い。

(3)　図1のような1辺の長さが10cmの正方形の折り紙を、1本の対角線で折ると図2のように
　　なります。図2の直角二等辺三角形を、45°の角をもつ頂点が重なるように折ると図3のよう
　　になります。図3の直角二等辺三角形を、直角が3等分になるように折ると、順に図4、図5
　　のようになります。図5の折り紙を直線ABにそって切ると図6のようになります。ただし、
　　図の———（細い直線）は折り目を表します。

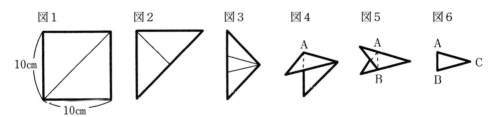

図1　　　　図2　　　　図3　　　　図4　　　　図5　　　　図6

　　①　図6の折り紙を広げたときの図形の名前は　　オ　　です。

　　②　図6のABの長さをはかると2.7cmでした。図6の折り紙を広げたときの図形の面積は
　　　　　　カ　　cm²です。

③　右の図7のように、図6の三角形ＡＢＣの内部から1辺の長さ
が0.6cmの正方形を切りぬきます。さらに、中心が辺ＢＣ上にあ
る直径1cmの半円を切り取ります。図7の折り紙を広げたとき、
残った部分の面積は $\boxed{\quad キ \quad}$ cm²です。

図7

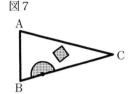

2　同じ大きさのたくさんの立方体と、青色、黄色、赤色の絵の具があります。この絵の具は混ぜ
ると別の色もつくれます。青色と黄色を同じ量ずつ混ぜると緑色ができます。たとえば、青色
10mLと黄色10mLを混ぜると緑色が20mLできます。また、赤色と黄色を同じ量ずつ混ぜるとオ
レンジ色、青色と黄色を1：2の割合で混ぜると黄緑色ができます。

今、この絵の具で立方体の6面をぬることにしました。青色の絵の具は120mL、黄色、赤色
の絵の具はそれぞれ200mLずつあります。絵の具はすべて使うとは限りません。この絵の具は
どの色も10mLで立方体の $1\frac{1}{5}$ 面をぬることができます。

次の問いに答えなさい。アからウは $\boxed{\qquad}$ にあてはまる数を答えなさい。

(1)　この立方体の1面をぬるのに必要な絵の具は $\boxed{\quad ア \quad}$ mLです。

(2)　この立方体の6面すべてを1色でぬります。

　①　6面すべてが赤色でぬられた立方体をできるだけ多くつくるとすると、$\boxed{\quad イ \quad}$ 個つくる
ことができます。

　②　6面すべてが黄緑色でぬられた立方体をできるだけ多くつくるとすると、$\boxed{\quad ウ \quad}$ 個つく
ることができます。

(3)　この立方体の6面を3面ずつ同じ色でぬります。オレンジ色と緑色の2色で3面ずつぬられ
た立方体をできるだけ多くつくるとすると、何個つくることができますか。（考え方・式も書く
こと。）

(4)　この立方体の6面を1面ずつ青色、黄色、赤色、緑色、オレンジ色、黄緑色でぬります。

　①　このような立方体をできるだけ多くつくるとすると、何個つくることができますか。（考
え方・式も書くこと。）

　②　このような立方体を最も多くつくったとき、使わなかった青色の絵の具は何mLですか。（式
も書くこと。）

3　1辺が1cmの正三角形ＡＢＣと1辺が3cmの正方形ＰＱＲＴがあります。正三角形ＡＢＣの面
積をＳcm²とします。次の問いに答えなさい。

(1)　正三角形ＡＢＣを＜図1＞のように正方形ＰＱＲＴの(あ)の位置に置きます。点Ａは点Ｐと重
なっていて、点Ｂは辺ＰＱ上にあります。このあと正三角形ＡＢＣを、正方形ＰＱＲＴの内側
をすべらないように矢印の向きに回転させながら再び(あ)の位置に重なるまで移動させます。

　　正三角形ＡＢＣが通過した部分の面積をＳを使った式で表しなさい。（式も書くこと。）

(2)　正三角形ＡＢＣを＜図2＞のように正方形ＰＱＲＴの(い)の位置に置きます。点Ａは点Ｐと重
なっていて、点Ｃは辺ＴＰ上にあります。このあと正三角形ＡＢＣを、正方形ＰＱＲＴの内側
をすべらないように矢印の向きに回転させながら(う)の位置に重なるまで移動させます。ここで、
直線ＰＱを対称の軸として折り返し、(え)の位置に重なるようにします。次に、正三角形ＡＢＣ
を、正方形ＰＱＲＴの外側をすべらないように矢印の向きに回転させながら(お)の位置に重なる

まで移動させます。今度は、直線ＲＱを対称の軸として折り返し、㈮の位置に重なるようにします。再び正三角形ＡＢＣを、正方形ＰＱＲＴの内側をすべらないように回転させながら㈭の位置に重なるまで移動させます。同じように、㈯の位置へ折り返し、正方形ＰＱＲＴの外側をすべらないように回転させながら㈰の位置に重なるまで移動させます。

このとき、点Ｃがえがいた曲線で囲まれた図形の面積を求めなさい。（式も書くこと。）

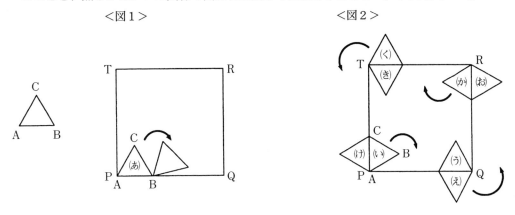

<図１>　　　　　　　　　　　<図２>

④　次の図のような水そうＡ、Ｂ、Ｃと金属のおもりＤ、Ｅがあります。Ａ、Ｂ、Ｃ、Ｄ、Ｅはすべて直方体です。

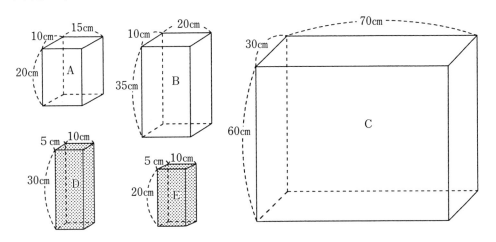

水そうＡの底面におもりＤ、水そうＢの底面におもりＥをそれぞれ固定して、次の図のように、これらを水そうＣに入れて底に固定します。まず、水そうＡにホースＰで毎分１Ｌの割合で水を入れます。水そうＡに水を入れ始めてから５分後に、水そうＢにホースＱで毎分２Ｌの割合で水を入れます。水そうＡ、Ｂからあふれた水はすべて水そうＣにたまります。水を入れても固定したおもりや水そうは傾いたり、浮き上がったりしません。２つのグラフは、水そうＡに水を入れ始めてから水そうＣが水で満たされるまでの、水そうＣに入っている水の量と、水そうＣの底面から水面までの高さを表したものです。ただし、水そうＣに入っている水の量は、水そうＡ、Ｂに入っている水の量はふくみません。水そうの厚さ、ホースの厚さは考えません。

2つのグラフの　　　　　にあてはまる数を求めなさい。ただし、ア〜キ、サ、シは答えの数のみ書きなさい。ク、ケ、コは式も書きなさい。

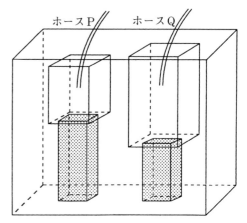

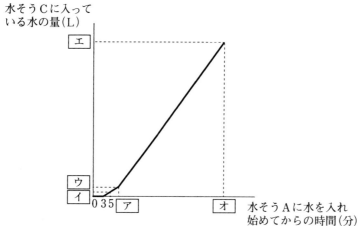

水そうCに入っている水の量(L)

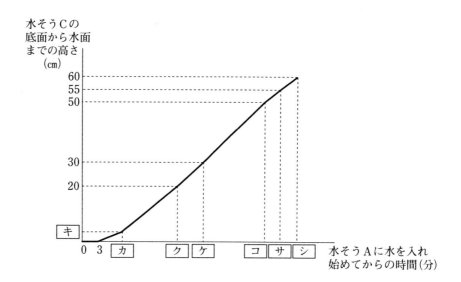

水そうCの底面から水面までの高さ(cm)

鷗友学園女子中学校(第1回)

—45分—

【注意】 1 指定のある問題には、問題を解くにあたって必要な式、図(線分図、面積図)、考え方、筆算などを書きなさい。

2 円周率の値を用いるときは、3.14として計算しなさい。

1 次の ア 、 イ に当てはまる数を求め、答えを書きなさい。

(1) $3\frac{4}{5}+\left(\frac{4}{3}-0.6\right)\div2.75\times\left(3\frac{1}{2}-\frac{1}{6}\right)\times5.25=$ ア

(2) イ $\times\frac{25}{9}-\left\{1.875-7\frac{7}{8}\div\left(5-\frac{1}{2}\right)\right\}=\frac{11}{72}$

2 Aさん、Bさん、Cさんの3人でお金を出しあって、9200円のプレゼントを買います。最初、3人の所持金の比は15：2：8でしたが、AさんがBさんに400円渡し、CさんもBさんにいくらか渡すと、所持金の比は8：3：3になりました。この後、プレゼントを買いました。

(1) 所持金の比が8：3：3になったとき、Aさんの所持金はいくらになりましたか。

答えを出すために必要な式、図、考え方なども書きなさい。

(2) プレゼントを買った後、3人の所持金の比は5：3：2になりました。Cさんがプレゼントを買うために出した金額はいくらですか。

答えを出すために必要な式、図、考え方なども書きなさい。

3 図の平行四辺形ABCDを、CEを折り目として折ったとき、点Bが移る点をFとします。このとき、辺ADとCFは交わり、交わった点をGとします。

辺CDとCGの長さは等しく、角DCGの大きさが42度のとき、角AEFの大きさを求めなさい。

答えを出すために必要な式、図、考え方なども書きなさい。

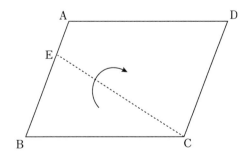

4　整数をある規則にしたがって、次のように並べました。例えば、左から3番目、上から4番目の整数は24です。

```
 1    2    3    4    5    6
12    7    8    9   10   11
17   18   13   14   15   16
22   23   24   19   20   21
27   28   29   30   25   26
32   33   34   35   36   31
37   38   39   40   41   42
48   43   44   …    …
                   ⋮
```

(1) 左から2番目、上から100番目の整数はいくつですか。
　　答えを出すために必要な式、図、考え方なども書きなさい。

(2) 2024は、左から何番目、上から何番目ですか。
　　答えを出すために必要な式、図、考え方なども書きなさい。

5　図1の直角三角形を、図2のように2つ重ねます。この図形を直線 ℓ を軸として1回転してできる立体の体積は何cm³ですか。
　　答えを出すために必要な式、図、考え方なども書きなさい。

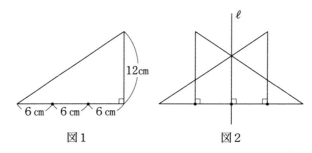

図1　　　　図2

6　図のような台形ABCDがあります。
　　BE：EF：FG：GC＝2：1：2：3です。また、AGとDCは平行です。

(1) AH：HK：KCを、最も簡単な整数の比で表しなさい。
　　答えを出すために必要な式、図、考え方なども書きなさい。

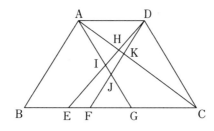

(2) 台形ＡＢＣＤの面積が15cm²のとき、四角形ＨＩＪＫの面積を求めなさい。

答えを出すために必要な式、図、考え方なども書きなさい。

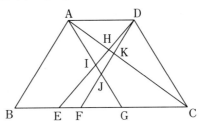

7　学さんと友子さんは毎朝、8時5分にＣ駅に着く電車で通学しています。学さんの家から1100ｍ先にＡ駅があります。Ａ駅から1300ｍ先に友子さんの家があり、その先にＢ駅とＣ駅がこの順にあります。電車はＡ駅を7時52分に発車し、Ｂ駅で2分間停車し、Ｃ駅に8時5分に到着します。Ａ駅からＣ駅までは8.8km離れており、電車の速さは一定です。

学さんは7時47分に家を出て、Ａ駅で電車に乗り、2駅先のＣ駅まで移動します。友子さんは7時47分に家を出て、Ｂ駅まで自転車で時速16.8kmの速さで向かい、電車に乗ります。

グラフは、このときの時刻と2人の移動の様子を表したものです。

(1) 友子さんがＢ駅に到着した時刻を求めなさい。

答えを出すために必要な式、図、考え方なども書きなさい。

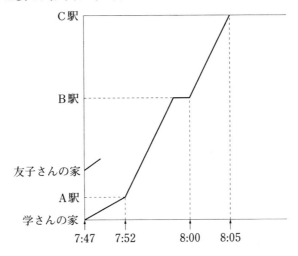

(2) 学さんが家を出た後、母親が忘れ物に気づき、7時52分に家を出て車で時速51kmの速さで追いかけました。途中で自転車に乗った友子さんに出会ったので、友子さんに忘れ物を渡してもらうことにしました。友子さんと学さんの母親が出会った時刻を求めなさい。

答えを出すために必要な式、図、考え方なども書きなさい。

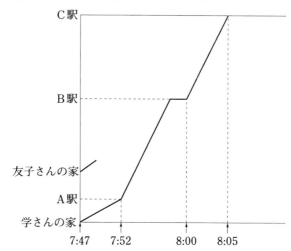

大妻中学校（第1回）

—50分—

◎ 式、計算、または考え方は必ず書きなさい。これのないものは正解としません。

◎ 円周率を用いるときは3.14として答えなさい。

① 次の□にあてはまる数を求めなさい。

(1) $\left\{\left(\dfrac{13}{24}-\dfrac{1}{6}\right)\div 0.6 - 2\dfrac{1}{2}\times 0.2\right\}\times 8 = $ □

(2) $\{(31-$ □ $\times 13\div 2)\times 6 + 30\}\div 4 = 15$

(3) 10円玉、50円玉が合わせて28枚あり、合計金額は920円です。このとき、10円玉は□枚あります。

(4) 濃度5％の食塩水が600gあります。この食塩水を□g捨て、捨てた食塩水と同じ重さの水を加えたところ、3％の食塩水になりました。

② ある中学校で、犬を飼っている生徒の人数はネコを飼っている生徒の人数の1.4倍です。また、犬もネコも飼っている生徒は21人で、犬を飼っている生徒の人数の6％です。この中学校でネコだけを飼っている生徒は何人ですか。

③ 図は、ある立体の展開図です。この立体の表面積は何㎠ですか。

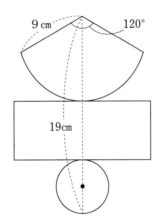

④ AさんとBさんは、1周9.9kmのランニングコースのスタート地点にいます。Aさんは毎分180mの速さで時計回りに走り、Bさんは毎分220mの速さで反時計周りに走ります。BさんがAさんより遅れて出発したところ、2人は同時に1周を走り終えました。2人がすれ違ったのは、Aさんが出発してから何分何秒後ですか。

⑤ クラスの生徒にノートを配ります。1人に7冊ずつ配ると6冊余ります。ノートを70冊追加し、1人に9冊ずつ配ると8冊不足します。クラスの生徒は何人ですか。

⑥ 1から240までの整数のうち、どの位にも4と8が使われていない整数は何個ありますか。

7　図は、1辺の長さが等しい正三角形とひし形を組み合わせた図です。角 x の大きさは何度ですか。

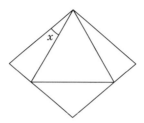

8　直前の2つの数の和が次の数になるという規則で数を並べます。例えば、1と1から始めると、1、1、2、3、5、…となります。

(1)　4番目の数が19で、6番目の数が50のとき、1番目の数はいくつですか。

(2)　5番目の数が18で、9番目の数が123のとき、7番目の数はいくつですか。

9　ある球場には、一定の割合で観客が集まってきます。16時に開場したときには、すでにゲートに何人かの列ができていました。ゲートを12か所あけると16時40分に列はなくなり、ゲートを18か所あけると16時20分に列はなくなります。

(1)　1分間に集まってくる観客の人数は、1か所のゲートを1分間に通る人数の何倍ですか。

(2)　開場後、16時30分に列がなくなったとき、何か所のゲートをあけていましたか。

10　1辺の長さが6cmの立方体を、直線 ℓ を軸として1回転させます。面ＡＢＣＤが通過する部分の体積は何cm³ですか。

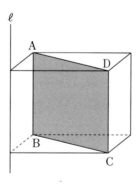

大妻多摩中学校(総合進学第1回)

—50分—

【注意事項】　1　円周率を使うときは、3.14とすること。

　　　　　　　2　途中式や考え方を残しておくこと。

　　　　　　　3　比を求めるときは、もっとも簡単な整数の比で表すこと。

1　次の□にあてはまる数を求めなさい。

(1)　$3\dfrac{1}{5} \div 7\dfrac{1}{3} \times \left(\dfrac{1}{3} + \dfrac{1}{8}\right) = $ □

(2)　$1.8 \div 0.75 - \left(\dfrac{5}{6} - \dfrac{3}{4}\right) \times 0.8 = $ □

(3)　□$\times 2.1 + \dfrac{9}{25} \times \dfrac{5}{6} = 1\dfrac{1}{2}$

2　次の問いに答えなさい。

(1)　Aを先頭として3ずつ大きくなるB個の数の和を＜A、B＞で表すことにします。例えば、

　　＜4、2＞＝4＋7＝11、＜5、4＞＝5＋8＋11＋14＝38です。

　　このとき、＜11、6＞－＜10、5＞を計算しなさい。

(2)　図のような直角三角形があります。DEの長さを求めなさい。

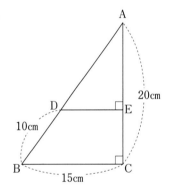

(3)　図のような正五角形があります。コインをAの位置に置き、
さいころを投げて出た目の数だけ時計回りに移動させます。さ
いころを2回投げたとき、コインがCの位置にあるような目の
出方は何通りありますか。

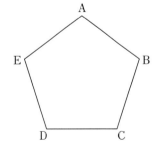

3　あるお店では、1個あたり250円で仕入れた商品300個を、定価400円で売り出しました。しかし、
仕入れた商品の1割が売れ残ったため、定価から20％値引きして再び売り出したところ、残っ
た商品をすべて売り切ることができました。このとき、次の問いに答えなさい。

(1)　値引きした商品の1個あたりの値段を求めなさい。

(2)　このお店が商品を売って得た利益の総額を求めなさい。

4　次のように、ある規則にしたがって数が並んでいます。

　　　0、1、2、2、3、3、3、0、1、2、2、3、3、3、0、1、2、……

　このとき、次の問いに答えなさい。

(1) 20回目に出てくる0は、先頭から数えて何番目ですか。

(2) 先頭からの和がはじめて500以上となるのは、先頭から数えて何番目ですか。

5　図のように、1辺の長さが2㎝の正方形が4個あります。このとき、次の問いに答えなさい。

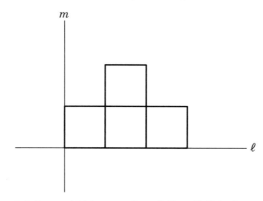

(1) この図形を直線ℓのまわりに1回転してできる立体の体積を求めなさい。

(2) この図形を直線mのまわりに1回転してできる立体の体積を求めなさい。

6　図1のような長方形ＡＢＣＤと、辺ＡＤ上の点Ｅがあります。点Ｐはこの長方形のまわりをＡ→Ｂ→Ｃ→Ｄ→Ａの順に毎秒2㎝の速さで動きます。図2は、点Ｐが頂点Ａを出発してからの時間と三角形ＢＥＰの面積の関係を表したものです。このとき、次の問いに答えなさい。

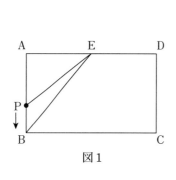

図1

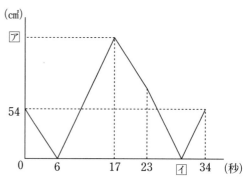

図2

(1) 辺ＡＢの長さを求めなさい。

(2) 図2の ア にあてはまる数を求めなさい。

(3) 図2の イ にあてはまる数を求めなさい。

大妻中野中学校(第1回)

—50分—

① 次の □ にあてはまる数を求めなさい。約分ができる分数は、約分して答えなさい。

(1) $(3＋5)×(5＋7＋11)×11=$ □

(2) $3.6×2.5＋2.9×2.5－2.5×2.5=$ □

(3) $\left(\dfrac{5}{3}－\dfrac{7}{5}\right)×9÷\left(\dfrac{1}{2}＋\dfrac{3}{4}\right)=$ □

(4) $\{(\boxed{}＋22)÷5－15\}×7=70$

(5) $\left(1.3－\dfrac{4}{5}\right)÷\dfrac{1}{6}＋2.7×\boxed{}=3\dfrac{3}{10}$

(6) $14.5分＋\dfrac{1}{36}日＋330秒=$ □ 時間

② 次の □ にあてはまる数を求めなさい。約分ができる分数は、約分して答えなさい。

(1) 原価 □ 円の品物に2割の利益があるように定価をつけると、1080円になります。

(2) 次の数は、あるきまりにしたがってならんでいます。

　　1、1、2、3、5、8、13、21、A、55、89、…

　　このとき、Aにあてはまる数は □ です。

(3) 和が83で差が61となるような2つの数のうち、小さい方の数は □ です。

(4) □ ページある問題集を、1日目は全体の$\dfrac{5}{12}$だけ解き、2日目は残りの$\dfrac{2}{7}$だけ解いた
ところ、残りは30ページとなりました。

(5) 秒速17m、長さ100mの列車Aと、秒速13mの列車Bが反対方向にすれちがって離れるまで
に7秒かかりました。列車Bの長さは □ mです。

(6) 底面の円の半径が2cm、高さが6cmの円すいの体積は □ cm³です。ただし、円周率は
3.14とします。

③ 大妻さんは、熱中症予防のために粉末を溶かしてスポーツドリンクを2種類作りました。
　スポーツドリンクA　粉末20gを水に溶かし、スポーツドリンクを500g作る。
　スポーツドリンクB　濃度2%のスポーツドリンクを1000g作る。
　このとき、次の問いに答えなさい。

(1) スポーツドリンクAの濃度は何%ですか。

(2) スポーツドリンクBを作ったとき、水は何g必要ですか。

(3) スポーツドリンクAが薄かったので、大妻さんは粉末を加えて濃度を6%にしました。加え
た粉末は何gですか。小数第2位を四捨五入して答えなさい。

(4) 大妻さんはスポーツドリンクBを500g飲んだあと、残りに粉末と水を加えて濃度4%のス
ポーツドリンク1000gを作りました。加えた粉末と水はそれぞれ何gですか。

4　右の図のような三角形ＡＢＣで、ＤとＥはそれぞれＡＢとＡＣ
の中点で、ＣとＤＥの中点Ｇを結ぶ直線がＡＢと交わる点をＦと
します。このとき、次の問いに答えなさい。

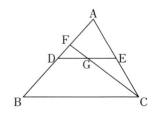

(1)　ＤＧとＢＣの長さの比を、最も簡単な整数の比で答えなさい。

(2)　ＡＦとＦＢの長さの比を、最も簡単な整数の比で答えなさい。

(3)　三角形ＦＤＧの面積は三角形ＡＢＣの面積の何倍ですか。

(4)　三角形ＦＤＧと三角形ＥＧＣの面積の差が16㎠のとき、三角形ＡＢＣの面積を求めなさい。

学習院女子中等科（A）

—50分—

[注意]　どの問題にも答えだけでなく途中の計算や考え方を書きなさい。

1　次の＿＿＿にあてはまる数を求めなさい。

(1)　$6.875 - \left(4\frac{2}{3} - 3\frac{2}{3} \div 1.125\right) \times 4.5 = $ ＿＿＿

(2)　$8\frac{6}{7} \div \left\{\left(\boxed{} - \frac{3}{4}\right) \times 0.4 - 2.5\right\} = 7.75$

2　A、B、C、Dの4人でパーティーを開きました。Aは4人分の料理、Bは4人分の果物、Cは4人分のケーキ、Dは4人分の飲み物を買ってきました。終了後に、全員の払う金額が等しくなるように、B、C、DがAにそれぞれ1400円、1000円、1800円を渡しました。料理代と果物代の比は9：2でした。4人分のケーキ代を求めなさい。

3　さくらさんは本を1日目に全体の$\frac{1}{6}$を読み、2日目と3日目はそれぞれ前日までに残ったページ数の＿＿＿％を読みました。4日目に7ページを読んだところで、ちょうど全体の半分となりました。1日目と2日目に読んだページ数が等しいとき、＿＿＿に入る数と本のページ数を求めなさい。

4　図のように、半径9cmの円形の紙を円周上の1点が円の中心Oと重なるように折ったところ、直線ABが折り目となりました。次の問いに答えなさい。ただし、円周率は3.14とします。

(1)　曲線AO（図の太線部分）の長さを求めなさい。

(2)　OとBを直線で結ぶとき、色のついた部分の面積を求めなさい。

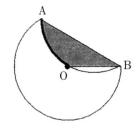

5　ある鉄道では、駅と駅の間の線路を300mごとの区間に分けて、1つの区間に2本以上の電車が入らないように、それぞれの区間の入口に信号を設けています。電車が1つの区間に入ると、その区間の入口の信号は赤になります。電車がその区間から完全に抜けると信号は橙に変わり、次の区間から完全に抜けると黄に、さらにその次の区間から完全に抜けると青に戻ります。電車の長さはすべて200mで、電車の先頭が区間の入口に来た時点で信号の色を確認します。赤の場合は停止し、橙の場合は時速30km、黄の場合は時速60km、青の場合は時速72kmの速さで、次の信号まで速さを変えずに進みます。次の問いに答えなさい。

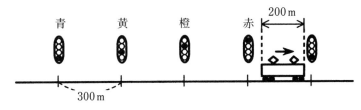

(1)　前を走る電車がいない状態で、1本の電車が青の信号を通過しました。その後には電車が来ないとき、その信号が青に戻るのは電車の先頭が通過してから何秒後ですか。

(2)　前を走る電車がいない状態で、1本目の電車が駅を出発して青の信号を通過しました。続いて2本目の電車が同じ信号を通過しました。2本目の電車の先頭がその信号を通過したのは、1本目の電車の先頭が通過してから50秒後でした。その後には電車が来ないとき、その信号が青に戻るのは、1本目の電車の先頭が通過してから何秒後ですか。

6　図1は、表面が赤く塗られた1辺の長さが8cmの立方体から、等しい2辺が4cmである直角二等辺三角形を底面とする三角柱をくり抜いた立体を表しています。次の問いに答えなさい。

図1

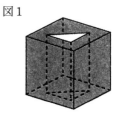

(1)　この立体の体積を求めなさい。

(2)　図2のように、図1の立体9個をすき間なく並べました。図3は図2の立体を真下から見た図で、あいている穴を1つだけかきこんであります。残りの穴をすべてかきこんで、図を完成させなさい。ただし、図の大きさは実際とは異なります。

図2

図3

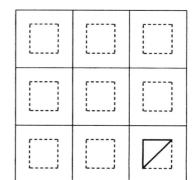

(3)　図4のように、図1の立体14個をすき間なく積みました。この立体の表面のうち、赤く塗られた部分（穴の先にみえる部分は除きます）の面積として考えられるものを小さい順にすべてかきなさい。

図4

神奈川学園中学校（A午前）

—50分—

※　④、⑤については途中の考え方や計算の式も書きなさい。

① 次の◯◯にあてはまる数を求めなさい。

(1) $(53-7\times5)-\{(19+23)\div6\}=$◯◯

(2) $\left(2\frac{1}{2}\times\frac{11}{15}-0.25\times\frac{2}{3}\right)\times1.6=$◯◯

(3) $0.125\times110-1.25\times0.8-\frac{1}{8}\times2=$◯◯

(4) $\left(\boxed{}+\frac{3}{2}\right)\div6-\frac{1}{2}=\frac{1}{4}$

② 次の各問いに答えなさい。

(1) 6％の食塩水が150gあります。この食塩水を熱して50gを蒸発させてできる食塩水の濃さは何％ですか。

(2) さくらさんは国語・算数・理科・社会の4科目のテストを受けました。算数と理科のテストはそれぞれ72点、68点でした。国語と算数の2科目の平均点は75点で、社会の点数は国語よりも12点低い結果でした。このとき、4科目の平均点は何点ですか。

(3) 分速1000mの列車があります。この列車が320mのトンネルに入り始めてから、列車が完全にトンネルから出るまで36秒かかりました。列車の長さは何mですか。

(4) 短針と長針のある時計が9時20分を指しています。短針と長針のつくる角のうち、小さいほうの角の大きさを求めなさい。

(5) さくらさんはデパートで所持金の$\frac{1}{3}$を使い、書店で残りの所持金の$\frac{7}{10}$を使ったところ、900円が残りました。さくらさんが初めに持っていたお金はいくらですか。

(6) 右の図は、AO、AB、OC、CBを直径とする4つの半円を組み合わせた図形です。AOとOB、OCとCBの長さはそれぞれ等しく、AOの長さは4cmです。このとき、図の色のついた部分の周の長さを求めなさい。ただし、円周率は3.14とします。

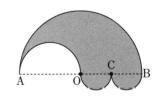

(7) 右の図は長方形の紙を、対角線を折り目にして折ったものです。色のついた部分の面積が20cm²であるとき、◯◯にあてはまる数を求めなさい。

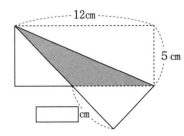

③　次の会話文を読んで、各問いに答えなさい。

さくら：私は将来、自分が作ったもので人を笑顔にしたいと思っていて、お店を開きたいんだ。

かなこ：そうなんだ！　そういえば、お店で物を買うけれど、値段はどうやって決めているんだろう。

さくら：たしかに。算数の割合の問題ではよく出されるけれど、そもそも「原価」や「利益」はどうやって決めているのだろう。

かなこ：ちょっと調べてみるね。えっと…。原価はその商品をお客さんに売るまでにかかるすべてのお金みたいだよ。さくらさんみたいに物を作って売りたい場合は、材料や道具代などの「材料費」だけではなくて、お店で働いている人がいる場合は「人件費」、作ったものを保管するための光熱費や場所代、お店まで運んでもらうなら運送費も含めた「製造経費」も全部を合わせて「原価」なんだって。お店で販売している値段（販売額）は原価に利益をつけたものということだね。

販売額	原価	材料費
		人件費
		製造経費
	利益	

さくら：なるほど。実際、原価や利益は販売額に対してどのくらいの割合なんだろう。ＫＧ雑貨店に聞きに行ってみよう。

かなこ：ＫＧ雑貨店で教えてもらったよ。ＫＧ雑貨店では、販売額に対する利益の割合が15％になるように計算して値段を決めているんだって。つまり、販売額の（　ア　）％が原価ということだね。

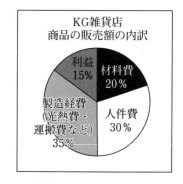

KG雑貨店
商品の販売額の内訳

さくら：そうか！　右の図の内訳だと、ＫＧ雑貨店で500円の雑貨を買ったときに、材料費は（　イ　）円で、ＫＧ雑貨店の利益は（　ウ　）円ということだよね。利益が意外に少なくて驚いたよ。お店を開くのも大変なんだね。

かなこ：そうだね。例えば、製品の原価にあてられる資金が51000円の場合は、商品がすべて売れれば利益が（　エ　）円になるということだよね。逆に、27000円の利益を得るためには、販売額を（　オ　）円にしなければいけないんだね。

さくら：つまり、ものによっては販売額を高めにつけないといけないんだね。私がお店を開くとしたら、電子マネー決済を使えるようにしたいの。その場合は、お店がその電子マネー決済の会社に手数料を払わないといけないみたい。例えばA社の●▲ペイを使えるようにすると、お店での電子マネー決済での販売額

＜電子マネーを使用する場合＞

販売額	原価	材料費
		人件費
		製造経費
	電子マネー決済手数料	
	利益	

の４％をA社に手数料として支払う仕組みなんだって。もし、自分だけで作成と販売をして、商品１つの材料費が3200円で人件費０円、製造経費は1000円として、その商品をお客さんが電子マネー決済で買ったとしても、販売額の16％の利益を得るには販売額をいくらにすればいいかな。(カ)

かなこ：その場合、原価と電子マネー決済手数料と利益を合わせた値段が販売額になるよね。

(1)　空欄ア～オに適する値を答えなさい。

(2)　下線部(カ)について、A社の●▲ペイを使用して支払った場合、販売額の16％の利益を得るには１つあたりの販売額をいくらにすればいいですか。

(3)　(2)の販売額で50個の商品を販売します。すべて現金支払いで売り切った場合の利益は、すべて●▲ペイで売り切った場合の利益に比べていくら多くなりますか。

4　A地点から360m離れたB地点があります。かなこさんはA地点を、さくらさんはB地点を同時に出発して、それぞれ一定の速さでA地点とB地点の間をくり返し往復しています。A地点もしくはB地点に到着するたびに、かなこさんは1分間、さくらさんは2分間それぞれ休憩をはさみます。次のグラフはそのときの様子を表したものです。このとき、次の各問いに答えなさい。((2)、(3)は途中の考え方や計算の式も書きなさい。)

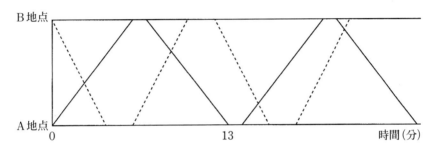

(1)　かなこさんの歩く速さは分速何mですか。

(2)　出発してから2分24秒後に2人は初めてすれ違いました。さくらさんの歩く速さは分速何mですか。また、さくらさんが出発して初めてB地点に戻って来るのは、出発してから何分後ですか。

(3)　2人が4回目にすれ違った地点は、A地点から何mのところですか。

5　次のようにある規則にしたがって数が並んでいます。(1)～(3)の各問いに答えなさい。((2)、(3)は途中の考え方や計算の式も書きなさい。)

$\frac{1}{1}$					…1段目
$\frac{1}{2}$	$\frac{3}{2}$				…2段目
$\frac{1}{4}$	$\frac{3}{4}$	$\frac{5}{4}$			…3段目
$\frac{1}{8}$	$\frac{3}{8}$	$\frac{5}{8}$	$\frac{7}{8}$		…4段目
$\frac{1}{16}$	$\frac{3}{16}$	$\frac{5}{16}$	$\frac{7}{16}$	$\frac{9}{16}$	…5段目

⋮

(1)　7段目の左から5つ目にある数を答えなさい。

(2)　$\frac{17}{1024}$は何段目の左から何番目の数ですか。

(3)　1段目から6段目までにある数をすべて足すといくつになりますか。

鎌倉女学院中学校（第1回）

—45分—

① 次の(1)〜(5)の □ にあてはまる数を求めなさい。

(1) $(120-18\times4)\div8=$ □

(2) $\dfrac{5}{6}-\dfrac{1}{3}\times\left(1\dfrac{3}{4}-0.25\right)=$ □

(3) $($ □ $\div3-20)\times\dfrac{1}{12}\div0.3=2\dfrac{1}{2}$

(4) $3.1\times120+31\times24-310\times0.6=$ □

(5) $\dfrac{1}{2\times\boxed{}}+\dfrac{1}{4\times\boxed{}}=\dfrac{1}{4}$

（2つの □ には同じ数が入ります。）

② 次の(1)〜(5)の □ にあてはまる数を求めなさい。

(1) ある博物館の入館料は、大人2人と小人3人の合計が1890円、大人4人と小人8人の合計が4400円です。小人1人の入館料は □ 円です。

(2) 7で割ると1余り、4で割ると2余る整数のうち、120以下で最も大きな数は □ です。

(3) 家から駅まで □ mの道のりを、自転車で毎時14.4kmの速さで行くと、毎分80mの速さで歩くより10分早く着きます。

(4) 2種類の製品A、Bがあり、個数の比は9：7です。また、それぞれの不良品の個数は12個と16個で、不良品でないものの個数の比は7：5です。このとき、製品Aは □ 個です。

(5) 半径 □ cmの円周上に四角形ABCDが正方形となるように点 A、B、C、Dをとります。右の図は、正方形からはみ出た円の部分を内側に折り返したもので、図の斜線部分の面積は30.96cm²です。

ただし、円周率は3.14とします。

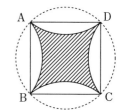

③ 次の(1)〜(4)の □ にあてはまる数や記号を答えなさい。

(1) バターが ① gあります。初めに、$\dfrac{2}{5}$より20g少ない量をクッキー作りに使い、次に、残りの$\dfrac{5}{7}$をケーキ作りに使うと40g余りました。クッキー作りに使ったバターは ② gです。

(2) 池のまわりに120本のくいを打ちます。K君1人では1時間半かかり、J君1人では1時間かかります。2人で同時に始めると ① 分かかり、J君はK君より ② 本多く打つことになります。

(3) 次のように、ある規則にしたがって、0、1、2、3の4つの数字を並べた数の列があります。

　　　1、2、3、10、11、12、13、20、21、22、……、33、100、101、……

初めから数えて20番目の数は ① で、初めから数えて ② 番目の数は333です。

(4) 右の図は、1辺の長さが6cmの立方体です。立方体の頂点Aに集
まる3辺AB、AC、ADの真ん中の点L、M、Nを通る平面で、
かどを切り落とします。同じように、残り7つのかども切り落とし
てできた立体の面の形は、正方形と ① です。また、体積は
② cm³です。

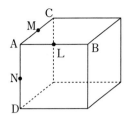

ただし、①は次の(ア)〜(エ)から選び、記号で答えなさい。

(ア) 二等辺三角形　　(イ) 長方形　　(ウ) 直角三角形　　(エ) 正三角形

4 四角形ABCDは平行四辺形です。次の図のように辺ADの延長線上に点Eをとり、BEとA
Cの交点をF、BEとDCの交点をGとします。
AF:FC=4:3、DG:GC=1:3であるとき、次の問いに答えなさい。

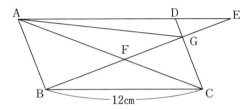

(1) DEの長さは何cmですか。

(2) 平行四辺形ABCDの面積は三角形ADGの面積の何倍ですか。

(3) 三角形DGEの面積は三角形AFGの面積の何倍ですか。

5 図1のように、直方体から三角柱を取りのぞいた容器があります。
図の位置の蛇口から、容器が満水になるまで、毎分3.6Lの割合で水を入れます。図2は、そ
のときの時間と水の深さの関係を表したグラフです。
次の問いに答えなさい。ただし、図は正確なものとは限りません。

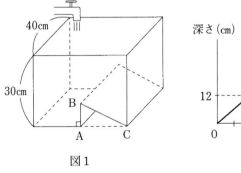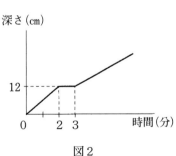

図1　　　　　　　　図2

(1) ABの長さは何cmですか。

(2) ACの長さは何cmですか。

(3) 水を入れ始めてから、何分で満水になりますか。

(4) 入れる水の量の割合を毎分 □ Lに変えると、6分で満水になります。□ にあて
はまる数を求めなさい。

カリタス女子中学校(第1回)

—50分—

＊円周率は3.14として計算すること。

＊比は最もかんたんな整数の比にすること。

＊分数は約分して答えること。

1　次の問いの□□□に正しい答えを入れなさい。

① $\left\{3\dfrac{1}{2}\times\dfrac{5}{11}\div2.1-\left(\dfrac{1}{3}-\dfrac{1}{4}\right)\times4\right\}\div7=$□□□

② $\left(3\dfrac{1}{7}-\dfrac{1}{6}\right)\div\dfrac{\boxed{}}{14}+4\dfrac{1}{3}=6$

③　7％の食塩水200gに、水を□□□gたして濃さを4％にしました。

④　図でアの角の大きさは□□□度です。ただし、同じ記号ど

うし(●や×)は同じ大きさを表します。

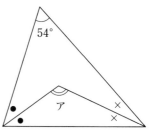

⑤　冬休みの間に算数の宿題を1日6問ずつ解くと10問が残り、1日8問ずつ解くと2日解か

なくてすむ日とさらに1日だけ4問解けばよい日ができます。算数の宿題は全部で□□□問

あります。

⑥　ある小学校には、5年生が160人、6年生が200人います。5年生の60％が女子で、6年生

の51％が女子です。5、6年生全体の女子の割合は、□□□％です。

⑦　姉は妹の5倍のお金を持っていましたが、姉が妹に800円をあげたため、姉の持つお金は妹

の3倍となりました。姉の今持っているお金は□□□円です。

⑧　円すいAと円柱Bがあり、Bは底面の直径がAの3倍、高さが2倍あります。このとき、B

の体積はAの体積の□□□倍になります。

⑨　図のように長方形ABCDの辺上に4点P、Q、R、Sがあります。長方形ABQPの面積

が18cm²、長方形SRCDの面積が36cm²のとき色のついた長方形PQRSの面積は□□□cm²です。

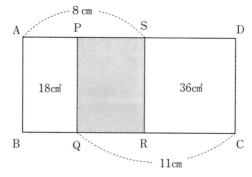

⑩　2024は5で割ると4あまり、7で割ると1あまる数です。このような「5で割ると4あまり、

7で割ると1あまる数」は1以上2024以下の数の中に□□□個あります。

2　A君とB君は、それぞれの家から自転車で同じ駅に向かっています。自転車の速さはA君が時速20km、B君が時速15kmで、B君の家から駅までの道のりは10kmです。A君は8時15分に出発し、8時30分に駅に到着しました。このとき次の問いに答えなさい。

①　A君の家から駅までの道のりは何kmですか。

②　A君が駅に到着した後、B君は30分遅れて駅に到着しました。B君が家を出発したのは何時何分ですか。

③　B君が8時30分に駅に到着するためには、家を何時何分に出るとよいですか。

3　ある小学校6年生100名にオンライン授業を行いました。使用した4種類の通信用ソフトウエアA、B、C、Dについて評価のアンケートをとったところ、以下のような結果となりました。ただし、アンケートには100名全員が回答しました。このとき次の問いに答えなさい。

ソフトウエア	A	B	C	D
5点	22	18	21	17
4点	33	ア	31	イ
3点	24	33	35	6
2点	16	10	11	10
1点	5	7	2	11

(数字は人数)

5点…良い
4点…やや良い
3点…ふつう
2点…やや良くない
1点…良くない

①　アとイの人数は、それぞれ何人ですか。

②　愛さんと学さんが、このアンケート結果について話をしています。

愛「アンケート結果から、どのオンラインソフトが一番評判が良いのか調べてみよう。」
学「何を調べれば、評判が良いといえるのかな？」
愛「やはり『良い』としている人数が一番多いソフトウエアの　ウ　ではないかな。」
学「僕は『良い』か『やや良い』としている人の人数が一番多いソフトウエアの　エ　ではないかと思うけど。」
愛「それなら、『ふつう』という評価でも悪くはないのだから、それも含めると……」
学「うーん、どこまでを対象にすべきか迷うね。」
愛「考え方を変えてすべてを対象にしてみてはどうかな。」
学「そうか。では、平均を求めてみよう。」
愛「そうすると、その値が一番高いのは　オ　点で同点の　カ　と　キ　ということになるね。」
学「この2つの中では、やはり『良い』か『やや良い』が多い　ク　かな。」
愛「確かに、　ク　は『良い』と『やや良い』の合計は多いけど、　ケ　という点でこれが一番評判が良いと言ってよいのかしら。」
学「平均が同じでも、様子はだいぶ異なるということだね。」

ウ、エ、カ、キ、クにはそれぞれあてはまるソフトウエア名(A〜Dのいずれか)をオにはあてはまる数を入れなさい。

また、ケにはふさわしい理由を簡単に述べなさい。

4　愛子さんはチョコレート、クッキー、ケーキを買うために、お店に来ています。チョコレート、クッキー、ケーキのうち1種類だけを買った場合、持っているお金でそれぞれちょうど108個、72個、27個買うことができます。また、チョコレート、クッキー、ケーキを1つずつ買うことを「1セット買う」とよぶことにします。このとき、次の問いに答えなさい。

① チョコレート、クッキー、ケーキの価格の比はいくつですか。

② 愛子さんは持っているお金で、最大で何セット買うことができますか。

③ あとちょうど250円あると、②で答えたセット数よりさらに1セット多く買うことができます。愛子さんが持っているお金は何円ですか。

5　図のような2つの三角柱があります。

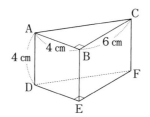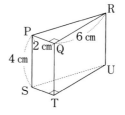

① 図のように2つの三角柱を、点Bと点U、点Cと点T、点Fと点Q、点Eと点Rがそれぞれ重なるように組み合わせたとき、2つの三角柱の重なっている部分の体積は何cm³ですか。(式も書くこと。)

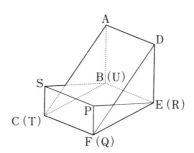

② 図のように2つの三角柱を、点Eと点U、点Fと点T、点Dと点Rがそれぞれ重なり、点SがCFの真ん中になるように組み合わせたとき、2つの三角柱の重なっている部分の体積は何cm³ですか。(式も書くこと。)

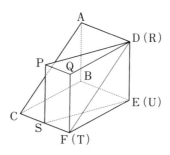

吉祥女子中学校(第1回)

—50分—

① 次の問いに答えなさい。

(1) 次の空らん _____ にあてはまる数を答えなさい。

$$\left(\frac{1}{3}+2.625\times \boxed{}\right)\div 13-\frac{7}{12}=\frac{1}{4}$$

(2) 次の空らん _____ にあてはまる数を答えなさい。

$$(0.75-\boxed{})\div 0.5-\frac{1}{8}\times\left(\frac{1}{2}-\frac{1}{6}\right)=\frac{5}{8}$$

(3) 10%の食塩水300gに、4%の食塩水を加えて6%の食塩水を作りました。4%の食塩水を何g加えましたか。

(4) Aさん、Bさん、Cさん、Dさんの4人が算数のテストを受けました。AさんとBさんの平均点は78点でした。また、AさんとCさんとDさんの平均点は75点で、BさんとCさんとDさんの平均点は71点でした。Aさんは何点でしたか。

(5) 右の図の4本の直線AE、BF、CG、DHはすべて平行です。

AB：BC：CD＝3：2：4、BF：CG＝5：6のとき、AE：DHをもっとも簡単な整数の比で答えなさい。

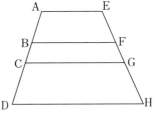

(6) 整数Aがあり、283をAで割った余りは、356をAで割った余りよりも4だけ小さく、463をAで割った余りより4だけ大きいです。整数Aを答えなさい。

(7) 右の図の三角形ABCと三角形ADEは正三角形です。正三角形ABCの一辺の長さは12cmで、BDの長さは4cmです。三角形ADFの面積は正三角形ABCの面積の何倍ですか。

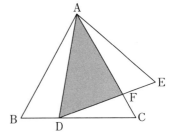

② 「1」と「2」と「3」だけを使って整数を作り、それらの数を次のように小さい順に並べます。

1、2、3、11、12、13、21、22、23、31、32、33、111、……

次の問いに答えなさい。

(1) これらの数のうち、2けたの数をすべて足すといくつになりますか。

(2) これらの数のうち、3けたの数をすべて足すといくつになりますか。

(3) これらの数のうち、1から3333までの数をすべて足すといくつになりますか。

③ 3本の給水管A、B、Cがあり、それぞれ一定の割合でプールに水を入れます。BとCの1分あたりの給水量の比は5：4です。空のプールに半分まで水を入れるのにかかる時間は、Aだけを使うときの方がBだけを使うときよりも10分短くなります。また、空のプールに$\frac{3}{4}$まで水を

入れるのにかかる時間は、Bだけを使うときの方がCだけを使うときよりも15分短くなります。次の問いに答えなさい。

(1) Aだけを使って空のプールをいっぱいにするのにかかる時間と、Cだけを使って空のプールをいっぱいにするのにかかる時間の差は何分ですか。

(2) Cだけを使って空のプールをいっぱいにするのにかかる時間は何時間何分ですか。

(3) 空のプールをいっぱいにするのに、最初はAだけを使い、途中からBを加えてAとBの両方を使ったところ、Aだけを使ったときよりも10分早く終わりました。Bを使った時間は何分何秒ですか。途中の式や考え方なども書きなさい。

4　花子さんと妹は、次のように、家にある荷物を学校まで何回か往復して運ぶことにしました。ただし、花子さんが最初に家を出発した9分後に、妹が家を出発します。

- 家から学校に向かうときは、花子さんは分速90mで、妹は分速54mで進みます。
- 花子さんは学校で毎回5分間休み、妹は学校で毎回4分間休みます。
- 学校から家にもどるときは、花子さんは分速108mで、妹は分速90mで進みます。
- 花子さんが家を出発してから、家にもどってくるまで27分かかります。
- 家では2人とも休みません。

次の問いに答えなさい。

(1) 家と学校の間の距離は何mですか。

(2) 妹が家を出発してから、初めて家にもどってくるまで何分かかりますか。

(3) 2人が初めてすれちがうのは、家から何mの地点ですか。

(4) 2人が初めて同時に家に着くのは、花子さんが最初に家を出発してから何時間何分後ですか。

(5) 花子さんが一度に運ぶ荷物の量は、妹が一度に運ぶ荷物の量の1.5倍で、2人はそれぞれ毎回同じ量の荷物を運びます。2人が2回目に同時に家に着いたとき、2人があと1回ずつ荷物を運ぶとすべての荷物をちょうど運び終える状態でした。今まで運んだ荷物をふくめたすべての荷物を花子さんが1人で運ぶと、何回ですべての荷物を運び終えますか。

5　水平な地面に、一辺の長さが6cmの正方形ABCDがかかれています。頂点Aの真上に光源Pがあります。光源Pの地面からの高さは12cmです。地面に物体をおき、光源Pから光を当てたときに地面にできる影について考えます。次の問いに答えなさい。

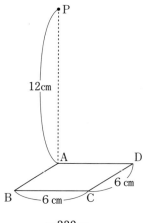

(1)　頂点Dに長さ6cmの棒を地面と垂直に立てたとき、地面にできる影の長さは何cmですか。

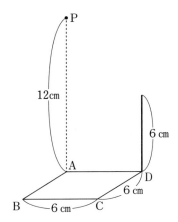

(2)　図のように、辺CDに一辺の長さが6cmの正方形の板を地面と垂直に立てたとき、地面にできる影の面積は何cm²ですか。

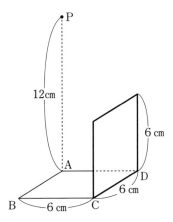

図のように、正方形ABCDがかかれている位置に一辺の長さが6cmの立方体ABCD−EFGHをおきます。

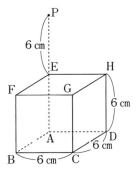

(3)　立方体ABCD−EFGHに光を当てたとき、地面にできる影の面積は何cm²ですか。ただし、正方形ABCDの内部は影にはふくめません。

⑷　立方体ＡＢＣＤ－ＥＦＧＨを３点Ｆ、Ｃ、Ｈを通る平面で切断し、頂点Ｇをふくむ方の立体を取り除きます。残った立体に光を当てたとき、地面にできる影の面積は何㎠ですか。ただし、正方形ＡＢＣＤの内部は影にはふくめません。

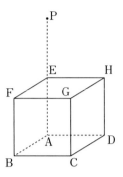

⑸　辺ＤＨを二等分する点をＱとし、立方体ＡＢＣＤ－ＥＦＧＨを３点Ｅ、Ｑ、Ｃを通る平面で切断します。

　①　切り口の図形を右の図にかき入れなさい。

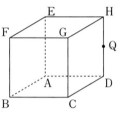

　②　立方体ＡＢＣＤ－ＥＦＧＨを３点Ｅ、Ｑ、Ｃを通る平面で切断し、頂点Ｇをふくむ方の立体を取り除きます。残った立体に光を当てたとき、地面にできる影の面積は何㎠ですか。途中の式や考え方なども書きなさい。ただし、正方形ＡＢＣＤの内部は影にはふくめません。

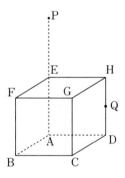

⑹　辺ＣＧを二等分する点をＲとします。立方体ＡＢＣＤ－ＥＦＧＨを３点Ｆ、Ｒ、Ｄを通る平面で切断し、頂点Ｇをふくむ方の立体を取り除きます。残った立体に光を当てたとき、地面にできる影の面積は何㎠ですか。ただし、正方形ＡＢＣＤの内部は影にはふくめません。

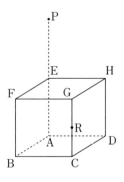

共立女子中学校（2／1入試）

—45分—

注意　1　円周率は3.14とします。

　　　2　特に指定がない場合は、分数の答えは約分すること。

① 次の計算をしなさい。

① $6 - 2 \times 3 \div 2\frac{2}{5} - \frac{5}{16} \div \left(0.325 - \frac{1}{5}\right)$

② $7 \times (2020 + 2021 + 2022 + 2023 + 2024) - (6060 + 6063 + 6066 + 6069 + 6072)$

② 次の各問いに答えなさい。

① 消しゴム3個とペン3本を買うと、合計金額は420円です。ペン2本と定規2本を買っても、合計金額は420円です。消しゴム2個とペン3本と定規1本を買ったときの合計金額はいくらですか。

② Aさん、Bさん、Cさんの3人がペンキで壁を塗ります。Aさんは5分、Bさんは3分、Cさんは6分で1㎡を塗ることができます。3人が一緒に壁を塗るとき、10分で塗ることができる面積は何㎡ですか。

③ 300gの食塩水Aと200gの食塩水Bの濃度の比は2：1です。この2つの食塩水を混ぜ合わせると8％の食塩水になりました。食塩水Aの濃度は何％ですか。

④ 次の図の四角形ABCDはひし形、三角形CDEは正三角形です。角xの大きさは何度ですか。

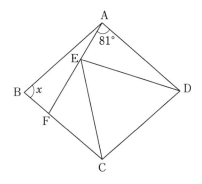

③ 次の図の印のついた辺は全て平行で、AB：CD＝3：5です。後の各問いに答えなさい。

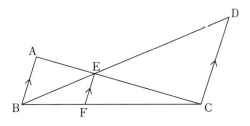

① AB：EFを最も簡単な整数の比で答えなさい。

② 三角形BFEの面積が45㎠のとき、三角形ABEの面積は何㎠ですか。

③　ＡとＦを結んでできる三角形ＡＦＥの面積と、三角形ＣＤＥの面積の比を最も簡単な整数の
　比で答えなさい。

4　25ｍプールの両端（りょうはし）から、共子さんと立子さんが隣合う（となりあ）コースを同時に泳ぎ始めます。2人は
それぞれ一定の速さで泳ぎ、25ｍ泳いだら折り返して泳ぎ続けます。2人は泳ぎ始めてから12
秒後にはじめてすれ違い、共子さんは3往復、立子さんは2往復と25ｍ泳いだところで同時に
泳ぎ終えました。次の各問いに答えなさい。

①　共子さんと立子さんの泳ぐ速さの比を最も簡単な整数の比で答えなさい。

②　共子さんの泳ぐ速さは秒速何ｍですか。

③　2人が泳ぎ終えたのは、泳ぎ始めてから何秒後ですか。

5　次の図1のような、水平なところに置かれた縦が20cm、横が24cmの直方体の水そうの中に、
直方体のおもりを図2の向き（じゃぐち）で入れ、この水そうに蛇口から一定の割合で水を静かに入れます。
図4のグラフは、水を入れ始めてからいっぱいになるまでの時間と水そうの水面の高さの関係を
表したものです。後の各問いに答えなさい。

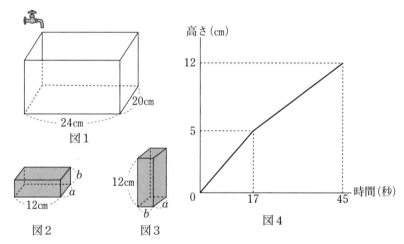

図1　図2　図3　図4

①　蛇口から出る水の量は毎秒何cm³ですか。

②　図2のおもりの縦の長さ a は何cmですか。途中（とちゅう）の計算式も書いて答えなさい。

③　おもりを図3の向きで空の水そうに入れて、水を入れていくとき、水そうは何秒でいっぱい
　になりますか。

④　おもりを図2の向きで空の水そうに入れて、水を入れ始めてから27秒たったところで水を
　入れるのを止めます。一度おもりを取り出して、図3の向きで水そうに入れなおすと、水面の
　高さは何cmになりますか。途中の計算式も書いて答えなさい。

6　次の文章を読み、　あ　～　く　にあてはまる数を答えなさい。

ある規則に従って整数が次の図のように並んでいます。

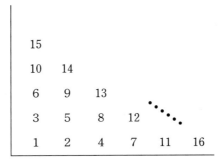

　左斜め一列に並ぶ数を1つのグループと考えます。例えば、8は4番目のグループの2個目の数で、15は5番目のグループの最後の数です。7番目のグループに含まれる数は　あ　個あり、最後の数は　い　です。また、8番目のグループに含まれる数の和は　う　で、89は　え　番目のグループの　お　個目の数です。

　次に、ある数の全体での位置を考えます。例えば、9は左から2列目、下から3行目にあります。89は左から　か　列目、下から　き　行目にあります。左から　く　列目、下から4行目の数は、同じ行の1つ左にある数より9大きくなります。

恵泉女学園中学校(第2回)

—45分—

注意　③(2)、(3)③、⑤(2)②は、問題を解くにあたって必要な式や図、考え方なども書くこと。それ以外の問題は、答えのみを書くこと。

1　次の□□□□□にあてはまる数を求めなさい。

(1)　$0.6 \times \left\{ \left(1\frac{1}{3} - \frac{4}{5} \right) \div 0.8 - 0.5 \right\} = $ □□□□

(2)　$531 \times 11 + 241 \times 22 - 171 \times 33 = $ □□□□

(3)　$2.6 \times \frac{5}{13} + \left(0.9 - \right.$ □□□□ $\left. \right) \div \frac{2}{3} = \frac{8}{5}$

2　次の問いに答えなさい。

(1)　恵さんは、ある本をちょうど1週間で読む計画を立てています。1日目は全体の$\frac{5}{13}$を読み、2日目は20ページを読み、3日目は残りの$\frac{4}{11}$を読むと、残りの日は35ページずつ読むとちょうど読み終わることがわかりました。この本は全部で何ページありますか。

(2)　Aさん、Bさん、Cさん、Dさん、Eさん、Fさんの6人が横一列に並んだときの様子について、以下の会話をもとに6人の並び方を左から順に「( )( )( )( )( )(E)」の形にあわせて答えなさい。

　　Bさん：私のとなりにはCさんがいたよ。
　　Cさん：私は左から3番目だったよ。
　　Dさん：私の左側には、2人以上並んでいたよ。
　　Eさん：私は右はじにいたよ。
　　Fさん：私の右どなりには、Aさんがいたよ。

(3)　次の図1の四角形ABCDを、辺DCが辺BCにぴったり重なるように折り、図2のように折り目をつけました。次に、辺ADが辺BCにぴったり重なるように折り、折り目をつけると図3のようになりました。このとき、アの角度を求めなさい。

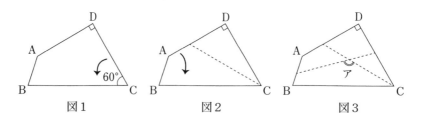

図1　　　　　　　　図2　　　　　　　　図3

(4)　2つの容器A、Bがあり、Aには5%の食塩水が300g、Bには濃さのわからない食塩水が400g入っています。これらの2つの食塩水を混ぜあわせたところ、濃さが9%になりました。容器Bに入っていた食塩水の濃さを求めなさい。

(5) 次の図はある立体を三方向から見た図です。真上から見た図は長方形、真正面から見た図は台形、真横から見た図は二等辺三角形でした。この立体の体積を求めなさい。

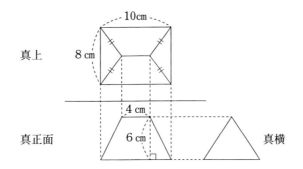

資料 円すい、三角すい、四角すいの体積は、
$\frac{1}{3}$×(底面積)×(高さ)で求めることができる。

円すい　　三角すい　　四角すい

3 次の図の平行四辺形ＡＢＣＤにおいて、点Ｅは辺ＡＢ上の点でＡＥ：ＥＢ＝１：１、点Ｆは辺ＢＣ上の点で、ＢＦ：ＦＣ＝２：３です。次の問いに答えなさい。

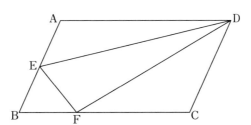

(1) 三角形ＥＢＦの面積は、平行四辺形ＡＢＣＤの面積の何倍ですか。

(2) 三角形ＤＥＦの面積は、平行四辺形ＡＢＣＤの面積の何倍ですか。

(3) 平行四辺形ＡＢＣＤの対角線ＡＣを引き、直線ＡＣとＤＥの交点をＧ、直線ＡＣとＤＦの交点をＨとします。
　① ＡＧ：ＧＣを最も簡単な整数の比で答えなさい。
　② ＡＧ：ＧＨ：ＨＣを最も簡単な整数の比で答えなさい。
　③ 四角形ＥＦＨＧの面積が49㎠のとき、平行四辺形ＡＢＣＤの面積を求めなさい。

4　恵さんはある速さでAを出発し、泉さんは同じ時刻に恵さんの$\frac{3}{4}$倍の速さでBを出発し、そ
れぞれAB間を往復しました。2人が最初に出会ったのは出発してから18分後で、2回目に出
会ったのはBから1800mの地点でした。次のグラフは、2人が出発してからの時間とAからの
距離(きょり)の関係を表しています。恵さんと泉さんの速さは常に一定です。次の問いに答えなさい。

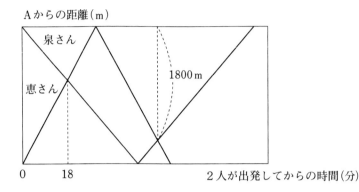

(1)　泉さんがAに着くのは、出発してから何分後ですか。

(2)　恵さんと泉さんが2回目に出会うのは、出発してから何分後ですか。

(3)　AB間の距離は何mですか。

(4)　恵さんと泉さんの歩く速さは、それぞれ分速何mですか。

5　恵さんと泉さんが倍数の見分け方について話をしています。次の会話文を読んで、あとの問い
に答えなさい。ただし、0はすべての整数の倍数とします。

恵さん：整数が、ある整数の倍数かどうかの見分け方があるって知ってる？

泉さん：聞いたことがあるよ、例えば2の倍数かどうかは簡単だよね。その整数の　ア　だっ
　　　　たら2の倍数だとすぐに見分けられるよ。

恵さん：そうだね。3の倍数の見分け方はどうかしら？

泉さん：各位の数の和に注目するんだったよね。例えば12なら1＋2＝3、315なら
　　　　3＋1＋5＝9というように、各位の数の和が　イ　だったら3の倍数だと見分けら
　　　　れるよ。

恵さん：そうだね。じゃあ11の倍数の見分け方は知ってる？

泉さん：それは知らないかも、どうやって見分けるの？

恵さん：お姉ちゃんに一度聞いただけだから、正確には思い出せないけど、確か各位の数を先頭
　　　　から順番に見て、偶数番目(ぐう)の和と奇数(き)番目の和をそれぞれ調べるって言ってた気がする
　　　　よ。

泉さん：具体的に考えてみよう。電卓(たく)で3けたの11の倍数をいくつか出してみたよ。

　　　　　　　　110、121、132、143、154、165、176、187、198

恵さん：例えば143。各位の数の奇数番目の和は1＋3＝4、偶数番目は4しかないから和は4。
　　　　等しくなったね。

泉さん：他の例でも同じように等しくなるから、見分け方は奇数番目の和と偶数番目の和が等し
　　　　くなるってことじゃないのかな？

恵さん：どうだったかな〜、お姉ちゃんはもう少し複雑なことを言っていた気がするけど。

泉さん：もう少し調べてみようよ。209だと…あれ、奇数番目の和と偶数番目の和が等しくならないね。

恵さん：じゃあ209って11の倍数じゃないのかな。でも209÷11＝19で割り切れるから、11の倍数だね。

泉さん：他には418、539、627、858も、11の倍数だけど奇数番目の和と偶数番目の和が等しくならないよ。

恵さん：もう少していねいに考えてみようか。418の奇数番目の和は12、偶数番目の和は1だね。

泉さん：539の奇数番目の和は14、偶数番目の和は3か…。表にまとめてみようか。

恵さん：何か規則性が見えてきそうだね。もっと大きな数、例えば8492とか90827はどう？

泉さん：それもいい例だと思うよ。さっきは奇数番目の和と偶数番目の和が「等しい」って言ったけど、正しくは「奇数番目の和と偶数番目の和の　ウ　」ということだったんだね。「等しい」という場合は、ここに含まれていたんだね。

恵さん：0はすべての整数の倍数だものね。

11の倍数の例	143	209	418	539	627	858	8492	90827	…
奇数番目の和	4	11	12						
偶数番目の和	4	0	1						

(1)　　ア　～　ウ　にあてはまる言葉を書きなさい。

(2)　十万の位の数が6、万の位の数がa、千の位の数が8、百の位の数がb、十の位の数が9、一の位の数がcである6けたの整数$6a8b9c$が、11の倍数になるときを考えます。ただし、a、b、cには、それぞれ0から9までの整数が入ります。

①　a、b、cの和として考えられる数をすべて答えなさい。

②　a、b、cの組$(a、b、c)$は、全部で何通りありますか。ただし、例えば$(1、2、3)$と$(1、3、2)$は区別して考えます。

光塩女子学院中等科（第２回）

—50分—

《注意事項》　①　$\boxed{1}$、$\boxed{3}$(1)、$\boxed{4}$(1)、(3)、$\boxed{5}$は答えだけでよいですが、それ以外は答えだけでなく、説明や式・計算などを必ず書きなさい。

②　円周率は3.14として計算しなさい。

$\boxed{1}$　次の各問いに答えなさい。ただし、答えだけでよいです。

(1)　$(1-0.1×0.1)÷11÷\dfrac{3}{1000}$　を計算しなさい。

(2)　$\left(3.14×\dfrac{3}{16}+3.14÷3\dfrac{1}{5}\right)×\dfrac{100}{157}$　を計算しなさい。

(3)　$\left(\dfrac{1}{8}+\dfrac{1}{6}+\dfrac{1}{5}\right)÷7\dfrac{13}{15}+\dfrac{5}{8}-\dfrac{1}{24}×4\dfrac{1}{2}$　を計算しなさい。

(4)　$\boxed{}$にあてはまる数を求めなさい。

$5-\left(\boxed{}×\dfrac{2}{3}-\dfrac{1}{21}-3\right)=4\dfrac{5}{7}$

$\boxed{2}$　次の各問いに答えなさい。

(1)　塩子さんは本を読んでいます。１日目は全体のページ数の$\dfrac{1}{3}$を読みました。２日目は１日目の続きから、１日目に読んだページ数の$\dfrac{3}{4}$を読んだところ、残りは100ページになりました。この本は全部で何ページありますか。

(2)　Aさんは車に乗って138km先にある目的地に向けて出発しました。始めは時速40kmで走行し、途中から速さを時速50kmに変えて走行したところ、３時間で目的地に着きました。Aさんが速さを変えたのは出発してから何kmの地点ですか。

$\boxed{3}$　光子さんの学校の校舎は上から見ると図のような長方形の形をしています。図の方眼の１目盛りは10ｍです。点Ｅの位置には蛇口があり、ホースがつながっています。光子さんはこのホースの先を持ちながら、校舎の中を通りぬけることなく、校舎にそってホースがたるまないように移動しました。このとき、ホースの先はちょうど点Ｂの位置まで届きましたが、それより先には届きませんでした。また、点Ｃの位置にも届きませんでした。このとき、次の問いに答えなさい。ただし、ホースの太さは考えません。

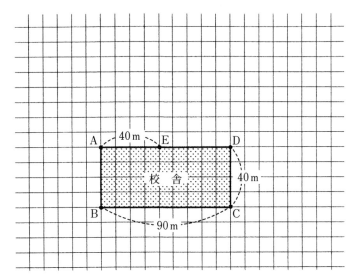

(1) ホースの長さは何mですか。ただし、答えだけでよいです。

(2) ホースの先が動くことのできる範囲を、定規やコンパスを用いてかき、斜線 ⊟∕∕∕∕⊟ で表しなさい。ただし、定規で測った長さを使ってはいけません。また、図をかくのに用いた線は消さないで残しておきなさい。

(3) ホースの先が動くことのできる範囲の面積は何㎡ですか。

4 次の表のように、1から始まる整数を、小さいものから順に並べていきます。次の問いに答えなさい。

	A列	B列	C列	D列	E列	F列	G列	H列	I列
1行	░	░	░	░	1	2	3	4	5
2行	6	7	8	9	10	11	12	13	14
3行	15	16	17	18	19	20	21	22	23
4行	24	25	26	27	28	29	30	31	32
5行	33	…	…	…	…	…	…	…	…
⋮	…	…	…	…	…	…	…	…	…

(1) 9行F列目の整数を求めなさい。ただし、答えだけでよいです。

(2) 179は何行何列目の整数ですか。

表のように5つの整数が太線の枠で囲まれています。

(3) 表の枠の中の5つの整数の和を求めなさい。ただし、答えだけでよいです。

(4) 表の枠を、下に3行、右に2列だけずらした後の、枠の中の5つの整数の和を求めなさい。

(5) 表の枠を、別のところにずらしたところ、枠の中の5つの整数の和が3120でした。この5つの整数を小さい順に書きなさい。

5　【図1】のような図形があります。点Pは、点Aを出発し毎秒1cmの速さで周上(太線の部分)をA→B→C→D→E→F→G→Aの順に1周します。

　【図2】は、点Pが出発してからの時間と、点Pの辺ABからの高さの関係を表したグラフです。ただし、点Pが辺AB上にあるときは、高さを0cmとします。次の問いに答えなさい。ただし、答えだけでよいです。

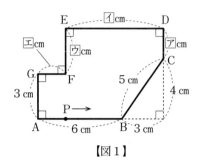

【図1】

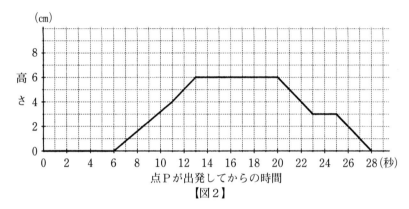

【図2】

(1)　【図1】の⑦、⑦、⑦、⑦に入る数を求めなさい。

(2)　点Pが出発してからの時間と、点Pの辺AGからの高さとの関係を表したグラフを【図2】にかき入れなさい。ただし、点Pが辺AG上にあるときは高さを0cmとします。

(3)　光子さんと塩子さんは、三角形ABPと三角形AGPの面積について次のような会話をしています。ただし、点Pが辺AB上にあるときと、辺AG上にあるときは考えません。

　　光子：辺ABと辺AGをそれぞれ底辺にして、面積を考えてみよう。

　　塩子：三角形ABPの面積が三角形AGPの面積の2倍になるとき、2つの三角形の高さは　オ　ので、(2)でかいたグラフを利用して点Pが出発して　カ　秒後だね。

　　光子：2つの三角形の面積が等しくなるとき、2つの三角形の高さは　キ　ので、同様にして点Pが出発して　ク　秒後だね。

①　　オ　と　キ　に入るものを次の(a)～(c)から選んで答えなさい。

　(a)　等しくなる

　(b)　三角形ABPの高さが三角形AGPの高さの2倍になる

　(c)　三角形AGPの高さが三角形ABPの高さの2倍になる

②　　カ　と　ク　に入る数を求めなさい。

(4)　三角形ABPの面積が三角形AGPの面積の3倍になるのは、点Pが出発してから何秒後ですか。すべて答えなさい。

晃華学園中学校(第1回)

—50分—

① 次の各問いに答えなさい。

(1) 次の計算をしなさい。

$$\left\{\left(3\frac{2}{3} \div 0.5 + 2\right) \times \frac{1}{7} - \frac{1}{6}\right\} \div 0.25$$

(2) 10%の食塩水200gに3%の食塩水を何gか混ぜて5%の食塩水を作りたい。3%の食塩水は何g混ぜればよいか求めなさい。

(3) 長さ150m、時速54kmのA列車と、長さ130m、時速90kmのB列車が出会ってからはなれるまでにかかる時間は何秒か求めなさい。

(4) 3つの数A、B、Cから選んだ2つの数の和がそれぞれ12、18、20であるとき、3つの数A、B、Cを求めなさい。ただし、3つの数A、B、Cを小さい順に並べるとA＜B＜Cとなるものとします。

(5) 右の図の点Oは円の中心です。角アの大きさを求めなさい。

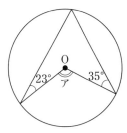

(6) えんぴつと消しゴムをそれぞれ何個か買ったところ、えんぴつの代金の合計と消しゴムの代金の合計の比が8：5でした。えんぴつ1本の値段と消しゴム1個の値段の比が2：3であるとき、それぞれ買った個数の比をもっとも簡単な整数の比で表しなさい。

② A、B、Cの3問からなるテストを50人の生徒が受けました。各問題の配点は順に2点、3点、5点です。テストの合計点と人数は以下の表のようになりました。Bを正解した生徒が25人いるとき、Cを正解した生徒は何人いるか求めなさい。

合計点(点)	0	2	3	5	7	8	10
人　数(人)	4	6	5	12	7	6	10

③ 次の各問いに答えなさい。

(1) 右の図の三角形ABCの面積を求めなさい。

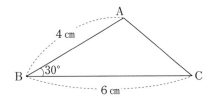

(2) 右の図の正十二角形の面積を求めなさい。

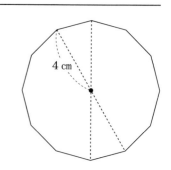

4⃣ 右の図はある立体の展開図です。この立体の体積を求め
なさい。ただし、四角形の面は正方形とします。

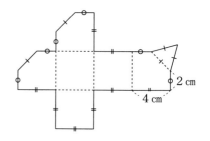

5⃣ 図の長方形ＡＢＣＤの辺上を、2点Ｐ、Ｑが次のように動きます。

> 点Ｐは辺ＡＤ上を、Ａから出発して秒速5cmでＡ→Ｄ→Ａと一往復して止まる。
>
> 点Ｑは辺ＢＣ上を、Ｃから出発して秒速2cmでＣ→Ｂ→Ｃと一往復して止まる。

2点Ｐ、Ｑが同時に出発するとき、次の各問いに答えなさい。

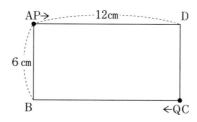

(1) 直線ＰＱが辺ＡＢとはじめて平行になるのは、出発してから何秒後か答えなさい。

(2) 直線ＰＱが辺ＡＢと2回目に平行になるのは、出発してから何秒後か答えなさい。

(3) 直線ＰＱが長方形ＡＢＣＤの面積をはじめて2等分するのは、出発してから何秒後か答えな
さい。ただし、0秒後は除きます。

6⃣ 数を素数のかけ算の形に分解し、分解した素数の合計について考えます。
　　素数は、1とその数でしか割り切ることができない数のことです。3は素数ですが、6は2で
も割り切れるので素数ではありません。ただし、1は素数ではないという決まりになっています。
　　例えば、6は2×3と分解できるので、分解した素数の合計は5になります。12は2×2×
3と分解できるので、分解した素数の合計は7になります。
　　このとき、次の各問いに答えなさい。

(1) 108を素数のかけ算の形に分解したとき、分解した素数の合計を答えなさい。

(2) 分解した素数の合計が10になる数をすべて答えなさい。

国府台女子学院中学部(第1回)

—50分—

[注意]　1　円周率は3.14とします。

　　　　2　仮分数は、すべて帯分数になおして解答してください。

① 次の◻︎◻︎にあてはまる数を答えなさい。

(1) $36 \div \{23 - 5 \times (3+1)\} = $ ◻︎◻︎

(2) $1.2 \times \left\{\left(2\frac{5}{6} - 1.25\right) \div 5\frac{3}{7} + 1\right\} = $ ◻︎◻︎

(3) $4\frac{4}{13} \div \left\{1\frac{1}{12} - \left(\boxed{} - \frac{1}{2}\right) \times \frac{2}{3}\right\} \div 7 = \frac{15}{26}$

② 次の◻︎◻︎にあてはまる数を答えなさい。

(1) 洋子さんのお母さんは、洋子さんより26才年上です。また、今から3年たつと洋子さんの年れいのちょうど3倍になります。お母さんの年れいは今◻︎◻︎才です。

(2) 100円玉1枚、50円玉3枚、10円玉2枚あります。このとき、これらの硬貨を組み合わせるとちょうど支払える金額は◻︎◻︎通りあります。

(3) あるクラスの男子、女子の人数の比は11：9で、算数のテストをしたところ男子の平均点は75点、女子の平均点は73点でした。クラスの平均点は◻︎◻︎点です。

(4) A君は、はじめに持っていた金額の$\frac{1}{4}$よりも100円多い金額でボールペンを1本買いました。

残りの金額の$\frac{2}{5}$よりも300円少ない金額で本を買い、残りの1500円を貯金しました。はじめに持っていたお金は◻︎◻︎円です。

(5) 1、2、3、3、4、5、5、6、7、7、8、9、9、10、…の数の列で、最初から50番までの整数をすべて加えると◻︎◻︎になります。

(6) 一定の割合で水がわき出る井戸があります。ポンプ3台でくみあげると、からになるまで20分かかります。また、ポンプ4台だと10分かかります。このとき、ポンプ6台でくみあげると、からになるまで◻︎◻︎分かかります。ただし、ポンプでくみあげる速さは一定です。

③ 次の問いに答えなさい。

(1) 生徒が講堂の長いすに座っていきます。はじめの10脚には必ず6人ずつ、11脚目からは必ず8人ずつ座ると、長いすは、ちょうど10脚余りました。また、同じ長いすに必ず7人ずつ座っていくと、20人が座れません。

生徒の数が何人になるかを次のように考えます。◻︎ア◻︎～◻︎オ◻︎にあてはまる数を答えなさい。

すべての長いすに8人ずつ座ることを考えると、はじめの座り方から

$$(\boxed{ア} - \boxed{イ}) \times 10 + \boxed{ア} \times 10 = 100$$

100人分の席が空くことがわかります。

また、7人ずつ座ることを考えると20人分の席が足りないことがわかります。

つまり、座ることができる人数の差は◻︎ウ◻︎(人)になりますから、

　　　　長いすの数は　ウ　÷（8−7）＝　エ　（脚）とわかります。

　　　　よって生徒の人数は　オ　（人）と求めることができます。

(2)　14人でちょうど10日かかる仕事があります。この仕事をまず15人で何日かした後、残りの

　　仕事を10人でしました。すると全部でちょうど11日かかりました。このとき、15人で仕事を

　　した日数は何日ですか。

　　　　解答は答えのみではなく、途中の計算や考え方をできるだけくわしく書きなさい。

④　次の　　　　　にあてはまる数を答えなさい。

(1)　図は1辺が4cmの正方形と半円を組みあわせた図形で、Aは半円の弧の長さを2つに等しく

　　わける点です。図のしゃ線部分の面積は　　　　　㎠です。

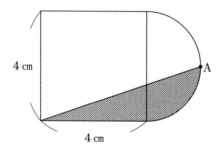

4 cm

4 cm

(2)　角 x の大きさは　　　　　度です。

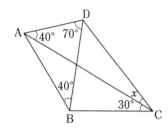

(3)

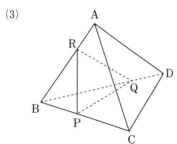

　　図で、BP：PC＝1：1、BQ：QD＝3：1、AR：RB＝3：4です。

　　三角すいABCDの体積が700㎤のとき三角すいRBPQの体積は　　　　　㎤です。

5　図1のような長方形の辺の上を、点Pは辺ADの上を、点Qは辺BCの上をそれぞれ決まった速さで往復しています。また、2点P、Qを結ぶ直線の左側の図形をSとします。点Pが点Aを、点Qが点Bをそれぞれ同時に出発し、点Qが一往復する間の図形Sの面積の変化は図2のようになりました。次の問いに答えなさい。

(1)　点Pと点Qの速さをもっとも簡単な整数の比で答えなさい。

(2)　30秒後の図形Sの面積は48cm²でした。長方形ABCDの面積は何cm²か答えなさい。

(3)　図形Sが1回目に長方形になるのは　①　秒後で、2回目に長方形になるのは　②　秒後です。このとき、①、②にあてはまる数を答えなさい。

図1

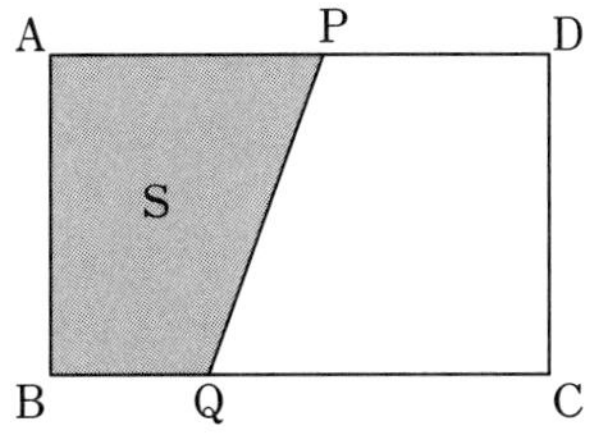

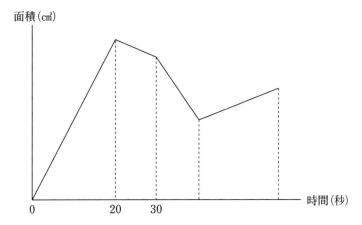

図2

香蘭女学校中等科(第1回)

—50分—

注意　分数は必ず約分し、仮分数は帯分数にしなさい。

　　　円周率は3.14とします。

1　次の□□□の中にあてはまる数を求めなさい。

① $0.0143 \div 0.01 + 0.1 - 0.125 \times 4.2 = $ □□□

② $\dfrac{3}{7} \times 1\dfrac{5}{6} \div \left(\dfrac{5}{18} + \dfrac{1}{14}\right) - \dfrac{7}{12} = $ □□□

③ $\left(\dfrac{3}{4} - \dfrac{3}{10}\right) \times ($ □□□ $- 1.3) - \dfrac{5}{6} \div \dfrac{1}{2} = \dfrac{2}{15}$

④ $\left\{2 + \right.$ □□□ $\left. \times \left(\dfrac{3}{2} - 1\dfrac{1}{9}\right)\right\} \div \dfrac{11}{6} + 4 = 7$

⑤　分母と分子の数の差が92である分数□□□を約分すると、$\dfrac{7}{11}$になります。

⑥　最初に定価□□□円のペットボトルを12本買いました。次の日に、同じペットボトル36本を定価の2割引きで買うことができたため、支払った金額の合計は4488円になりました。

⑦　右の図で、BD＝5cm、CD＝3cm、AE＝3cm、CE＝4.5cmです。三角形ABCの面積が40c㎡のとき、四角形ABDEの面積は□□□c㎡です。

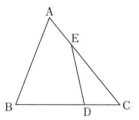

⑧　4人の生徒a、b、c、dをそれぞれ、2つの部屋A、Bのいずれかに入れます。生徒が1人もいない部屋がないような入れ方は□□□通りです。

⑨　3を100個かけ合わせた数と、7を100個かけ合わせた数の和の一の位の数は□□□です。

⑩　1から2024までの2024個の整数のうち、4でも7でも割り切れない整数は□□□個あります。

⑪　右の図のように、中心角が45度のおうぎ形を組み合わせた図形について、斜線部分の面積の和は□□□c㎡です。

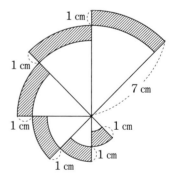

⑫　1個130円のお菓子Aと1個170円のお菓子Bが売られています。おつかいを頼まれた蘭子さんはお菓子Aとお菓子Bを何個かずつ買って1890円支払う予定でしたが、頼まれた個数と逆の個数で買ってしまったため、支払った金額は120円だけ高くなりました。蘭子さんが買ったお菓子Bは□□□個です。

⑬　重さ＿＿＿＿g の食塩水 A と重さ400 g の食塩水 B があります。食塩水 B の濃度は食塩水 A の濃度の3倍です。食塩水 A に水を入れて500 g にし、食塩水 B の水を蒸発させて300 g にしたところ、食塩水 B の濃度は食塩水 A の濃度の10倍になりました。

⑭　香さんは学校から駅に、蘭子さんは駅から学校に向かって同時に出発しました。香さんと蘭子さんは＿＿＿＿分後にすれちがい、その16分後に香さんは駅に、25分後に蘭子さんは学校に着きました。

2　半径3 cm、中心角60度のおうぎ形があります。

このおうぎ形を、図の(あ)→(い)→(う)→(え)→(お)のように、直線に沿ってすべらないようにして1回転させました。

以下の問いに答えなさい。

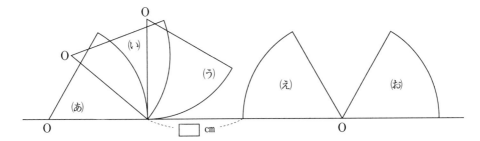

①　＿＿＿＿の中にあてはまる数は何ですか。

②　おうぎ形の中心Oが動いたあとの線の長さは何cmですか。

3　重さの異なる5つのおもりがあり、その重さの平均は23.4 g です。

これらのおもりから異なる2つのおもりを組み合わせて重さの和を量り、その和を小さい順に並べると、

32 g、35 g、39 g、(あ) g、(い) g、(う) g、(え) g、(お) g、64 g

となりました。

以下の問いに答えなさい。

①　2番目に軽いおもりと3番目に軽いおもりの重さの差は何 g ですか。

②　最も軽いおもりの重さは何 g ですか。

③　(あ)＋(い)＋(う)＋(え)＋(お)＋(か)の値はいくつになりますか。

4　一辺が1cmの小さな立方体を積み重ねて、一辺が5cmの大きな立方体をつくります。

　(例)のように、斜線の部分を面に垂直に反対側の面までくり抜きます。ただし、どの部分をくり抜いても立体はくずれないこととします。

　以下の問いに答えなさい。

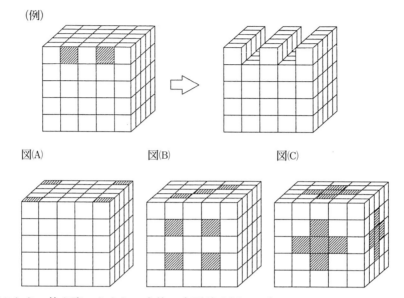

図(A)　　　　　　図(B)　　　　　　図(C)

①　図(A)のとき、抜き取ったあとの立体の表面積は何cm²ですか。

②　図(B)のとき、抜き取ったあとの立体の体積は何cm³ですか。

③　図(C)のとき、抜き取ったあとの立体の体積は何cm³ですか。

実践女子学園中学校（第1回）

—45分—

1　次の□□□にあてはまる数を求めなさい。

① $387 \div 9 - (78 + 221 \div 13 - 8) \div 3 = \boxed{}$

② $2\dfrac{3}{4} + \dfrac{5}{8} \div 1\dfrac{1}{9} - 3\dfrac{3}{8} \times \dfrac{5}{6} = \boxed{}$

③ $1.625 \div \left(\dfrac{1}{2} + \dfrac{2}{3}\right) \times 1.4 + \dfrac{1}{4} - 0.2 = \boxed{}$

④ $3.2 \times 0.75 - (\boxed{} - \boxed{} \times 0.3) \div 2 = 1$
　　2つの□□□には同じ数が入ります。

⑤ $\boxed{}$分$\boxed{}$秒：37分16秒＝7：52

2　次の問いに答えなさい。

①　2つの整数AとBがあり、AをBで割ると商が3であまりが7になり、AからBを引くと31になります。Aは何ですか。

②　チョコレート7個とキャンディー3個を買うと775円、チョコレート6個とキャンディー5個を買うと810円です。キャンディー1個は何円ですか。

③　みかんを何人かの子どもに配るのに、1人5個ずつ配ると77個あまり、1人8個ずつ配ると14個あまります。みかんは全部で何個ありますか。

④　家から駅までの間を時速12kmで自転車で走ると、分速80mで歩くより12分早く着きます。家から駅までの道のりは何kmですか。

⑤　2つの商品AとBは、定価はAのほうがBより3000円高いです。大売り出しの日にAは定価の2割引き、Bは定価の5分引きにしたところ、売り値が同じになりました。Aの定価は何円ですか。

3　右の展開図を組み立てて立体を作ります。この立体の底面を三角形AEFとしたとき、高さは$1\dfrac{5}{7}$cmになります。

① 立体の体積は何cm³ですか。
② 立体の表面積は何cm²ですか。

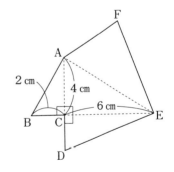

4　12人の生徒がテストを受けたところ、点数は次の表のようになりました。

生徒番号	1	2	3	4	5	6	7	8	9	10	11	12
点数(点)	43	㋐	55	58	72	50	60	㋑	44	㋒	80	45

　　㋑は55点より低く、㋐、㋒はどちらも60点より高く、㋐と㋒の合計点は131点です。また、平均値は中央値より1点高かったです。

①　中央値は何点ですか。

②　㋑は何点ですか。

③　その後採点ミスがわかり、1人の点数が上がったので、平均値が0.5点上がりました。このとき、中央値として考えられるものを小さい順にすべて答えなさい。

品川女子学院中等部(第1回)

—50分—

注意　円周率は3.14とする。

1　次の問いに答えなさい。(1)、(2)は計算の過程もかきなさい。

(1) $\dfrac{2}{9} \div \left(5\dfrac{1}{3} - \dfrac{2}{3} \div \dfrac{1}{6}\right) \times 2$　を計算しなさい。

(2) $\dfrac{9}{20} \div \left\{1.125 + \dfrac{7}{10} \times \left(1 + \boxed{}\right)\right\} = 0.225$　の$\boxed{}$にあてはまる数を答えなさい。

(3) $(1.3 \times 4 + 4 \times 1.9 - 0.7 \times 4) \times 1.16$　を計算しなさい。

(4) 右の筆算においてA、B、C、D、Eにはそれぞれ同じ文字に同じ数字が
入ります。Dに入る数字を答えなさい。

```
        1 A B
  ×     1 A B
  ─────────────
        C C 9
        A D E
      1 A B
  ─────────────
      1 6 1 A 9
```

2　次の$\boxed{}$にあてはまる数を答えなさい。

(1) $\dfrac{1}{3} : 0.75 : 2$をもっとも簡単な整数の比に直すと$\boxed{}$: $\boxed{}$: $\boxed{}$です。

(2) 色紙を何人かの友達にあげることにしました。1人に11枚ずつあげると6枚余り、1人に
15枚ずつあげると6枚足りなくなります。色紙は$\boxed{}$枚あります。

(3) 西町から東町まで、Aさんは歩いて45分かかり、Bさんは自転車で12分かかります。
このことから、Aさんが1.6km進む間にBさんは$\boxed{}$km進むといえます。

(4) 1925を196、252、294の最大公約数で割った余りは$\boxed{}$です。

(5) A店では、ある商品を250円で仕入れ、20%の利益を見こんで定価を決めました。利益は
$\boxed{}$円です。

(6) 1枚のコインを投げて、表が出れば8点加えて、裏が出れば5点減らすゲームをします。
150点からはじめて、29回コインを投げると、187点になりました。表が出た回数は$\boxed{}$
回です。

(7) Aさん、Bさん、Cさんの3人が持っているお金の合計は10000円です。BさんはAさんよ
り500円多く持っていて、BさんはCさんの3倍のお金を持っています。Bさんはお金を
$\boxed{}$円持っています。

(8) 右の図の立方体の辺にそって点Aから点Gまで移動します。
通る辺が3本となる道順は全部で$\boxed{}$通りです。

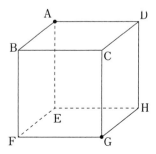

(9) 花子さんが通う小学校の2年生と6年生を対象に、インターネットを利用する際に最も使用する機器について調査しました。左下の円グラフは、2年生と6年生全体の、最も使用すると回答のあった機器の割合を表したものです。右下の帯グラフは、パソコン、タブレット、スマートフォンのそれぞれについて、最も使用すると回答した2年生と6年生の人数の割合を表したものです。6年生で、パソコンと回答したのは64人、タブレットと回答したのは25人でした。円グラフの x の角の大きさは◯◯◯°です。

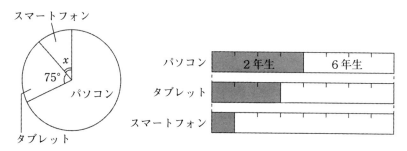

(10) 半径6cmの半円と1辺の長さが12cmの正三角形が右の図のように重なっています。斜線部分の面積の和は◯◯◯cm²です。

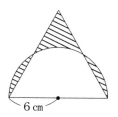

┌─────────────────────────────────┐
│ (3)については、途中の計算や考えた過程をかきなさい。 │
└─────────────────────────────────┘

3 分数が書かれたカードをあるきまりにしたがって、次の図のように並べていきます。

(1) 29段目の左から13番目のカードに書かれた分数は何ですか。

(2) $\frac{17}{32}$ が書かれたカードの上下左右の4枚のカードに書かれた分数の和はいくつですか。

(3) 1段目から6段目までに並んでいるすべてのカードに書かれた分数の和はいくつですか。工夫して求めなさい。

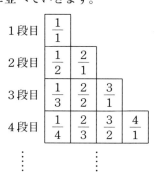

(2)(3)については、途中の計算や考えた過程をかきなさい。

④　次の《問題①》と《問題②》について、Aさんと B さんが一緒に考えています。

《問題①》

　図1のように、大きな正方形の内側に面積58cm²の小さな正方形をぴったりとくっつけました。図の a も b も整数のとき、a と b にあてはまる数をそれぞれ答えなさい。ただし、a の方が小さい数とします。

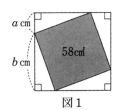
図1

《問題②》

　図2の四角形の x と y にあてはまる数を答えなさい。

　ただし、x も y も 1 より大きい整数で、x の方が小さい数とします。

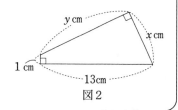
図2

　次の A さんと B さんの会話文を読んで、その後の問に答えなさい。

A：何をやっているの？

B：おもしろそうな算数の問題があるから、解いてみてるんだ。

A：図1の大きな正方形はちょうど小さな正方形と直角三角形4つに分かれているね。

B：それに、4つの直角三角形は合同だね。

A：それなら、こういう風に図形を動かせるじゃない？

　もとの黒い部分がさらに小さな正方形2つに分かれたよ。（図3）

　これらの面積を合わせると58cm²だから、a が　ア　cm、b が　イ　cmだ！

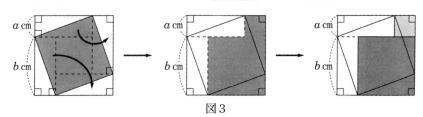
図3

B：内側の正方形の面積だけで外側の正方形の1辺の長さまでわかるなんてすごい！

　《問題②》はどうやればいいのかな？

A：ひとまず、手がかりになりそうなことをいろいろやってみよう！

　まずは、図2の四角形を4つ並べて大きな正方形を作ってみたよ。（図4）

B：それなら次はこんな風に線を引いてみたらどうかな？（図5）

　大きな正方形にぴったりとくっついた正方形になったよ。

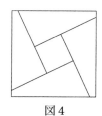
図4

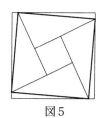
図5

A：すると、いま線を引いて作った正方形の面積は ┌─ウ─┐ cm²だね。

　《問題①》をヒントにしたらわかったよ。

B：よくみると、この正方形の内側には合同な直角三角形が4つあるね。

　つぎは、ここだけ抜き出して考えてみようよ。

　あ！これらの4つの直角三角形を折り返すように外側に移動すると、《問題①》みたいに内側に正方形がぴったりとくっついた大きな正方形が作れるよ。(図6)

A：本当だ！そしたら、図6の右側で内側にぴったりとくっついた正方形の面積はわかっているから、*x*は ┌─エ─┐ cm、*y*は ┌─オ─┐ cmだとわかるね！

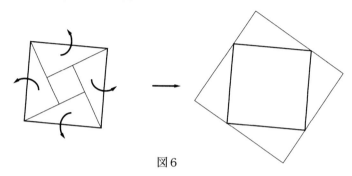

図6

(1) ┌─ア─┐、┌─イ─┐にあてはまる数を答えなさい。

(2) ┌─ウ─┐にあてはまる数を答えなさい。

(3) ┌─エ─┐、┌─オ─┐にあてはまる数を答えなさい。

十文字中学校（第1回）

—50分—

〔注意事項〕　1　⑤(2)、⑥(2)は、式や考え方を記入すること。

　　　　　　　2　円周率は3.14として計算すること。

① 次の□□□□□にあてはまる数を答えなさい。

(1) $(3+10 \div 2) \times 7 = $ □□□□□

(2) $1\frac{1}{4} - \left(\frac{1}{2} - \frac{1}{6}\right) \times 0.75 = $ □□□□□

(3) $28 - (2 + $□□□□□$) \times 5 = 3$

(4) 57、83、107をそれぞれ□□□□□でわると、余りは順に2、6、8になります。

(5) 9時ちょうどにA駅を出発した電車が、時速66kmで33km先にあるB駅に向かうと、9時□□□□□分にB駅に到着します。

(6) ある商品を定価の1割引きで購入したところ、10％の消費税がかかったので1782円支払いました。この商品の定価は□□□□□円です。

(7) 右の図のように1組の三角定規が重なっているとき、㋐の角の大きさは□□□□□度です。

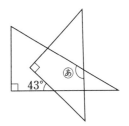

(8) 右の図は、正方形とおうぎ形を組み合わせてできたものです。▨▨▨の部分の面積は□□□□□cm²です。

6 cm

② 梅子さんがボールを次の図のような的に当てるゲームをします。1回投げて、内側に当たった場合は3点、外側に当たった場合は2点、的に当たらずに失敗した場合は0点とします。このとき、次の問いに答えなさい。

(1) 30回投げて、1回も失敗することなく合計67点を獲得したとき、3点の部分と2点の部分にそれぞれ何回当たりましたか。

(2) 30回投げて、合計67点獲得するためには、最大で何回まで失敗することができますか。

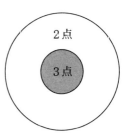

2点

3点

3　文化祭でホットケーキを作ることになりました。梅子さんと松子さんの会話を読み、次の問い
に答えなさい。ただし、作る際に失敗はしないものとします。

> **～ホットケーキ3枚の分量～**
>
> ホットケーキミックス　　150 g
> 卵　　　　　　　　　　　 1個
> 牛乳　　　　　　　　　 120mL

梅子：さあ、準備を始めよう。

松子：分量は袋に書いてあるね。

梅子：ホットケーキ3枚分の分量が表示されているのはどうしてだろう。

松子：卵を割った後に均等に分けるのは難しいから、卵1個あたりで作れる枚数で表示している
　　　と思うよ。

梅子：たしかにそうだね。では、私たちも割った卵は使い切れるように、袋に書いてある通りに
　　　作ることにしよう！

松子：そうしよう。
　　　今ここには、ホットケーキミックス2 kg、卵20個、牛乳2 Lがあるよ。

梅子：今ある材料で、できるだけたくさんのホットケーキを作ろうとすると、　あ　枚作れる
　　　ね。

松子：予想されているお客さんの人数を考えると足りないなぁ。ホットケーキを57枚作るには、
　　　あとどれだけ材料を追加する必要があるかな。

松子：ホットケーキミックス　い　g、卵　う　個、牛乳　え　mLが必要ね。

(1)　　あ　にあてはまる数を答えなさい。

(2)　　い　・　う　・　え　にあてはまる数を答えなさい。
　　ただし、材料が足りている場合は0を答えなさい。

4　次のように、計算記号を約束します。

> a から始まり、1つずつ数を減らしながら1までかける計算を、【a】と表す
> a から始まり、1つずつ数を減らしながら b 個だけかける計算を $a*b$ と表す

例えば、
$$【6】＝6×5×4×3×2×1＝720$$
$$6*3＝6×5×4＝120$$
となります。この約束にしたがって計算するとき、次の問いに答えなさい。

(1)　$\dfrac{7*3}{【3】}$ を計算しなさい。

(2)　$111*11＝\dfrac{【111】}{【あ】}$ であるとき、あにあてはまる数を答えなさい。

――― ⑤(2)、⑥(2)は、式や考え方も書きなさい ―――

⑤　正方形の折り紙を使って〈図1〉の①〜③の手順で作業を進め、最後に折り紙を広げるとある
　図形を作ることができます。このとき、次の問いに答えなさい。

〈図1〉

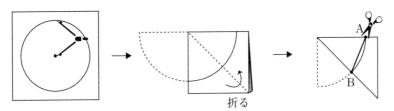

①コンパスで折り紙の
　中央に円をかく

②折り紙を半分に折る
　作業を3回くり返す

③太線ABをはさみで切り、
　三角形を作る

(1)　〈図1〉の③で作った三角形を広げた後の図形はどのような形になりますか。

(2)　〈図2〉は〈図1〉の③を拡大したものです。(1)で答えた図形の面
　積が50.4cm²、〈図2〉のあの長さが3cmのとき、最初にかいた円の半
　径は何cmですか。

〈図2〉

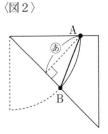

⑥　次の〈図1〉のような直方体を組み合わせた形をした水槽(すいそう)があります。この水槽に、蛇口(じゃぐち)から
　一定の割合で水を入れます。〈図2〉はそのときの時間と水面の高さの関係を表したものです。
　水槽の厚みは考えないものとして、あとの問いに答えなさい。

〈図1〉

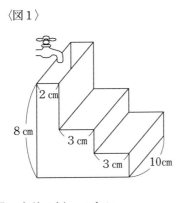

〈図2〉

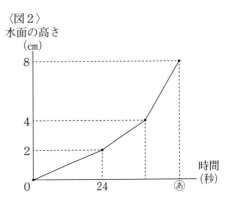

(1)　水槽の容積は何cm³ですか。
　容積とは容器の中にいっぱいに入れた水の体積のことです。

(2)　〈図2〉のあにあてはまる数を答えなさい。

淑徳与野中学校(第1回)

—50分—

〈注意〉　円周率は3.14で計算してください。

① 次の_____にあてはまる数を求めなさい。

(1) $\left(1-\dfrac{1}{3}\right)\times\dfrac{1}{2}+\left(\dfrac{1}{3}-0.2\right)\times0.5+\left(0.2-\dfrac{1}{7}\right)\div2=$_____

(2) $2024\times2024-2023\times2025=$_____

(3) $870\text{mL}+1.6\text{L}+330\text{cm}^3=$_____L

(4) 2024の約数のうち、8の倍数は_____個あります。

(5) 次の12個のデータについて、中央値は_____です。また、最頻値は_____です。
　　4，2，2，5，2，4，1，4，2，6，3，6

② 次の問いに答えなさい。

(1) 右の図のように、三角形ABCと四角形DEFGが重なっています。角アは角イの2倍の大きさです。角ウの大きさは何度ですか。

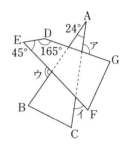

(2) 右の図のように、正方形と半円があります。斜線部分の面積は何cm²ですか。

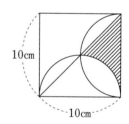

(3) 右の図のように、四角形ABCDはAB＝12cm、AD＝9cm、AC＝15cmの長方形です。長方形ABCDを点Aを中心として反時計回りにア°回転移動させたものが長方形AEFGです。頂点Cがえがく線の長さが9.42cmのとき、次の問いに答えなさい。
① アの角度は何度ですか。
② 斜線の部分の面積は何cm²ですか。

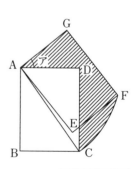

(4) 右の図のように、ある立方体の各面の対角線の交点を面の中心とし、となり合う面どうしの面の中心を結んでできる立体の体積は$\dfrac{256}{3}$cm³でした。このとき、立方体の1辺の長さは何cmですか。

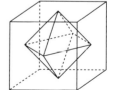

③　次の問いに答えなさい。

(1)　長さ3.4mの自動車が長さ12296.6mのトンネルに入り始めてから、トンネルを抜けるまでに9分かかりました。この自動車の速さは時速何kmですか。

(2)　午前9時以降に、時計の長針と短針が初めて一直線になる時刻は何時何分ですか。

(3)　S組とY組で合わせて42人の生徒がいます。42人全員に同じテストを実施したところ、S組の平均点は66.5点、Y組の平均点は45.5点、42人全員の平均点は56.5点でした。Y組の人数は何人ですか。

(4)　次の表は、6つの駅がこの順にあり、それらの駅間の距離を表したものです。空らんの数字をすべて足し合わせるといくつになりますか。

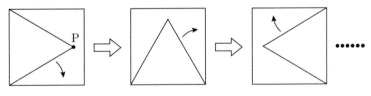

					大宮
				新都心	
			与野		
		北浦和			
	浦和	1.8		4.5	6.1
南浦和			5.1	6.2	

(単位：km)

④　次の図1のように、1辺の長さが、3cmの正方形と正三角形があります。正三角形の辺を正方形の内側の辺にそってすべらないようにころがして、矢印のように動かしていきます。図1の点Pが元の位置に戻るまでこの動きを繰り返しました。このとき、あとの問いに答えなさい。

【図1】

(1)　点Pが動いたあとの線を図にかきなさい。

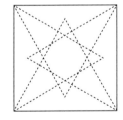

(2)　点Pが動いたあとの線の長さは何cmですか。

5　S中学校はクラスごとにおそろいのTシャツを同じ業者に注文します。この業者のTシャツは1枚1500円で、1枚につき2ヶ所まで無料でデザインを入れることができます。デザインは3ヶ所目以降、1ヶ所追加するごとに1枚につき300円の追加料金が発生します。着用希望日の2024年1月23日の火曜日までに、以下のような割引制度を利用して注文するとき、次の問いに答えなさい。

　　ただし、条件を満たす割引制度はすべて利用するものとします。

制度	条件	1枚あたりの割引額
早割り	35枚以上で、着用希望日より2週間以上前に注文する場合 (ただし、複数団体で注文する場合は、合計で35枚以上)	70円
土曜日割り	土曜日に注文する場合	20円
いっしょ割り	2団体で、合計60枚以上をいっしょに注文する場合	20円

(1)　1年1組には39人の生徒がおり、2024年1月6日に注文をしました。デザインを2ヶ所に入れた場合、1年1組の合計金額はいくらになりましたか。

(2)　1年2組には35人、1年3組には33人の生徒がいます。どちらのクラスも2ヶ所にデザインを入れ、いっしょに2024年1月6日に注文する予定でした。しかし、2組はデザインを1ヶ所追加して3ヶ所に、3組はデザインを2ヶ所追加して4ヶ所にしたため、実際には、4日後の1月10日にいっしょに注文しました。2クラスの合計金額は、1月6日に注文する場合と比べて、いくら多くなりましたか。

6　右の図のように、平行四辺形を組み合わせた図形があります。次の問いに答えなさい。

(1)　直線ℓを軸として1回転させたときにできる立体の体積は何㎤ですか。

(2)　直線mを軸として1回転させたときにできる立体の体積は何㎤ですか。

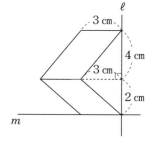

頌栄女子学院中学校(第1回)

—40分—

《注意》　1　円周率は3.14とすること。
　　　　　2　定規・コンパスは使わないこと。

1　(1)　次の　ア　にあてはまる数を求めなさい。

$$\left(2+\frac{3}{5}\div 0.1\right)\times\left(20-\boxed{}\times\boxed{}\right)\times(3+5\div 0.25)=2024$$

(2)　5で割ると3余り、7で割ると5余る1以上の整数のうち、小さい方から数えて5番目の数を求めなさい。

(3)　$\frac{343}{220}$で割っても、$\frac{50}{21}$をかけても必ず整数になる分数のうち、最も小さい分数を求めなさい。

(4)　30人のクラスで5点満点の算数の小テストを行ったところ、平均点は3.5点でした。次の表はそのテストの結果を表していますが、一部がよごれて見えなくなっています。5点をとった生徒の人数を求めなさい。

得点	0	1	2	3	4	5
人数	0	1	5	9		

(5)　Aさんは初もうでに行きました。持っていたお金の$\frac{1}{7}$でおみくじを引き、150円のお茶を買い、残りのお金の$\frac{1}{3}$でお守りを買ったところ、残りのお金は初めに持っていたお金の半分でした。Aさんは初めに何円持っていたか求めなさい。

(6)　1辺の長さが10cmの正方形のタイルがいくつかあります。これらをすき間なくしきつめて、縦の長さが横の長さより20cm長い長方形を作ったところ、タイルは13枚余りました。次に、作った長方形の縦と横の長さをそれぞれ10cmずつのばそうとしたところ、タイルは8枚足りなくなりました。タイルは全部で何枚あるか求めなさい。

(7)　姉は分速220mで地点Aを出発し、地点Bで折り返して地点Aにもどります。妹は分速180mで地点Bを出発し、地点Aで折り返して地点Bにもどります。2人が同時に出発したところ、2回目に出会ったのは1回目に出会ってから6分後でした。地点A、Bは何mはなれているか求めなさい。

(8)　次の図で、三角形ABCは正三角形で、三角形CBDはBC=DCの二等辺三角形です。角アの大きさを求めなさい。

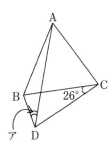

(9)　【図ア】のような立体を真上から見ると【図イ】、正面から見ると【図ウ】のようになります。
この立体の表面積を求めなさい。ただし、【図イ】は半径の長さが1cm、2cm、3cmの3つの
半円を組み合わせた図形です。

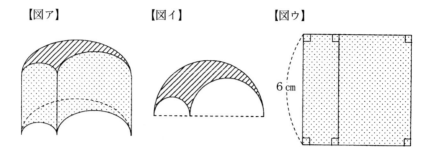

【図ア】　　　　　　【図イ】　　　　　　【図ウ】

6cm

2　頌子さんは、7人の中から3人の代表者を選ぶとき、1人目は7人の中から、2人目は残りの
6人の中から、3人目はさらに残りの5人の中から1人ずつ選んでいくから、7×6×5＝210
という式を立て、全部で210通りの選び方があると考えました。しかし、正しい式は7×6×5
＝210、210÷6＝35であり、全部で35通りになります。なぜ6で割らなければならないのか言
葉で説明しなさい。

3　ある映画館では、映画を1本みるごとに1ポイントがもらえます。6ポイントとひきかえに映
画を1本無料でみることができ、無料でみたときにも1ポイントがもらえます。ただし、6ポイ
ントたまっていたら、次に映画をみるときには必ずポイントを使ってみるとします。

(1)　この映画館で42本の映画をみた人が、ポイントを使って無料でみることができた映画は何
本か求めなさい。

(2)　この映画館で100本の映画をみた人は、現在何ポイントもっているか求めなさい。

4　右の図のように、同じ大きさの立方体の積み木18個を重ね
て立体を作りました。この立体の外側にだけ色をぬります。た
だし、底にはぬりません。

(1)　色のついた積み木は全部で何個か求めなさい。

(2)　3面に色のついた積み木は全部で何個か求めなさい。

(3)　2面に色のついた積み木は全部で何個か求めなさい。

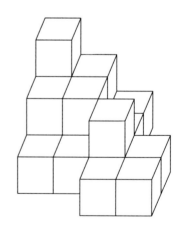

5 図のように同じ大きさの直方体の水そうが2つあります。水そう①には、高さ20cm、幅30cm
の長方形の仕切り板Ⓐがついています。水そう②には、高さ20cm、幅30cmの長方形の仕切り板
Ⓐと、高さ30cm、幅30cmの正方形の仕切り板Ⓑがついています。ただし、仕切り板Ⓐ、Ⓑは面
ABFEに平行であり、仕切り板の厚みは考えないこととします。

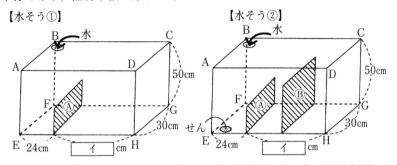

(1) 水そう①に、左上の穴から毎分1200cm³の割合で水を入れます。水の深さを辺AEで測るとき、
水を入れ始めてからの時間と水の深さの関係は次のグラフのようになります。グラフの
ア 、図の イ にあてはまる数を求めなさい。

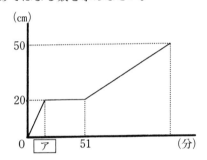

(2) 水そう②に水を入れ、満水にしてから水を止めます。その後、左下のせんを開けて水を毎分
3000cm³ずつ流すと、せんを開けてから30分48秒後に水が流れなくなります。仕切り板Ⓑは仕
切り板Ⓐから何cmのところにあるか求めなさい。なお、答えの求め方も説明しなさい。

湘南白百合学園中学校（4教科）

—45分—

① 次の___にあてはまる数を入れなさい。

(1) $0.25 + \left(2.625 - \dfrac{7}{3}\right) \div \dfrac{14}{9} = $ ___

(2) $\left(17 \times \boxed{} - 2\dfrac{10}{11} \times 0.33\right) \div 2.5 = \dfrac{4}{25}$

(3) りんごを子どもたちに8個ずつ配ると1人は2個足らず、2人は1個ももらえなかったので、6個ずつ配ったところ、子ども全員に配ることができ、4個余りました。このとき、子どもたちの人数は ア 人で、りんごの個数は イ 個です。

(4) ある学校の中学1年生180人のうち、クッキーが好きな生徒は100人、どら焼きが好きな生徒は120人でした。クッキーとどら焼きのどちらも好きな生徒の人数は___人で、どちらも好きでない生徒の人数の3倍です。

(5) 6人の50m走の記録をとったところ、1人の記録は___秒で、他の2人の記録の平均は7.5秒、残りの3人の記録の平均は8.5秒でした。このとき、6人全員の記録の平均は8.2秒になります。

② とある砂浜でビーチクリーンを行いました。集まったごみの種類は、可燃ごみ、プラスチックごみ、空き缶、ペットボトル、金属の5種類です。プラスチックごみと空き缶、ペットボトルの重さは全部で4.0kgで、プラスチックごみはペットボトルより0.5kg軽く、空き缶はペットボトルより0.3kg重いことがわかっています。また、可燃ごみと金属の重さの割合は2：7で、可燃ごみと金属の重さの合計は、5種類すべてのごみの重さの $\dfrac{9}{19}$ 倍であることが分かっています。

(1) プラスチックごみと空き缶の重さの差は何kgですか。

(2) 5種類のごみの重さはそれぞれ何kgかすべて求めなさい。

(3) 集めたごみのうち、ペットボトルは100gごとに___ポイント、空き缶は150gごとに___ポイント、金属は400gごとに___ポイントが付くようになっています。今回の合計ポイントは96ポイントでした。___にあてはまる数字を答えなさい。（ただし、___にはすべて同じ数字が入るものとします。）

③ 百合子さんと太郎くんが学校と最寄りの駅の間を往復します。はじめに百合子さんが歩いて学校を出発し、その4分後に太郎くんが走って学校を出発しました。

太郎くんは学校を出発してから8分後に、学校から960mの地点で百合子さんを追い抜き、駅に着くとすぐに今度は歩いて学校へ引き返しました。

百合子さんは太郎くんが駅に着いた3分後に駅に着き、すぐに行きと同じ速さで学校に引き返したところ、学校を出てから42分後に、太郎くんと同時に学校に着きました。

それぞれの歩く速さ、走る速さは一定のものとします。次の問いに答えなさい。

(1)　百合子さんが学校を出発してからの時間（分）と、百合子さんと太郎くんそれぞれの学校までの道のり（m）の関係をグラフで表しました。正しいものを次の㋐～㋓の中から一つ選び記号で答えなさい。

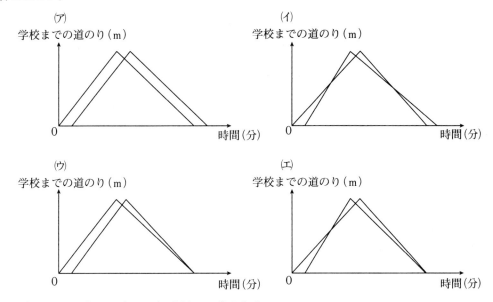

(2)　百合子さんの歩いた速さは毎分何mか求めなさい。

(3)　学校から駅までの道のりは何mか求めなさい。

(4)　太郎くんが駅から学校へ引き返すとき、歩いた速さは毎分何mか求めなさい。

(5)　百合子さんと太郎くんが2度目に出会うのは、百合子さんが学校を出発してから何分何秒後か求めなさい。

④　図のようにＡＢ＝8㎝、ＡＤ＝12㎝の長方形ＡＢＣＤがあります。点Ｅは辺ＡＤの真ん中の点で、ＢＦ＝4㎝です。次の問いに答えなさい。

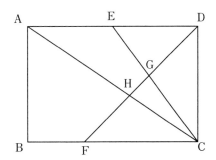

(1)　ＤＧ：ＧＦを、最も簡単な整数の比で答えなさい。

(2)　（三角形ＣＤＧの面積）：（三角形ＣＧＨの面積）：（三角形ＣＨＦの面積）を、最も簡単な整数の比で答えなさい。

(3)　三角形ＣＧＨの面積は何㎠ですか。式を書いて求めなさい。

5　底面が半径5cm、高さ4cmの円柱の上に、底面が1辺6cmの正
方形の正四角すいをのせた立体Aがあります。右の図は立体Aを
真上から見た図です。円柱の底面の円の中心と四角すいの頂点が
真上から見ると重なっています。この立体Aの体積が362cm³のとき、
次の問いに答えなさい。ただし、円周率は3.14として計算しなさ
い。

(1)　正四角すいの高さは何cmですか。式を書いて求めなさい。

(2)　矢印の向きを正面として、立体Aを真横から見た図をかきな
さい。

(3)　円柱にのっている正四角すいの側面はすべて合同な二等辺三
角形で、その二等辺三角形の6cmの底辺に対する高さは5cmです。立体Aの表面積は何cm²か求
めなさい。

昭和女子大学附属昭和中学校(A)

—50分—

〔注意〕　1　途中の式や考え方も消さずに残しておきましょう。

2　円周率を使う場合は、3.14で計算しましょう。

[1]　次の[　　]にあてはまる数を求めなさい。

(1)　$7\dfrac{1}{2} \div \{(1.73 \times 11 + 0.27 \times 11) \times 3 - 6\} = $[　　]

(2)　$2024 \times 6.48 + 2024 \times 1.54 + 2024 \times 2.74 - 2024 \times 0.76 = $[　　]

(3)　$3 \div \{1\dfrac{1}{2} - (1.6 - 0.6 \times $[　　]$) \times 0.625\} = 4$

(4)　縮尺$\dfrac{1}{35000}$の地図で20cmの距離を時速10kmの自転車で走ると[　　]分かかります。

(5)　6％の食塩水200gと[　　]％の食塩水300gと水100gを混ぜると、7％の食塩水ができます。

(6)　父は38歳、子どもは6歳です。父の年齢と子どもの年齢の比が7：3になるのは[　　]年後です。

(7)　子どもたちにみかんを1人4個ずつ配ると52個あまり、1人5個ずつ配ると18個足りなくなります。このとき、みかんの個数は全部で[　　]個あります。

(8)　[1][2][3][4]の4枚のカードを並びかえて4桁の数字を作るとき、2200以上になるのは[　　]個あります。

[2]　Aさんは9時ちょうどに自宅から2km離れた図書館に徒歩で向かいました。途中でAさんは忘れ物に気づき、母に連絡をした後、自宅に引き返しました。

母は連絡を受けた後すぐにAさんの所へ自転車で向かい合流しました。合流した後、Aさんは再び図書館に向かい、母は自宅に戻りました。あとのグラフはAさんと母の自宅からの距離とそのときの時刻を表したもので、細い線はAさんの様子を、太い線は母の様子を表したものです。Aさんと母の移動する速さが一定であるとき、次の問いに答えなさい。

(1)　Aさんの歩く速さは分速何mですか。

(2)　母の自転車で移動する速さは分速何mですか。

(3)　Aさんが図書館に到着した時刻は何時何分ですか。

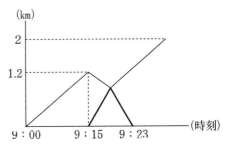

3 　［図1］は半径6cmの円と、その円の円周を8等分した点A、B、C、D、E、F、G、Hです。次の問いに答えなさい。

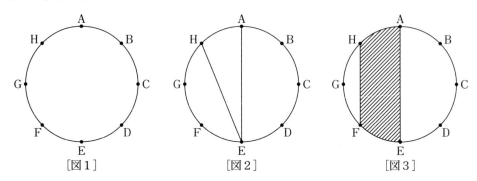

［図1］　　　　　　　［図2］　　　　　　　［図3］

(1) 　［図1］において、点Bと点D、点Dと点F、点Fと点H、点Hと点Bをそれぞれ直線で結んだときにできる四角形BDFHの面積は何cm²ですか。

(2) 　［図2］は［図1］において、点Aと点E、点Eと点Hをそれぞれ直線で結んだものです。このとき、角AEHの大きさは何度ですか。

(3) 　［図3］は［図1］において、点Aと点E、点Fと点Hをそれぞれ直線で結んだものです。斜線部分の面積は何cm²ですか。

4 　［図1］は1辺の長さが20cmの立方体の形をした水そうで、水が15cmの高さまで入っています。［図1］の水そうに入っている水を、別の容器にその容器がいっぱいになるまで移すことを考えます。［図2］は底面の円の半径が10cm、高さが10cmの円柱、［図3］は底面が正方形、高さが12cmの四角すいの形をした空の容器です。次の問いに答えなさい。ただし、四角すいの体積は(底面積)×(高さ)÷3で求められます。

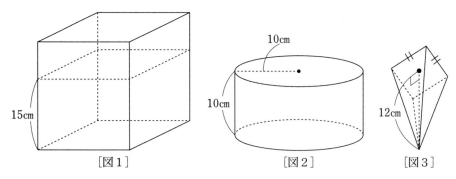

［図1］　　　　　　　［図2］　　　　　　　［図3］

(1) 　［図1］の水そうの中に入っている水の量は何cm³ですか。

(2) 　［図1］の水そうから［図2］の容器に水を移すことを考えます。そのとき、［図1］の水そうに残る水の高さは何cmですか。

(3) 　［図1］の水そうから［図3］の容器に水を移すことを考えます。そのとき、［図1］の水そうに残る水の高さは11cmです。四角すいの底面の正方形の一辺の長さは何cmですか。

5 　ある学年では、生徒の美術の作品に1、2、3、4、5の5段階で成績をつけています。全員の成績の平均が3であるとき、3の成績をとった人が一番多いと必ずいえますか。理由も合わせて答えなさい。

6　昭子さんと花子さんの会話文を読み、あとの問いに答えなさい。

昭子さん「この前、テレビでバスケットボールの試合の放送があったわね。」

花子さん「バスケットボールは1回のシュートが決まると、基本的には2点か3点が入るらしいわよ。」

昭子さん「そうなのね。では、合計6点を入れるには、2点と3点のシュートだけの組み合わせは全部で　ア　組あるわね。」

花子さん「そうね。では、今回の試合の得点86点の組み合わせも考えてみましょう。」

昭子さん「ちょっと難しいけれど、3点のシュートの最大の本数を考えて、この点数を減らしながら考えると、2点と3点のシュートだけの組み合わせは全部で　イ　組になるわね。」

花子さん「そうみたいね。」

(1)　　ア　、　イ　に入る数を答えなさい。

(2)　2点と3点のシュートに加えて1点のシュートも考えるとき、合計9点をとるシュートの組み合わせは全部で何組ありますか。

女 子 学 院 中 学 校

—40分—

<注意>　円周率は3.14として計算しなさい。

1　□　にあてはまる数を入れなさい。

(1)　$18.7 + \left\{ 13.4 \times \left(\dfrac{1}{20} + \boxed{} \right) - 2\dfrac{1}{3} \right\} \div 2\dfrac{6}{11} = 20.24$

(2)　図のように、円周を10等分する点をとりました。

点Oは円の中心、三角形ABCは正三角形です。

角㋐は□度

角㋑は□度

角㋒は□度

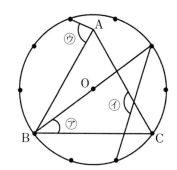

(3)　図のように、長方形の紙を対角線を折り目として折りました。

▨の部分の面積は□cm²です。

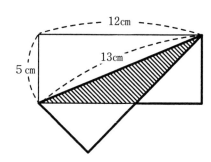

(4)　図のように、棒を使って正三角形と正方形を作ります。

①　100個目の正方形を作り終えたとき、使った棒は□本です。

②　棒が1000本あるとき、正三角形は□個、正方形は□個まで作ることができます。

(5)　クラスの生徒に消しゴムを配ります。全員に10個ずつ配ると32個足りないので、先生と勝敗がつくまでじゃんけんをして、勝った人には11個、負けた人には7個配ることにしました。勝った人は負けた人よりも5人少なかったので、消しゴムは9個余りました。

クラスの人数は□人、消しゴムは全部で□個です。

2、3について□□□にあてはまる数を入れ、〔 〕内はいずれかを○で囲みなさい。

2 1個430円のケーキと1個180円のクッキーを買います。ケーキは必ず箱に入れ、箱は1箱20円で2個まで入れることができます。ケーキとクッキーを合わせて19個買ったとき、箱代を含めた代金の合計は6290円でした。買ったケーキの個数は

〔 偶数、奇数 〕で、□□□個です。

3 図のように、縦2cm、横1cmの長方形3個を合わせた図形を、直線ABのまわりに1回転させて立体を作ります。

この立体の体積は□□□cm³、表面積は□□□cm²です。

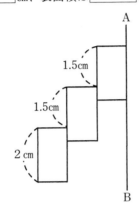

4 はじめさんがA駅から家まで帰る方法は2通りあります。

> 方法1：A駅から20km先にあるB駅まで電車で行き、B駅から家までは自転車で行く
> 方法2：A駅から18km先にあるC駅までバスで行き、C駅から家までは歩いて行く

電車は時速75km、バスは時速40kmで進み、はじめさんが自転車で進む速さは、歩く速さよりも毎分116m速いです。方法1と方法2のかかる時間はどちらも同じで、はじめさんが電車に乗る時間と自転車に乗る時間も同じです。また、B駅から家までと、C駅から家までの道のりは合わせて3263mです。

C駅から家までの道のりは何mですか。（式も書くこと。）

5、6、7について□□□にあてはまる数を入れなさい。

5 ある数を2倍する操作をA、ある数から1を引く操作をBとします。

はじめの数を1として、A、Bの操作を何回か行います。

(1) 操作をA→A→B→B→Aの順に行うと、数は□□□になります。

(2) Aの操作だけを□□□回行うと、数は初めて2024より大きくなります。

(3) できるだけ少ない回数の操作で、数を2024にします。

このとき、操作の回数は□□□回で、初めてBの操作を行うのは□□□回目です。

6 大きさの異なる2種類の正方形と円を図のように組み合わせました。

小さい正方形1つの面積は8㎠、大きい正方形1つの面積は25㎠です。

▨▨▨の八角形の面積は◻◻◻◻㎠です。

7 一定の速さで流れる川の上流にA地点、下流にB地点があり、2つの船J、GがA地点とB地点の間を往復するとき、次の①～③のことが分かっています。

ただし、流れのないところで2つの船の進む速さはそれぞれ一定で、どちらの船もA地点、B地点に着くとすぐ折り返します。

① 2つの船が同時にA地点を出発し、Jが初めてB地点に着いたとき、GはB地点の1920m手前にいます。

② 2つの船が同時にB地点を出発し、Jが初めてA地点に着いたとき、GはA地点の2400m手前にいます。

③ 2つの船が同時にA地点を出発すると、出発してから27分後にB地点から960m離れた地点で初めてすれ違います。

(1) 船Jの下りと上りの速さの比を最も簡単な整数の比で表すと、◻◻◻◻：◻◻◻◻です。

(2) 船Gの下りの速さは分速◻◻◻◻m、川の流れの速さは分速◻◻◻◻mで、A地点とB地点は◻◻◻◻m離れています。

(3) 船JがA地点、船GがB地点を同時に出発するとき、1回目にすれ違うのは◻◻◻◻分後、2回目にすれ違うのは◻◻◻◻分後です。

女子聖学院中学校(第1回)

—50分—

※ 円周率は、3.14159265……と、どこまでも続いて終わりのない数です。計算には、必要なところで四捨五入あるいは切り上げをして用いますから、問題文をよく読んでください。

※ 問題を解くときに、消費税のことは考えないものとします。

※ ④の(3)のみ式や考え方を書きなさい。

① つぎの____にあてはまる数を答えなさい。

(1) $20.24-13.57=$____

(2) $3\frac{1}{4}-2\frac{1}{3}=$____

(3) $2\times0.125\times1.5\times4=$____

(4) $8\div\left(\frac{3}{10}-\frac{1}{6}\right)+0.75\times4=$____

(5) $3.14\times5-31.4\times0.3+314\times0.18=$____

(6) $1\frac{3}{5}\div\frac{2}{3}-0.25\times\frac{2}{5}=$____

(7) $2\frac{5}{8}\div0.3\times\left(0.12-0.02\div\frac{1}{6}\right)=$____

(8) $\left(\boxed{}-0.6\right)\times\frac{16}{15}+\frac{2}{3}=2\frac{8}{9}$

② つぎの( )にあてはまる文字や数を答えなさい。

(1) 1200円の商品の21%の金額は( )円です。

(2) 小数第2位を四捨五入して4.3になる小数は( )以上( )未満です。

(3) 7で割っても5で割っても3余る200以下の整数のうち、最も大きい数は( )です。

(4) 4時間50分の$\frac{2}{5}$は( )時間( )分です。

(5) ある日曜日を1日目としたとき、その日曜日から数えて200日目は( )曜日です。

(6) 濃度12%の食塩水が120gあります。そこに濃度7%の食塩水を80g加えました。このとき、食塩水の濃度は( )%になります。

(7) 右の図の正方形の中の塗られた部分の面積は( )cm²です。

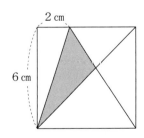

(8) xはAの$2\frac{3}{5}$倍で、Aはyの3倍です。xとyの関係を式で表すと、$y=($)$\times x$です。

3　A、Bの2つの容器があります。Aには8％の食塩水が600ｇ、Bには水が300ｇ入っています。Aから100ｇの食塩水を取り出してBに移し、よくかきまぜた後に、BからAに100ｇの食塩水を移しよくかきまぜました。

つぎの問いに答えなさい。

(1)　はじめに、Aの食塩水に含まれていた食塩は何ｇですか。

(2)　AからBに食塩水を移した後に、Bの食塩水の濃度は何％になりますか。

(3)　最後に、Aの食塩水の濃度は何％になりますか。

4　図のように正方形と直角二等辺三角形が8㎝はなれた位置にあります。この正方形を直線ℓに沿って毎秒1㎝の速さで右に動かします。

つぎの問いに答えなさい。

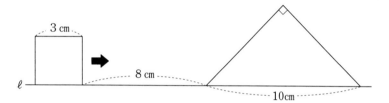

(1)　10秒後に、この2つの図形の重なった部分の面積は何㎠になりますか。

(2)　13秒後に、この2つの図形の重なった部分の面積は何㎠になりますか。

(3)　2つの図形が重なった部分の面積が正方形の面積と等しくなるのは、動き始めてから何秒後から何秒後までですか。(式や考え方も書くこと。)

5　マッチ棒を使って六角形を作り、図のようなルールで横一列につなげていきます。最初に6本のマッチ棒で1個の六角形を作ります。2個の六角形を作るためには11本のマッチ棒が必要です。このように六角形をつなげていきます。

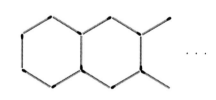

つぎの問いに答えなさい。

(1)　3個の六角形を作るためには何本のマッチ棒が必要ですか。

(2)　10個の六角形を作るためには何本のマッチ棒が必要ですか。

(3)　126本のマッチ棒では六角形を何個作ることができますか。

女子美術大学付属中学校(第1回)

—50分—

1　次の各問いに答えなさい。

(1)　$18-8 \times 2+2 \times 5$　を計算しなさい。

(2)　$2\frac{4}{7}+(1.35-0.9) \times \frac{20}{21}$　を計算しなさい。

(3)　$\left(\boxed{}-2\frac{2}{5}\right) \div 1\frac{7}{15}=3$　のとき、$\boxed{}$をうめなさい。

(4)　縮尺2000分の1の地図上で20cmの長さの道のりを6分40秒で歩きました。このときの速さは時速何kmですか。

(5)　6%の食塩水Aと濃度のわからない食塩水Bがあります。食塩水AとBを2:5の割合で混ぜると、10%の食塩水になりました。食塩水Bの濃度は何%ですか。

(6)　友人にチケットを配るのに、1人に5枚ずつ配ると4枚余りました。そこで、1人に6枚ずつ配ったところ、1枚しかもらえない人が1人、1枚ももらえない人が1人いました。このとき、チケットの枚数は全部で何枚ありますか。

(7)　同じ種類の9つのお菓子を、自分と姉と妹の3人で余りがないように分けることになりました。分け方は何通りありますか。ただし、全員が少なくとも2つはもらえることとします。

(8)　右の図は、正方形ABCDをAPを折り目として折り返した図です。このとき、角xの大きさを求めなさい。

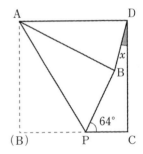

(9)　右の図は、一辺が16cmの正方形の折り紙を、たてに四等分に折ってから、開いて、そのあと対角線で半分に折って開いた図です。斜線の部分の面積を求めなさい。

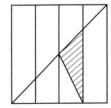

(10)　次の図のように、一辺の長さが6cmの正方形を8個並べました。この正方形にちょうど入る円を4個、辺の上に中心がある円を5個並べました。このとき、太線部分の合計の長さを求めなさい。ただし、円周率は3.14とします。

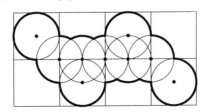

2　たて1cm、横5cmの長方形の形をした赤いセロファン紙と青いセロファン紙がたくさんあります。セロファン紙は、透明なので透けて見え、赤いセロファン紙と青いセロファン紙が重なった部分は、むらさき色に見えます。

次の図のように、左から、赤、青、赤、青、…の順に、横が1cmずつ重なるように並べていきます。このとき、次の問いに答えなさい。

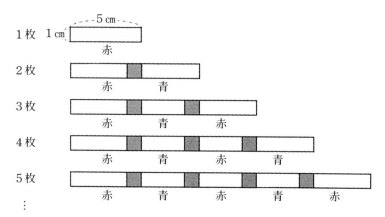

(1)　むらさき色に見える部分の横の長さが、合計で10cmになるのは、赤いセロファン紙と青いセロファン紙を合わせて何枚並べたときですか。

(2)　横の長さの合計がはじめて100cmを超えるのは、赤いセロファン紙と青いセロファン紙を合わせて何枚並べたときですか。

(3)　(2)のとき、赤く見える部分の横の長さの合計は何cmですか。

3　文化祭で教室をかざりつけるために、かべ一面を切り絵のお花でいっぱいにすることにしました。

一人で休まずに全ての仕事をしたとすると、Aさんなら12時間、Bさんなら15時間、Cさんなら10時間かければすべてのかざりつけを完成させることができます。

Cさんは他の仕事があるため、作業を開始して3時間後から手伝ってくれる予定です。交代で休けいをとりながらかざりつけを完成させるために、次のように考えました。□□□□□にあてはまる数を答えなさい。

(考え方)

全体の仕事量を1とすると、1時間あたりの仕事量は、Aさんが　(ア)　、Bさんが　(イ)　、Cさんが　(ウ)　です。

もし全員が休けいなしで最初から最後まで仕事に取り組んだとすると、

1÷(　(ア)　＋　(イ)　＋　(ウ)　)＝　(エ)　(時間)で完成させることができますが、Cさんは途中からしか手伝えません。

はじめの3時間はAさんとBさんの2人で取り組めば、全体の

(　(ア)　＋　(イ)　)×3＝　(オ)　の仕事量をこなすことができます。

この後、Cさんが手伝いに来てくれるので、先にAさんが休けいに入り、BさんとCさんの2人で1時間取り組めば、全体の

(　(イ)　＋　(ウ)　)×1＝　(カ)　の仕事量をこなすことができます。

次にBさんが休けいに入り、AさんとCさんの2人で1時間取り組めば、全体の

(［(ア)］ ＋ ［(ウ)］)×1＝ ［(キ)］ の仕事量をこなすことができます。

残りの仕事量は

1－(［(オ)］ ＋ ［(カ)］ ＋ ［(キ)］)＝ ［(ク)］ なので、3人で取り組めば、あと

［(ク)］ ÷ ［(ケ)］ ×60＝ ［(コ)］ (分)で完成させることができます。

4　ある一定の速さで流れる川に、A地点と、それよりも上流にあるB地点があります。A地点と B地点は12kmはなれています。船アはA地点からB地点に向かって出発し、B地点に到着後30 分間とまり、A地点に戻ります。グラフは船アがA地点を出発してからA地点に戻るまでの様子 を表したものです。船イは、9時30分にB地点からA地点に向かって出発し、A地点に到着後 30分間とまり、B地点に戻ります。船アと船イの静水時の速さは同じで一定とします。

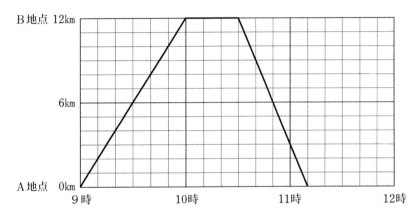

(1)　川の流れの速さは分速何mかを求めなさい。

(2)　船の静水時の速さは分速何mかを求めなさい。

(3)　船イがB地点を出発し、B地点に戻るまでの様子をグラフに表しなさい。

(4)　船アと船イが2回目にすれ違った時刻を求めなさい。

(5)　船アと船イが2回目にすれ違った時に、うきわが船から落ちました。うきわが川の流れによ って、A地点にたどり着く時刻を求めなさい。

5　右の図のように1めもりが2cmの方眼紙に、半径2cm のおうぎ形と一辺2cmの正方形を組み合わせてできた 図をかきました。斜線部分を底面とする高さ10cmの 立体について、次の問いに答えなさい。ただし、円周 率は3.14とします。

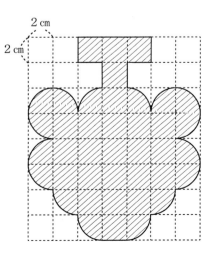

(1)　体積を求めなさい。

(2)　表面積を求めなさい。

白百合学園中学校

—40分—

[1]　ある工事現場から、3台のダンプカーA、B、Cで土砂を運びます。すべての土砂を運ぶには、Aだけでは12時間、Bだけでは6時間、Cだけでは9時間かかります。

　　この土砂を、はじめは3台で1時間15分、次にBだけで45分、その後はAとCで1時間45分運び、残りの土砂はすべてCだけで運びました。このとき、次の問いに答えなさい。

(1)　Aが運んだ土砂の量は、土砂全体の何%にあたりますか。

(2)　すべての土砂を運び終えるまでにかかった時間を求めなさい。

(3)　3台のダンプカーA、B、Cが運んだ土砂の量の比を、もっとも簡単な整数比で答えなさい。

[2]　3種類の数字0、2、4を次のように、ある規則にしたがって左から順に並べます。

　　　　2、0、2、4、0、2、0、2、4、0、2、0、2、4、0、…

　　このとき、次の問いに答えなさい。

(1)　はじめから数えて534番目の数字を答えなさい。

(2)　全部で2024個の数字が並んでいるとき、その中に0は何個あるかを求めなさい。

(3)　0、2という数字の並びが211回あり、一番右の数字が4であるとき、並んでいる全数字の真ん中の数字を答えなさい。

[3]　底面が1辺3cmの正方形で高さが2cmの直方体の形をした金属を積み重ね、右の図のような立体をつくりました。

　　このとき、次の問いに答えなさい。

(1)　この立体の表面積は何cm²ですか。

(2)　この立体の重さは何kgですか。ただし、この金属の重さは1cm³あたり6.5gとします。

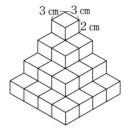

3cm　3cm
2cm

4　次の図のように、直線ℓ上に図形A、Bをおきます。Aは横の長さが3㎝である長方形で、Bはたての長さがAと等しい長方形から直角三角形を切り取った図形です。Aはこのまま動かさないで、Bだけを秒速1㎝の速さでℓにそって矢印の方向に動かすとき、次の問いに答えなさい。

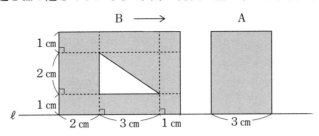

(1)　AとBが重なり始めてから4.5秒後に、2つの図形が重なっている部分の面積を求めなさい。

(2)　次に、AとBを前の図の位置にもどし、Aの長い方の辺がℓに重なるように右にたおしました。Bだけを秒速1㎝の速さで同じように動かしたとき、2つの図形が重なっている部分の面積が最も大きくなるのは、重なり始めてから何秒後ですか。また、そのときの2つの図形の重なっている部分の面積を求めなさい。

5　九段さんと飯田さんが別々の車で同時に地点Aを出発し、14時に地点Bで待ち合わせることにしました。九段さんは時速90㎞で運転していましたが、14時よりかなり早く着くことが分かりました。そこで、地点Bの5㎞手前で10分間用事を済ませ、その後は時速80㎞で運転したところ、13時50分に地点Bに着きました。また、飯田さんは時速60㎞で運転したところ、14時5分に地点Bに着きました。地点Aから地点Bまでの距離は何㎞ですか。

清泉女学院中学校(第1期)

—50分—

※ 円周率を使う場合は3.14とする

1 次の ____ にあてはまる数を答えなさい。

(1) $37 - \{33 - 4 \times (15 - 8)\} = $ ____

(2) $\left\{ 2\dfrac{1}{4} \div \left(3 - 1\dfrac{7}{20} \right) - \dfrac{3}{5} \right\} \times 6\dfrac{5}{12} = $ ____

(3) $0.6 + \dfrac{7}{9} \div$ ____ $- 2\dfrac{2}{3} \times \dfrac{1}{5} = 1$

(4) $4.5 \times 103 + 5.5 \times 102 + 3.5 \times 97 + 6.5 \times 98 = $ ____

(5) $1.76L + 820㎤ - 690mL = $ ____ dL

(6) 図1のような直方体の容器に、深さ12cmまで水が入っています。この水をすべて図2のような三角柱の容器に入れると、水面の高さは図1より ____ cm高くなります。

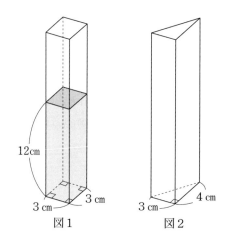

図1　　　　図2

(7) 63円切手と84円切手を合わせて22枚買い、1680円を支払いました。このとき、84円切手は ____ 枚買いました。

(8) 縦84cm、横105cm、高さ63cmの直方体を、できるだけ大きい同じ大きさの立方体に分けると、立方体は ____ 個できます。

(9) 25人で働くと2週間で終わる仕事があります。はじめの8日間は25人で働き、残りを10人で働くとき、この仕事を始めてから ____ 日で終わります。

2 次の各問いに答えなさい。

(1) Aさん、Bさん、Cさんの身長の合計は4m82cmです。AさんはBさんより22cm高く、CさんはAさんの $\dfrac{4}{5}$ 倍です。Cさんの身長は何cmですか。

(2) 川の上流にA町があり、そこから40km下流にB町があります。船でA町からB町へ行くと2時間かかり、B町からA町へ行くと2時間半かかります。このとき、静水時の船の速さは、川の流れの速さの何倍ですか。

(3)　右の図は、半円と円を組み合わせた図です。斜線部分の面積を求めなさい。

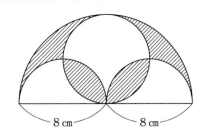

8 cm　　8 cm

(4)　135 gの水に食塩15 gをとかしました。この食塩水に濃さが8%の食塩水250 gを加えました。何%の濃さの食塩水ができますか。

(5)　整数AとBで、AをBでわったときの商とあまりの和をA◎Bで表すことにします。

　例　7◎3＝3　（7÷3＝2　あまり1）

　　　8◎10＝8　（8÷10＝0　あまり8）

　　　16◎4＝4　（16÷4＝4　あまり0）

　45◎B＝5となる整数Bをすべて求めなさい。

(6)　ある店では1200円で仕入れた商品に3割の利益をみこんで定価をつけました。1日目はセール期間中だったので、定価の1割引きにしたところ、仕入れた商品の半分が売れました。2日目は残った商品を定価の200円引きですべて売りました。この2日間の利益の合計は、はじめに予定していた利益より8188円少なくなりました。はじめに商品を何個仕入れましたか。

3　針の先が同じ速さで移動する長さ9 cmの針Aと、長さ6 cmの針Bがあります。針Aは12秒で1回転します。このとき、次の各問いに答えなさい。

(1)　針Bは何秒で1回転しますか。

(2)　針Aと針Bが同じ方向に回転するとき、2つの針は何秒おきに重なりますか。

(3)　針Aと針Bが反対の方向に回転するとき、2つの針は何秒おきに重なりますか。

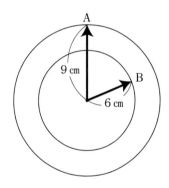

A

9 cm

B

6 cm

洗足学園中学校(第1回)

—50分—

【注意】　円周率は3.14として計算してください。

1　次の問いに答えなさい。

(1)　次の計算をしなさい。

$$\left(2\frac{2}{3}-0.5\right)\times\left(2.8+3\times5+1\frac{1}{25}\right)\div3.14$$

(2)　□にあてはまる数を答えなさい。

$$0.84\times\left(0.75-\frac{1}{28}\right)\div\boxed{}\times9+14\div\left(1.02-\frac{5}{6}\right)=76$$

2　次の問いに答えなさい。

(1)　Aさんが買い物をしました。最初の店では所持金の $\frac{1}{2}$ より200円多く使い、2番目の店では残った所持金の $\frac{1}{3}$ よりも400円多く使いました。3番目の店で残った所持金の $\frac{1}{4}$ よりも600円多く使ったところ、所持金をすべて使いきりました。Aさんは、はじめに何円持っていましたか。

(2)　1、2、3、4、5、6、7が1つずつ書いてある7枚のカードから4枚を選び、2枚ずつ並べて2桁(けた)の奇数(き)を2つ作ります。大きい方の数が小さい方の数の倍数になるとき、考えることができる奇数の組をすべて求めなさい。なお、答えは(13, 25)のように書きなさい。

(3)　高さが同じで底面積が異なる直方体の形をした2つの容器A、Bがあります。この2つの容器に空の状態から毎分1Lの割合で同時に水を入れ、容器Aの高さの半分まで水を入れたところで、容器Aについている毎分200mLの水を排出する排水口(はい)を開けました。その後、容器AとBが同時に満水になりました。このとき、容器AとBの底面積の比をもっとも簡単な整数で答えなさい。

(4)　四角形ABCDは長方形です。直線BEと直線FDが平行のとき、三角形ABGと三角形FDHの面積の比をもっとも簡単な整数で答えなさい。

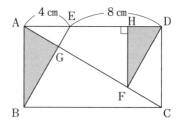

3　次の問いに答えなさい。

(1)　原価が50円の消しゴム1500個を仕入れ、4割の利益を見込んで定価をつけました。ところが4割が売れ残ったので定価を割り引いて残りをすべて売り切ったところ、予定の86％の利益をあげることができました。売れ残った消しゴムを定価の何割引きで売りましたか。

(2)　立方体ＡＢＣＤＥＦＧＨがあります。辺ＡＢ上にＡＰ：ＰＢ＝1：3となる点Ｐを、辺ＢＦ上にＢＱ：ＱＦ＝1：1となる点Ｑをとります。また、点Ｐと点Ｑを結んだ直線上に点Ｒをとります。三角形ＲＱＧの面積は、3点Ｐ、Ｑ、Ｇを通る平面で立方体を切ったときの切り口の面積の$\frac{1}{3}$倍になりました。このとき、ＰＲとＲＱの長さの比をもっとも簡単な整数で答えなさい。

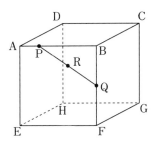

(3)　A、B、Cの3人がスタートから7km走ったところで折り返し、同じ道を戻ってゴールする14kmのマラソン大会に参加しました。3人は同時にスタートし、ゴールまでそれぞれ一定の速さで走りました。AとBの速さの比は5：4です。Aは6km走ったところでCとすれ違い、Bはスタートから43分45秒後にCとすれ違いました。このとき、BがゴールしたのはAがゴールしてから何分何秒後ですか。なお、この問題は解答までの考え方を表す式や文章・図などを書きなさい。

(4)　常に一定の量の水が流れ込んでいる貯水池があります。この貯水池が満水の状態から空になるまで排水するのに、6台のポンプでは350分、5台のポンプでは450分かかります。ところが、貯水池の内壁にヒビが入り、貯水池の水の量が5割を超えると、常に一定の水がもれるようになりました。この状態で5台のポンプを使って満水から空になるまで排水したところ、435分かかりました。このとき、内壁のヒビからもれる水の量は、ポンプ1台あたりの排出量の何倍ですか。ただし、ポンプ1台が排出できる水の量はすべて同じであるものとします。なお、この問題は解答までの考え方を表す式や文章・図などを書きなさい。

4　A、B、Cの3人は、夏休みに文化祭の来場者に渡すしおりを作ることにしました。しおりを作る速さはそれぞれ一定ですが、誰かと一緒に作業するとおしゃべりをしてしまうため、それぞれの作業の速さが0.8倍になってしまいます。予定枚数を作るにあたり、以下のことが分かっています。

① A→B→C→A→B→C→…の順にそれぞれ1人で6分ずつ作業すると、最後はBが6分作業したところで予定枚数を作り終える。

② B→C→A→B→C→A→…の順にそれぞれ1人で6分ずつ作業すると、①よりも2分多くかかる。

③ C→A→B→C→A→B→…の順にそれぞれ1人で6分ずつ作業すると、①よりも2分少なくてすむ。

④ AとB→BとC→CとA→AとB→BとC→CとA→…の順にそれぞれ2人で6分ずつ作業すると、3時間8分で予定枚数を作り終える。

このとき、次の問いに答えなさい。

(1)　A、B、Cがそれぞれ1人で、6分間作業したときに作ることができるしおりの枚数の比をもっとも簡単な整数で答えなさい。

(2)　A、B、Cがはじめから3人で作業すると何時間何分で予定枚数を作り終えますか。なお、この問題は解答までの考え方を表す式や文章・図などを書きなさい。

(3)　A、B、Cの3人で作業をはじめましたが、1時間48分が経過した後、Aは旅行に行くため以後の作業に加われなくなり、また、Bは少し休憩をしてから作業に戻りました。予定枚数を作り終えるのにすべて3人で作業するときよりも19分多くかかったとすると、Cが1人で作業していた時間は何分間ですか。

5　AからBまでは上り坂、BからCまでは平らな道、CからDまでは下り坂となっている登山コースがあります。花子さんはA地点から、よし子さんはD地点から同時に出発したところ、1時間45分後に花子さんが平らな道を$\frac{5}{6}$だけ進んだところで2人は出会いました。また、花子さんがD地点に着いた5分後によし子さんがA地点に着きました。2人はどちらも上り坂を時速1.5km、平らな道を時速3km、下り坂を時速2kmで進みます。このとき、次の問いに答えなさい。

(1)　よし子さんがB地点に着いたのは、花子さんがC地点に着いてから何分後ですか。

(2)　花子さんがA地点を出発してからD地点に着くまでに何時間何分かかりましたか。なお、この問題は解答までの考え方を表す式や文章・図などを書きなさい。

(3)　2人はしばらく休んだ後、再び同時に出発し、来た道を戻りました。しかし、途中で雨が降り始めたため、すぐに花子さんは残りの上り坂と平らな道を進む速さだけ$\frac{6}{5}$倍にしました。また、よし子さんは下り坂を進む速さだけ$\frac{5}{4}$倍にしたところ、花子さんがA地点に着くと同時によし子さんがD地点に着きました。雨が降り始めたのは2人が再び出発してから何分後ですか。

捜真女学校中学部（A）

—50分—

［注意事項］　1　円周率は3.14としなさい。
　　　　　　　2　答えが仮分数になる場合は、帯分数に直して答えなさい。

1　次の□□□□にあてはまる数を答えなさい。

(1)　$12+37-39+8=$□□□□

(2)　$\dfrac{5}{7}+\dfrac{3}{5}+\dfrac{1}{2}=$□□□□

(3)　$(10-2.4\times4)\div\dfrac{1}{25}=$□□□□

(4)　$3.5\times1.2+5.9=$□□□□

(5)　$59+6\dfrac{1}{4}\times7.86\times40=$□□□□

(6)　$\left(\dfrac{3}{4}+\boxed{}\right)\times1\dfrac{3}{4}-2=\dfrac{11}{12}$

(7)　$(0.45\times3-0.75)\div0.5\times\dfrac{2}{3}-\boxed{}=\dfrac{5}{12}$

(8)　時速36km＝分速□□□□m

2　次の問いに答えなさい。

(1)　□□□□にあてはまる数を答えなさい。

　　縮尺が$\dfrac{1}{25000}$の地図では、3.2kmの道のりは□□□□cmです。

(2)　ある商品を仕入れ値の25％の利益を見込んで定価をつけたのですが、売れなかったため定価の15％引きで売ったところ、利益は100円でした。仕入れ値は何円ですか。

(3)　ある公園の噴水の周りの長さは1周735mです。AさんとBさんが同じ場所から反対向きに出発して何周か走ります。Aさんの速さは毎分80m、Bさんの速さは毎分95mであるとき、出発してから2回目に2人が出会うのは何分何秒後ですか。

(4)　200mL入るコップがいくつかあります。ジュースをすべてのコップの容量の4分の3まで注ぐと、ジュースが150mL余りました。そこで、すべてのコップの容量の5分の4まで足していったところ、最後のコップには足すことができませんでした。
　　コップは何個ありますか。また、はじめにジュースは全部で何mLありましたか。

(5)　「パーツの数」と「穴の数」を調べたときに、両方ともそれぞれ等しいときに同じグループに属するとします。たとえば「英」と「旦」はともにパーツの数が2、穴の数が2なので同じグループに属しますが、「直」はパーツの数が2、穴の数が3であるため「英」と「旦」と同じグループではありません。では、「直」と同じグループに属するのは次の①〜④のうちどれですか。

①　仲　　②　明　　③　助　　④　言

3 次の問いに答えなさい。

(1) 図は平行四辺形と二等辺三角形を組み合わせた図形です。角㋐と角㋒
の大きさが等しいとき、角㋐、㋑の大きさはそれぞれ何度ですか。

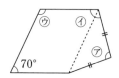

(2) 1辺6cmの正方形を図のように6個組み合わせた図形のまわりを、半径2cmの円がすべることなく1周するとき、円の中心が動いてできる線を図にかきこみなさい。また、その長さは何cmですか。

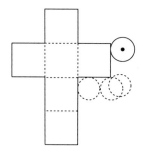
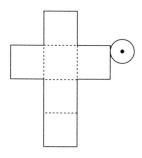

（解答用）

(3) 図の斜線部分の面積は何cm²ですか。

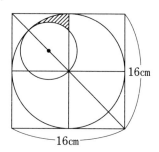

(4) 図は、底面が1辺12cmの正方形で高さが8cmの正四角錐を、底面と平行な面で切ったあとに直方体をくりぬいた立体です。この立体の体積は何cm³ですか。ただし、正四角錐の体積は、底面積と高さが等しい正四角柱の体積の3分の1であることを利用しなさい。

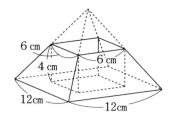

4　10円のガムと50円のアメと100円のチョコレートをそれぞれ何個か買おうとしています。ただし、どのおかしも1個以上買うことにします。

次の問いに答えなさい。

(1) 　　　　　　にあてはまる数を答えなさい。

アメとチョコレートを合わせて16個と、ガムを4個買うとすると、

アメとチョコレートの個数の組み合わせは　　ア　　通りです。

このうち、合計金額が1140円のときは、アメが　　イ　　個、チョコレートが　　ウ　　個です。

(2) 3種類のおかしを合わせて30個買ったところ、合計金額は1620円でした。

考えられる個数の組み合わせは何通りありますか。

また、その中でアメの個数が一番少ない組み合わせを答えなさい。

5　ある仕事を1人で行った場合、Aさんは90時間、Bさんは60時間、Cさんは45時間かかります。この仕事を1週間で終わらせるために、Aさん、Bさん、Cさんの3人が計画を立てています。

A：みんな他にも予定があると思うから、※1日あたりの仕事の時間は5時間にしよう。

B：そうだね。まずは、月曜日から金曜日までの5日間でそれぞれの仕事ができる日に丸をつけて表にまとめよう。

曜日	月	火	水	木	金
A	○			○	○
B	○	○	○		
C		○		○	

C：この計画だと、月曜日に全体の仕事の$\dfrac{ア}{イ}$が終わって、月曜日から金曜日の5日間で全体の仕事の$\dfrac{ウ}{エ}$が終わっていることになるよ。

A：土曜日と日曜日はどうしようか。できれば日曜日は休みたいよね。

B：でも日曜日に3人とも休んでしまうと、仕事が終わらないんじゃない？

C：ホントだ！金曜日に仕事を終えた時点で、全体の$\dfrac{オ}{36}$残っているけど、土曜日に3人で5時間働いた分は全体の$\dfrac{カ}{36}$にしかならないね。

A：じゃあ土曜日だけ3人全員で、5時間より長く仕事をしようよ。

B：そうだね。午前9時から始めれば、昼休みを1時間入れたとしても、午後　　キ　　時前には帰れるね。

(1) 下線部※について、Aさん、Bさん、Cさんが5時間で終える仕事はそれぞれ全体の何分のいくつですか。

(2) 会話文の中のア～キに入る整数は何ですか。

田園調布学園中等部(第1回)

—50分—

円周率は3.14とします。

1

(1) 次の計算をしなさい。

$$\frac{7}{25} \times 0.4 \div \left(3.2 - 1\frac{4}{5}\right) \times 2\frac{1}{12}$$

(2) 次の□□□□にあてはまる数を求めなさい。

$$\frac{5}{12} + \left(2\frac{3}{4} - \boxed{}\right) \div 2\frac{3}{5} = 1\frac{1}{6}$$

(3) $\frac{1}{4}$より大きく$\frac{7}{10}$より小さい数で、40を分母とする分数のうち、約分できない数は何個ありますか。

(4) 午後4時と午後5時の間で、時計の長針と短針の角度が初めて90°になるときの時刻は午後4時何分ですか。

(5) 次の図は、ある立体を真正面から見た図と真上から見た図です。この立体の体積は何cm³ですか。

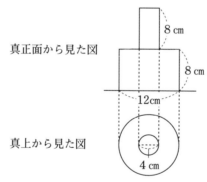

真正面から見た図　8 cm　8 cm　12cm

真上から見た図　4 cm

(6) 生徒たちが長いすに座ります。1脚に6人ずつ座ると、長いすをすべて使っても5人が座れません。1脚に7人ずつ座ると、4人が座る長いすが1脚でき、使わない長いすが2脚ありました。このとき、長いすの数と生徒の人数をそれぞれ求めなさい。

(7) 図の長方形AERH、PFCGは合同であり、長方形ABCD、AERH、PFCGの縦の長さと横の長さの比は3：4です。DC＝18cm、HD＝8cmのとき、斜線部分の面積は何cm²ですか。

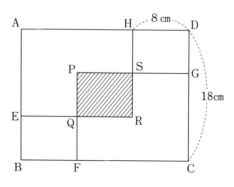

A　H　8 cm　D　P　S　G　18cm　E　Q　R　B　F　C

(8)　Aさん、Bさん、Cさん、Dさんの所持金の平均は3000円で、AさんはBさんの$\frac{4}{5}$倍、Bさんは C さんの$\frac{5}{6}$倍、CさんはDさんの$\frac{2}{3}$倍のお金を持っています。Aさんの所持金は何円ですか。

(9)　川にそって48kmはなれたA、B2つの町があります。ある船がB町を出発してA町まで上るのに8時間かかりました。その後、A町からB町まで下るときは、川の流れの速さが2倍になったので4時間かかりました。この船の静水での速さは時速何kmですか。

(10)　「2÷3」は以下のように考えると、分子が1であり、分母が異なる2つの分数の和で表すことができます。

<考え方>

　2個のお菓子(かし)を3人で分けるとき、まず、2個のお菓子をそれぞれ半分に切って4切れつくります。そこから3人が1切れずつ取ってから、残った1切れを3等分して分けます。

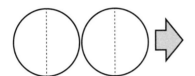

<2個のお菓子をそれぞれ半分に切る> ⇒ <3人が1切れずつ取る> ⇒ <残った1切れを3等分する>

　このように考えると、$2 \div 3 = \frac{1}{2} + \frac{1}{6}$ となります。

　同じように考えるとき、次の ア 、 イ にあてはまる整数を求めなさい。ただし、 ア は イ より小さい数とします。

$$2 \div 7 = \frac{1}{\boxed{\text{ア}}} + \frac{1}{\boxed{\text{イ}}}$$

② 右の図のように、1辺が12cmの正方形ABCDにおいて、点E、F、Gは辺BCを4等分しています。また、DE、DF、DGとACとの交点をそれぞれH、I、Jとします。このとき、次の問いに答えなさい。

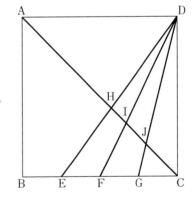

(1)　次の長さの比を、もっとも簡単な整数の比で答えなさい。
　　①　AI：IC　　②　AJ：JC　　③　AH：HC
(2)　AI：IJ：JCを、もっとも簡単な整数の比で答えなさい。
(3)　三角形DIJの面積は何cm²ですか。
(4)　三角形DHIの面積は何cm²ですか。

③ 図1のような長方形ABCDがあり、Eは辺BCを2等分する点です。いま、点PがAを出発して1秒間に2cmの速さで長方形ABCDの辺上をA→D→Cの順に移動し、Cに着いたら止まります。図2のグラフは、点PがAを出発してからCに着くまでの時間と、図形ABEPの面積との関係を表したものです。このとき、次の問いに答えなさい。

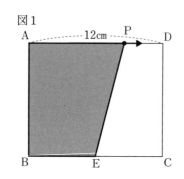

図1

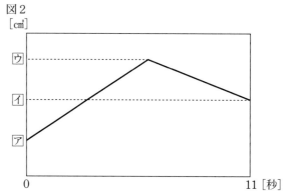

図2

(1)　辺ＡＢの長さは何cmですか。

(2)　図2の ア ～ ウ にあてはまる数を求めなさい。

(3)　図形ＡＢＥＰの面積が78cm²となるのは、点ＰがＡを出発してから何秒後か、すべて求めなさい。また、なぜそうなるのかを図や式などを使って説明しなさい。

4　図のように、1から10の数が書かれたカードを、1段目は1枚、2段目は3枚、3段目は5枚、…といったように左からある規則にしたがって並べていきます。このとき、次の問いに答えなさい。

1段目　①
2段目　②, ③, ④
3段目　⑤, ⑥, ⑦, ⑧, ⑨
4段目　⑩, ①, ②, ③, ④, ⑤, ⑥
5段目　⑦, ⑧, ⑨, ⑩, ①, ②, ③, ④, ⑤
6段目　⑥, ⑦, ⑧, ⑨, ⑩, ①, ②, ③, ④, ⑤, ⑥
　　　　⬚, ⬚, ⬚, ⬚, ⬚, ・・・・

(1)　次の ア ～ カ にあてはまる数を求めなさい。

　　　1段目から7段目までにカードは全部で ア 枚あるので、7段目の右端のカードに書かれた数は イ とわかります。また、1段目から10段目までにカードは全部で ウ 枚あるので、10段目の右端のカードに書かれた数は エ とわかります。さらに、11段目の右端のカードに書かれた数は オ 、12段目の右端のカードに書かれた数は カ です。

(2)　99段目の右端のカードに書かれた数を求めなさい。また、なぜそうなるのかを図や式などを使って説明しなさい。

(3)　どの段の右端にも並ばない数をすべて求めなさい。

5　次の円グラフは、2015年の東京都の農業経営体(＊)の割合を表したものです。この年の東京都の農業経営体の総数は5380でした。円グラフに示した割合は、小数第1位を四捨五入して求めたものです。このとき、あとの問いに答えなさい。

(＊)農業経営体…一定の規模以上で農産物の生産をおこなっている人や団体

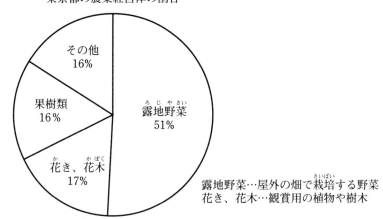

東京都の農業経営体の割合

その他
16%

果樹類
16%

花き、花木
17%

露地野菜
51%

露地野菜…屋外の畑で栽培する野菜
花き、花木…観賞用の植物や樹木

(1)　次の ア ～ エ にあてはまるもっとも適切な数を求めなさい。ただし、 ウ と エ には整数を入れなさい。

　　円グラフでは露地野菜の割合は51％とありますが、これは小数第1位を四捨五入して求めたものなので、実際の割合は ア ％以上 イ ％未満です。東京都には全部で5380の農業経営体があるので、露地野菜の経営体数は ウ 以上 エ 以下とわかります。

(2)　次の オ ～ コ にあてはまるもっとも適切な整数を求めなさい。

　　次に東京都を以下の①～④の区域に分割し、それぞれの区域における果樹類の経営体数とその割合を表にまとめました。割合については、小数第1位を四捨五入して求めたものです。また、①区部の果樹類の経営体数と④島部の果樹類の経営体数の比は14：5です。

	農業経営体の総数	果樹類の経営体数	各部の、農業経営体の総数における果樹類の経営体数の割合
①区部	921	ク	12％
②市部	3751	コ	18％
③郡部	155	ケ	13％
④島部	553	キ	7％
合計(東京都)	5380	853	

　　表にあるそれぞれの割合は小数第1位を四捨五入して求めたものなので、④島部の果樹類の経営体数は オ 以上 カ 以下とわかります。また、①区部の果樹類の経営体数と④島部の果樹類の経営体数の比より、④島部の果樹類の経営体数は キ 、①区部の果樹類の経営体数は ク であることがわかります。

　　③郡部の果樹類の経営体数は、その割合から ケ とわかり、②市部の果樹類の経営体数は コ とわかります。

(注)問題の円グラフや表は、都総務局統計部「2015年農林業センサス東京都調査結果報告」(平成28年12月)と、農林水産省「2015年農林業センサス報告書」(平成28年6月)をもとに作成しました。

東京女学館中学校(第1回)

—50分—

〔注意〕 円周率は、3.14とします。

1　次の□□□にあてはまる数を答えなさい。

(1) $(156 \div 6 \times 2 - 8) \times \{53 - (147 - 84) \div 9\} = $ □□□

(2) $\left\{\left(4\frac{2}{9} + 13 \times 4 \div 18\right) \div 12.5 - \frac{2}{25}\right\} \times 2.5 = $ □□□

(3) $3 \times \{5 \times ($ □□□ $ - 68) - 16\} = 24 \times 17 - 357 \div (59 - 6 \times 7)$

(4) $\left(5\frac{3}{8} - 2\frac{1}{4}\right) \times (9 \div 0.06 - $ □□□ $ \times 7 + 1) = 100$

2　次の各問いに答えなさい。

(1) りんご4個とオレンジ6個を買うと1230円、りんご3個とオレンジ7個を買うと1210円でした。りんご1個、オレンジ1個の値段はそれぞれいくらか求めなさい。

(2) 濃度が10％の食塩水300gに濃度が3％の食塩水□□□gを加えたところ、濃度が6％の食塩水になりました。□□□にあてはまる数を求めなさい。

(3) $\frac{1}{100}$、$\frac{2}{99}$、$\frac{3}{98}$、$\frac{4}{97}$、……、$\frac{99}{2}$、$\frac{100}{1}$ の100個の分数があります。

この中で、数直線上で1と最も近い分数を求めなさい。

(4) 次の図において半円の内部にある斜線部分の面積を求めなさい。ただし、点●は半円の直径を4等分する点で、点○は半円の曲線部分を2等分する点です。

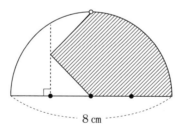

8 cm

(5) 【図1】のような正八面体ABCDEFがあります。この正八面体を【図2】のように展開したとき、辺EFとなるすべての辺を、解答用の展開図にかき入れなさい。

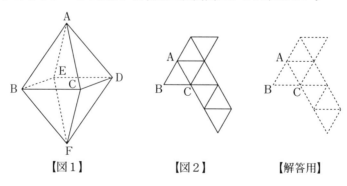

【図1】　　　【図2】　　　【解答用】

③　全部で10回ある算数のテストを、Aさんはこれまで7回受けて、Aさんの得点の平均は88点でした。このとき、次の各問いに答えなさい。

(1)　これまでの7回のテストの合計点は何点か求めなさい。

(2)　10回のテストの平均点を90点にするためには、Aさんは残り3回あるテストの合計点を何点にすればよいか求めなさい。

(3)　実際には、8回目が100点、9回目が94点、10回目が100点でした。10回のテストの平均点は何点か求めなさい。

④　40人のクラスで、生徒が英語が好きかきらいか、算数が好きかきらいかどうか調べたところ、英語が好きな生徒は25人、算数が好きな生徒は32人でした。このとき、次の各問いに答えなさい。

(1)　英語も算数も両方とも好きな生徒は、最も多い場合で何人か求めなさい。

(2)　英語だけが好きな生徒が6人のとき、どちらもきらいな生徒は何人か求めなさい。

(3)　クラスの全員が少なくともどちらか1つは好きなとき、両方とも好きな生徒は何人か求めなさい。

⑤　1番目の図形は、半径が1cmの円の内側に色を塗ったものです。2番目の図形は、1番目の図形に、半径が2cmの円を中心が重なるようにかき加えたものです。3番目の図形は、2番目の図形に、半径が3cmの円を中心が重なるようにかき加え、2番目の図形と半径3cmの円で囲まれた部分に色を塗ったものです。このように、規則的に図形をかき並べます。このとき、次の各問いに答えなさい。

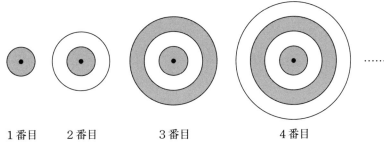

1番目　　2番目　　　　3番目　　　　　4番目

(1)　3番目の図形において、色を塗った部分の面積の和を求めなさい。答えだけでなく、途中の計算も書きなさい。

(2)　5番目の図形において、色を塗った部分とそれ以外の部分の面積の比を、最も簡単な整数の比で表しなさい。

(3)　色を塗った部分とそれ以外の部分の面積の比が4：3となるのは、何番目の図形か求めなさい。

⑥　右の図において、辺BC上の点DはBD：DC＝4：3となる点で、AD上の点EはAE：ED＝3：2となる点です。また、3点B、E、Fは一直線上に並んでおり、BFとDGは平行です。このとき、次の各問いに答えなさい。

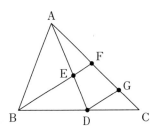

(1)　FG：ACの比を、最も簡単な整数の比で表しなさい。

(2)　BE：EFの比を、最も簡単な整数の比で表しなさい。

(3)　四角形EDCFの面積と三角形ABCの面積の比を、最も簡単な整数の比で表しなさい。

7 ある水そうに、注水管Aと排水管Bと排水管Cがついています。この水そうに、A管から注水を始めたところ、水があふれ出したので、A管から注水したまま、B管とC管を開いて排水しました。その後、｜ あ ｜を閉めました。ただし、｜ あ ｜にはA管またはC管があてはまります。次のグラフは、水を入れ始めてからの時間と水そうの水の量の関係を表したものです。このとき、次の各問いに答えなさい。

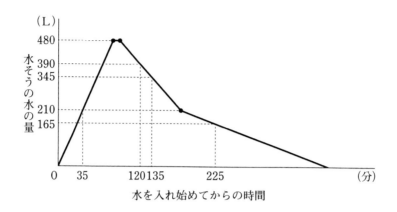

(1) A管からは、毎分何Lの水を注水しているか求めなさい。

(2) ｜ あ ｜にあてはまる管はA管かC管か○を付けて答えなさい。また、その理由も答えなさい。

(3) B管からは、毎分何Lの水が排水されているか求めなさい。

東洋英和女学院中学部（A）

—45分—

1　次の計算をしなさい。

(1)　$144 \div 6 \times 2 - 165 \div 15$

(2)　$\dfrac{2}{15} - \left\{ \left(6 \div 2.25 - 2\dfrac{5}{8} \div 4.5 \right) \times 0.2 - \dfrac{1}{3} \right\}$

2　1辺の長さが20cmの正方形を、図に書かれた面積になるように、4つの長方形に分けました。このとき、Aの長さを求めなさい。

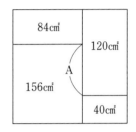

3　ある食塩水に、食塩20gと水80gを加えたので、濃度10％の食塩水が500gできました。もとの食塩水の濃度は何％ですか。

4　消しゴム2個の値段は、鉛筆3本の値段より10円高く、消しゴム6個と鉛筆5本を買うと、代金は1010円になります。消しゴム1個の値段はいくらですか。

5　右図のように、直角二等辺三角形の中に、円と3つの正方形があります。影の部分の面積を求めなさい。ただし、円周率は3.14とします。

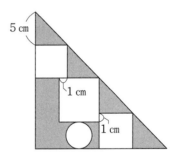

6　A駅の動く歩道は、一定の速さで動いています。この歩道を分速50mで歩くと2分間かかり、分速75mで歩くと1分30秒かかります。
　　歩かずに乗ったままの場合は、何分間かかりますか。

7　児童38人が農業体験をしました。玉ねぎ23個、にんじん25本、なす28本の合計76個を収穫したので、一人2個ずつ異なる種類の野菜を持ち帰りました。なすと玉ねぎを持ち帰った児童は何人ですか。考え方と式も書きなさい。

⑧　A、B、C、D、E、Fの6人が円形のテーブルを囲んで座りました。席は等間隔で並んでいて、1～6の番号が書かれています。6人は次のように言っています。

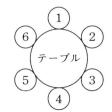

　　　　A「Eさんの席の番号は、私の番号の約数です。」
　　　　B「私の正面にEさんが座っています。」
　　　　C「私とFさんは自分の好きな番号の席に座りました。」
　　　　D「私の席の番号は、CさんとEさんの番号の和よりも大きいです。」
　　　　E「Bさんの席の番号はAさんの番号の2倍です。」
　　　　F「CさんとDさんの間に座っている人は1人です。」
　　　CさんとFさんの好きな番号は、それぞれ何番ですか。

⑨　〈A〉は、Aの小数第1位を四捨五入した数を表します。
　　例えば、〈7÷3〉＝〈2.333…〉＝2です。次の問いに答えなさい。
　⑴　〈〈53÷5〉÷3〉はいくつですか。
　⑵　〈B÷5〉＝6に当てはまる整数Bの中で、最小の数と最大の数を答えなさい。
　⑶　〈B÷5〉＝6と〈44÷B〉＝2を同時に満たす整数Bをすべて答えなさい。

⑩　高さ10cmの円柱型の水そうAの中に、高さ13cmの直方体型の水そうBが入っています。水そうBの底面は1辺4cmの正方形です。
　　図1はこれを真横から見た図で、図2は真上から見た図です。
　　次の問いに答えなさい。ただし、円周率は3.14とします。
　⑴　水そうAの底面積を求めなさい。
　⑵　250cm³の水を、水そうBに満ぱいになるまで入れ、残りを図2の①～④の4つの部分に均等に入れました。4つの部分の水面の高さは何cmですか。小数第2位を四捨五入して答えなさい。

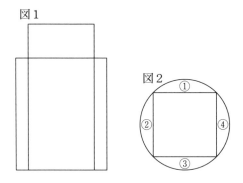

図1

図2

⑪　ある紙テープを6cmずつに分けると最後の1本が1cm足りなくなりますが、7cmずつに分けると1cm余ります。150cmから200cmまでの間で考えられる紙テープの長さをすべて答えなさい。

12　図のように長方形Aと、Aの向きを変えた長方形Bが直線上に並んでいます。図の状態から長方形Aは矢印の方向に直線に沿って一定の速さで進みます。長方形Bは途中から同じ方向に毎秒1.5cmの速さで進みます。グラフはAが動き始めてからの時間と、AとBが重なっている部分の面積の関係を表しています。次の問いに答えなさい。

⑴　Aの縦の長さを求めなさい。

⑵　Aの速さを求めなさい。

⑶　⑦に当てはまる数を求めなさい。

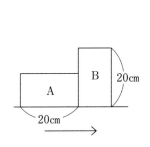

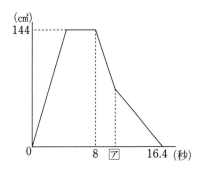

13　6年生が20点満点の試験を受けました。問1と問2は〇が5点、×が0点、問3は〇が10点、△が5点、×が0点です。次のことがわかっています。

・問1が×の人は全体の12%で、全員が合計0点です。

・問3が〇の人は全体の8％で、全員20点満点です。

・合計5点の人は全体の16%で、合計0点の人より6人多い。

・問3が×の人は、△の人の1.5倍より全体の2％多い。

・平均点は9.6点です。

次の問いに答えなさい。

⑴　試験を受けた人数を求めなさい。

⑵　問3が△の人は何人ですか。

⑶　合計15点の人は何人ですか。

豊島岡女子学園中学校(第1回)

—50分—

注意事項　1　円周率は3.14とし、答えが比になる場合は、最も簡単な整数の比で答えなさい。
　　　　　2　角すい・円すいの体積は、(底面積)×(高さ)÷3で求めることができます。

1　次の各問いに答えなさい。

(1)　$2024 \div 3 \times \left\{\left(0.32 + \dfrac{2}{5}\right) \div \dfrac{4}{15} \div 9.9\right\}$ を計算しなさい。

(2)　中学1年生に用意したえんぴつを配りました。1人に3本ずつ配ると88本あまり、1人に5本ずつ配ると4本不足しました。用意したえんぴつは全部で何本でしたか。

(3)　Aさんの所持金の半分の金額と、Bさんの所持金の40%の金額は同じ金額です。また、Aさんの所持金に1800円を加えた金額とBさんの所持金の2倍の金額は同じ金額です。Aさんの所持金はいくらですか。

(4)　右の図の○の中に1から10までの異なる整数を書き入れ、(あ)から(け)までの9つの三角形の頂点の3つの数を足します。このようにしてできた9つの数の和が最も小さくなるように数を書き入れるとき、その和を答えなさい。

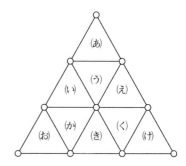

2　次の各問いに答えなさい。

(1)　ある水そうには管A、管B、管Cの3つの水を入れる管がついています。
空の状態から、管Aのみを20分間用いると水そうがいっぱいになり、管Aを5分間、管Bと管Cを18分間用いると水そうがいっぱいになります。また、管Aを8分間、管Bを17分間、管Cを12分間用いると水そうがいっぱいになります。管Bからは毎分1Lの水が出るとき、水そうの容積は何Lですか。

(2)　バスケットボールの試合では、シュートの種類によって1点、2点、3点の得点をとることができます。豊子さんはある試合で10点をとりました。シュートの種類の組み合わせは全部で何通りありますか。ただし、得点の順番は考えないものとします。

(3)　正十角形ABCDEFGHIJがあります。図のように点Bを中心とし、点Dを通る円の弧DJと、点Jを中心とし、点Bを通る円の弧BHの交わる点をKとします。このとき、角CDKの大きさは何度ですか。

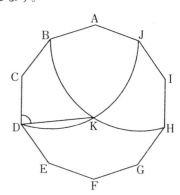

(4)　図のようにＡＢ＝ＡＣ＝３cm、ＢＣ＝２cmの二等辺三角形ＡＢＣとＤＥ＝ＤＦ＝３cm、ＥＦ＝２cmの二等辺三角形ＤＥＦがあります。点Ｅは辺ＢＣの真ん中の点であり、点Ｇは辺ＥＦの真ん中の点で、辺ＡＣ上にあります。辺ＡＢと辺ＤＦの交わる点をＨとするとき、ＤＨの長さは何cmですか。

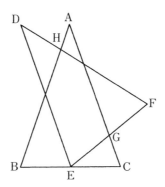

③　Ａ地点とＢ地点の間を豊子さんと花子さんはＡ地点からＢ地点へ、太郎さんはＢ地点からＡ地点にそれぞれ一定の速さで移動します。花子さんと太郎さんは豊子さんが出発してから15分後に出発します。豊子さんと太郎さんがすれ違ってから２分40秒後に花子さんと太郎さんがＣ地点ですれ違い、豊子さんと花子さんは同時にＢ地点に着きました。花子さんと太郎さんの速さの比は３：２であるとき、次の各問いに答えなさい。

(1)　豊子さんがＣ地点に到達するのは花子さんと太郎さんがすれ違う何分前ですか。

(2)　(豊子さんの速さ)：(太郎さんの速さ)を答えなさい。

(3)　太郎さんがＡ地点に着くのは太郎さんが出発してから何分後ですか。

④　３種類のカード①、②、⑬がそれぞれたくさんあります。これらのカードを②のカードが連続しないように並べて、整数を作ります。例えば、

　　１けたの整数は①、②の２通り、

　　２けたの整数は①①、①②、②①、⑬の４通り、

　　３けたの整数は①①①、①①②、①②①、①⑬、②①①、②①②、②⑬、⑬①、⑬②の９通り作ることができます。

　　このとき、次の各問いに答えなさい。

(1)　４けたの整数は何通り作ることができますか。

(2)　６けたの整数は何通り作ることができますか。

5 次の各問いに答えよ。

(1) 次の図のような三角形ＡＢＣ、ＤＥＦがあります。辺ＡＣの長さと辺ＤＥの長さが等しく、辺ＡＢと辺ＤＦの長さの和が4㎝であるとき、2つの三角形の面積の和は何㎠ですか。

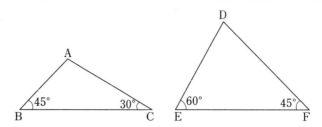

(2) 次の図のような三角形ＧＨＩ、ＪＫＬ、ＭＮＯがあります。辺ＧＩの長さと辺ＪＫの長さ、辺ＪＬの長さと辺ＮＯの長さがそれぞれ等しく、辺ＧＨの長さと辺ＭＮの長さの和が4㎝であるとき、3つの三角形の面積の和は何㎠ですか。

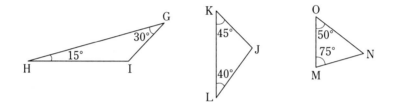

(3) 次の図のような直角三角形ＰＱＲと正方形ＳＴＵＶがあります。辺ＱＲの長さと正方形の1辺の長さが等しく、辺ＰＲの長さと正方形の1辺の長さの和が4㎝であるとき、2つの図形の面積の和は何㎠ですか。

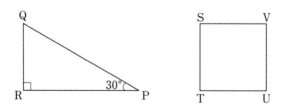

6　1辺の長さが6㎝の立方体ABCD－EFGHがあります。直線EGと直線FHが交わる点を
　　Iとし、点Iの真上にIJ＝2㎝となる点Jをとります。
　　　このとき、次の各問いに答えなさい。

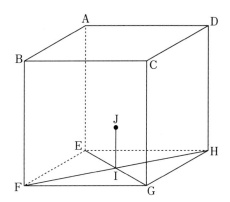

⑴　FK＝2㎝となるような辺EF上の点をK、FL＝2㎝となるような辺FG上の点をLとし
　　ます。3点K、L、Jを通る平面と辺DHが交わる点をMとするとき、DMの長さは何㎝です
　　か。

⑵　辺EFの真ん中の点をNとします。3点G、N、Jを通る平面と辺ADが交わる点をOとす
　　るとき、AOの長さは何㎝ですか。

日本女子大学附属中学校(第1回)

—50分—

○円周率は3.14とします。

1　次の(1)〜(4)の ☐ をうめなさい。

(1)　$2.8 \times 43 + 1.2 \times 43 + 83 \times 4 - 4 \times 26 =$ ☐

(2)　$3\frac{7}{9} \div \left(1.25 - 0.2 \times 3\frac{1}{3} + 0.125\right) =$ ☐

(3)　$\left\{2\frac{2}{3} - \left(1\frac{3}{4} - \boxed{}\right) \div \frac{3}{4}\right\} \times 5 = 3$

(4)　0.6日 = ☐時間☐分

2　次の(1)〜(8)の問いに答えなさい。

(1)　大小2つのさいころを同時に投げ、大きいさいころの出た目の数を分母に、小さいさいころの出た目を分子とする分数を作ります。できた数が1.5以上になる場合は何通りありますか。

(2)　姉は妹の2倍のおこづかいを持っていて、姉と妹はそれぞれおこづかいの$\frac{3}{4}$、$\frac{2}{5}$を出し合って、2280円のプレゼントを買いました。はじめに姉はいくら持っていましたか。

(3)　1個300円の桃を100個仕入れて、2割の利益を見込んで定価をつけました。60個売ったあと、残りは定価の2割引きで全部売りました。利益はいくらになりますか。式を書いて求めなさい。

(4)　長さ8mの道に50cmの間隔(かく)で花を植えていくことにしました。1つ植えるのに3分かかり、5つ植え終わるたびに1分休みます。花を植え終わるのに全部で何分かかりますか。
　　　ただし、道の両端(はし)には花は植えないこととします。

(5)　さくらさんは3.3km離(はな)れた駅まで行くのに、途(と)中まで自転車で行き、残りは歩いたところ全部で15分かかりました。自転車の速さを分速300m、歩く速さを分速60mとするとき、自転車に何分乗りましたか。

(6)　〔図1〕は点Oを中心とする半円です。⊛の角の大きさは何度ですか。

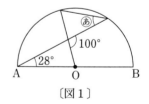

〔図1〕

(7)　半径5cmの円がすき間なく並んでいます。〔図2〕のように外側を囲んだとき、周りの長さは何cmですか。式を書いて求めなさい。

〔図2〕

(8) 〔図3〕のような底面が1辺12cmの正方形で高さが
20cmである四角柱の水そうに、いっぱいに水が入っ
ています。辺ABを床につけて矢印の方向に水そうを
45度傾けて水をこぼします。こぼれた水の体積は何cm³
ですか。

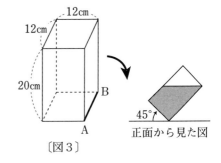

〔図3〕

正面から見た図

③ ある規則に従って次のように数が並んでいます。次の(1)、(2)の問いに答えなさい。

　　2、3、5、8、12、17、…

(1) 11番目の数を求めるのに次のように考えます。次の①～④にあてはまる数を答えなさい。
ただし、同じ番号のところは同じ数が入ります。

> となりの数との差は1から始まって[①]ずつ増えています。11番目の数は、10番
> 目の数との差が[②]になります。1番目から11番目の数までの差の合計は(1＋
> [②])×[②]÷2で求められるので[③]になります。
> これらのことから、11番目の数は[④]になります。

(2) 30番目の数を求めなさい。

④ A町とB町を往復するバスが走っています。バスがA町を出発して5分後に花子さんは自転車
でB町からA町に向かって出発し、B町から1.5km進んだところでA町から来るバスとすれ違い
ました。グラフはそのときのバスと花子さんの様子を表しています。

　　次の(1)～(4)の問いに答えなさい。

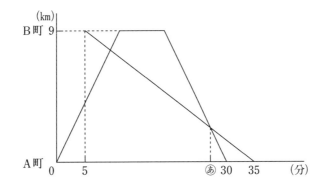

(1) 花子さんの速さは時速何kmですか。

(2) 花子さんとバスがすれ違うのは、花子さんが出発してから何分後ですか。

(3) バスはB町で何分間停車しましたか。式を書いて求めなさい。

(4) あにあてはまる数を求めなさい。

5　縦30cm、横50cm、高さ90cmの直方体の空の水そうに蛇口から毎分7.5Lの割合で水を入れていきます。水を入れ始めると同時に、〔図1〕の位置から四角柱のおもりを一定の速さでまっすぐに底につくまで入れていきます。おもりは底面積300㎠、高さ90cmです。次のグラフは水を入れ始めてからの時間と水面の高さの関係を表したものです。

あとの(1)～(3)の問いに答えなさい。

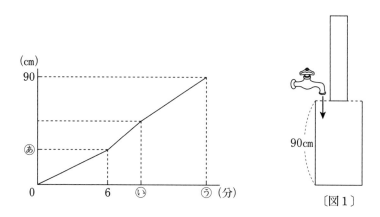

〔図1〕

(1)　空の水そうに水を入れるとき、水面の高さは毎分何cm上がりますか。

(2)　おもりを入れる速さは毎分何cmですか。

(3)　次のA～Eは水そうとおもりの様子を表しています。

グラフの(あ)～(う)のときの図をA～Eの中から選びなさい。また、(あ)～(う)にあてはまる数を求めなさい。(う)は式を書いて求めなさい。

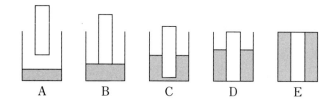

A　　　B　　　C　　　D　　　E

6　大きな正方形をできるだけ多く用いて、長方形を正方形でしきつめることを考えます。

例えば次の図は、縦28cm、横64cmの長方形を正方形でしきつめたものです。

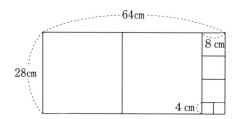

次の(1)～(3)の問いに答えなさい。

(1)　縦21cm、横72cmの長方形は、3種類の大きさの正方形でしきつめられます。

次の(あ)～(か)にあてはまる数を答えなさい。

「この長方形は、1辺が　(あ)　cmの正方形が　(い)　個、

1辺が　(う)　cmの正方形が　(え)　個、

1辺が　(お)　cmの正方形が　(か)　個でしきつめられます。」

(2) 図は、ある長方形を正方形でしきつめたものです。
　　この長方形の横の長さは何cmですか。

(3) 次の①～③の条件をすべて満たす長方形は、3通り考えられます。
　　3通りの長方形を、正方形でしきつめた図をかきなさい。
　　ただし、方眼の1ますは1cmです。
　　　① 横の長さが縦の長さより長い。
　　　② 3種類の正方形を全部で5個用いてしきつめられる。
　　　③ しきつめた正方形のうち最も小さい正方形の1辺は1cmである。

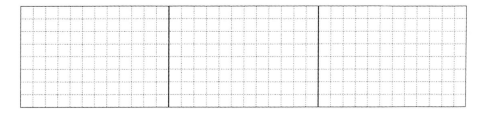

日本大学豊山女子中学校（4科・2科）

—50分—

① 次の□□□にあてはまる数を求めなさい。

(1) $38 - 24 \div 3 \times 2 = $ □□□

(2) $3\frac{3}{5} - \left(1\frac{3}{4} \div \frac{7}{9} - \frac{1}{4}\right) = $ □□□

(3) $\left\{12 - \left(0.27 + \frac{3}{4}\right) \div \frac{3}{20}\right\} \div 0.4 = $ □□□

(4) □□□kmの道のりを毎分80mで歩く場合と毎分100mで歩く場合とでは10分の差があります。

(5) 3％の食塩水200gと6％の食塩水400gを混ぜ合わせると、□□□％の食塩水になります。

(6) 1、2、4、7、11、……の数の列で、最初から10番目の数は□□□です。

② 次の□□□にあてはまる数を求めなさい。

(1) 図のように、1組の三角定規を重ねました。㋐の角の大きさは□□□度です。

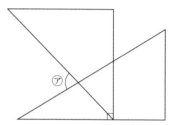

(2) 図の影の部分の面積は□□□㎠です。ただし、円周率は3.14とします。

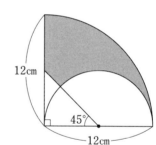

(3) 図のように、1辺が9cmの立方体から1辺が3cmの色のついた立方体を6つ切り取りました。

残った立体の表面積は□□□㎠です。

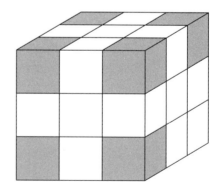

③　図のように1段目に4マス、2段目に3マス、3段目に2マス、4段目に1マスのマス目があります。上のマス目には、その下にある2つのマスに入っている数の和が入ります。

たとえば、Aに2、Bに1を入れると、Eには3が入ります。次の問に答えなさい。

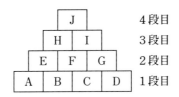

(1)　1段目に左から順に1、2、3、4を入れると、Jに入る数はいくつですか。

(2)　1段目に1、2、3、4を1つずつ入れて、Jに入る数がもっとも大きくなるようにします。Jに入る数はいくつですか。

(3)　1段目には、A＜B＜C＜Dとなるように1以上の整数を入れることにします。Jに入る数が23であるとき、A、B、C、Dに入る整数をそれぞれ求めなさい。

④　高さが30cmの容器があり、この容器に毎秒50mLずつ水を入れていきます。グラフは水を入れ始めてからの時間と水面の高さの関係を表したものです。次の問に答えなさい。

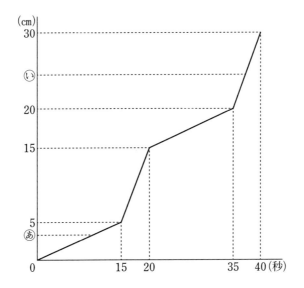

(1)　この容器の容積は何mLですか。

(2)　水を入れ始めてから17秒後の水面の面積は何cm²ですか。

(3)　高さがあといのときの水面の面積の比を最も簡単な整数の比で答えなさい。

5 図1のような長方形から半円を2つ切り取った紙を2枚使って図2のような立体を作りました。
次の問に答えなさい。ただし、円周率は3.14とします。

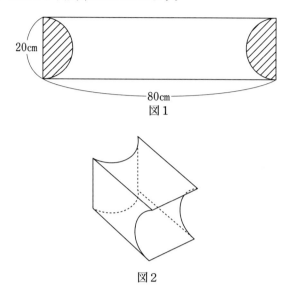

20cm

80cm

図1

図2

(1) この立体の表面積は何㎠ですか。

(2) この立体の体積は何㎤ですか。

フェリス女学院中学校

—50分—

《注意》　1　答を出すのに必要な図や式や計算を、その問題のところには<u>はっきり</u>と書いてください。

　　　　　2　円周率を使う場合は3.14としてください。

1　次の問いに答えなさい。

(1)　次の□□□にあてはまる数を求めなさい。

$$\frac{1}{3} \div \left(1.7 \div \boxed{} - \frac{1}{8}\right) \div \frac{2}{9} = 2\frac{4}{7}$$

(2)　図のように四角形ＡＢＣＤがあり、点Ｐは対角線ＡＣと対角線ＢＤの交わる点です。三角形ＡＢＰの面積と三角形ＣＤＰの面積の比は１：３で、三角形ＡＢＣの面積と三角形ＤＢＣの面積の比は７：９です。

　　　次の　ア　～　ウ　にあてはまる数を求めなさい。

①　直線ＡＰの長さと直線ＰＣの長さの比を最もかんたんな整数の比で表すと　ア　：　イ　です。

②　三角形ＰＢＣの面積は三角形ＰＡＤの面積の　ウ　倍です。

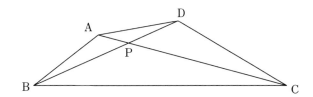

(3)　３種類のバケツＡ、Ｂ、Ｃを水で満たして、空の水そうに水を入れます。この３種類のバケツを１回ずつ使って水を入れると、水そうの容積の20％になります。バケツＡを２回、バケツＢを４回、バケツＣを８回使って水を入れると、水そうの容積の100％になります。また、バケツＡを７回、バケツＢを４回、バケツＣを４回使って水を入れても、水そうの容積の100％になります。

　　　次の　ア　～　エ　にあてはまる数を求めなさい。

①　３種類のバケツの容積の比を最もかんたんな整数の比で表すと、バケツＡ、バケツＢ、バケツＣの順で　ア　：　イ　：　ウ　です。

②　水そうの容積はバケツＡの容積の　エ　倍です。

⑷　図のように直線ＡＤと直線ＢＣが平行な台形ＡＢＣＤがあります。辺ＡＤ上に点Ｅがあり、台形ＡＢＣＤの面積と三角形ＥＣＤの面積の比は４：１です。直線ＣＥと直線ＢＤの交わる点をＦとします。点Ｆを通り、辺ＡＤに平行な直線が辺ＡＢと辺ＤＣに交わる点をそれぞれＧとＨとします。

　　次の　ア　、　イ　にあてはまる数を求めなさい。

①　三角形ＣＤＥの面積は三角形ＣＡＥの面積の　ア　倍です。

②　直線ＧＨの長さは　イ　cmです。

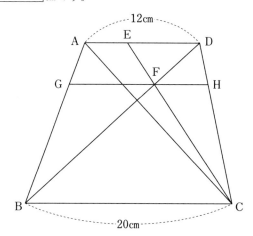

⑸　ＡさんとＢさんがじゃんけんを何回かして、点数を得たり失ったりするゲームをします。２人のはじめの持ち点はともに10点です。

　　グーで勝てば１点を得て、グーで負ければ１点を失います。

　　チョキで勝てば２点を得て、チョキで負ければ２点を失います。

　　パーで勝てば３点を得て、パーで負ければ３点を失います。

　　じゃんけんでは２人が同じ手を出した場合は勝敗がつくまでじゃんけんをして、それを１回のじゃんけんと数えます。

　　次の　ア　～　ウ　にあてはまる数をそれぞれすべて答えなさい。

①　じゃんけんを１回して、Ａさんの持ち点が11点になるとき、Ｂさんの持ち点は　ア　点です。

②　じゃんけんを２回して、Ａさんの持ち点が10点になるとき、Ｂさんの持ち点は　イ　点です。

③　２人の持ち点のうちのどちらかがはじめて５点以下となるか15点以上となったとき、このゲームを終了することにします。じゃんけんを３回してＡさんの持ち点が15点以上となり、ゲームが終了しました。このときＢさんの持ち点として考えられる最も高い点は　ウ　点です。

2 整数を順に1、2、3、……、Nと並べて次の操作①、②、③を続けて行います。

　　① 7で割って1余る数は5に変える。

　　② 7で割って2余る数は25に変える。

　　③ 並んだ数をすべてかけてできる数をMとする。

　　例えばNが10のとき次のようになります。

　　　　1、2、3、4、5、6、7、8、9、10

　　　　↓ ↓ ↓ ↓ ↓ ↓ ↓ ↓ ↓ ↓

　　　　M＝5×25×3×4×5×6×7×5×25×10

　　次の問いに答えなさい。

(1) Nが10のとき、Mは10で何回割り切れますか。

(2) Nが25のとき、Mは10で何回割り切れますか。

(3) Nが50のとき、Mは10で何回割り切れますか。

3 長針と短針がそれぞれ一定の速さで動く時計があります。

　　次の ア ～ エ にあてはまる数を答えなさい。

(1) 図のように時計の針が6時を指したあと、長針と短針の間の角が初めて70°になる時刻は ア 時 イ 分です。(求め方も書くこと。)

(2) 図のように時計の針が6時を指しているとき、長針と短針の間の角は、3と9の目盛りを結ぶ直線㋐によって二等分されます。このあと12時までの6時間に、長針と短針の間の角が直線㋐によって二等分されることは ウ 回あります。ただし、6時の場合は回数に含めません。(求め方も書くこと。)

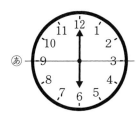

(3) (2)の場合のうち、長針と短針の間の角が最も小さくなる場合の、その角度は エ °です。(求め方も書くこと。)

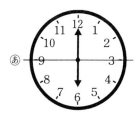

4　次の問いに答えなさい。

(1)　図の正三角形ＡＢＣで、点Ｄ、点Ｅはそれぞれ辺ＡＢ、辺ＡＣ上
　　の点です。

　　　　直線ＡＤと直線ＤＢの長さの比は２：１で、

　　　　直線ＡＥと直線ＥＣの長さの比も２：１です。

　　　　三角形ＡＤＥの面積は、正三角形ＡＢＣの面積の何倍ですか。

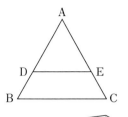

(2)　正三角柱と正六角柱があります。

　　　それぞれの側面の面積の合計は288㎠で等しく、体積も等しいです。

　　　正三角柱の高さは16㎝です。

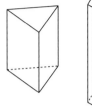

　①　この正三角柱と正六角柱の底面の周りの長さの比は、□□□□□
　　と等しい。

　　　　□□□□□にあてはまるものを次のア～カから選んで答えなさい。

　　　ア　正三角柱と正六角柱の底面の１辺の長さの比

　　　イ　正六角柱と正三角柱の底面の１辺の長さの比

　　　ウ　正三角柱と正六角柱の高さの比

　　　エ　正六角柱と正三角柱の高さの比

　　　オ　正三角柱と正六角柱の１つの側面の周りの長さの比

　　　カ　正六角柱と正三角柱の１つの側面の周りの長さの比

　②　正六角柱の高さは何㎝ですか。（求め方も書くこと。）

富士見中学校(第1回)

—50分—

注意事項　(1)　④には説明を必要とする問いがあります。

答えだけでなく考え方も書いてください。

(2)　円周率が必要な場合には3.14として計算しなさい。

① 　　　　　に当てはまる数を求めなさい。

(1)　$3\dfrac{1}{3} - \left(3.2 \div 1\dfrac{3}{5} - \dfrac{1}{6}\right) = \boxed{}$

(2)　$53 - \left\{33 - \left(\boxed{} + 4\right) \times \dfrac{3}{5}\right\} = 41$

(3)　姉と妹の持っているお金の合計は3840円です。姉の持っているお金の$\dfrac{1}{4}$を妹にあげたところ、2人の持っているお金は同じになりました。最初に姉が持っていたお金は $\boxed{}$ 円です。

(4)　12％の食塩水を4日間置いていたところ、水分だけが蒸発して15％の食塩水になっていました。このままあと1日放置すると、$\boxed{}$ ％の食塩水になります。ただし、1日あたりに蒸発する水分の量はいつも同じとします。

(5)　仕入れ値が1kgあたり1000円であるお米を何kgか仕入れて、3割5分増しの値段をつけて売り出しました。仕入れたお米のちょうど8割にあたる100kgが売れたところで、残りのお米をそれまでの値段の4割引きで売ることにしました。全部売り切ると、利益は $\boxed{}$ 円です。

(6)　長方形の紙を右の図のように折りました。このとき、角 x は $\boxed{}$ 度です。

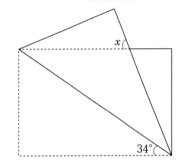

(7)　右の図は、直方体の箱に3枚の正方形のおりがみを $\boxed{}$ 部分のようにはりつけたものです。1枚のおりがみの面積が18㎠であるとき、直方体の体積は $\boxed{}$ ㎤です。

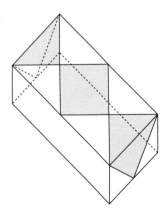

(8) 右の図の▨▨▨部分は、同じ大きさの直角二等辺三角形です。これらを直線ℓの周りに1回転させてできる立体の体積は□□□㎤です。ただし、直線ℓと直線mは垂直に交わっています。

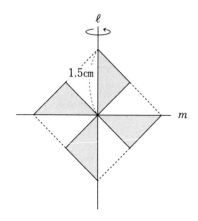

2

〔A〕 半径2㎝の円Oが、【図1】から【図3】の図形の外側を1周します。次の問いに答えなさい。

(1) 【図1】は半径6㎝の円です。円Oが通過する部分の面積は何㎠ですか。

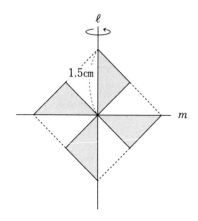

【図1】

(2) 【図2】は縦4㎝、横6㎝の長方形と半径4㎝で中心角90°のおうぎ形を2個組み合わせた図形です。円Oが通過する部分の面積は何㎠ですか。

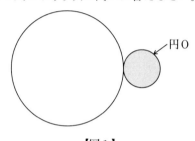

【図2】

(3) 【図3】は正方形です。円Oが通過する部分の面積が162.24㎠となりました。この正方形の1辺は何㎝ですか。

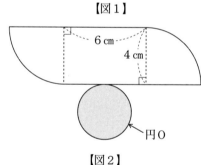

【図3】

〔B〕 1辺が1cmの正方形を「図形1」とします。次の図のように、「図形1」に1辺が2cmの正方形をくっつけた図形を「図形2」とします。同じように、「図形2」に1辺が3cmの正方形をくっつけた図形を「図形3」とし、その後、「図形4」、「図形5」を作っていきます。また、「図形○」の周の長さを《○》(cm)とします。例えば、《1》=4、《2》=10です。

このとき、次の問いに答えなさい。

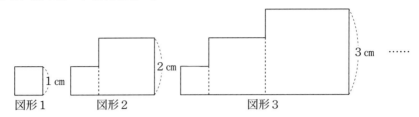

図形1   図形2   図形3

(1) 《4》を求めなさい。

次に《○》÷○を計算した値を［○］とします。

(2) ［1］、［2］、［3］の値をそれぞれ求めなさい。

(3) ［□］=2024であるとき、□に入る数を求めなさい。

3 ある通信販売のお店では、次の2種類の商品を売っています。どちらの商品のパッケージも直方体で、「パッケージの大きさ」は「縦×横×高さ」を表します。

商品名	パッケージの大きさ	価格
おとめぐさ栽培キット	10cm×26cm×10cm	2000円
純真ふじじかのスマホケース	15cm×10cm×2cm	200円

商品を発送するために、内側の寸法が縦30cm、横30cm、深さ20cmである直方体の箱を使用します。箱の内側の寸法と商品の寸法がちょうど等しくても、商品は箱に収まるものとします。また、商品はどのような向きで箱に入れてもよいものとします。

このとき、次の問いに答えなさい。

(1) おとめぐさ栽培キットは、1つの箱で最大何個まで発送できますか。

(2) 純真ふじじかのスマホケースは、1つの箱で最大何個まで発送できますか。

(3) 2種類の商品を何個か組み合わせて1つの箱で発送し、商品の価格の合計が最も大きくなるとき、価格の合計はいくらですか。

(4) 3個のおとめぐさ栽培キットと何個かの純真ふじじかのスマホケースをまとめて1つの箱で発送するとき、純真ふじじかのスマホケースは最大何個まで発送できますか。

4 区間①は60m、区間②は120m、区間③は240mです。3人がそれぞれの区間を走るリレーを行います。

また、各走者の速さは以下の通りです。

走者A：秒速2m 走者B：秒速3m 走者C：秒速4m

走者D：秒速5m 走者E：秒速6m 走者F：秒速8m

このとき、次の問いに答えなさい。

(1) 走者A、B、Cが様々な順番でリレーをします。最も早いタイムでゴールをしたとき、何秒かかりましたか。

(2) 走者AからFのうち、3人が走ったところ、区間①、②、③にかかった時間はどれも同じでした。どの走者が、どのような順番で走ったか求めなさい。また、かかった時間は合計で何秒ですか。

次に、走者B、C、EをチームX、走者A、D、FをチームYとします。チームXはB、C、Eの順番で走ります。チームYは、様々な順番で走ります。どちらのチームも同時にスタートをするとき、次の問いに答えなさい。

(3) チームXは、区間③で初めてチームYに追い抜かれました。チームYの走者順と、追い抜かれたのがスタートしてから何秒後か求めなさい。考え方や途中の式も書きなさい。

(4) チームXは、区間③でチームYを追い抜きました。このとき、考えられるチームYの走者順をすべて求めなさい。

雙 葉 中 学 校

—50分—

※(式と計算と答え)は，すべて書きましょう。円周率は3.14です。

1　　ア　～　エ　にあてはまる数を書きましょう。(式と計算と答え)

(1)　$21.6 \times \dfrac{9}{25} - 2.16 \times \boxed{\text{ア}} + 0.216 \times 0.25 = 4.86$

(2)　$\dfrac{1}{◎ \times (◎+1)} = \dfrac{1}{◎} - \dfrac{1}{◎+1}$ が成り立ちます。例えば、$\dfrac{1}{3 \times 4} = \dfrac{1}{3} - \dfrac{1}{4}$ です。

これを利用すると、$\dfrac{1}{30} + \dfrac{1}{42} + \dfrac{1}{56} + \dfrac{1}{72} + \dfrac{1}{90} + \dfrac{1}{110} = \boxed{\text{イ}}$

(3)　右の図は、正方形と円、おうぎ形を組み合わせたものです。正方形の対
角線の長さは4cmです。

かげをつけた部分の面積は$\boxed{\text{ウ}}$cm²です。

(4)　仕入れ値が110円の商品を217個仕入れ、5割の利益を見込んで定価をつけました。定価で
$\boxed{\text{エ}}$個売ったところ、売れなくなったので定価の2割引きで売りました。全部売り切り、
利益は7810円でした。

2　たて630mm、横1470mm、高さ1260mmの直方体の箱があります。この箱に同じ大きさの直方体の
ブロックを、図の向きに、箱がいっぱいになるまですき間なく入れていきます。ブロックのたて、
横、高さの比は1：14：5です。箱の中のブロックの数が最も少なくなるときのブロックのたて、
横、高さはそれぞれ何mmですか。また、そのときのブロックの数は何個ですか。箱の厚さは考え
ません。(式と計算と答え)

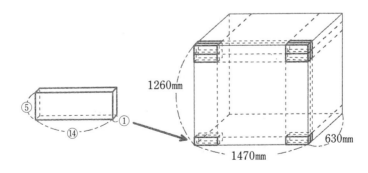

3　下流にあるＡ地点と上流にあるＢ地点は、5733ｍ離れています。兄はボートをこいでＡ地点を出発し、Ｂ地点に着いたら折り返し、２時間後にＡ地点に戻ってきました。静水時の兄がこぐボートの速さと川の流れの速さは一定で、その比は10：３です。（式と計算と答え）

(1)　兄はＡ地点を出発してから、何時間何分後にＢ地点に着きましたか。

(2)　川の流れの速さは分速何ｍですか。

(3)　兄がＡ地点を出発したのと同時に、弟もボートでＢ地点を出発しました。

　　弟は、ボートをこがずに川の流れにまかせて進み、兄と２回出会ってＡ地点に着きました。

　　弟が２回目に兄と出会うのは、２人が出発してから何時間何分何秒後でしたか。

4　容器に濃度10％の食塩水が400ｇ入っています。この食塩水に次のＡ、Ｂ、Ｃの操作を組み合わせて行いました。

> Ａ：５％の食塩水を100ｇ加える
> Ｂ：水を50ｇ加える
> Ｃ：容器の食塩水を半分にする

　　Ａを１回、Ｂを２回、Ｃを１回組み合わせて操作し、さらにＢの操作をしたところ、400ｇの食塩水ができました。考えられる操作の手順のうち、最も濃度が高くなる手順を書きましょう。また、そのときの濃度は何％ですか。（式と計算と答え）

5　あるパン工場では、焼きあがったパンを１個ずつ棚に並べます。この棚にはパンを72個まで並べることができ、棚がいっぱいになったら並べるのをやめ、１個ずつ袋に入れて棚から下ろします。24個袋に入れたら袋に入れるのをやめ、再び焼きあがったパンを棚がいっぱいになるまで並べます。この作業をくり返します。パン１個を棚に並べるのは20秒、袋に入れるのは12秒かかります。７時30分から、空の棚にパンを並べ始めました。（式と計算と答え）

(1)　10時16分には、パンは棚に何個並んでいますか。また、それまでに合計で何個袋に入れましたか。

(2)　10時16分以降もこの作業をくり返しました。何度目かに棚がちょうどいっぱいになってから、袋に入れる時間を１個あたり８秒に早め、作業をくり返しました。12時２分には、棚がちょうどいっぱいになりました。何時何分に袋に入れる時間を早めましたか。

普連土学園中学校(第1回)

―60分―

注意 1 「式」とある場合には、式や考え方も書きなさい。

2 円周率は3.14として計算しなさい。

1 次の[　　　　]にあてはまる数を求めなさい。(式)

(1) $0.375 \times 3\frac{1}{2} \div 5\frac{1}{4} - 0.01 =$ [　　　　]

(2) $202.4 \times 280 - 20.24 \times 1200 - 20240 \times 0.6 =$ [　　　　]

(3) $7.75 -$ [　　　　] $\times 2\frac{5}{12} = \frac{1}{2}$

2 次の問いに答えなさい。

(1) 11でも23でも割り切れる4桁(けた)の偶数の個数を求めなさい。(式)

(2) 池の周りを友子さんは時計回りに10分で1周、町子さんは反時計回りに12分で1周します。
友子さんと町子さんが同地点から同時に出発した後、2人が3回目に出会うのは何分後ですか。(式)

(3) 図1のように立方体の3つの面に対角線を引きます。図2はその展開図の1つです。

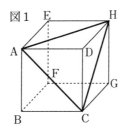 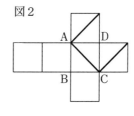

次のような展開図のとき、図にそれぞれ線を書き入れなさい。

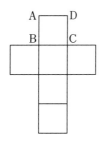 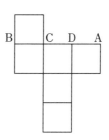

③　チョコレート1枚を4人で分けます。Aさんが全体の$\frac{1}{4}$、Bさんが残りの$\frac{1}{3}$、Cさんがその また残りの$\frac{1}{3}$をとり、Dさんは最後に残っていたチョコレートをもらうことにしました。この とき、次の問いに答えなさい。

(1)　Bさんがもらえるチョコレートは全体の何分のいくつですか。(式)

(2)　Cさんがもらえるチョコレートは全体の何分のいくつですか。(式)

(3)　チョコレートを最も多くもらえるのはだれですか。理由も述べなさい。(式)

④　長方形ＡＢＣＤが⑦の位置から④の位置まですべることなく転がります。ただし、ＡＢ＝4cm、 ＢＤ＝5cm、ＡＤ＝3cmとします。このとき、次の問いに答えなさい。

(1)　図1で点Aが動いてできる線の長さを求めなさい。(式)

図1

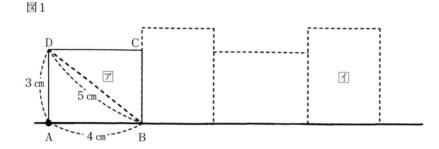

(2)　図2で点Aが動いてできる線の長さを求めなさい。ただし、小数第2位を四捨五入して、小 数第1位まで答えなさい。(式)

図2

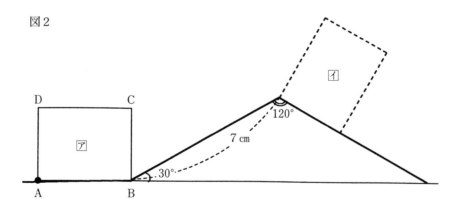

⑤　以下のように数字を規則的に並べていきます。このとき、次の問いに答えなさい。

1段目				1			
2段目			2	3	4		
3段目		5	6	7	8	9	
4段目	10	11	12	13	14	15	16
⋮				⋮			

(1)　20段目の真ん中の数を答えなさい。(式)

(2)　20段目と21段目の数をすべて足すといくつになりますか。(式)

6　次の二人の会話を読んで空欄に適するものを入れなさい。③は正しい方に〇をつけなさい。（①、②、⑥、⑦、⑧、⑨は式も書くこと。）

町子：今日はこんな問題を考えてみましょう。あるコーヒーショップでは、コーヒーを1杯380円で売っています。もし会員になれば、その日から1杯250円で飲めるようになります。ただし、会員になるには会費の3000円を払う必要があります。

三太：うんうん。会員にならなくても良いけど、1杯あたりの金額は会員の方が安いんだね。ただ、会員になるには会費が必要ということだね。

町子：そうね。では最初の問題。会員になって30日間毎日1杯ずつコーヒーを飲む場合と、会員にならないで30日間1杯ずつコーヒーを飲む場合ではどちらがいくら得でしょう。

三太：それぞれ30日分の代金を計算してみよう。会員になったとすると、30日分のコーヒー代以外に会費も支払う必要があるから　①　円になるね。それに対して会員にならないとすると、30日分のコーヒー代だけ考えれば良いから　②　円になるね。ということは、会員に③なる・ならない方が　④　円得になるね。

町子：正解。では次の問題。会員になる方が得なのは、何杯以上コーヒーを飲んだ場合でしょう。

三太：今度は何杯飲んだかわからないから、計算のしかたを変えないといけないね。会員になると会員以外より1杯あたり　⑤　円安くなるから、会費の3000円分の元をとるためには　⑥　杯以上飲めば良いことがわかるね。

町子：そうね、正解。いい調子ね。では最後の問題。ちょっと複雑になるからよく聞いてね。このコーヒーショップは水筒を持っていくと、会員でも会員でなくても1杯あたり20円値引きしてもらえます。会員になる前に何日かコーヒーを飲んだとして、途中から会員になったとしましょう。30日間毎日1杯ずつコーヒーを飲んだとします。支払いの合計額が10910円になった場合、会員になる前に何杯コーヒーを飲んだかわかるかしら。ただし、水筒を持っていくのを5回忘れてしまったとしましょう。

三太：ちょっと考えることが多いから一つずつ整理していこうかな。まずは水筒の値引きについて考えていこう。本来なら30日間全部20円引いてもらえるはずなんだけど、水筒を忘れてしまったことも考えると、水筒の値引きは全部で　⑦　円分してもらったことになるね。

町子：そうそう、いい感じね。そこまでは大丈夫よ。

三太：さらに、途中で会員になっているから会費も払っているはずなので、その分も差し引くと水筒の値引きが無かった場合にコーヒー代としてかかるはずだった金額は　⑧　円になる。そして飲んだコーヒーは全部で30杯。ということは…会員になる前に飲んだコーヒーは　⑨　杯ということだね。

町子：よくできました。

聖園女学院中学校(第1回)

—50分—

〔注意〕　1　円周率は3.14とします。
　　　　　2　特に消費税についての記載がない限り、消費税は考えないものとします。

1　次の計算をしなさい。

(1)　$49-9\div3-2\times5$

(2)　$2\times35-(7\times11+1)\div3$

(3)　$2024\times0.2+202.4\times8-20.24\times50$

(4)　$2.4\times73-7.2\times11-16.8\times5$

(5)　$\left\{1\dfrac{1}{6}-1.2\times\left(\dfrac{3}{4}-\dfrac{5}{9}\right)\right\}\div1.4$

2　次の□□□□にあてはまる数を求めなさい。

(1)　$\left\{(\boxed{}+1)\div\dfrac{1}{3}+7\right\}\div8-3=2$

(2)　$A:B=\dfrac{1}{4}:\boxed{}$、$B:C=8:15$のとき、$A:C=2:5$です。

(3)　4人ですると10日かかる仕事を、□□□□人でするとちょうど8日で終わります。

(4)　8％の食塩水□□□□gに水180gを加えると、4.8％の食塩水ができます。

3　次の各問いに答えなさい。

(1)　右の図で、角x、角yの大きさを求めなさい。

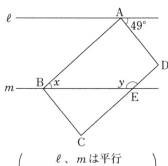

$\left(\begin{array}{l}\ell、m は平行\\ 四角形 ABCD は長方形\end{array}\right)$

(2)　次の図は、二等辺三角形ABCと2つのおうぎ形を組み合わせたものです。斜線の部分の面積を求めなさい。

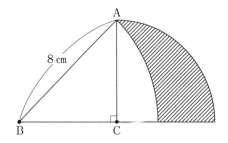

4 次の各問いに答えなさい。

(1) テストを3回受けたところ、2回目は1回目より12点上がり、3回目は2回目より3点下がり、3回の得点の平均は78点でした。1回目のテストは何点ですか。

(2) ボールペン2本とえんぴつ4本を買うと、代金の合計は560円でした。また、ボールペン1本とえんぴつ6本を買うと、代金の合計は600円でした。えんぴつ1本の値段はいくらですか。

(3) 妹は分速60mで家から1200m離れた駅に向かって出発しました。その5分後に姉は家を出発し、妹より1分遅く駅に着きました。姉は分速何mで歩きましたか。（式や考え方も書きなさい。）

5 次の各問いに答えなさい。

(1) 次の図は、立方体の見取り図とその展開図です。見取り図にあるEGの線を展開図にかき入れなさい。

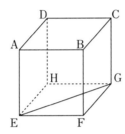
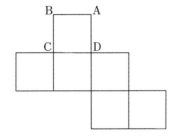

(2) 右の図は、正方形と長方形を組み合わせたものです。この図形を、直線ℓを軸として1回転してできる立体の体積を求めなさい。（式や考え方も書きなさい。）

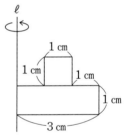

6 次の図は、直方体の水そうに2枚の仕切りがついたものの断面図です。図中の同じ記号には同じ数が入ります。Aの側から一定の割合で水を入れたとき、水を入れ始めてからの時間と、Aの側の水面の高さの関係は、次のグラフのようになりました。

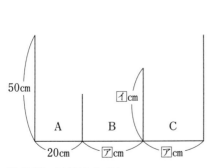
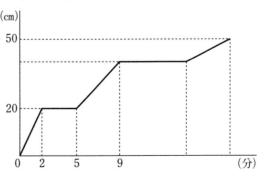

次の問いに答えなさい。

(1) ア にあてはまる数を求めなさい。

(2) イ にあてはまる数を求めなさい。

(3) 水そうが満水になるのは、水を入れ始めてから何分後ですか。

三輪田学園中学校(第1回午前)

—45分—

① 次の計算をしなさい。

(1) $1.75 \times \left(\dfrac{5}{8} - \dfrac{3}{7} \right) \div \dfrac{33}{16}$

(2) $\dfrac{7}{15} \div \dfrac{14}{9} + 27 \times 1\dfrac{1}{6} \div 21$

(3) $\dfrac{3}{5} + 4 \div \left\{ 4 - \dfrac{2}{3} \times \left(3 - 1\dfrac{2}{7} \right) \right\}$

② 次の問に答えなさい。

(1) 2000円で仕入れた商品に、仕入れ値の60％の利益を見込んで定価をつけたところ、売れなかったため、定価の25％引きで売りました。いくらで売りましたか。

(2) あるクラスの人数の$\dfrac{2}{3}$の生徒には梨を2個ずつ、残りの生徒にはみかんを3個ずつ配りました。配った梨の個数の合計は、配ったみかんの個数の合計の2倍より26個少ないことが分かりました。このクラスの人数は何人ですか。

(3) せいらさんの家から学校までの道のりは720mで、せいらさんは毎日、毎分60mの速さで、歩いて通学しています。

① 毎日、せいらさんは家から学校まで何分で通学していますか。

② ある日、せいらさんは学校に行く途中でみゆさんと出会い、その地点からは毎分45mの速さで歩いたところ、家から学校まで13分で着きました。2人が出会った場所は家から何mの地点ですか。

(4) 何枚かのシールをAさん、Bさん、Cさんの3人で分けます。

はじめにAさんがシール全体の枚数の$\dfrac{2}{7}$をもらいました。

残りのシールをBさんとCさんで分けたところ、枚数の比が7：6になりました。AさんとBさんの持っているシールの枚数の差は9枚でした。シールは全部で何枚ありましたか。

(5) 右の図は、半径10cmの円形の色紙を縦12cm、横16cmの長方形の形に折ったものです。
斜線部分の面積は何cm²ですか。
円周率は3.14とします。

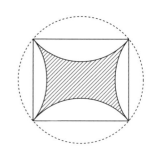

(6)　ある小学校の6年生は、1組が28人、2組が26人で、女子の人数はあわせて22人です。

修学旅行で、山登りのAコースと水族館見学のBコースのどちらかを選びます。Aコースを選んだ人は29人で、1組の女子は5人、2組の男子は6人でした。Bコースを選んだ女子は9人で、全員1組でした。

①　2組の女子は何人ですか。

②　Bコースを選んだ1組の男子は何人ですか。

3　40人のクラスで、5点満点の算数と国語のテストをしました。

次の表は、その結果をまとめたもので、0点の生徒はいませんでした。たとえば、算数が4点、国語が2点の生徒は3人です。

算数＼国語	5点	4点	3点	2点	1点
5点	1	1	1		
4点	2	6	4	3	
3点	2	3	4	2	2
2点		2	2	1	2
1点			1	1	

(1)　算数と国語の得点の差が1点の生徒は何人ですか。(式も書くこと。)

(2)　算数も国語も4点以上の生徒の人数は全体の何%ですか。(式も書くこと。)

(3)　算数の平均点は何点ですか。(式も書くこと。)

4　直方体の形をした空の水そうに、濃度10%の食塩水と水を次のように入れていきます。

・どちらも一定の割合で、それぞれ6000gの量を入れます。

・1秒あたりに入れる量は、水は食塩水の2倍です。

次の図は、食塩水を入れ始めてからの時間とそれぞれを水そうに入れた量の関係を表したものです。

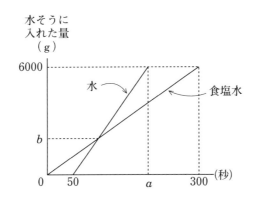

(1)　食塩水は、1秒あたりに何g入れましたか。(式も書くこと。)

(2)　aはいくつですか。(式も書くこと。)

(3)　bはいくつですか。(式も書くこと。)

(4)　水そうの中の食塩水の濃度が、最も低くなったときの濃度は何%ですか。(式も書くこと。)

5 1辺の長さが12cmの正方形ＡＢＣＤがあり、点Ｐは正方形ＡＢＣＤの辺上を、Ａを出発して
毎秒１cmの速さで、Ａ→Ｂ→Ｃ→Ｄ→Ａの順に動きます。点Ｑは、ＡＰをＰの方に延長した直線
上にあり、ＰＱの長さがＡＰの長さの半分になるように動きます。

(1) 点ＰがＡを出発してから６秒後の三角形ＣＰＱの面積は何cm²
ですか。(式も書くこと。)

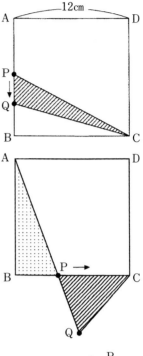

(2) 点Ｐが辺ＢＣ上を動くとき、三角形ＣＰＱの面積が三角形Ａ
ＢＰの面積と等しくなるのは、点ＰがＡを出発してから何秒後
ですか。(式も書くこと。)

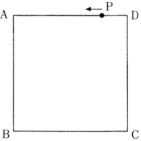

(3) 点Ｐが辺ＤＡ上を動くとき、三角形ＣＰＱの面積が30cm²に
なるのは、点ＰがＡを出発してから何秒後ですか。(式も書く
こと。)

山脇学園中学校（A）

—50分—

注意事項　1　円周率が必要なときは3.14を用いなさい。

　　　　　2　必要ならば、「(角すい、円すいの体積)＝(底面積)×(高さ)÷3」を用いなさい。

① 次の□□□にあてはまる答を求めなさい。

(1) $2 - \dfrac{1}{4} \div \left\{ \left(1 - \dfrac{3}{5}\right) - 0.125 \right\} - \left(\dfrac{3}{4} - \dfrac{7}{12}\right) \div 1\dfrac{5}{6} = $ □□□

(2) $\dfrac{5}{7} + \dfrac{3}{28} \times \left\{ 4 - (0.375 + \boxed{}) \div 1\dfrac{3}{8} \right\} = \dfrac{3}{4}$

(3) 算数の宿題が□□□問、出題されました。はじめの1日で、全体の$\dfrac{5}{17}$と4問を解きました。

2日目に、残りの$\dfrac{3}{5}$と3問を解きました。残りの問題を数えたところ、3日目に5問解けば、

宿題がすべて終わることが分かりました。

(4) AとBの2種類の商品があります。Aを20個とBを15個買うと代金は9300円になり、Aを

25個とBを10個買うと代金は9000円になります。A1個の値段は□ ア □円、B1個の値段

は□ イ □円です。

(5) 8％の食塩水320gと4％の食塩水□□□gと10％の食塩水280gを混ぜると7.7％の食塩

水ができます。

(6) ある小学校の6年生に犬とネコを飼っているかどうかを調査しました。犬を飼っていると答

えた人は全体の$\dfrac{5}{9}$で、ネコを飼っていると答えた人は全体の$\dfrac{7}{13}$、どちらも飼っていないと答

えた人は全体の$\dfrac{23}{117}$でした。また、犬もネコも飼っていると答えた人は68人でした。この小学

校の6年生は□□□人です。

(7) ある川では、24kmはなれた上流と下流の2つの地点を、一定の速さで船が往復するのに、上

りは3時間、下りは2時間かかります。この川沿いには、A町とB町があります。川の流れの

速さが、いつもより毎時2km速くなっていたとき、A町とB町を往復するのに2時間かかりま

した。A町とB町は□□□kmはなれています。

(8) 図のように、三角形ABCを、点Aが辺BC上にくるように折

りました。角xが角yの2倍の大きさのとき、角zの大きさは

□□□度です。

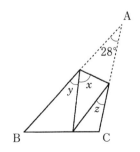

(9) 図は上に乗っている円柱が、下の円柱からはみ出さない
ように4つ重ねた立体です。それぞれの円柱の半径は、上
から1cm、2cm、3cm、4cmで、円柱の高さはすべて2cm
です。この立体の表面積は_____cm²です。

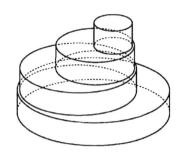

[2] ある商品を600個仕入れ、仕入れ値の4割の利益をみこんで定価をつけました。この商品を3
日間で売ることにします。定価で売れば、2割売れ残っても全体の利益が36000円となる予定で
した。初日は定価で売っていましたが、売れ行きがあまりよくなかったので、2日目は定価の1
割引きで売ることにしました。3日目は商品の残りが50個だったので、2日目の売り値のさら
に1割引きで売ったところすべて売ることができ、3日間の全体の利益は100050円でした。次
の各問いに答えなさい。

(1) 商品1個の仕入れ値は何円ですか。（求め方も書くこと。）

(2) 3日目の売り値は何円ですか。

(3) 2日目に売れた商品は何個ですか。（求め方も書くこと。）

[3] 図の四角形ＡＢＣＤは平行四辺形です。辺ＡＢ
上にＡＥ：ＥＢ＝2：3となるように点Ｅをとり、
辺ＡＤ上の真ん中に点Ｆをとりました。ＣＥ、Ｃ
Ｆが対角線ＢＤと交わる点をそれぞれＧ、Ｈとし
ます。平行四辺形ＡＢＣＤの面積が32cm²である
とき、次の各問いに答えなさい。

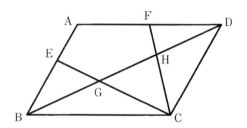

(1) ＢＧ：ＧＤを最も簡単な整数の比で答えなさい。

(2) 三角形ＣＧＨの面積は何cm²ですか。（求め方も書くこと。）

(3) 五角形ＡＥＧＨＦの面積は何cm²ですか。（求め方も書くこと。）

4　図のような直方体をつなげた形の水が入った容器の中に、糸のついた直方体のおもりがしずんでいます。糸を使って、おもりをかたむけずに一定の速さで引き上げました。あとのグラフは、おもりを引き上げ始めてからの時間と水面の高さの関係を表したものです。以下の各問いに答えなさい。ただし、糸の体積は考えないものとします。

正面から見た図

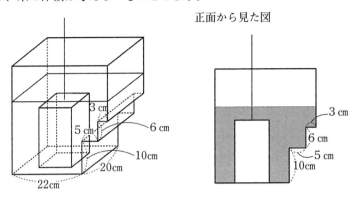

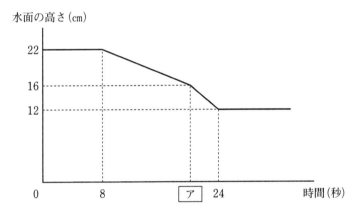

(1)　容器に入っていた水の体積は何cm³ですか。（求め方も書くこと。）

(2)　おもりの高さは何cmですか。（求め方も書くこと。）

(3)　おもりの底面積は何cm²ですか。（求め方も書くこと。）

(4)　グラフの　ア　にあてはまる数を答えなさい。（求め方も書くこと。）

横浜共立学園中学校（A）

—45分—

《注意》　①　計算は、問題のところに書いて、消さないでおきなさい。
　　　　　②　定規、コンパスなどは使用してはいけません。

1　次の□□□に当てはまる数を求めなさい。

(1)　$2024-24×88÷22+78=$□□□

(2)　$1\frac{7}{16}-\left\{0.375÷\left(□□□-1\frac{5}{6}\right)\right\}×\frac{1}{3}=\frac{7}{8}$

(3)　赤玉と白玉の2種類の玉があります。白玉1個の重さは赤玉2個の重さより10g軽く、赤玉3個と白玉5個の重さは合わせて145gです。白玉1個の重さは□□□gです。

(4)　よし子さんの前回までの算数のテストの平均点は78点でした。今回のテストの得点が94点だったので、今回までの平均点は80点になりました。よし子さんが受けた算数のテストは全部で□□□回です。

(5)　28km離れた川の上流にあるA地点から下流にあるB地点まで船で行くと、1時間45分かかりました。川の流れの速さは毎時3kmです。この船が下流にあるB地点から上流にあるA地点まで戻るのにかかる時間は、□□□時間□□□分です。ただし、船の速さは一定とします。

(6)　ある中学校の1年生に、水泳と登山について好きか好きではないかを答えてもらうアンケートを行いました。水泳が好きと答えた生徒の人数は全体の$\frac{3}{4}$、登山が好きと答えた生徒の人数は全体の$\frac{1}{3}$、両方とも好きと答えた生徒の人数は全体の$\frac{1}{5}$でした。両方とも好きではないと答えた生徒は14人いました。水泳も登山も両方とも好きと答えた生徒の人数は□□□人です。

2　桜さんは両親と姉、弟の5人家族です。5人の年齢の和は114歳で、父の年齢は姉の年齢の4倍、母の年齢は桜さんの年齢の5倍です。姉の年齢は弟の年齢の2倍で、弟は桜さんより2歳年下です。

次の□□□に当てはまる数を求めなさい。

(1)　弟の年齢は　あ　歳で、両親の年齢の和は　い　歳です。

(2)　両親の年齢の和が3人の子どもたちの年齢の和の2倍になるのは、今から□□□年後です。

3　A、B、Cの3つの容器にそれぞれ3％、11％、25％の食塩水が入っています。
次の□□□に当てはまる数を求めなさい。

(1)　Aの容器から125g、Bの容器から375gの食塩水をそれぞれ取り出して、混ぜてできた食塩水に含まれている食塩の量は□□□gです。

(2)　(1)で作った食塩水から水をいくらか蒸発させCの容器に入れて混ぜると、できた食塩水の濃さは25％でした。蒸発させた水の量は□□□gです。

(3)　A、B、Cの3つの容器からそれぞれ食塩水を100gずつ取り出し、それらすべてを使って2種類の食塩水を作ったところ、11％と17％の食塩水ができました。できた11％の食塩水の

量は　あ　g です。この11%の食塩水は、Bの容器から取り出した食塩水を57 g、Aの容器から取り出した食塩水を　い　g、Cの容器から取り出した食塩水を　う　g 混ぜて作りました。

4 あとの図のように、縦4 cm、横7 cmの長方形ABCDがあります。点F、G、Hはそれぞれ辺BC、CD、ADのまん中の点で、AEとEBの長さの比は3：1です。また、HGとDFの交わる点をI、HBとEFの交わる点をJとします。

次の　　　　に当てはまる数を求めなさい。

(1) IDとIFの長さの比を、最も簡単な整数の比で表すと　　　　：　　　　です。

(2) 三角形IFGと三角形GFCの面積の比を、最も簡単な整数の比で表すと　　　　：　　　　です。

(3) 四角形HJFIの面積は　　　　cm²です。

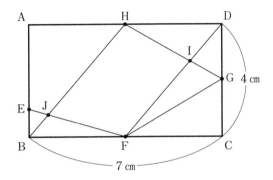

5 あとの(図1)のように、円柱の半分から、直方体を1つと円柱の半分を3つ切り取った立体があります。(図2)はこの立体を真上から見た図です。

次の　　　　に当てはまる数を求めなさい。（円周率は3.14とします。）

(1) (図2)の　　　　の部分の周りの長さは　　　　cmです。

(2) (図1)の立体の体積は　　　　cm²です。

(3) (図1)の立体の表面積は　　　　cm²です。

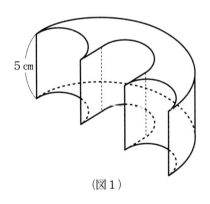

（図1）

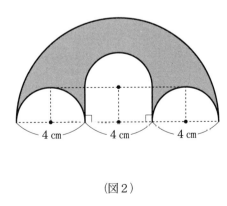

（図2）

横浜女学院中学校（A）

—50分—

注意　1　③～⑥については途中式や考え方も書きなさい。
　　　2　円周率は3.14とする。

①　次の計算をしなさい。

(1)　$\dfrac{1}{7} \times (10 + 20 \div 5)$

(2)　$1 - \left(\dfrac{1}{3} + \dfrac{4}{15}\right) \div 1\dfrac{1}{5}$

(3)　$\dfrac{1}{2} + 0.4 \div 0.5 - 0.5 \div 0.4$

(4)　$16 + \{186 \div (14 - 8) - 7\}$

②　次の各問いに答えなさい。

(1)　長さの比が、640 m：□km＝2：5となるとき、□をうめなさい。

(2)　6で割っても8で割っても5余る整数で、300に最も近い整数はいくつですか。

(3)　濃度が5％の食塩水600 gに水を加えて濃度を3％にするには、水を何 g 加えればよいですか。

(4)　姉と妹の持っている鉛筆の本数の比は3：2です。姉が妹に12本の鉛筆をあげると、姉と妹の鉛筆の本数の比は1：2になりました。姉は最初に何本の鉛筆を持っていましたか。

(5)　右の図の角 x の大きさは何度ですか。

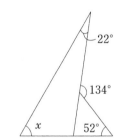

(6)　右の図は、長方形と4つのおうぎ形を組み合わせた図形です。色のついた部分の面積は何㎠ですか。
　　　ただし、点Eは辺ADの真ん中です。

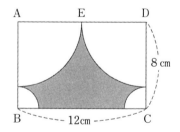

③　次の3つの輸入品のうち、2010年と比べて2021年の輸入品の輸入額の増加の割合が最も小さかった輸入品は、どの輸入品で、約何％増加しましたか。次のグラフを見て答えなさい。ただし、小数第1位を四捨五入して答えなさい。

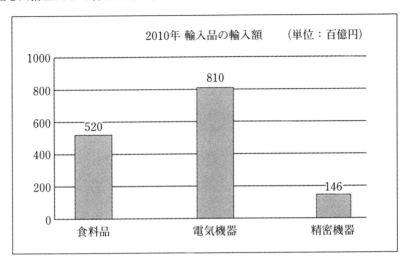

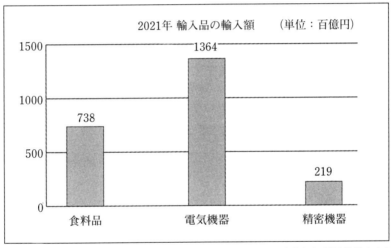

（財務省貿易統計より）

4　図1のような直角三角形のタイルを、図2のようにある規則にしたがってすきまなく並べて図形をつくっていきます。

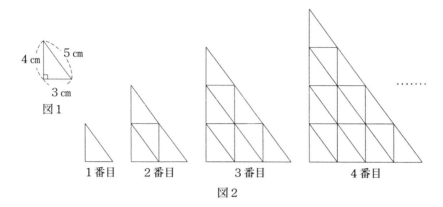

このとき、次の各問いに答えなさい。

⑴　6番目の図形に使われているタイルは全部で何枚ですか。

⑵　図形の周囲の長さが240cmになるのは何番目の図形ですか。

⑶　図形の面積が864cm²になるのは何番目の図形ですか。

5　赤、青、黄、緑、黒の5色のクレヨンがあります。右の図のア、イ、ウ、エ、オの部分をクレヨンを使ってぬり分けます。ただし、隣り合う部分には同じ色をぬらないことにします。

このとき、次の各問いに答えなさい。

⑴　5色のクレヨンを全部使うとき、ぬり方は何通りありますか。

⑵　赤、青、黄、緑の4色のクレヨンを全部使うとき、ぬり方は何通りありますか。

⑶　5色のクレヨンのうち、使わない色があってもよいとするとき、ぬり方は何通りありますか。

ア		
イ	ウ	エ
オ		

6　三角形ＡＢＣの面積は120cm²で、ＢＤ＝6cm、ＤＣ＝18cm、ＡＤ＝12cmです。点Ｐは点Ａを出発して毎秒2cmの速さでＡＤ、ＤＣ上を点Ｃまで動きます。

このとき、次の各問いに答えなさい。

⑴　三角形ＡＤＣの面積は何cm²ですか。

⑵　点Ｐが点Ａを出発してから4秒後の三角形ＡＰＣの面積は、三角形ＡＢＣの面積の何倍ですか。

⑶　三角形ＡＰＣの面積が54cm²になるのは、点Ｐが点Ａを出発してから何秒後と何秒後ですか。

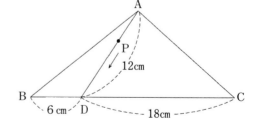

横浜雙葉中学校(第1期)

—50分—

① 次の問いに答えなさい。ただし、円周率は3.14とします。

(1) 次の □ にあてはまる数を答えなさい。

　① $20-\left[5+\{33-(\boxed{}-18)\div 4\}\times 2\right]\div 3=1$

　② $3\dfrac{1}{4}\div\left\{\left(\dfrac{1}{2}+\dfrac{1}{3}+\dfrac{1}{4}\right)\div 7\right\}\times\dfrac{6}{7}=\boxed{}$

(2) 子どもたちにアメを配ります。5個ずつ配ると51個あまり、7個ずつ配ると1個ももらえない人が6人と、4個しかもらえない人が1人います。アメは全部で何個ありますか。

(3) 葉子さんには姉と妹がいます。1年前、3人の身長の平均と、姉と妹2人の身長の平均が同じでした。この1年間で、姉は8cm、妹は6cm、葉子さんは何cmか身長がのびたので、姉と妹の身長の平均は葉子さんの身長よりも2cm高くなりました。この1年間で、葉子さんの身長は何cmのびましたか。

(4) 濃度が12%の食塩水Aと濃度が4%の食塩水Bを混ぜて、濃度が10%の食塩水を作ろうとしました。ところが、食塩水Bの量を誤って2倍にして混ぜてしまいました。このとき、できた食塩水の濃度は何%ですか。

(5) 右の表は、あるクラスのソフトボール投げの結果を整理した度数分布表です。

　① この表をもとにして、人数の分布の様子をグラフで表すとき、次のどのグラフが最も良いですか。㋐〜㋒から1つ選び、記号で答えなさい。

　㋐ 円グラフ　　㋑ 棒グラフ　　㋒ 柱状グラフ
　㋓ 折れ線グラフ　　㋔ 帯グラフ

　② データを調べたところ、10m以上15m未満の階級の人数が一番多く、中央値は15m以上20m未満の階級に入っていました。Ⓐ とⒷ にあてはまる数を答えなさい。

ソフトボール投げ

結果(m)	人数(人)
0以上〜5未満	3
5　〜10	6
10　〜15	Ⓐ
15　〜20	Ⓑ
20　〜25	5
25　〜30	3
30　〜35	2
35　〜40	1
合　計	39

(6) 右の図は三角形を2つ組み合わせたもので、辺ABと辺ACと辺ADは同じ長さです。角 x の大きさが142度であるとき、角 y の大きさは何度ですか。

(7) 右の図は半径6cmの半円と半径9cmの半円を重ねたものです。㋐と㋑の面積が等しいとき、角 x の大きさは何度ですか。

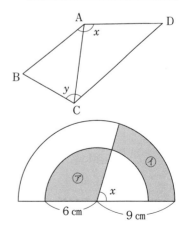

2　次の図のような直角三角形BCDがあります。

点Pは直角三角形ABCの辺上を毎秒1cmの速さでA→B→C→A→B→C→…の順に動き続けます。点Qは直角三角形ACDの辺上を毎秒2cmの速さでA→C→D→A→C→D→…の順に動き続けます。

いま、点Pと点Qが点Aから同時に出発します。

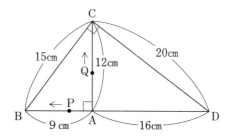

次の問いに答えなさい。

(1) 点Pと点Qが点Aに初めて同時にもどるのは、出発してから何秒後ですか。

(2) 点Pと点Qが点Aを出発してから次の時間が経過したとき、三角形APQの面積はそれぞれ何cm²ですか。

　① 5秒後　　② 14秒後

(3) 点Pと点Qが初めて重なるのは、点Aを出発してから何秒後ですか。

(4) 点Pと点Qが出発してから点Aに初めて同時にもどるまでの間に、3つの点A、P、Qを結んだ図形が三角形になるのは全部で何秒間ありますか。途中の式や考え方も書きなさい。

3　同じ大きさの立方体のブロックを次の図のようにすきまなく積み、できあがった立体の表面すべてをペンキでぬります。ただし、床に接している面はぬらないものとします。

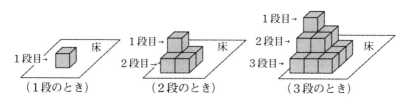

(1) ブロックが5段のとき、次の問いに答えなさい。

　① ブロックは全部でいくつありますか。

　② 5段目のブロックのうち、二面だけペンキがぬられているブロックは全部でいくつありますか。

(2) ブロックが7段のとき、次の問いに答えなさい。

　① 二面だけペンキがぬられているブロックは全部でいくつありますか。

　② 一面だけペンキがぬられているブロックは全部でいくつありますか。

　③ どの面にもペンキがぬられていないブロックは全部でいくつありますか。途中の式や考え方も書きなさい。

(3) ブロックを何段か積んだとき、どの面にもペンキがぬられていないブロックが285個ありました。積んだブロックは何段ですか。

立 教 女 学 院 中 学 校

—45分—

1　次の□や①～③にあてはまる数を書きなさい。また、⑷は図に適切な文字を書きこみなさい。

(1)　$\left\{0.25+\left(15-3\dfrac{1}{2}\right)\times\dfrac{2}{23}\right\}-\left(\dfrac{16}{25}\times1.25+0.7\right)\div4=$□

(2)　$2\dfrac{1}{3}\times(□+0.5)+0.4\times\left(\dfrac{1}{4}-\dfrac{1}{9}\right)\div0.125=2$

(3)　$(25\times24-24\times23+23\times22-22\times21)\div(25+24+23+22+21)=$□

(4)　図1の立方体を、図2のように展開しました。3つの文字ア、イ、ウは、図2のどこに現れますか。文字の向きに注意して、図2に書きこみなさい。

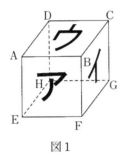

図1

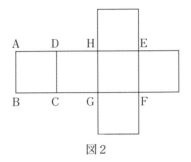

図2

(5)　ある店で、150個の品物を1個2000円で仕入れ、3割の利益を見込んで定価をつけたところ、1日目は80個売れました。2日目は定価の1割引きで売りました。そして3日目は、2日目の売値の140円引きにあたる①□円で売ったところ、残っていた②□個全部売れました。3日間の利益は、あわせて69000円です。

(6)　底面が半径3cmの円、高さ4cmの円柱の水そうに、1辺1cmの立方体Aを4個、1つの面の対角線が2cmの立方体Bを5個、立方体の1つの面が水そうの底面に接するように入れます。図は水そうを上から見た図です。立方体Bの高さまで水を入れると、立方体A・Bの水につかっている部分の表面積は①□㎠です。ただし、水そうの底面に接している部分および立方体Bの上面は除きます。その後、深さ1cmになるところまで水を抜くと、水そうに残っている水の容積は②□㎤です。ただし、円周率は3.14とします。

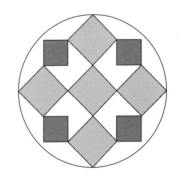

(7)　算数と国語の宿題が出されたので、14日間で終えることにしました。算数の方が国語より、①□問多く出されています。算数を1日②□問、国語を1日③□問進めたところ、5日目が終わったとき、算数は全体の$\dfrac{1}{2}$、国語は全体の$\dfrac{2}{5}$終わっていたので、1日に解く問題数を算数は4問、国語は1問減らしたところ、14日目でちょうどすべての問題を終えることができました。

(8)　図1のように、半径3cmの円の周上に、円周を12等分する点をとります。このとき、図2の斜線部分の面積の和は [　①　] cm²で、図3の斜線部分の面積は [　②　] cm²です。ただし、円周率は3.14とします。

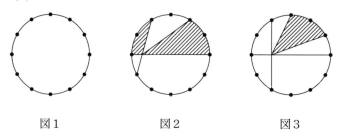

図1　　　　　　図2　　　　　　図3

(9)　長さ260mの特急列車と、長さ430mの貨物列車があります。長さ [　①　] mのトンネルを通り抜けるのに特急列車は61秒かかり、貨物列車は79秒かかります。また、この特急列車と貨物列車がすれ違うのに13.8秒かかります。このとき、それぞれの速さは、特急列車が毎秒 [　②　] m、貨物列車が毎秒 [　③　] mです。

2　姉妹が、300m離れたAB間を、姉はA地点から、妹はB地点から、同時に向かい合って一定の速さで歩き始め、何度も往復します。姉と妹は何回かすれ違いますが、2回目にすれ違ったのは、姉が1回目に折り返してから270m進んだ地点でした。ただし、A地点、B地点で出会うときもすれ違うに含み、追い抜くことはすれ違うに含みません。このとき、次の問いに答えなさい。

(1)　姉と妹の速さの比を答えなさい。
(2)　1回目に姉妹がすれ違ったのは、A地点から何mの地点ですか。
(3)　10回目に姉妹がすれ違ったのは、A地点から何mの地点ですか。

3　83個の分数 $\frac{1}{84}$, $\frac{2}{84}$, $\frac{3}{84}$, …, $\frac{82}{84}$, $\frac{83}{84}$ について、次の問いに答えなさい。

(1)　約分すると分母が奇数になる分数は、全部で何個ありますか。
(2)　83個の分数をすべて加えると、いくつになりますか。
(3)　約分できない分数は、全部で何個ありますか。
(4)　約分できない分数をすべて加えると、いくつになりますか。

4　図のような1辺の長さが10cmの立方体ABCD－EFGHがあります。
ただし、点PはAP＝4cmを満たす辺AE上の点、点Qは辺CGの真ん
中の点とします。三角すいの体積は、**底面積×高さ×$\frac{1}{3}$**で求められる
ものとして、次の問いに答えなさい。

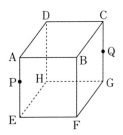

(1)　立方体を、辺AEを軸として、1回転させたときにできる立体の体
　　積は何cm³ですか。ただし、円周率は3.14とします。

(2)　立方体を、3点H、F、Pを通る平面で切断したとき、点Eを含む方の立体の体積は何cm³で
　　すか。

(3)　立方体を、3点H、P、Qを通る平面で切断したとき、切断面と辺AB、辺BCが交わる点
　　をそれぞれ点R、Sとします。このとき、ARとCSの長さはそれぞれ何cmですか。

(4)　立方体を、3点H、P、Qを通る平面で切断したとき、点Dを含む方の立体の体積は何cm³で
　　すか。

MEMO

MEMO

MEMO

MEMO

2025年度受験用
中学入学試験問題集　　算数編
2024年7月10日　　初版第1刷発行

©2024　本書の無断転載、複製を禁じます。
ISBN978-4-8403-0859-5

企画編集・みくに出版編集部
発行・株式会社 みくに出版
〒150-0021　東京都渋谷区恵比寿西2-3-14
TEL 03 (3770) 6930
FAX 03 (3770) 6931
http://www.mikuni-webshop.com

この印刷物(本体)は地産地消・
輸送マイレージに配慮した
「ライスインキ」を使用しています。

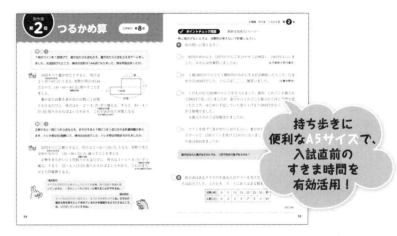

DEEP LEARNING
GLOBAL
DIVERSITY

生徒一人ひとりが持つ個性と才能を生かして、
より良い世界を創りだすために、
主体的に行動できる人間へと成長できる基盤の育成。
かえつ有明の教育理念は、
「ディープラーニング」
「グローバル」
「ダイバーシティ」
の３つの柱が支えています。
世の中の変化をおそれることなく、
自分らしく生き、
新しい価値観を創造できる人間へと
成長するための６年間です。

イベント日程

公式Instagram
@kaetsu_kouhou

中学
- 学校説明会　5/11(土) 6/15(土) 9/7(土)
- 入試説明会　11/2(土) 1/11(土)
- 部活動体験会 10/12(土)
- 入試体験会　12/7(土)

帰国生
- 学校説明会 6/8(土) 7/13(土) 9/28(土)10/26(土)
- 体育祭 6/1(土)
- 文化祭 9/21(土)・22(日)

かえつ有明中・高等学校

りんかい線 「東雲」駅より 徒歩約8分　　有楽町線 「豊洲」駅より都営バス 東16 海01 /「都橋住宅前」バス停下車 徒歩約2分 /「辰巳」駅より 徒歩約18分

〒135-8711 東京都江東区東雲2-16-1　TEL.03-5564-2161　FAX.03-5564-2162　https://www.ariake.kaetsu.ac.jp/

栄冠 **2025** 年度受験用
中学入学試験問題集

算数解答

本解答に関する責任は小社に帰属します。

※この冊子は取りはずして使うことができます。

みくに出版

も く じ

共学校

青山学院中等部 ……………………… 4
青山学院横浜英和中学校 ………………… 4
市 川 中 学 校 ……………………… 4
浦和実業学園中学校 ……………………… 4
穎 明 館 中 学 校 ……………………… 4
江戸川学園取手中学校 …………………… 4
桜 美 林 中 学 校 ……………………… 4
大宮開成中学校 ……………………… 5
開 智 中 学 校 ……………………… 5
開智日本橋学園中学校 …………………… 5
かえつ有明中学校 ……………………… 5
春日部共栄中学校 ……………………… 5
神奈川大学附属中学校 …………………… 5
関東学院中学校 ……………………… 5
公文国際学園中等部 ……………………… 5
慶應義塾湘南藤沢中等部 ………………… 6
慶應義塾中等部 ……………………… 6
国学院大学久我山中学校 ………………… 6
栄 東 中 学 校 ……………………… 6
自修館中等教育学校 ……………………… 6
芝浦工業大学柏中学校 …………………… 6
芝浦工業大学附属中学校 ………………… 6
渋谷教育学園渋谷中学校 ………………… 7
渋谷教育学園幕張中学校 ………………… 7
湘南学園中学校 ……………………… 7
昭和学院秀英中学校 ……………………… 7
成 蹊 中 学 校 ……………………… 7
成城学園中学校 ……………………… 7
西武学園文理中学校 ……………………… 7
青 稜 中 学 校 ……………………… 8
専修大学松戸中学校 ……………………… 8
千葉日本大学第一中学校 ………………… 8
中央大学附属中学校 ……………………… 8
中央大学附属横浜中学校 ………………… 8
筑波大学附属中学校 ……………………… 8
帝京大学中学校 ……………………… 8
桐蔭学園中等教育学校 …………………… 9
東京学芸大学附属世田谷中学校 ………… 9
東京都市大学等々力中学校 ……………… 9
東京農業大学第一高等学校中等部 ……… 9
桐光学園中学校 ……………………… 9
東邦大学付属東邦中学校 ………………… 10
東洋大学京北中学校 ……………………… 10
獨協埼玉中学校 ……………………… 10
日本大学中学校 ……………………… 10

日本大学藤沢中学校 ……………………… 10
広尾学園中学校 ……………………… 10
法政大学中学校 ……………………… 11
法政大学第二中学校 ……………………… 11
星野学園中学校 ……………………… 11
三田国際学園中学校 ……………………… 11
茗溪学園中学校 ……………………… 11
明治大学付属八王子中学校 ……………… 11
明治大学付属明治中学校 ………………… 11
森村学園中等部 ……………………… 11
山手学院中学校 ……………………… 12
麗 澤 中 学 校 ……………………… 12
早稲田実業学校中等部 …………………… 12

男子校

浅 野 中 学 校 ……………………… 12
麻 布 中 学 校 ……………………… 12
栄光学園中学校 ……………………… 13
海 城 中 学 校 ……………………… 13
開 成 中 学 校 ……………………… 13
学習院中等科 ……………………… 13
鎌倉学園中学校 ……………………… 13
暁 星 中 学 校 ……………………… 14
慶應義塾普通部 ……………………… 14
攻 玉 社 中 学 校 ……………………… 14
佼成学園中学校 ……………………… 14
駒場東邦中学校 ……………………… 14
サレジオ学院中学校 ……………………… 14
芝 中 学 校 ……………………… 14
城西川越中学校 ……………………… 15
城 北 中 学 校 ……………………… 15
城北埼玉中学校 ……………………… 15
巣 鴨 中 学 校 ……………………… 15
逗子開成中学校 ……………………… 15
聖光学院中学校 ……………………… 15
成 城 中 学 校 ……………………… 15
世田谷学園中学校 ……………………… 16
高 輪 中 学 校 ……………………… 16
筑波大学附属駒場中学校 ………………… 16
東京都市大学付属中学校 ………………… 16
桐 朋 中 学 校 ……………………… 16
藤嶺学園藤沢中学校 ……………………… 16
獨 協 中 学 校 ……………………… 17
灘 中 学 校 ……………………… 17
日本大学豊山中学校 ……………………… 17
本 郷 中 学 校 ……………………… 17
武 蔵 中 学 校 ……………………… 17

明治大学付属中野中学校 ……………………17
ラ・サール中学校 ……………………18
立教池袋中学校 ……………………18
立教新座中学校 ……………………18
早稲田中学校 ……………………18

聖園女学院中学校 ……………………25
三輪田学園中学校 ……………………25
山脇学園中学校 ……………………25
横浜共立学園中学校 ……………………25
横浜女学院中学校 ……………………25
横浜雙葉中学校 ……………………26
立教女学院中学校 ……………………26

女子校

跡見学園中学校 ……………………18
浦和明の星女子中学校 ……………………18
江戸川女子中学校 ……………………18
桜蔭中学校 ……………………19
鷗友学園女子中学校 ……………………19
大妻中学校 ……………………19
大妻多摩中学校 ……………………19
大妻中野中学校 ……………………19
学習院女子中等科 ……………………19
神奈川学園中学校 ……………………19
鎌倉女学院中学校 ……………………20
カリタス女子中学校 ……………………20
吉祥女子中学校 ……………………20
共立女子中学校 ……………………20
恵泉女学園中学校 ……………………20
光塩女子学院中等科 ……………………20
晃華学園中学校 ……………………21
国府台女子学院中学部 ……………………21
香蘭女学校中等科 ……………………21
実践女子学園中学校 ……………………21
品川女子学院中等部 ……………………21
十文字中学校 ……………………21
淑徳与野中学校 ……………………21
頌栄女子学院中学校 ……………………22
湘南白百合学園中学校 ……………………22
昭和女子大学附属昭和中学校 ……………………22
女子学院中学校 ……………………22
女子聖学院中学校 ……………………22
女子美術大学付属中学校 ……………………22
白百合学園中学校 ……………………23
清泉女学院中学校 ……………………23
洗足学園中学校 ……………………23
捜真女学校中学部 ……………………23
田園調布学園中等部 ……………………23
東京女学館中学校 ……………………23
東洋英和女学院中学部 ……………………24
豊島岡女子学園中学校 ……………………24
日本女子大学附属中学校 ……………………24
日本大学豊山女子中学校 ……………………24
フェリス女学院中学校 ……………………24
富士見中学校 ……………………24
雙葉中学校 ……………………25
普連土学園中学校 ……………………25

青山学院中等部

⟨問題は6ページ⟩

① 3

② 5

③ 36（％）

④ 16（人）

⑤ 14（個）

⑥ 33（か月後）

⑦ 61（点）

⑧ $32\frac{2}{3}$（km）

⑨ 5（点、）20（点、）25（点）

⑩ （底面の面積の比）2（：）3　（高さの比）7（：）6

⑪ 109（度）

⑫ 62.4（㎠）

⑬ (1)10（と）14　(2)12　(3)ア、イ、エ

⑭ (1)3（：）2　(2)576（L）

青山学院横浜英和中学校（A）

⟨問題は9ページ⟩

① (1)$1\frac{1}{3}$　(2)$1\frac{13}{15}$　(3)500（g）　(4)2.5（km）　(5)
26（日目に）青山（さん）　(6)62（㎠）　(7)549（人）
(8)4（時間）48（分）

② (1)①20（分）②80（分）　(2)30（個）　(3)①48（通
り）②8（通り）　(4)25.12（cm）

③ (1)$\frac{17}{40}$　(2)ア24　イ20　(3)780　(4)$14\frac{58}{65}$

④ (1)毎分25㎠　(2)3　(3)20cm　(4)580㎠

⑤ (1)2：3　(2)$\frac{2}{3}$倍　(3)24㎠

市川中学校（第1回）

⟨問題は14ページ⟩

① (1)$1\frac{11}{12}$　(2)220 g　(3)2 組　(4)288通り
(5)あ6　い4

② (1)（場所）G　（整数）12　(2)74個　(3)300個

③ (1)右図　(2)4.71㎠　(3)21：11

④ (1)$43\frac{7}{11}$分後　(2)Y→Z→X→Z→Y→Z
(3)52.8分後

⑤ (1)（牛）7 kg　（豚）2 kg　(2)18日、20日、22日
(3)（例）C×4→A×16→B×2

浦和実業学園中学校（第1回午前）

⟨問題は18ページ⟩

① (1)$\frac{1}{15}$　(2)183　(3)142　(4)$24\frac{1}{2}\left[\frac{49}{2}/24.5\right]$
(5)2　(6)24

② (1)50（本）　(2)（毎分）30（m）　(3)12（cm）
(4)8（年後）　(5)72（分）　(6)2496（人）

③ (1)3800 m　(2)290 m　(3)26分15秒後　（A駅から）
42km　(4)5 分15秒後

④ (1)9　(2)57　(3)48

⑤ (1)18㎠　(2)$8.58\left[8\frac{29}{50}/\frac{429}{50}\right]$㎠
(3)$45.42\left[45\frac{21}{50}/\frac{2271}{50}\right]$㎠

⑥ (1)（角ＤＡＣ＝）30度　2：1　(2)36㎠

穎明館中学校（第1回）

⟨問題は21ページ⟩

① (1)55　(2)6　(3)314　(4)$\frac{1}{4}$

② (1)5　(2)60（時間）　(3)0.785（倍）　(4)$18\frac{2}{3}$（㎠）

③ (1)108分間　(2)648 m　(3)10時10分

④ (1)24㎠　(2)$12\frac{3}{4}$㎠　(3)（ＡＥ：ＥＢ）5：1

⑤ (1)8 組　(2)16組　(3)16組

江戸川学園取手中学校（第1回）

⟨問題は23ページ⟩

① (1)①0.5　②$2\frac{19}{28}$　③$\frac{1}{48}$　(2)8　(3)$2\frac{1}{3}$㎠
(4)5.6cm

② (1)60日　(2)48日

③ (1)3 cm　(2)13㎠　(3)13分30秒後

④ (1)160人　(2)107人　(3)86人　(4)12人

⑤ (1)90通り　(2)21通り　(3)540通り

⑥ (1)6 ㎠　(2)2：13　(3)$\frac{8}{15}$㎠

桜美林中学校（2月1日午前）

⟨問題は26ページ⟩

① (1)$\frac{1}{8}$　(2)4

② (1)195ページ　(2)7 人　(3)6000円　(4)100度
(5)104　(6)84点　(7)2 km　(8)30度　(9)4000円
(10)10

③ (1)12個　(2)4 個

④ (1)35000　(2)28000

⑤ (1)24㎠　(2)7 秒後

⑥ (1)42枚　(2)30枚

大宮開成中学校（第1回）
〈問題は29ページ〉

1 (1)96 (2)1

2 (1)27個 (2)80点 (3)6日間 (4)36日

3 (1)1.68㎠ (2)4$\frac{14}{15}$㎠

4 (1)6.8％ (2)3：2

5 (1)377 (2)337個

6 (1)10：9 (2)45分

7 (1)15.5㎠ (2)103.62㎠

開智中学校（第1回）
〈問題は31ページ〉

1 (1)40 (2)135（人） (3)（A：D）35：64 (4)5.2（％） (5)36（通り） (6)103（個） (7)30（個） (8)（BD：EC）9：16

2 (1)（兄：弟）8：7 (2)1920m (3)4200m (4)600m

3 (1)（DP：PM）12：13 (2)（AP：PN）16：9 (3)6$\frac{2}{3}$cm (4)20cm

4 (1)（15番目の数は）232 （30番目の数は）1122 (2)63番目 (3)17個 (4)数字は1で、36回使われている

開智日本橋学園中学校（第1回）
〈問題は33ページ〉

1 (1)2160000 (2)$\frac{3}{7}$ (3)1.1

2 (1)15個 (2)①196 ②71番目 (3)①毎分240m ②16分51秒後 (4)27 (5)120円

3 (1)18.84cm (2)50.24cm (3)226.08㎠

4 (1)40通り (2)6通り (3)154通り

かえつ有明中学校（2月1日午後 特待入試）
〈問題は36ページ〉

1 (1)19 (2)$\frac{5}{8}$〔0.625〕 (3)$\frac{22}{7}$ (4)4 (5)4

2 (1)15㎠ (2)24m (3)1998 (4)6人 (5)21日

3 (1)11分後 (2)720m

4 (1)9％ (2)A20％ B4％

5 (1)54度 (2)52度 (3)26度

6 (1)OQ (2)5通り (3)9通り

春日部共栄中学校（第1回午前）
〈問題は39ページ〉

1 (1)①45.3376 ②50 ③$\frac{8}{9}$ (2)① 4 ②84（日）8（時間）

2 (1)30（通り） (2)78（点） (3)4.56（㎠）

3 (1)①右図 ②84.78㎠ (2)①452.16㎠ ②1413㎠

4 (1)59 (2)91 (3)1000

5 (1)20cm (2)（イ） (3)54分後

6 (1)12 (2)6 (3)（n＝）25、49

【配点】
100点満点
1各4点 2各5点 3各5点 4各5点 5各5点
6各5点

神奈川大学附属中学校（第2回）
〈問題は43ページ〉

1 (1)104 (2)93.5 (3)1$\frac{1}{3}$ (4)120

2 (1)①22 ②10個 (2)①14歳 ②9年後 (3)①7％ ②60 (4)①55本 ②315m (5)①15：14 ②900個 (6)①57度 ②123度

3 (1)40本 (2)9番目 (3)10000個

4 (1)6cm (2)41.04㎠

5 (1)ア7 イ4 (2)11人、12人

6 (1)96㎠ (2)20 (3)8分34秒後

関東学院中学校（一期A）
〈問題は46ページ〉

1 (1)5$\frac{1}{3}$ (2)$\frac{1}{5}$ (3)34.65 (4)60

2 105回転

3 14枚

4 900m

5 50g

6 6本

7 7.065㎠

8 (1)128㎠ (2)10cm (3)6cm

公文国際学園中等部（B）
〈問題は48ページ〉

1 (1)4 (2)30 (3)0 (4)2 (5)$\frac{1}{2}$

② (1)92（点）　(2)5000（円）　(3)32（才）　(4)58（人）
(5)9　(6)50（度）

③ (1)①200（cm²）　②57（cm²）　(2)①9（個）　②87（通り）　(3)①4（L）　②6（分）　(4)①50（秒）　②180（m）

④ (1)（頂点）D　(2)ア1　イ6　ウ6　(3)36通り
(4)96通り

⑤ (1)15cm　(2)$3\frac{1}{3}$cm　(3)2400cm²　(4)$444\frac{4}{9}$cm²

慶應義塾湘南藤沢中等部
〈問題は51ページ〉

① (1)ア14　(2)イ$\frac{5}{54}$　(3)ウ67

② (1)毎分64m　(2)60個　(3)75度

③ (1)143　(2)308　(3)16

④ (1)30.28cm　(2)53.42cm　(3)106.41cm²

⑤ (1)14cm　(2)28　(3)毎分180cm³

⑥ (1)毎分16個　(2)70分後　(3)25分間

慶應義塾中等部
〈問題は54ページ〉

① (1)ア1　イ45　ウ56　(2)ア3　イ7　(3)635
(4)18　(5)ア1　イ125

② (1)90　(2)28　(3)395　(4)ア97　イ8　(5)80

③ (1)75　(2)ア44　イ4　ウ7　(3)ア9　イ42
(4)ア643　イ7

④ (1)47　(2)ア8　イ5　ウ64

⑤ (1)190　(2)ア5　イ40　(3)ア22　イ2　ウ21

⑥ (1)7　(2)70

国学院大学久我山中学校（第1回）
〈問題は57ページ〉

① (1)95　(2)$\frac{11}{16}$［0.6875］　(3)$\frac{7}{12}$　(4)11

② (1)80個　(2)99.9%　(3)$12\frac{8}{11}$分後　(4)28g
(5)200個　(6)12cm²　(7)3倍

③ (1)11　(2)42　(3)77　(4)437　(5)2491

④ (1)毎秒6cm²　(2)52秒後　(3)15秒後　(4)毎秒7.6cm²
(5)$27\frac{12}{19}$秒後

【配点】
100点満点
①20点　②35点　③22点　④23点

栄東中学校（A）
〈問題は60ページ〉

① (1)4　(2)$\frac{2}{3}$　(3)5　(4)1200（g）　(5)12（体）
(6)54（度）　(7)$42\frac{2}{3}\left[\frac{128}{3}\right]$（cm²）　(8)12.56（cm²）

② (1)（栄くん：中さん）10：7　(2)2800m　(3)17分30秒後

③ (1)ア300　(2)16個　(3)20通り

④ (1)4.5$\left[4\frac{1}{2}\Big/\frac{9}{2}\right]$cm²　(2)84.5$\left[84\frac{1}{2}\Big/\frac{169}{2}\right]$cm²
(3)188.5$\left[188\frac{1}{2}\Big/\frac{377}{2}\right]$cm²

⑤ (1)15　(2)32個　(3)336

自修館中等教育学校（A1）
〈問題は63ページ〉

① (1)8　(2)$3\frac{1}{2}$　(3)271　(4)4　(5)8

② (1)16個　(2)16通り　(3)時速4km　(4)3.717cm
(5)36cm³

③ (1)140000円　(2)144000円　(3)（小）60個　（大）120個　(4)（小）240個　（大）0個

④ (1)赤色　(2)緑色　(3)（赤）1匹　（青）1匹　（緑）1匹　(4)青色、10回

芝浦工業大学柏中学校（第1回）
〈問題は65ページ〉

① (1)$\frac{12}{19}$　(2)1836円

② (1)9cm²　(2)144cm²

③ (1)9回　(2)3、20、21

④ (1)720000円　(2)960000円

⑤ (1)11ターン目　(2)59ターン目　(3)152ターン目

⑥ (1)2.355cm　(2)135度　（理由）円Qの弧RAと円Pの弧RBの長さが等しくなるので、おうぎ形の直径（半径）と中心角は逆比になるから。　(3)3回転

⑦ (1)毎分64m　(2)$\frac{3}{2}$［1.5］倍　(3)8分20秒以内

【配点】
100点満点
①各5点　②～⑦…各6点

芝浦工業大学附属中学校（第1回）
〈問題は68ページ〉

① (1)50g　(2)①9cm²　②（正方形）X　（差）1cm²

② (1)0.6$\left[\frac{3}{5}\right]$　(2)3　(3)44通り　(4)43.14cm²

③ (1)240個 (2)29km (3)12個 (4)8 (5)右図

④ (1)224 (2)[例] 1と3 (3)21 (4)484

⑤ (1)72㎠ (2)① $415\frac{5}{13}$ ㎠ ② 21：11[11：21]

渋谷教育学園渋谷中学校（第1回）
〈問題は71ページ〉

① (1) $\frac{36}{37}$ (2)29個 (3)20 (4) $\frac{6280}{3}$ ㎤ (5)108度
(6)4.5％

② (1)30個 (2)54個 (3)51個

③ (1)16個 (2)145個 (3)210個 (4)12

④ (1)おうぎ形ＯＡＰの面積と時間の関係を表したグラフ：イ　三角形ＯＡＰの面積と時間の関係を表したグラフ：エ (2) $\frac{25}{8}$ 分後 (3) $\frac{25}{7}$ 分後

渋谷教育学園幕張中学校（第1回）
〈問題は75ページ〉

① (1)4通り (2)30通り (3)17通り

② (1)① 21㎠ ② 21枚 (2)45㎠

③ (1)10倍 (2)ア 25　イ $8\frac{1}{3}$

④ (1)0.5cm (2)4：7 (3) $5\frac{50}{77}$ 倍

⑤ (1)207㎤ (2) $85\frac{1}{3}$ ㎤ (3)8：7

湘南学園中学校（Ｂ）
〈問題は79ページ〉

① (1)69 (2)20.02 (3) $\frac{1}{4}$ (4) $\frac{2}{3}$

② (1)40ｇ (2)6点 (3)112.5ｍ (4)36度 (5)24通り
(6)4年後 (7)7000円 (8)ア 3600　イ 3540　ウ 60　エ 2820　オ 13

③ (1)14.28cm (2)4.56㎠

④ (1)82000㎠ (2)18cm

⑤ (1)2500㎠ (2)5000㎠ (3)65分

⑥ (1)5番 (2)30通り (3)29通り

【配点】
150点満点
①各6点　②(8)各1点×3　各2点×2　他各7点
③各7点　④各7点　⑤各7点　⑥各7点

昭和学院秀英中学校（第1回）
〈問題は82ページ〉

① (1)ア $\frac{4}{25}$ (2)イ 62 (3)ウ 2 (4)エ $\frac{105}{26}$ [$4\frac{1}{26}$]

② (1)ア 33[34] (2)イ 1.5[$\frac{3}{2}$] (3)ウ 1008

③ (1)90分 (2)① 15分 ② 15分

④ (1)4cm (2)9cm (3)27 (4)108

⑤ (1)① 28(cm) ② 16875㎠ (2)7875㎠

【配点】
100点満点
①各6点　②各6点　③各6点　④(2)…5点　他各6点
⑤(1)①…5点　他各6点

成蹊中学校（第1回）
〈問題は85ページ〉

① (1)17 (2) $\frac{5}{6}$

② (1)14分35秒後 (2)26人 (3)27度 (4)5400円
(5)18個 (6)28㎠

③ (1)4mL (2)7秒

④ (1)① 45 ② 63 (2)495

⑤ (1)135度 (2)216㎠ (3)72cm

⑥ (1)16cm (2)毎秒 $1\frac{1}{3}$ cm (3)ア 14　イ 112
(4) $17\frac{1}{3}$ 秒後

成城学園中学校（第1回）
〈問題は89ページ〉

① (1)29 (2) $\frac{9}{40}$ (3)209 (4) $\frac{5}{24}$ (5)1899

② (1)85 (2)9 (3)21(試合) (4)95(点) (5)1280(倍) (6)78(度) (7)5(人) (8)6.3(％) (9)260(m) ⑽174(円)

③ (1)ア 126度　イ 138度 (2)100.26㎠

④ (1)25cm (2)108秒 (3)12cm (4)21cm (5)420秒

⑤ (1)42秒後 (2)7秒後 (3)21秒後 (4)35秒後

⑥ (1)9110 (2)1010 (3)36個 (4)79765

西武学園文理中学校（第1回）
〈問題は92ページ〉

① (1)55 (2)900 (3) $\frac{5}{6}$ (4) $4\frac{10}{17}$ (5)4.5(ｇ)

② (1)(鉛筆の本数)123本　(人数)25人 (2)(十円玉)17枚　(五十円玉)5枚 (3)12円 (4)15種類 (5)9㎠

③ (1)3035日前で土曜日 (2)3回 (3)Ｔ 3回　Ｇ 2回　ＰＧ 5回

④ (1)285km (2)① 5 時間 ② 4 $\frac{5}{8}$ 時間

⑤ (1)16cm (2)62.8cm (3)131.88cm

青稜中学校(第1回B)
〈問題は95ページ〉

① (1)16 (2)$\frac{4}{5}$[0.8] (3)56 (4)11 (5)14

② (1)2.7(kg) (2)(時速) 3 (km) (3)78.5(ha)
 (4)5.5(点) (5)3000(円) (6)55(m)

③ 30通り

④ 39分

⑤ 45度

⑥ 29cm²

⑦ (1)午後 2 時20分 (2)午後 2 時58$\frac{2}{21}$分

⑧ (1)99日目 (2)116日目 (3)42%

専修大学松戸中学校(第1回)
〈問題は98ページ〉

① (1)2$\frac{1}{12}$ (2)6.4 (3)$\frac{9}{10}$ (4)90

② (1)30 (2)180 (3)94 (4)280 (5)60

③ (1)27cm² (2)144cm²

④ (1)78.5cm² (2)4.04cm²

⑤ (1)2 通り (2)18通り

⑥ (1)29倍 (2)毎秒24m (3)60m

⑦ (1)H (2)3025

千葉日本大学第一中学校(第1期)
〈問題は101ページ〉

① (1)24 (2)25 (3)4051 (4)4.5

② (1)1$\frac{1}{2}$ (2)91(度) (3)42(秒) (4)432(問)
 (5)① 9 ②12 (6)①360(通り) ②20(通り)
 (7)①1648400 ②D→C→B→A (8)A 5 B 3
 C 4 D 2 E 1 (9)x 88(度) y 28(度)
 (10)①150(cm²) ②2 ③15 (11)25.12(cm²)
 (12)①28(番目) ②ア205 イ8445

③ (1)15日 (2)8 日間 (3)12日

④ (1)24cm² (2)75.36cm² (3)678.24cm²

中央大学附属中学校(第1回)
〈問題は104ページ〉

① (1)43$\frac{3}{4}$ (2)9 (3)20通り (4)21% (5)17度
 (6)4.71cm² (7)46cm²

② (1)14 (2)26個 (3)103、104

---

③ (1)毎分6 人 (2)27分 (3)23分後

④ (1)毎分42m (2)毎分78m (3)94$\frac{1}{2}$m

中央大学附属横浜中学校(第1回)
〈問題は106ページ〉

① (1)$\frac{217}{1000}$ (2)$\frac{3}{10}$ (3)2023 (4)20(個) (5)9(枚)
 (6)22(分) (7)40(個) (8)77 (9)38(度)
 (10)1594(cm²)

② (1)500g (2)20g (3)36:55

③ (1)30cm² (2)①12cm² ②$\frac{8}{3}$cm²

④ (1)64 (2)81 (3)22行 9 列目 (4)13個

筑波大学附属中学校
〈問題は108ページ〉

① (1)1$\frac{7}{16}$ (2)3 個 (3)36人 (4)57度 (5)60g
 (6)28番目 (7)729個

② (1)960cm³ (2)エ

③ (1)20面 (2)

(3)

④ (1)ア○ イ× ウ○ (2)[例]1 番長い辺の長さより、残り 2 本の辺の長さの和の方が長いという関係になっているとき。 (3)13種類

⑤ (1)ア、イ、エ (2)[例]棒グラフを折れ線グラフに書き直し、重ねることで月ごとの変化の様子が比較しやすくなる。

⑥ (1)(中央値)18.5 (最頻値)22 (2)6 (3)(記号)ア [例]2 人とも中央値は21m以上23m未満だが、最頻値ははるかさんが23m以上25m未満、みさきさんが21m以上23m未満となっているから。

帝京大学中学校(第1回)
〈問題は114ページ〉

① (1)55 (2)6$\frac{1}{9}$ (3)1$\frac{1}{8}$ (4)9

② (1)240ページ (2)15日 (3)160g (4)34 (5)45度
 (6)67.5度 (7)39.98cm (8)12cm²

③ (1)1:3 (2)4$\frac{17}{22}$cm²

④ (1)C、F、I、L (2)A (3)337回

⑤ (1)60分後 (2)分速60m (3)1008m

【配点】
100点満点
各5点

1　(1)31.4　(2)4.8　(3)18　(4)6日　(5)119ページ
(6)10500円　(7)15％　(8)11：18

2　(1)50.24㎠　(2)9㎠　(3)(あ)109度　(い)37度
(う)82度

3　(1)①4個　②21番目　③10　(2)①36秒　②6
秒後　③480㎠　(3)①18cm　②15cm　③21.6cm
④18分18秒後

1　(1)6.28　(2)2　(3)20m以上25m未満　(4)16個で
きて$\frac{2}{15}$kg余る　(5)

11	2	14
12	9	6
4	16	7

2　(1)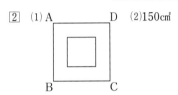　(2)150㎠

3　(1)41人　(2)イ

4　(1)①ウ　②ア
(2)ウ
(理由)
商品の値段を□とする。クーポンBを用いるにあ
たり、方法1の場合と方法2の場合の金額は
方法1の場合
$(□-500)×1.1=□×1.1-500×1.1$
$=□×1.1-550$
方法2の場合　$□×1.1-500$
となる。1000円より高い値段の商品であれば、
どのような金額でも方法1の方が方法2よりも
50円安くなることが言えるため。

5　(1)$\frac{\boxed{1}}{\boxed{6}}×\frac{\boxed{2}}{\boxed{5}}=\frac{1}{15}$
$\frac{\boxed{2}}{\boxed{6}}×\frac{\boxed{1}}{\boxed{5}}=\frac{1}{15}$
$\frac{\boxed{2}}{\boxed{5}}×\frac{\boxed{1}}{\boxed{6}}=\frac{1}{15}$
$\frac{\boxed{1}}{\boxed{5}}×\frac{\boxed{2}}{\boxed{6}}=\frac{1}{15}$
(2)7、11、13

1　(1)0.52　(2)12　(3)15

2　(1)$\frac{3}{14}$(㎠)　(2)55(kg)　(3)198(㎠)　(4)2(通り)
(5)(秒速)4.5(m)

3　(1)2688　(2)1317　(3)3124

4　(1)4時間　(2)15時間　(3)27人

5　(1)時速8km　(2)24分後　(3)25分30秒後

6　(1)5通り　(2)6通り　(3)36通り

1　(1)20　(2)50000　(3)5

2　(1)$\frac{3}{64}$倍　(2)29個　(3)$11\frac{1}{7}$　(4)80000円　(5)ウ、オ

3　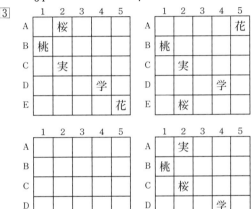

4　(1)27.57cm　(2)54.065㎠

5　(1)分速80m　(2)次図　(3)1760m

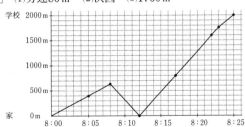

1　(1)465.29　(2)0.3　(3)1.25$\left[1\frac{1}{4}\right]$　(4)$\frac{3}{7}$　(5)151

2　(1)2　(2)9　(3)3.75　(4)$\frac{60}{11}\left[5\frac{5}{11}\right]$　(5)3.2　(6)4.5

3　(1)2人　(2)2人　(3)4人

4　(1)4個　(2)14個　(3)36個

⑤ (1)毎時1.5km　(2)20km　(3)40分間
【配点】
150点満点
① 各6点　② 各8点　③～⑤ (1)…6点　(2)…8点
(3)…10点

東邦大学付属東邦中学校(前期)
〈問題は137ページ〉

① (1)3.14$\left[3\dfrac{7}{50}/\dfrac{157}{50}\right]$　(2)6$\dfrac{1}{4}$$\left[6.25/\dfrac{25}{4}\right]$
　(3)51900

② (1)2　(2)22.5$\left[22\dfrac{1}{2}/\dfrac{45}{2}\right]$km　(3)15％
　(4)3.2$\left[3\dfrac{1}{5}/\dfrac{16}{5}\right]$cm　(5)(ウ)、(エ)

③ (1)2時間　(2)2時間24分

④ (1)5通り　(2)25通り

⑤ (1)64cm²　(2)20cm²　(3)12cm²

⑥ (1)29：6　(2)5：2　(3)14.5$\left[14\dfrac{1}{2}/\dfrac{29}{2}\right]$cm

東洋大学京北中学校(第1回)
〈問題は141ページ〉

① (1)24　(2)3$\dfrac{25}{28}$　(3)14本　(4)25度　(5)255m
　(6)毎分500回転　(7)5日目　(8)1350人

② (1)10時40分　(2)6km　(3)時速4km

③ (1)34番目　(2)893　(3)　26232

④ (1)25：16：24　(2)27cm²　(3)240cm²

⑤ (1)8日　(2)24日　(3)27日目
【配点】
100点満点
各5点

獨協埼玉中学校(第1回)
〈問題は143ページ〉

① (1)2　(2)5分24秒　(3)18通り　(4)10本　(5)1$\dfrac{17}{25}$
　(6)53kg　(7)①17個　②30個

② (1)①13番目　②1640個　(2)①$\dfrac{1}{3}$cm²　②1$\dfrac{1}{3}$cm²

③ (1)336円　(2)540g　(3)25％増量

④ (1)(電車X)秒速25m　(電車Y)秒速16$\dfrac{2}{3}$m
　(2)A地点から西に20mの地点　(3)60m
【配点】
100点満点
① 各5点　② 各5点　③(1)…5点　(2)…5点　(3)…
10点　④(1)…6点　(2)…6点　(3)…8点

日本大学中学校(Ａ－1日程)
〈問題は145ページ〉

① (1)$\dfrac{2}{3}$　(2)9　(3)35　(4)20(度)　(5)1.6(cm)
　(6)210(個)　(7)3000(円)　(8)9(通り)

② (9)ア16　イ6.28　ウ7.536　(10)エ3.14　オ9.42
カ前

③ (11)$\dfrac{5}{9}$倍　(12)$\dfrac{1}{15}$倍　(13)$\dfrac{1}{5}$倍

④ (14)8$\dfrac{3}{4}$cm　(15)4$\dfrac{3}{4}$cm

⑤ (16)7個　(17)15　(18)C

日本大学藤沢中学校(第1回)
〈問題は148ページ〉

① (1)1　(2)$\dfrac{5}{2}$$\left[2\dfrac{1}{2}/2.5\right]$　(3)$\dfrac{2}{7}$　(4)0.08$\left[\dfrac{2}{25}\right]$
　(5)$\dfrac{5}{14}$

② (1)3600円　(2)44枚　(3)280g　(4)11日間　(5)18cm²

③ (1)日曜日　(2)月曜日

④ (1)21.98cm　(2)75.36cm²

⑤ (1)20　(2)G　(3)4cm²

⑥ (1)$\dfrac{184}{3}$$\left[61\dfrac{1}{3}\right]$cm²　(2)ウ　(3)24個
【配点】
100点満点
各5点

広尾学園中学校(第1回)
〈問題は150ページ〉

① (1)253　(2)ア1　イ2　(3)12人　(4)(4時)54$\dfrac{6}{11}$分
　(5)43cm²　(6)1800cm²

② (1)(チョコレート)6個　(ガム)4個　(2)(チョコレート)8個　(ガム)6個　(3)18、26(個)

③ (1)16　(2)81　(3)233通り

④ (1)720通り　(2)144通り　(3)60通り

⑤ (1)①[例]
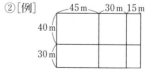
②[例]
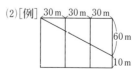

(2)[例]

③ (1)18㎠ (2)12.56cm (3)168.72㎠
④ (1)3.225点 (2)ア5 イ2 (3)19人
⑤ (1)55 (2)2178308 (3)2698

法政大学中学校（第1回）
〈問題は153ページ〉

① (1)3 (2)3 $\frac{3}{7}$ (3)1 $\frac{1}{3}$
② (1)2（日）11（時間）34（分） (2)232 (3)512（ページ） (4)9（分）20（秒後） (5)49（人） (6)40000（円） (7)160（m） (8)32（㎠）
③ (1)13通り (2)21通り
④ (1)7.85㎡ (2)169.56㎡
⑤ (1)52㎠ (2)58㎠
⑥ (1)（Bさん：Cさん）＝2：3 (2)8時間
【配点】
150点満点
①(1)(2)…各7点 (3)…8点 ②～⑥各8点

法政大学第二中学校（第1回）
〈問題は155ページ〉

① (1)2024 (2)31 (3)4 (4)503
② (1)（赤色の袋）24個 （青色の袋）6個 (2)毎分12ℓ (3)午後5時8分 (4)72枚 (5)3.5％ (6)5 $\frac{1}{3}$㎠
③ (1)毎分96m (2)41 $\frac{2}{3}$
④ (1)12 (2)26314
⑤ (1)63㎠ (2)64.8㎠
⑥ (1)294㎠ (2)7 cm (3)112㎠

星野学園中学校（理数選抜入試第2回）
〈問題は158ページ〉

① (1)50 (2)2 $\frac{3}{4}$ (3) $\frac{1}{13}$ (4)47 (5)15人 (6)15％ (7)13 (8)21分 (9)10本 (10)39度 (11)43.96㎠
② (1)分速100m (2)13分20秒後 (3)20分後
③ (1)4.4％ (2)C4.7％、D4.3％ (3)300 g
④ (1)122円 (2)プランBのほうが10円安い

三田国際学園中学校（第1回）
〈問題は161ページ〉

① (1)1 $\frac{5}{6}$ (2)70（個） (3)2（時間）24（分） (4)59（個） (5)22（回） (6)4（㎠）
② (1)イ (2)12.5 (3)6回

茗溪学園中学校（第2回）
〈問題は164ページ〉

① (1)710 (2)46 (3)55（分） (4)13.5（cm） (5)より安い (6)212（通り） (7)11.42（cm） (8)16（㎠）
② (1)毎分520m (2)9760m (3)午前10時5分0秒から午前11時2分0秒まで
③ (1)299 (2)37
④ (1)24通り (2)40通り (3)50通り

明治大学付属八王子中学校（第1回）
〈問題は167ページ〉

① (1)0 (2)7 (3)6 (4) $\frac{8}{15}$
② (1)250（dL） (2)110人 (3)5人 (4)9600円 (5)42㎠ (6)9 cm
③ (1)126m (2)20 g (3)19個 (4)8 cm (5)56度
④ (1)毎分82m (2)2624m
⑤ (1)4 cm (2)36㎠

明治大学付属明治中学校（第1回）
〈問題は169ページ〉

① (1) $\frac{2}{7}$ (2)(ア)5（分） (イ)30（秒） (3)9.6（％） (4)56（人） (5)602.88（㎠）
② (1)7段目、5番目 (2)3025 (3)9段目
③ (1)4800円 (2)16個 (3)13個
④ (1)400円 (2)52円
⑤ (1)4人 (2)午前9時41分
【配点】
100点満点
①各7点 ②(1)…6点 (2)(3)…各5点 ③(1)(2)…各6点 (3)…5点 ④各8点 ⑤各8点

森村学園中等部（第1回）
〈問題は171ページ〉

① (1)88 (2)3 (3)2
② (1)21 (2)20m (3)45個 (4)12％ (5)31日
③ (1)毎分1200㎤ (2)x 20 y 30 (3)28分20秒
④ (1)31 (2)28 (3)64
⑤ (1)ア8 イ2032 ウ254 (2)エ2 オ11 カ23 22歳と23歳 (3)11回

6 (1)12.28cm (2)34.54cm (3)128.61㎠
【配点】
100点満点
各5点

山手学院中学校（A）
〈問題は175ページ〉

1 (1)3 (2)$\frac{1}{4}$

2 (1)4（%） (2)7（通り） (3)1.6$\left[\frac{8}{5}/1\frac{3}{5}\right]$（cm）

3 (1)75個 (2)65個 (3)42個

4 (1)450円 (2)13500円 (3)45個

5 (1)7分12秒 (2)13分52秒 (3)26分24秒

6 (1)17通り (2)4通り (3)75通り

7 (1)9 (2)50mL (3)45秒間

麗澤中学校（第1回ＡＥコース）
〈問題は177ページ〉

1 (1)16 (2)74 (3)12 (4)18.9$\left[18\frac{9}{10}\right]$ (5)0.9$\left[\frac{9}{10}\right]$
(6)2$\frac{86}{105}$ (7)$\frac{1}{12}$ (8)2.4$\left[2\frac{2}{5}\right]$

2 (1)90 (2)200 (3)7.5$\left[7\frac{1}{2}\right]$ (4)10000 (5)42
(6)80

3 (1)正三角形 (2)9個 (3)3.5$\left[3\frac{1}{2}\right]$㎠

4 ［例］$8\div\frac{2}{3}$

$=\left(8\times\frac{3}{2}\right)\div\left(\frac{2}{3}\times\frac{3}{2}\right)$

$=\left(8\times\frac{3}{2}\right)\div1$

$=\left(8\times\frac{3}{2}\right)$ ……÷1をすると何もしないのと同じ計算結果になるので、わり算そのものを消してしまうことができる。

わり算のわられる数、わる数の両方に同じ数をかけても商は変わらないことと、逆数をかけると1になることを使って、÷の右側を1にする。

残った式は初めの式の÷$\frac{2}{3}$を×$\frac{3}{2}$に置きかえたものになっている。

早稲田実業学校中等部
〈問題は179ページ〉

1 (1)$\frac{1}{20}$ (2)60通り (3)20度 (4)13.2%

2 (1)①23.4回 ②23回 (2)①6カ所 ②22カ所

3 (1)3：2 (2)5：4 (3)①4：3 ②［例］正八角形の外角は360÷8＝45(度)だから、2つの辺を延長すると直角二等辺三角形ができる。ところが、この図形では三角形ＱＲＳが直角二等辺三角

形ではないから。

4 (1)3：2 (2)(P君)毎分90m (Q君)毎分60m
(3)9分12秒後

5 (1)①㋒ ②1回 (2)3回 (3)①5周 ②22回

浅野中学校
〈問題は184ページ〉

1 (1)ア7 (2)イ55（分後） (3)ウ4（個） エ6（個）
(4)オ1.5（㎠） カ72.5（㎠） (5)キ黒（色） ク白（色）
ケ白（色） コ黒（色）
(説明)

［図2］は全部で、49マスあるので、はじめに置いたマスを1番目とすると、最後に戻ってくるマスは50番目になる。「ナイト」は白と黒に交互にとまるため、2個のくり返しになっている。

「50÷2＝25」であまりが出ないので、50番目は1番目とは異なる色になるため、はじめに置いたマスに戻ることはできない。

2 (1)1023番目 (2)256 (3)$\frac{47}{2048}$
(4)$\frac{1023}{2048}$，$\frac{1025}{2048}$

3 (1)6秒後 (2)9秒後 (3)4回 (4)33.75cm

4 (1)ア1 イ4 ウ10 エ19

(2) 水面の高さ(cm)

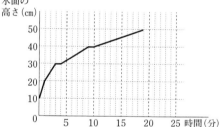

(3)［例］

40	30	20
30	20	40
30	40	10

(4)60通り

5 (1)3：4 (2)7：6 (3)1$\frac{11}{13}$cm (4)3$\frac{9}{13}$㎠

麻布中学校
〈問題は190ページ〉

1 $\frac{4}{51}$

2 (1)6㎠ (2)6.25㎠

3 (1)(船アの速さ：船イの速さ)53：43
(2)分速116$\frac{2}{3}$m

④ (1)3925 (2)ア217、イ247 (3)412

⑤ (1)12$\frac{6}{13}$km (2)①13(周)、14(周) ②4(km)、9.5(km)

⑥ (1)710 (2)2889回

(3)
1 0 0	⓪ 1 0	⓪ 1 1	⓪ 0 2	1 0 0	3
2 0	⓪ 0 2	⓪ 0 1	2 0 0	2 2 0	⓪ 3
3	⓪ 0 0	3 0 0	1 3 0	⓪ 2 3	⓪ 0 3

(4)903回

栄光学園中学校
〈問題は193ページ〉

① (1)(ア)384 (イ)1536 (2)[例]135642 (3)5回
(4)26回 (5)217回

② (1)2$\frac{2}{3}$L (2)22分30秒後 (3)12分45秒後
(4)5$\frac{1}{3}$Lより多く8L以下

③ (1)(ア)45個 (イ)1157 (2)(ア)32個 (イ)1326
(3)(ア)4、6、8、9

(イ)
一の位	0	1	2	3	4
個数	個	個	個	個	1個
一の位	5	6	7	8	9
個数	個	6個	個	22個	10個

④ (1)2$\frac{2}{3}$cm² (2)(ア)4面 (イ)1$\frac{1}{3}$cm² (3)(ア)三角形が4面、四角形が1面 (イ)2cm²

海城中学校(第1回)
〈問題は196ページ〉

① (1)3 (2)42 (3)34歳 (4)100、196、225、256
(5)110度

② (1)2：1 (2)9：1：5 (3)90：1

③ (1)13分 (2)24分 (3)22分24秒

④ (1)5個 (2)42個 (3)78通り

⑤ (1)106$\frac{2}{3}$cm² (2)177cm³

⑥ (1)9.2秒後 (2)24.5秒後 (3)80秒後

開成中学校
〈問題は199ページ〉

① (1)[例]8×(9×7×4＋1)
(2)(ア)11.5cm (イ)425g
(3)(ア)右図 (イ)43.96cm
(ウ)(X)14 (Y)7

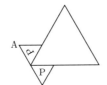

② (1)《7431》 (2)(ア)【213】、【231】 (イ)【2134】、【2143】、【2314】、【2341】、【2413】、【2431】 (ウ)①24通り ②6通り (エ)30通り (3)560通り

③ (1)②、③、④

(2)

(3)
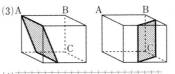

(4)
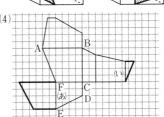

(5)1.8cm²

学習院中等科(第1回)
〈問題は204ページ〉

① (1)440 (2)3.1 (3)$\frac{23}{24}$ (4)$\frac{2}{3}$

② (1)8(人) (2)7(個) (3)6(年前) (4)95

③ (1)3 (2)125 (3)19個

④ (1)31.4cm (2)62.7cm² (3)5.445cm²

⑤ (1)2160m (2)1440m (3)7分12秒後

⑥ (1)1号室 (2)(3号室)A・J (4号室)C・F・G (5号室)D・K

鎌倉学園中学校(第1回)
〈問題は207ページ〉

① (1)49 (2)1.25 (3)$\frac{1}{10}$ (4)20240

② (1)$\frac{1}{23}$ (2)12(個) (3)43(人) (4)459

③ (1)18.84(cm²) (2)151(度)

④ (1)$\frac{1}{2}$ (2)128番目 (3)654番目

⑤ (1)5通り (2)5通り (3)30通り

⑥ (1)$\frac{1}{3}$ (2)15本 (3)9日目

⑦ (1)55度 (2)56.25cm² (3)AEとBD、ADとCE

⑧ (1)314cm² (2)4$\frac{8}{13}$cm (3)289$\frac{11}{13}$cm²

暁星中学校（第1回）
〈問題は210ページ〉

1 (1)72㎠ (2)36㎠
2 (1)(父)36才 (長男)8才 (2)6
3 (1)10分 (2)(上り坂)20分 (下り坂)10分
4 (1)1888番目 (2)$\frac{20}{25}$ (3)1022番目
5 (1)841 (2)343

慶應義塾普通部
〈問題は212ページ〉

1 ①11.7 ②$\frac{2}{3}$
2 14：6：15
3 280円
4 6.25秒後
5 441個
6 ①1250m ②250m
7 ①2520 ②120
8 3㎝
9 ⓐ54度 ②96度

攻玉社中学校（第1回）
〈問題は214ページ〉

1 (1)$1\frac{5}{7}$ (2)6.75 (3)①0 ②4 ③10
2 (1)8.4 (2)16 (3)25 (4)9 (5)$\frac{20}{37}$
3 (1)85 (2)11 (3)141 (4)266 (5)4617
4 (1)15.25㎠ (2)6㎝ (3)3㎝ (4)$1\frac{11}{16}$㎠
 (5)25：15：24

佼成学園中学校（第1回）
〈問題は216ページ〉

1 (1)36 (2)$\frac{4}{5}$ (3)567 (4)20.9 (5)14
2 (1)2840円 (2)125円 (3)8日間 (4)4% (5)4.56㎠ (6)59.66㎠
3 (1)10㎝ (2)12㎝ (3)40.8$\left[40\frac{4}{5}\right]$㎠
4 (1)3通り (2)6通り (3)27通り
5 (1)8回 (2)12回 (3)12、13、80、84、85、512

駒場東邦中学校
〈問題は219ページ〉

1 (1)①7個 ②[例]ウ7 エ158 オ10 (2)(11、

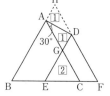

$49\frac{1}{11}$)、(44、$32\frac{8}{11}$) (3)①6通り ②20通り
③36通り (4)①1：2
②右図 辺ＢＡの延長線
と辺ＦＤの延長線の交点
をＨとする。
三角形ＨＢＦは1辺の長
さが5㎝の正三角形で、
三角形ＨＡＤは三角形Ｇ
ＤＡと合同なので、平行四辺形ＨＡＤＧと三角形
ＧＥＣの面積は等しい。
正三角形ＨＢＦ＝正三角形ＡＢＣ＋正三角形ＤＥ
Ｆ－正三角形ＧＥＣ＋平行四辺形ＨＡＧＤ
よって、1辺の長さが3㎝の正三角形と1辺の長
さが4㎝の正三角形の面積の和は、1辺の長さが
5㎝の正三角形の面積に等しい。
2 (1)1620度 (2)31.4㎝ (3)ウの方が226.08㎠大きい
3 (1)100個 (2)141個
(3)①

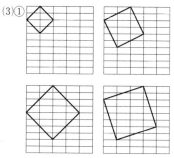

②96個
4 (1)ア11 イ55 ウ506 (2)②+④+⑥+……+⑳+㉒ (3)93744

サレジオ学院中学校（Ａ）
〈問題は222ページ〉

1 (1)0.88 (2)$1\frac{7}{11}$
2 (1)25(分) (2)72(度) (3)①310 ②58(番目)
(4)①157.5(㎠) ②3.75(㎝) (5)①5(種目)
②42(点) ③37(点) ④33(点)
3 (1)正方形 (2)9枚 (3)7枚、8枚
4 (1)ア (2)オ、ケ (3)2000通り
5 (1)15㎝ (2)$\frac{10}{49}$倍 (3)1回、4.2秒後

芝中学校（第1回）
〈問題は226ページ〉

1 (1)48 (2)1.45
2 (1)3125(人) (2)575(人) (3)15(人)
3 (1)4 (：)5 (2)13.2(㎠)

4 9（通り）、（3個入り）20（袋） （5個入り）18（袋）
5 (1)（最も少ない場合）6（個） （最も多い場合）16（個） (2)9（本）
6 (1)3（分）36（秒後） (2)6（分後） (3)18（分後）
7 (1)31（通り） (2)355（通り）
8 (1)（毎秒）4（cm） (2)ア612（cm³） イ12（秒） (3)（最初）9$\frac{13}{18}$（秒後） （次）15$\frac{1}{27}$（秒後）

城西川越中学校（第1回総合一貫）
〈問題は229ページ〉

1 (1)4 (2)$\frac{2}{13}$ (3)0 (4)96（点） (5)494（人）
(6)100（ドル） (7)10（通り）
(8)（A＝）180、（B＝）30
2 (1)35度 (2)9.42cm² (3)(i)② (ii)864cm²
3 (1)140g (2)20% (3)400g
4 (1)6 (2)010989 (3)56 (4)85
【配点】
100点満点
1 40点　2 20点　3 20点　4 20点

城北中学校（第1回）
〈問題は232ページ〉

1 (1)2 (2)$\frac{9}{20}$
2 (1)360 (2)5 (3)41 (4)2.57 (5)12
3 (1)9時15分 (2)分速36m (3)1080m
(4)分速66m
4 (1)15cm² (2)4cm (3)21:13
5 (1)5050 (2)ア99 イ6 ウ98 エ97 オ100
カ338350

城北埼玉中学校（第1回）
〈問題は236ページ〉

1 (1)4$\frac{7}{9}$〔$\frac{43}{9}$〕 (2)11 (3)180m (4)女子の方が
2点高くなる (5)1050枚 (6)18.42cm² (7)116度
(8)60cm
2 (1)6 (2)10cm (3)195秒後
3 (1)①2通り ②4通り (2)21通り
4 (1)24番目 (2)34 (3)1816
5 (1)200cm² (2)514cm² (3)135.5cm²

巣鴨中学校（第Ⅰ期）
〈問題は239ページ〉

1 (1)1時間12分 (2)100個 (3)17 (4)43個
(5)336人 (6)395.64cm²
2 (1)13：3 (2)128分 (3)138$\frac{2}{11}$分
3 (1)（A、B）＝（6、420）、（12、210）、（30、
84）、（42、60） (2)42、210 (3)（D、E）＝（6、
84）、（6、210）、（6、420）、（30、84）、（42、
84）、（42、210）、（42、420）
4 (1)39.25cm² (2)（イ） (3)207.24cm²

逗子開成中学校（第1回）
〈問題は242ページ〉

1 (1)0 (2)8 (3)2024
2 (1)525600分 (2)6分 (3)8157L (4)2024cm
(5)2068 (6)250個、300個、350個、400個、450個
3 (1)55cm (2)51枚目 (3)34か所
4 (1)655 (2)415 (3)ヒダリT3 K3 B2、
ミギギT2 K2 B0、ミギギT3 K1 B3
5 (1)411 (2)30種類 (3)112793

聖光学院中学校（第1回）
〈問題は245ページ〉

1 (1)$\frac{17}{21}$ (2)3840 (3)25日目
2 (1)16384：1 (2)4個 (3)383個
3 (1)785cm² (2)アA イE ウB、H (3)392.5cm²
4 (1)次図 (2)36分 (3)ア82$\frac{46}{47}$ イ227$\frac{17}{29}$

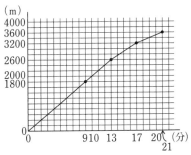

5 (1)③ (2)④ (3)②、④ (4)①、④ (5)②、③

成城中学校（第1回）
〈問題は250ページ〉

1 (1)①39 ②$\frac{9}{11}$ ③118 ④$\frac{2}{5}$〔0.4〕 (2)2600円
2 (1)①2通り ②9通り (2)5通り
3 ア48 イ32 ウ429 エ105 オ1085

④ (1)6 cm (2)3 cm (3)15cm (4)216㎠
⑤ (1)20個 (2)44個 (3)7個
⑥ (1)70分 (2)時速36km (3)35km (4)46分40秒後
【配点】
100点満点
①(1)①…3点 (2)…5点 他各4点 ②(1)①…3点
②…5点 (2)…6点 ③アイ…各3点 ウオ…各5
点 エ…2点 ④(1)…3点 (4)…6点 他各4点
⑤(1)…6点 (2)(3)…各4点 ⑥(1)…3点 (2)(3)…各
4点 (4)…6点

世田谷学園中学校（第1回）
〈問題は253ページ〉

① (1)$\frac{3}{4}$[0.75] (2)85(個) (3)308 (4)10：21：13
(5)214 (6)56(度)
② (1)260円 (2)300円
③ (1)5：6 (2)39.6㎠
④ (1)17頭 (2)28日
⑤ (1)27㎠ (2)3：1
⑥ (1)2：3 (2)7.5km

高輪中学校（A）
〈問題は256ページ〉

① (1)66 (2)$\frac{13}{18}$ (3)981 (4)$\frac{19}{30}$
② (1)2$\frac{4}{5}$ (2)12個 (3)15日 (4)17個
③ (1)毎分96m (2)24分後 (3)56分後
④ (1)13cm (2)15.6cm (3)1.2㎠
⑤ (1)2916㎠ (2)2025㎠ (3)1676.7㎠
【配点】
100点満点
①各5点 ②(4)…8点 他各6点 ③各6点
④各6点 ⑤各6点

筑波大学附属駒場中学校
〈問題は258ページ〉

① (1)63 (2)383個 (3)543個
② (1)(もっとも大きい数)54 (もっとも小さい数)
44 (2)42、54、56 (3)56、63、70、72 (4)(も
っとも大きい数)76 (もっとも小さい)数40
③ (1)27秒後、69秒後 (2)6秒後、18秒後、33秒後、
63秒後 (3)6秒後、21秒後、30秒後、51秒後
④ (1)18$\frac{4}{7}$cm (2)18$\frac{4}{7}$cm、20cm、21$\frac{1}{4}$cm (3)20cm、
22cm、23$\frac{1}{3}$cm、24$\frac{2}{7}$cm

東京都市大学付属中学校（第1回）
〈問題は261ページ〉

① 問1…1$\frac{1}{5}$ 問2…788.8 問3…3600
問4…45 問5…4 問6…138 問7…8
問8…52$\frac{1}{3}$
② 問1…3：7 問2…1：1 問3…$\frac{7}{80}$倍
③ 問1…160杯 問2…2200個 問3…4336個
④ 問1…1$\frac{1}{3}$倍 問2…54倍
⑤ 問1…24通り 問2(可能性)ない (理由)問
1で調べた組み合わせを元に得点を調べるとA君
は最低でも9点、B君は最高でも8点となるので、
B君がA君よりも得点が高くなる可能性はない。
【配点】
100点満点
①各5点 ②各6点 ③各6点 ④各6点 ⑤各6点

桐朋中学校（第1回）
〈問題は264ページ〉

① (1)1$\frac{9}{11}$ (2)5 (3)3$\frac{5}{7}$
② (1)550円 (2)7200m (3)19.7cm
③ (1)3個 (2)(赤玉)378個 (青玉)172個
④ (1)5(回目の得点が)12点高い (2)91点 (3)70点
⑤ (1)36分 (2)4分30秒
⑥ (1)(最も長い時間)319秒 (最も短い時間)13秒
(2)(最も長い時間)103秒 (2番目に長い時間)97
秒 (3)(最も長い時間)127秒 (2番目に長い時間)
119秒
⑦ (1)48 (2)8 (3)252

藤嶺学園藤沢中学校（第1回）
〈問題は266ページ〉

① (1)$\frac{7}{15}$ (2)2043 (3)1$\frac{1}{3}$ (4)$\frac{25}{28}$ (5)250(度)
② (1)1890円 (2)68個 (3)$\frac{45}{64}$kg (4)8才 (5)秒速
15m (6)8 (7)16 (8)75度
③ (1)121個 (2)(白)161個 (黒)200個
④ (1)3分40秒 (2)150m
⑤ (1)66.248㎥ (2)2.1(m)

獨協中学校（第1回）
〈問題は268ページ〉

① (1)31　(2)1800　(3)6　(4)20ｇ　(5)63度　(6)189
ページ　(7)40.82㎠

② (1)時速50km　(2)24分間

③ (1)21cm　(2)273㎠　(3)12回目

④ (1)ア、オ　(2)ア10　イ9　(3)ウ3　エ4　オ0
(4)220個　(5)385個

灘中学校
〈問題は271ページ〉

〔1日目〕

① 2240

② 260

③ 875

④ 9

⑤ ①3　②9

⑥ 8532

⑦ 69

⑧ $\frac{7}{3}\left[2\frac{1}{3}\right]$

⑨ 200.96

⑩ 99

⑪ $\frac{7}{17}$

⑫ 13.5

〔2日目〕

① (1)9、171　(2)(ア)(最小)126　(最大)872　(イ)30個

② (1)280　(2)56個

③ (1)(面積)9.5　(体積)5　(2)(ア)(長さ)2　(体積)
620　(イ)$7\frac{17}{19}$cm　(ウ)$24\frac{14}{19}$cm

④ (1)8.5　(2)(円の半径)4.5　(長さ)22.5

⑤ (1)(ア)192　(イ)1152　(2)10368通り

日本大学豊山中学校（第1回）
〈問題は276ページ〉

① (1)10　(2)$\frac{5}{6}$　(3)98　(4)$\frac{2}{9}$　(5)$\frac{97}{28}\left[3\frac{13}{28}\right]$

② (1)Ｃ→Ｂ→Ａ　(2)31　(3)4台　(4)6550円
(5)144個

③ (1)76度　(2)111.36cm　(3)316.25㎠

④ (1)31＋32＋33＋34＋35　(2)11段目左側4番目

⑤ (1)36分後　(2)60　(3)7.2

⑥ (1)3 cm　(2)4 cm　(3)376.8㎠

【配点】
100点満点

①各6点　②各5点　③(3)…4点　他各5点　④(1)

本郷中学校（第1回）
〈問題は279ページ〉

① (1)$\frac{5}{7}$　(2)11

② (1)13時間　(2)765円　(3)$\frac{298}{399}$　(4)10分　(5)15km
(6)1004.8㎠

③ (1)毎分120ｍ　(2)毎分40ｍ　(3)$4\frac{2}{7}\left[\frac{30}{7}\right]$

④ (1)813　(2)570　(3)287

⑤ (1)120㎠　(2)16㎠　(3)92㎠

【配点】
100点満点

①各5点　②各6点　③各6点　④各6点　⑤各6点

武蔵中学校
〈問題は283ページ〉

① (1)80(個)　(2)(ア)2(時間)12(分)　(イ)3(時間)
7(分)

② (1)$\frac{3}{4}$cm　(2)$3\frac{4}{5}$cm　(3)$6\frac{3}{7}$cm

③ (1)480ｍ　(2)4分後　(3)$8\frac{1}{4}$分後、26分後　(4)
30分後、42分後、60分後、70分後、72分後、84
分後、90分後

④ (1)4通り　(2)(1点)11通り　(2点)11通り
(3)2点、3点　(4)302通り

明治大学付属中野中学校（第1回）
〈問題は285ページ〉

① (1)20.6　(2)33.6　(3)21

② (1)1500円　(2)360ｇ　(3)51.25㎠　(4)21個
(5)(ＣＦ：ＦＤ)14：11　(6)26㎠

③ (1)4通り　(2)9通り

④ (1)油あげ、かきあげ　(2)(うどん)9人　(ねぎ)
3人

⑤ (1)11時16分　(2)9 km

⑥ (1)(ヤギ：ヒツジ)7：6　(2)4日間　(3)(ヤギ
またはヒツジ)ヤギ　17日間

ラ・サール中学校
〈問題は288ページ〉

1 (1)$2\frac{1}{50}$ (2)$\frac{2}{7}$ (3)1180

2 (1)5 (2)$A=\frac{16}{19}$、10個 (3)1100円 (4)あ108度
い94度

3 (1)15：8 (2)$11\frac{1}{13}$cm

4 (1)3.2cm (2)5：9

5 (1)16通り (2)32通り (3)160通り

6 (1)68㎠ (2)$\frac{1}{6}$㎠、$3\frac{1}{6}$㎠、$14\frac{2}{3}$㎠

【配点】
100点満点
1各4点 2(1)(3)…各7点 他各4点 3(1)…5点
(2)…8点 4(1)…7点 (2)…6点 5(3)…6点 他
各5点 6各4点

立教池袋中学校（第1回）
〈問題は290ページ〉

1 1)97 2)17

2 1)125.6cm 2)114㎠

3 1)84個 2)18個

4 1)5：3 2)90㎠

5 1)141点 2)8：9

6 1)161.16㎠ 2)9.628cm

7 1)午後1時48分30秒 2)午後4時42分45秒

8 1)51423 2)25314

9 1)秒速36m 2)1620m

10 1)63通り 2)3315通り

立教新座中学校（第1回）
〈問題は293ページ〉

1 (1)8 (2)130円 (3)2376 (4)72㎠ (5)49.4cm
(6)①$\frac{5}{16}$倍 ②288人

2 (1)33㎠ (2)1：4 (3)2：3 (4)17㎠

3 (1)540円 (2)3：2 (3)5：3 (4)600g

4 (1)1332 (2)66660 (3)38664 (4)19

5 (1)(体積)176㎤ (表面積)272㎠ (2)(体積)
161.87㎤ (表面積)285.27㎠

早稲田中学校（第1回）
〈問題は296ページ〉

1 (1)$3\frac{2}{3}$ (2)222ページ (3)258通り

2 (1)24度 (2)1.8㎠ (3)678.24㎡

3 (1)120m (2)2.2倍 (3)時速118.8km

4 (1)28回 (2)20回 (3)5回 (4)イ、カ

5 (1)次図 (2)75㎠ (3)15㎠

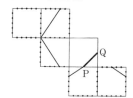

跡見学園中学校（第1回）
〈問題は299ページ〉

1 (1)50 (2)111 (3)$\frac{5}{6}$ (4)$1\frac{1}{6}\left[\frac{7}{6}\right]$ (5)2
(6)$\frac{11}{42}$ (7)14 (8)3200

2 (1)203 (2)12% (3)5日 (4)3個 (5)6人
(6)13人 (7)135度 (8)0.42㎠

3 (1)73 (2)上から12段目 左から8番目

4 (1)時速90km (2)14km

浦和明の星女子中学校（第1回）
〈問題は301ページ〉

1 (1)2.15 (2)240L (3)9000円 (4)5.4% (5)ア56
度 イ82度 (6)A1 B0 C8 D9 (7)(100
円玉)37枚 (50円玉)43枚 (8)1.26㎠

2 (1)分速750m (2)分速250m (3)9時8分

3 (1)89㎠ (2)76㎠

4 (1)ア72(度) イ5(回目) (2)60度、300度 (3)
120度、240度 (4)1：3

5 (1)360枚 (2)92(枚)、93(枚)

江戸川女子中学校（第1回）
〈問題は304ページ〉

1 (1)7 (2)202.4 (3)0.25 (4)3(時間)1(分)18
(秒) (5)400 (6)320 (7)4200 (8)58 (9)360
(10)2.28 (11)24

2 (1)12 (2)45 (3)45

3 (1)6通り (2)6通り (3)18通り

4 (1)250㎠ (2)10cm (3)46分後

【配点】
100点満点
各5点

桜蔭中学校
〈問題は307ページ〉

① ア$\frac{1}{3}$ イ$\frac{5}{39}$ ウ22 エ28800 オ正十二角形
カ81または80.29 キ…カが81のとき71.97 カが
80.29のとき71.26

② (1)ア8$\frac{1}{3}$ (2)イ4 ウ6 (3)8個 (4)①7個
②13$\frac{1}{18}$mL

③ (1)[例]$\left(6\frac{7}{75}+S\times4\right)$c㎡ (2)12.14c㎡

④ ア8.5 イ2 ウ5.5 エ113.5 オ44.5 カ8.5
キ2.75 ク20 ケ26$\frac{1}{6}$ コ37$\frac{5}{6}$ サ41 シ44.5

鷗友学園女子中学校（第1回）
〈問題は311ページ〉

① (1)8$\frac{7}{15}$ (2)$\frac{1}{10}$
② (1)8000円 (2)2040円
③ 27度
④ (1)599 (2)左から3番目、上から338番目
⑤ 1808.64c㎡
⑥ (1)AH：HK：KC＝8：1：15 (2)$\frac{21}{88}$c㎡
⑦ (1)7時59分30秒 (2)7時58分40秒
【配点】
100点満点
①各8点 ②各7点 ③12点 ④各7点 ⑤13点
⑥(1)…7点 (2)…8点 ⑦各8点

大妻中学校（第1回）
〈問題は315ページ〉

① (1)1 (2)4 (3)12(枚) (4)240(g)
② 229人
③ 188.4c㎡
④ 30分15秒後
⑤ 42人
⑥ 159個
⑦ 20度
⑧ (1)5 (2)47
⑨ (1)6倍 (2)14か所
⑩ 339.12c㎡

大妻多摩中学校（総合進学第1回）
〈問題は317ページ〉

① (1)$\frac{1}{5}$ (2)2$\frac{1}{3}$ (3)$\frac{4}{7}$

② (1)31 (2)9cm (3)8通り
③ (1)320円 (2)42600円
④ (1)134番目 (2)251番目
⑤ (1)150.72c㎡ (2)301.44c㎡
⑥ (1)12cm (2)132 (3)29.5
【配点】
100点満点
①各6点 ②～⑤…各7点 ⑥(1)(2)…各7点
(3)…5点

大妻中野中学校（第1回）
〈問題は319ページ〉

① (1)2024 (2)10 (3)1$\frac{23}{25}\left[\frac{48}{25}\right]$ (4)103 (5)$\frac{1}{9}$
(6)1(時間)

② (1)900円 (2)34 (3)11 (4)72(ページ) (5)110
(m) (6)25.12(c㎡)

③ (1)4% (2)980g (3)10.6g (4)(粉末)30g
(水)470g

④ (1)1：4 (2)1：2 (3)$\frac{1}{24}$倍 (4)192c㎡

学習院女子中等科（Ａ）
〈問題は321ページ〉

① (1)$\frac{13}{24}$ (2)9$\frac{6}{7}$
② 2000円
③ 20、210ページ
④ (1)9.42cm (2)42.39c㎡
⑤ (1)55秒後 (2)111秒後
⑥ (1)448c㎡ (2)右図 (3)2568c㎡、
2576c㎡、2584c㎡、2592c㎡、2600c㎡

神奈川学園中学校（Ａ午前）
〈問題は323ページ〉

① (1)11 (2)$\frac{8}{3}\left[2\frac{2}{3}\right]$ (3)12.5 (4)3
② (1)9% (2)71点 (3)280m (4)160度 (5)4500円
(6)25.12cm (7)4
③ (1)ア85 イ100 ウ75 エ9000 オ180000
(2)5250円 (3)10500円
④ (1)分速60m (2)分速90m 10分後 (3)324m
⑤ (1)$\frac{9}{64}$ (2)11段目の左から9番目 (3)9$\frac{15}{16}\left[\frac{159}{16}\right]$
【配点】
100点満点
①各5点 ②各5点 ③(1)…各2点 (2)…2点 (3)
…3点 ④各5点 ⑤各5点

<table>
<tr><td colspan="2">

鎌倉女学院中学校（第1回）
〈問題は326ページ〉

</td></tr>
</table>

① (1)6 (2)$\frac{1}{3}$ (3)87 (4)930 (5)3

② (1)310（円）(2)106 (3)1200（m）(4)117（個）
(5)6（cm）

③ (1)①200（g）②60（g）(2)①36（分）②24（本）
(3)①110 ②63（番目）(4)①エ ②180㎠

④ (1)4cm (2)8倍 (3)$\frac{7}{36}$倍

⑤ (1)12cm (2)15cm (3)9分 (4)（毎分）5.4（L）

カリタス女子中学校（第1回）
〈問題は328ページ〉

① ①$\frac{2}{33}$ ②25 ③150（g）④117（度）⑤100（問）
⑥55（％）⑦7200（円）⑧54（倍）⑨30（㎠）
⑩58（個）

② ①5km ②8時20分 ③7時50分

③ ①ア32人 イ56人 ②ウA エD オ3.58 カC
キD クD ケ（理由）「良くない」がCより多い。

④ ①2：3：8 ②16セット ③10800円

⑤ ①16㎠ ②8㎠

吉祥女子中学校（第1回）
〈問題は331ページ〉

① (1)4 (2)$\frac{5}{12}$ (3)600g (4)84点 (5)7：16
(6)23 (7)$\frac{14}{27}$倍

② (1)198 (2)5994 (3)186180

③ (1)40分 (2)1時間40分 (3)13分20秒

④ (1)1080m (2)36分 (3)648m (4)1時間21分後
(5)12回

⑤ (1)6cm (2)54㎠ (3)108㎠ (4)36㎠
(5)① ②12㎠ (6)36㎠

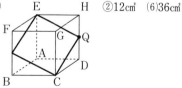

【配点】
100点満点
①(1)〜(5)…各4点，(6)(7)…各5点 ②(1)…3点 (2)
(3)…各4点 ③(1)(2)…各3点 (3)6点＋2点 ④各
4点 ⑤(1)〜(4)…各3点 (5)①…2点 ②…4点＋
2点 (6)…5点

共立女子中学校（2/1入試）
〈問題は335ページ〉

① ①1 ②40440

② ①490円 ②7㎡ ③10％ ④78度

③ ①8：5 ②72㎠ ③9：40

④ ①6：5 ②秒速1$\frac{3}{22}$m ③132秒後

⑤ ①毎秒120㎠ ②6cm ③45秒 ④7.2cm

⑥ あ7 い28 う260 え13 お11 か3 き11
く7

恵泉女学園中学校（第2回）
〈問題は338ページ〉

① (1)$\frac{1}{10}$ (2)5500 (3)0.5

② (1)390ページ (2)F、A、C、B、D（、E）
(3)135度 (4)12％ (5)192㎠

③ (1)$\frac{1}{10}$倍 (2)$\frac{7}{20}$倍 (3)①1：2 ②8：7：9
③240㎠

④ (1)42分後 (2)54分後 (3)2520m (4)（恵さん）
分速80m （泉さん）分速60m

⑤ (1)ア一の位の数が2の倍数 イ3の倍数 ウ差
が11の倍数 (2)①1、12、23 ②91通り

【配点】
100点満点
①各5点 ②各5点 ③(1)…3点 (2)…4点 (3)①
…3点 ②…4点 ③…7点 ④(1)(2)…各4点 (3)
…5点 (4)…3点 ⑤(1)ア…2点 イ…3点 ウ…
4点 (2)①…3点 ②…8点

光塩女子学院中等科（第2回）
〈問題は342ページ〉

① (1)30 (2)1 (3)$\frac{1}{2}$ (4)5

② (1)240ページ (2)48km

③ (1)80m (2)次図 (3)12010.5㎡

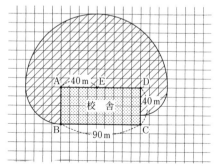

④ (1)74 (2)21行 C列目 (3)85 (4)230 (5)615、
623、624、625、633

⑤ (1)ア 2　イ 7　ウ 3　エ 2　(2)次図　(3)①オ(a)
キ(c)　②カ16　ク11.5　(4)18秒後と23秒後

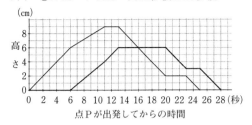

点Pが出発してからの時間

晃華学園中学校(第1回)
〈問題は345ページ〉

[1] (1)$4\frac{2}{3}$　(2)500 g　(3)7 秒　(4)A＝5　B＝7
C＝13　(5)116度　(6)12：5
[2] 31人
[3] (1)6 ㎠　(2)48㎠
[4] $62\frac{2}{3}$ ㎠
[5] (1)$1\frac{5}{7}$秒後　(2)4 秒後　(3)$3\frac{3}{7}$秒後
[6] (1)13　(2)21、25、30、32、36
【配点】
100点満点
[1](1)〜(3)…各5点　他各6点　[2]8点　[3](1)…6点
(2)…8点　[4]8点　[5](1)…6点　(2)…7点　(3)…9
点　[6](1)…5点　(2)…10点

国府台女子学院中学部(第1回)
〈問題は347ページ〉

[1] (1)12　(2)$1\frac{11}{20}$〔1.55〕　(3)$\frac{21}{40}$〔0.525〕
[2] (1)36　(2)17　(3)74.1〔$74\frac{1}{10}$〕　(4)2800　(5)883
(6)5
[3] (1)ア 8　イ 6　ウ120　エ120　オ860　(2)6 日
[4] (1)5.14〔$5\frac{7}{50}$〕　(2)20　(3)150
[5] (1)3：2　(2)64㎠　(3)①24　②48
【配点】
100点満点
[1]各5点　[2]各5点　[3](1)…各2点　(2)…10点　[4]
各5点　[5]各5点

香蘭女学校中等科(第1回)
〈問題は350ページ〉

[1] ①1.005　②$1\frac{2}{3}$　③5.3　④9　⑤$\frac{161}{253}$
⑥110(円)　⑦31(㎠)　⑧14(通り)　⑨2
⑩1301(個)　⑪18.84(㎠)　⑫8(個)　⑬200(g)

⑭20(分後)
[2] ①3.14　②12.56cm
[3] ① 3 g　②14 g　③298
[4] ①142㎠　②94㎠　③76㎠

実践女子学園中学校(第1回)
〈問題は353ページ〉

[1] ①14　②$\frac{1}{2}$　③2　④4　⑤5 (分) 1 (秒)
[2] ①43　②60円　③182個　④1.6km　⑤19000円
[3] ① 8 ㎠　②36㎠
[4] ①56.5点　②52点　③56.5、57、57.5、58、59

品川女子学院中等部(第1回)
〈問題は355ページ〉

[1] (1)$\frac{1}{3}$　(2)$\frac{1}{4}$　(3)11.6　(4)5
[2] (1)4 (：) 9 (：) 24　(2)39(枚)　(3)6 (km)　(4)
7　(5)50(円)　(6)14(回)　(7)4500(円)　(8)6 (通
り)　(9)45(°)　(10)18.84(㎠)
[3] (1)$\frac{13}{17}$　(2)$2\frac{4}{31}$　(3)34.1〔$34\frac{1}{10}$〕
[4] (1)ア 3 cm　イ 7 cm　(2)ウ170㎠　(3)エ 7 cm　オ
11cm

十文字中学校(第1回)
〈問題は359ページ〉

[1] (1)56　(2)1　(3)3　(4)11　(5)30(分)　(6)1800
(円)　(7)122(度)　(8)15.48(㎠)
[2] (1)(3 点) 7 回　(2 点)23回　(2)7 回
[3] (1)39(枚)　(2)①850(g)　③0(個)　え280
(mL)
[4] (1)35　(2)100
[5] (1)正八角形　(2)4.2cm
[6] (1)340㎠　(2)51(秒)
【配点】
100点満点
[1]各6点　[2]各5点　[3]各6点　[4]各5点　[5]各5
点　[6]各5点

淑徳与野中学校(第1回)
〈問題は362ページ〉

[1] (1)$\frac{3}{7}$　(2)1　(3)2.8〔$2\frac{4}{5}$／$\frac{14}{5}$〕L　(4)4 個　(5)
(中央値)3.5　(最頻値)2
[2] (1)106度　(2)17.875㎠　(3)①36度　②70.65㎠
(4)8 cm

3 (1)時速82km (2)9時16$\frac{4}{11}$ $\left[\frac{180}{11}\right]$分 (3)20人
(4)30.4

4 (1) (2)12.56cm

5 (1)54990円 (2)36420円

6 (1)339.12㎠ (2)339.12㎤

頌栄女子学院中学校（第1回）
〈問題は365ページ〉

1 (1)3 (2)173 (3)102$\frac{9}{10}$ (4)7（人）(5)1400円
(6)112枚 (7)1200m (8)30度 (9)125.6㎠

2 [例]210通りは、選んだ3人の並び順を区別したときの場合の数で、代表者には並び順が関係ない。3人を並べたときの場合の数は3×2×1＝6通りなので、求めたい選び方に対し、並べ方が6倍になっているため。

3 (1)6本 (2)4ポイント

4 (1)16個 (2)8個 (3)4個

5 (1)ア12 イ78 (2)32cm

湘南白百合学園中学校（4教科）
〈問題は368ページ〉

1 (1)$\frac{7}{16}$ (2)0.08 (3)ア11（人）イ70（個）(4)60（人）(5)8.7（秒）

2 (1)0.8kg (2)（可燃ごみ）0.8kg （プラスチックごみ）0.9kg （空き缶）1.7kg （ペットボトル）1.4kg （金属）2.8kg (3)3（ポイント）

3 (1)(エ) (2)毎分80m (3)1680m (4)毎分70m (5)19分36秒後

4 (1)(DG：GF) 3：4 (2)(三角形CDGの面積)：(三角形CGHの面積)：(三角形CHFの面積)＝15：6：14 (3)5$\frac{17}{35}$㎠

5 (1)4cm (2) (3)306.6㎠

昭和女子大学附属昭和中学校（A）
〈問題は371ページ〉

1 (1)$\frac{1}{8}$ (2)20240 (3)$\frac{2}{3}$ (4)42（分）(5)10（%）
(6)18（年後）(7)332（個）(8)16（個）

2 (1)分速80m (2)分速220m (3)9時33分

3 (1)72㎠ (2)22.5度 (3)46.26㎠

4 (1)6000㎠ (2)7.15cm (3)20cm

5 （答）いえない （理由）[例]全員の成績が2または4であり、それぞれの人数が同じであるとき、平均は3となるが3の成績をとった人数は一番多くない

6 (1)ア2 イ15 (2)12組

女子学院中学校
〈問題は374ページ〉

1 (1)$\frac{5}{12}$ (2)㋐36 ㋑132 ㋒84 (3)17$\frac{29}{48}$
(4)①701 ②286、142 (5)31、278

2 奇数、11

3 56.52、150.72

4 335m

5 (1)4 (2)11 (3)13、8

6 73

7 (1)5、4 (2)320、40、9600 (3)15、47

女子聖学院中学校（第1回）
〈問題は377ページ〉

1 (1)6.67 (2)$\frac{11}{12}$ (3)1.5 (4)63 (5)62.8 (6)2.3
(7)0 (8)2$\frac{41}{60}$

2 (1)252（円）(2)4.25（以上）4.35（未満）(3)178
(4)1（時間）56（分）(5)水（曜日）(6)10（%）
(7)7.2（㎠）(8)$(y=)\frac{5}{39}(\times x)$

3 (1)48g (2)2% (3)7%

4 (1)2㎠ (2)8.5㎠ (3)14秒後から15秒後まで

5 (1)16本 (2)51本 (3)25個

【配点】
100点満点
1(1)(2)…各3点 他各4点 2各4点 3各4点
4(3)…6点 他各4点 5各4点

女子美術大学付属中学校（第1回）
〈問題は379ページ〉

1 (1)12 (2)3 (3)6$\frac{4}{5}$ (4)時速3.6km (5)11.6%
(6)79枚 (7)10通り (8)13度 (9)24㎠ (10)69.08cm

2 (1)11枚 (2)25枚 (3)41cm

3 (ア)$\frac{1}{12}$ (イ)$\frac{1}{15}$ (ウ)$\frac{1}{10}$ (エ)4 (オ)$\frac{9}{20}$ (カ)$\frac{1}{6}$
(キ)$\frac{11}{60}$ (ク)$\frac{1}{5}$ (ケ)$\frac{1}{4}$ (コ)48

4 (1)分速50m (2)分速250m (3)次図 (4)10時58分
(5)12時10分

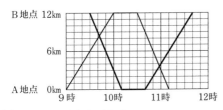

⑤ (1)1462.4cm² (2)994.88cm²

【配点】
100点満点
①各5点 ②各4点 ③(ア)～(ク)…各1点 他各2点
④(5)…4点 他各3点 ⑤各5点

白百合学園中学校
〈問題は382ページ〉

① (1)25% (2)4時間30分 (3)3：4：5
② (1)4 (2)809個 (3)0
③ (1)528cm² (2)3.51kg
④ (1)9$\frac{1}{12}$cm² (2)6秒後、9$\frac{1}{3}$cm²
⑤ 76.25km

清泉女学院中学校(第1期)
〈問題は384ページ〉

① (1)32 (2)4$\frac{9}{10}$ (3)$\frac{5}{6}$ (4)2001 (5)18.9dL
(6)6cm (7)14枚 (8)60個 (9)23日
② (1)144cm (2)9倍 (3)36.48cm² (4)8.75%
(5)9、11、21、41 (6)46個
③ (1)8秒 (2)24秒おき (3)4.8秒おき

【配点】
100点満点
①各5点 ②各6点 ③(1)…5点 (2)(3)…各7点

洗足学園中学校(第1回)
〈問題は386ページ〉

① (1)13 (2)5$\frac{2}{5}$
② (1)4000円 (2)(13, 65)、(21, 63) (3)8：9
(4)4：3
③ (1)1割引き (2)4：23 (3)23分20秒後
(4)0.25倍
④ (1)3：1：2 (2)2時間5分 (3)12分間
⑤ (1)20分後 (2)3時間5分 (3)10分後

【配点】
100点満点
①各5点 ②各5点 ③(1)・(2)…各7点 (3)・(4)…
各8点 ④(1)…5点 (2)…8点 (3)…7点 ⑤(1)…

5点 (2)…8点 (3)…7点

捜真女学校中学部(A)
〈問題は389ページ〉

① (1)18 (2)1$\frac{57}{70}$ (3)10 (4)10.1 (5)2024 (6)$\frac{11}{12}$
(7)$\frac{23}{60}$ (8)(分速)600(m)
② (1)12.8(cm) (2)1600円 (3)8分24秒後 (4)16個、
2550mL (5)③
③ (1)ア110度 イ105度 (2)右図、
93.12cm (3)4.56cm² (4)192cm²
④ (1)ア15 イ10 ウ6 (2)3通り
ガム12個、アメ6個、チョコレ
ート12個
⑤ (1)A18分の1 B12分の1 C9分の1 (2)
ア5 イ36 ウ23 エ36 オ13 カ9 キ6

田園調布学園中等部(第1回)
〈問題は392ページ〉

① (1)$\frac{1}{6}$ (2)$\frac{4}{5}$ (3)7個 (4)(午後4時)5$\frac{5}{11}$分
(5)1004.8cm² (6)(長いす)22脚 (生徒)137人
(7)48cm² (8)2000円 (9)(時速)8km (10)ア4 イ28
② (1)①2：1 ②4：1 ③4：3 (2)10：2：3
(3)9.6cm² (4)6$\frac{6}{7}$cm²
③ (1)10cm (2)ア30 イ60 ウ90 (3)4.8秒後、8
秒後
④ (1)ア49 イ9 ウ100 エ10 オ1 カ4 (2)1
(3)2、3、7、8
⑤ (1)ア50.5 イ51.5 ウ2717 エ2770 (2)オ36
カ41 キ40 ク112 ケ20 コ681

東京女学館中学校(第1回)
〈問題は396ページ〉

① (1)2024 (2)1$\frac{2}{9}$ (3)97 (4)17
② (1)(りんご)135円 (オレンジ)
115円 (2)400 (3)$\frac{50}{51}$ (4)16.56cm²
(5)右図
③ (1)616点 (2)284点 (3)91点
④ (1)25人 (2)2人 (3)17人
⑤ (1)18.84cm² (2)3：2 (3)7番目
⑥ (1)4：13 (2)26：9 (3)141：455
⑦ (1)毎分6L (2)C管 (理由)その後のグラフの
傾きがゆるやかになっているから (3)毎分7L

東洋英和女学院中学部（A）
〈問題は399ページ〉

1 (1)37　(2)$\frac{1}{20}$

2 8 cm

3 7.5 ％

4 110円

5 101.44 ㎠

6 6 分間

7 13人

8 C 3　F 6

9 (1)4　(2)(最小)28　(最大)32　(3)28、29

10 (1)25.12 ㎠　(2)4.6cm

11 155cm、197cm

12 (1)12cm　(2)毎秒2.5cm　(3)10.4

13 (1)150人　(2)54人　(3)24人

豊島岡女子学園中学校（第1回）
〈問題は402ページ〉

1 (1)184　(2)226本　(3)1200円　(4)114

2 (1)50L　(2)14通り　(3)84度　(4)$\frac{27}{28}$cm

3 (1)6 分前　(2)4 ：5　(3)25$\frac{5}{7}$分後

4 (1)19通り　(2)88通り

5 (1)4 ㎠　(2)2 ㎠　(3)4 ㎠

6 (1)1 cm　(2)3 cm

【配点】
100点満点
1各5点　2各5点　3各6点　4各6点　5各6点　6各6点

日本女子大学附属中学校（第1回）
〈問題は406ページ〉

1 (1)400　(2)5$\frac{1}{3}$　(3)$\frac{1}{5}$　(4)14(時間)24(分)

2 (1)12通り　(2)2400円　(3)3120円　(4)47分　(5)10分　(6)36度　(7)101.4cm　(8)864㎠

3 (1)①1　②10　③55　④57　(2)437

4 (1)時速18km　(2)5 分後　(3)6 分間　(4)26$\frac{2}{3}$

5 (1)毎分5 cm　(2)毎分10cm　(3)あB、30　いD、9　うE、14.4

6 (1)あ21　い3　う9　え2　お3　か3　(2)46(cm)

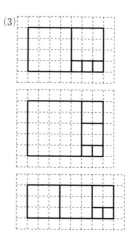

日本大学豊山女子中学校（4科・2科）
〈問題は410ページ〉

1 (1)22　(2)$\frac{8}{5}$$\left[1\frac{3}{5}\right]$　(3)13　(4)4　(5)5　(6)46

2 (1)75　(2)52.65　(3)486

3 (1)20　(2)24　(3)A 1　B 2　C 3　D 7

4 (1)2000mL　(2)25 ㎠　(3)6 ：1

5 (1)2572 ㎠　(2)3440 ㎠

フェリス女学院中学校
〈問題は413ページ〉

1 (1)2.4$\left[2\frac{2}{5}/\frac{12}{5}\right]$　(2)①ア 1　イ 6　②ウ12　(3)①ア 4　イ 3　ウ 5　②エ15　(4)①ア 2　②イ14$\frac{2}{7}$　(5)①ア 8　②イ 8、11　③ウ11

2 (1)4 回　(2)13回　(3)30回

3 (1)ア 6　イ20　(2)ウ 6　(3)エ13$\frac{11}{13}$

4 (1)$\frac{4}{9}$　(2)①エ　②24

富士見中学校（第1回）
〈問題は417ページ〉

1 (1)1$\frac{1}{2}$　(2)31　(3)2560(円)　(4)16(％)　(5)30250(円)　(6)68(度)　(7)216(㎠)　(8)7.065(㎤)

2 〔A〕(1)200.96㎠　(2)180.48㎠　(3)7 cm　〔B〕(1)28　(2)[1]4　[2]5　[3]6　(3)2021

3 (1)6 個　(2)60個　(3)13600円　(4)34個

4 (1)130秒　(2)(順番) A C F　(かかった時間)90秒　(3)(走者順) A D F、66秒後　(4) A F D、D F A、F D A

雙葉中学校
〈問題は421ページ〉

1 (1)ア1.375 (2)イ$\frac{6}{55}$ (3)ウ3.44(cm²)

(4)エ92(個)

2 (たて)21mm (横)294mm (高さ)105mm 1800個

3 (1)1時間18分後 (2)分速31.5m (3)1時間41分

24秒後

4 B→B→C→A→B 6.25%

5 (1)(棚)66個 (袋)270個 (2)11時6分

普連土学園中学校(第1回)
〈問題は423ページ〉

1 (1)0.24 (2)20240 (3)3

2 (1)18個 (2)16$\frac{4}{11}$分

後 (3)右図

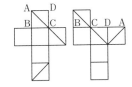

3 (1)$\frac{1}{4}$ (2)$\frac{1}{6}$ (3)(理由)$1-\left(\frac{1}{4}+\frac{1}{4}+\frac{1}{6}\right)=$

$\frac{1}{3}$ (最も多くもらえる人)D

4 (1)18.84cm (2)19.9cm

5 (1)381 (2)32120

6 ①10500(円) ②11400(円) ③なる ④900

(円) ⑤130(円) ⑥24(杯) ⑦500(円) ⑧

8410(円) ⑨7(杯)

聖園女学院中学校(第1回)
〈問題は426ページ〉

1 (1)36 (2)44 (3)1012 (4)12 (5)$\frac{2}{3}$

2 (1)10 (2)$\frac{1}{3}$ (3)5(人) (4)270(g)

3 (1)(角x)41度 (角y)139度 (2)16cm²

4 (1)71点 (2)80円 (3)分速75m

5 (1) [図] (2)37.68cm²

6 (1)30(cm) (2)36(cm) (3)20分後

三輪田学園中学校(第1回午前)
〈問題は428ページ〉

1 (1)$\frac{1}{6}$ (2)1$\frac{4}{5}$$\left[\frac{9}{5}\right]$ (3)2

2 (1)2400円 (2)39人 (3)①12分 ②540m (4)91枚

(5)70cm² (6)①8人 ②4人

3 (1)17人 (2)25% (3)3.25点

4 (1)20g (2)200 (3)2000 (4)4%

5 (1)18cm² (2)16秒後 (3)38秒後

山脇学園中学校(A)
〈問題は431ページ〉

1 (1)1 (2)4$\frac{2}{3}$ (3)34 (4)ア240 イ300

(5)200 (6)234 (7)8.4 (8)20 (9)226.08

2 (1)500円 (2)567円 (3)190個

3 (1)3:5 (2)4$\frac{2}{3}$cm² (3)9$\frac{11}{15}$cm²

4 (1)5480cm² (2)18cm (3)320cm² (4)18.5

横浜共立学園中学校(A)
〈問題は434ページ〉

1 (1)2006 (2)2$\frac{1}{18}$ (3)20(g) (4)8(回)

(5)2(時間)48(分) (6)24(人)

2 (1)あ6(歳) い88(歳) (2)9(年後)

3 (1)45(g) (2)320(g) (3)あ200(g) い91(g)

う52(g)

4 (1)1(:)2 (2)2(:)3 (3)10$\frac{4}{15}$(cm²)

5 (1)41.68(cm) (2)148.4(cm²) (3)267.76(cm²)

横浜女学院中学校(A)
〈問題は436ページ〉

1 (1)2 (2)$\frac{1}{2}$ (3)$\frac{1}{20}$ (4)40

2 (1)1.6 (2)293 (3)400g (4)27本 (5)60度

(6)33.2cm²

3 食料品が42%増加

4 (1)36枚 (2)20番目 (3)12番目

5 (1)120通り (2)48通り (3)420通り

6 (1)90cm² (2)$\frac{1}{2}$倍 (3)3.6秒後と9.6秒後

横浜雙葉中学校(第1期)

〈問題は439ページ〉

1　(1)①46　②18　(2)291個　(3)5 cm　(4)8.8％
　(5)①(ウ)　②Ⓐ10　Ⓑ9　(6)109度　(7)80度

2　(1)72秒後　(2)①25c㎡　②32.8c㎡　(3)28秒後
　(4)61秒間

3　(1)①55個　② 7 個　(2)①36個　②30個　③55
　個　(3)11段

立教女学院中学校

〈問題は441ページ〉

1　(1)$\frac{7}{8}$　(2)$\frac{1}{6}$　(3)$\frac{4}{5}$　(4)次図　(5)①2200(円)
　②20(個)　(6)①60(c㎡)　②14.26(c㎡)　(7)①15
　(問)　② 9 (問)　③ 6 (問)　(8)①9.42(c㎡)
　②5.835(c㎡)　(9)①1387(m)　②27(m)　③23(m)

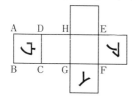

2　(1)19：11　(2)190 m　(3)10 m

3　(1)20個　(2)41.5　(3)24個　(4)12

4　(1)6280c㎡　(2)100c㎡　(3)(AR)8 cm
　(CS)8 $\frac{1}{3}$ cm　(4)450 $\frac{5}{9}$ c㎡